Terapia de aceitação e compromisso

A Artmed é a editora oficial da FBTC

Steven C. Hayes, PhD, é professor da Nevada Foundation do Departamento de Psicologia da University of Nevada. Sua carreira está focada na análise da natureza da linguagem e cognição humanas e na sua aplicação à compreensão e ao alívio do sofrimento humano.

Kirk D. Strosahl, PhD, é psicólogo de cuidados primários da Central Washington Family Medicine, em Yakima, Washington, onde promove o uso da ACT na prática médica geral, predominantemente com clientes de baixa renda, sem seguro ou com cobertura insuficiente.

Kelly G. Wilson, PhD, é professor associado de psicologia da University of Mississippi, onde também é diretor do Center for Contextual Psychology e do ACT Treatment Development Group.

H417t   Hayes, Steven C.
        Terapia de aceitação e compromisso : o processo e a prática da mudança consciente / Steven C. Hayes, Kirk D. Strosahl, Kelly G. Wilson ; tradução: Sandra Maria Mallmann da Rosa ; revisão técnica: Mônica Valentim. – 2. ed. – Porto Alegre : Artmed, 2021.
        xii, 322 p. ; 25 cm.

        ISBN 978-65-81335-28-1

        1. Terapia cognitivo-comportamental – Psicoterapia. 2. Psicologia. I. Strosahl, Kirk D. II. Wilson, Kelly G. III. Título.

CDU 159.9:616.89

Catalogação na publicação: Karin Lorien Menoncin – CRB 10/2147

Steven C. **Hayes**
Kirk D. **Strosahl**
Kelly G. **Wilson**

Terapia de aceitação e compromisso

*o processo e a prática
da mudança consciente*

2ª edição

Tradução
Sandra Maria Mallmann da Rosa

Revisão técnica
Mônica Valentim
Terapeuta comportamental contextual. Mestra em Psicologia Experimental pela Universidade de São Paulo.
Doutora em Pediatria pela UNESP Botucatu. Ex-presidente e fundadora do capítulo brasileiro
da Association for Contextual Behavioral Science (ACBS). Peer-Reviewed ACT Trainer pela ACBS.

Porto Alegre
2021

Obra originalmente publicada sob o título
Acceptance and commitment therapy: the process and practice of mindful change, second edition.
ISBN 9781462528943

Copyright © 2012 The Guilford Press
A Division of Guilford Publications, Inc.
Published by arrangement with The Guilford Press

Gerente editorial
Letícia Bispo de Lima

Colaboraram nesta edição:

Coordenadora editorial
Cláudia Bittencourt

Capa
Paola Manica | Brand&Book

Preparação de originais
Camila Wisnieski Heck

Leitura final
Heloísa Stefan

Editoração
Ledur Serviços Editoriais Ltda.

Reservados todos os direitos de publicação em língua portuguesa ao
GRUPO A EDUCAÇÃO S.A.
(Artmed é um selo editorial do GRUPO A EDUCAÇÃO S.A.)
Rua Ernesto Alves, 150 – Bairro Floresta
90220-190 – Porto Alegre – RS
Fone: (51) 3027-7000

SÃO PAULO
Rua Doutor Cesário Mota Jr., 63 – Vila Buarque
01221-020 – São Paulo – SP
Fone: (11) 3221-9033

É proibida a duplicação ou reprodução deste volume, no todo ou em parte, sob quaisquer formas ou por quaisquer meios (eletrônico, mecânico, gravação, fotocópia, distribuição na Web e outros), sem permissão expressa da Editora.

SAC 0800 703-3444 – www.grupoa.com.br

IMPRESSO NO BRASIL
PRINTED IN BRAZIL

Agradecimentos

Gostaríamos de agradecer àqueles que ajudaram a concretizar a revisão deste livro. Na Guilford Press, Barbara Watkins deu um *feedback* muito útil e criterioso, além de orientação editorial. Michele Depuy ajudou com as referências e detalhes. Sugestões editoriais úteis foram feitas por Claudia Drossel, Douglas Long, Robert "Tuna" Townsend, Roger Vilardaga, Matthieu Villatte e Tom Waltz. Nossos cônjuges – Jacque Pistorello, Patti Robinson e Dianna Wilson – foram notavelmente flexíveis durante os mais de três anos de escrita e reescrita. Também estendemos nossa gratidão aos muitos profissionais e acadêmicos na comunidade da ACT/RFT/CBS que contribuíram para o desenvolvimento intelectual e prático do trabalho e cujas ideias estão refletidas neste livro.

Para Barry e Trudy –
por ajudarem a ACBS em momentos críticos,
erguendo o trabalho e levando-o adiante.
Sua visão foi contagiante, e sempre serei grato.
– S. C. H.

Para minha esposa e alma gêmea de toda a vida, Patti.
Seu intelecto aguçado, encorajamento constante, apoio e aceitação total de quem sou –
com ocasionais solicitações de mudança – fizeram de mim uma pessoa melhor.
Para meu irmão Mark, que nos deixou há quase um ano –
você permanecerá em meu coração para sempre.
Para minha mãe, Joyce, que, aos 93 anos, ainda lê romances, toca viola e
faz todas as coisas que significam estar vivo – que modelo você tem sido.
– K. D. S.

Para minhas filhas, Sarah, Emma e Chelsea...
Amo vocês mais que tudo.
– K. G. W.

Prefácio
O que é novo nesta edição

A terapia de aceitação e compromisso (ACT) foi apresentada em forma de livro na 1ª edição desta obra, em 1999. O modelo subjacente ainda era incipiente, e ainda não havíamos articulado nossa estratégia de desenvolvimento do conhecimento. Nós sabíamos disso, mas já estava na hora de colocar nosso "bebê", então com quase 20 anos, à frente do público. O primeiro livro sobre a teoria das molduras relacionais (RFT) foi publicado dois anos mais tarde.

Então, algo muito marcante aconteceu. Alguns clínicos e pesquisadores de altíssima qualidade foram atraídos para o trabalho e cada vez mais começaram a assumir responsabilidade por ele. Os clínicos ficaram entusiasmados. A pesquisa sobre RFT se acelerou. Teve início uma discussão na internet pelo mundo inteiro, foi formada uma associação, e outros livros foram publicados. Conferências regulares nacionais, internacionais e regionais foram realizadas, e as sociedades existentes começaram a dar ao trabalho visibilidade cada vez maior. Inovações no treinamento floresceram. Os dados de pesquisas começaram a circular. No mundo inteiro, surgiram especialistas em diversas línguas. O ritmo do desenvolvimento se acelerou, e os dados, tanto básicos quanto aplicados, gradualmente foram orientando os refinamentos. Críticos honestos surgiram, refinando ainda mais o trabalho.

O resultado foi um progresso conceitual, tecnológico e empírico considerável nos últimos 12 anos. Pudemos decompor a ACT em seis processos principais e suas inter-relações, girando em torno de uma preocupação central, ou seja, a flexibilidade psicológica. Os dados foram mostrando cada vez mais que a ACT atua por meio dos seguintes processos de flexibilidade psicológica: desfusão, aceitação, atenção flexível ao momento presente, o self-como-contexto, valores e ação de compromisso.

Como esperávamos, começamos a ver que os métodos da ACT podiam ser integrados a outras abordagens apoiadas empiricamente e que a flexibilidade psicológica estimulava outros processos comportamentais importantes. A gama de problemas para os quais a ACT se revelou útil era impressionante, e o alcance do modelo de flexibilidade psicológica era surpreendente. O modelo que funcionava com depressão também funcionava com tabagismo. O modelo que funcionava com dependência de heroína também funcionava com o controle do diabetes. Os protocolos variavam enormemente, é claro, e os métodos comportamentais incluídos com frequência eram específicos para aquele uso particular. Em consequência, o número de métodos da ACT atualmente vai além do que caberia em um único livro – ou mesmo dois ou dez –, mas o modelo e seus processos de mudança parecem ser similares entre uma variedade de áreas de mudança do comportamento.

Por todos esses motivos, este livro é diferente do livro que escrevemos há mais de uma década. Esta edição foca no *modelo de flexibilidade psicológica como um modelo unificado do funcionamento humano*. À medida que esta edição foi se desenvolvendo, fazer referência a esse modelo como o "modelo da ACT" (como costumávamos fazer) pareceu restritivo demais porque o modelo vai além de uma abordagem de intervenção. Este livro é mais como um guia para aprender como fazer ACT de maneira *natural* do que um manual passo a passo linear. Sua intenção é ser útil para aqueles que estão começando a explorar o modelo, assim como para aqueles que já são experientes no seu uso. Os profissionais precisam aprender a ver os processos de flexibilidade psicológica *no momento* e responder de maneira consistente com o modelo, e este livro pretende ajudá-los a atingir precisamente esse objetivo. Os clínicos já sabem como executar parte do que consta na abordagem da ACT – desde que usem seus métodos de maneira que seja funcionalmente consistente com o modelo de flexibilidade psicológica. Já que essa ligação está mais bem avaliada, as pessoas podem começar a experimentar esses métodos agora. Sim, será necessário treinamento adicional e orientação. Mas isso pode começar agora.

Neste livro, procuramos tornar os fundamentos proximais da ACT – contextualismo funcional e RFT – mais fáceis de entender. Em vez de sugerirmos que os leitores simplesmente pulem os capítulos difíceis sobre a teoria e o modelo (Capítulos 2 e 3) se quiserem, trabalhamos arduamente para torná-los mais acessíveis. É possível que tenhamos simplificado demais (e certamente deixamos de fora muitos detalhes), mas queremos que aqueles que se conectam com o trabalho tenham uma base sólida a partir da qual maior exploração será possível. Existem centenas de artigos acadêmicos sobre a ACT, seu modelo subjacente e os fundamentos básicos – este livro é apenas uma cartilha. Também tornamos nossa estratégia de desenvolvimento – que denominamos ciência comportamental contextual (CBS) – mais evidente, especialmente no capítulo final. Isso pode parecer estranho em um livro clínico, mas o propósito da ACT não é a ACT *über alles**. Não estamos interessados em marcas comerciais ou personalidades. Nosso propósito é o *progresso*. Uma maior elaboração do nosso modelo de desenvolvimento do conhecimento é a forma como estamos tentando atingir isso, pois a melhor maneira de acelerar o progresso é ter a colaboração de todos, sejam eles clínicos, sejam eles cientistas básicos, pesquisadores aplicados, filósofos ou estudantes. Uma comunidade aberta baseada em valores que adota uma missão comum pode ser muito mais produtiva do que os escores de professores em uma torre de marfim. Se o modelo de desenvolvimento for bem compreendido, ficará claro por que não estamos jogando o jogo dos tratamentos apoiados empiricamente da mesma forma que o habitual (mesmo admitindo que fazemos parte dessa tradição). Sim, damos importância aos ensaios randomizados – mas também nos importamos com muito, muito mais do que isso. Queremos que os *processos* apoiados empiricamente sejam solidamente ligados a *procedimentos* efetivos (Rosen & Davidson, 2003). Temos uma estratégia para o progresso em longo prazo e estamos determinados a segui-la. Ela pode funcionar ou não, mas convidamos o leitor a se juntar a nós nessa jornada.

O fato de assumirmos essa perspectiva não significa que um clínico que trabalha na linha de frente precisa ser um aficionado por RFT ou que precisa abandonar sua prática e se tornar um pesquisador. Clínicos e outros profissionais são importantes para o desenvolvimento dessa abordagem e têm o direito de exigir muito da ciência comportamental. Queremos mostrar precisamente como o progresso em áreas como a ciência básica e também os prin-

---

* N. de T.: Equivalente a ACT acima de tudo.

cípios filosóficos podem ajudar aqueles com interesses mais práticos a também atingirem seus propósitos.

Podemos agora enumerar 60 livros sobre ACT no mundo todo. O ritmo da publicação de fontes empíricas relevantes está aumentando. Esse programa de pesquisa e desenvolvimento prático foi examinado em profundidade em vários artigos de revisão (p. ex., Hayes, Bissett et al., 2004; Hayes, Luoma, Bond, Masuda, & Lillis, 2006; Öst, 2008), e até mesmo observadores céticos concordam que estamos fazendo progresso (p. ex., Powers, Vörding, & Emmerlkamp, 2009). Esse progresso substancial nos possibilita reduzir a frequência das referências acadêmicas na maioria das seções deste livro. A 1ª edição continha algumas passagens empíricas e conceituais altamente densas – sobretudo para justificar a atenção acadêmica direcionada para nosso modelo –, porém a densidade do texto tornou difícil para os leitores compreender ou ler com facilidade. Contanto que aqueles interessados estejam dispostos a ler além deste único livro, a justificativa empírica ponto por ponto já não parece ser essencial para nosso propósito. Incluímos pinceladas suficientemente amplas para o leitor compreender como percebemos os dados conceitualmente e *links* suficientes para que encontre fundamentos acadêmicos adicionais com um mínimo esforço extra.

Algumas das ideias subjacentes à ACT estão rapidamente se tornando concepções consagradas. Os críticos dizem agora que isso é o que eles pretendiam desde o começo. Talvez esse senso de revisionismo irrite os autores da ACT com boa memória, mas não era preciso desencorajar novos leitores, já que é assim que se progride. Por sua vez, experimentar um pouco de "aceitação" aqui e uma pitada de "desfusão" ali não faz justiça ao modelo da ACT nem proporciona seus benefícios integrais. Queremos que o modelo integral e sua estratégia de desenvolvimento do conhecimento sejam plenamente entendidos porque esse nível de familiaridade provavelmente produzirá maior progresso no longo prazo do que a mera adoção das novas técnicas ou conceitos aqui e ali, como se o melhor tratamento fosse uma questão de moda.

O modelo da ACT agora é suficientemente conhecido para fazer um convite à crítica regular. Nossa resposta aos céticos tem sido convidá-los para nossas conferências; tentar responder a cada crítica importante, mas fazer isso com um senso de abertura e razão, com dados adicionais e maiores esforços desenvolvimentais; e criar uma comunidade que se mantenha aberta, cooperativa e não hierárquica para que qualquer um possa se conectar com o trabalho, adotar o que achar valioso e ajudar a contribuir para o que estiver faltando. A ACT não foi criada para destruir as tradições das quais se origina, nem alega ser uma panaceia. Nosso propósito como praticantes da ACT é prestar nossa contribuição da melhor forma possível para aqueles que estão sofrendo e trabalhar para tentar desenvolver uma prática da psicologia mais digna do desafio da condição humana.

Afinal, não é isso que todos nós nesta área devemos fazer? Muito em breve, todos os nossos nomes serão esquecidos, mesmo por nossos descendentes. Não será importante quem disse o que ou quando. O que irá importar é se existem abordagens que fazem diferença na vida das pessoas para as quais a disciplina existe. Precisamos continuar a aprender o que funciona melhor e a desenvolver formas inovadoras que sejam úteis. Mas, para fazer isso, temos de trabalhar em conjunto, por um lado continuamente criando melhores ligações entre a criatividade clínica e o desenvolvimento do conhecimento científico e, por outro, processos que tenham importância. O que este livro contém é uma reflexão direta dessa pauta. Esperamos e confiamos que ele sirva a esse propósito.

Steven C. Hayes
Kirk D. Strosahl
Kelly G. Wilson

Sumário

Prefácio   vii
Steven C. Hayes, Kirk D. Strosahl, Kelly G. Wilson

PARTE I – Fundamentos e o modelo

1. O dilema do sofrimento humano   2
2. Os fundamentos da ACT: adotando uma abordagem contextual funcional   21
3. Flexibilidade psicológica como um modelo unificado do funcionamento humano   48

PARTE II – Análise funcional e abordagem à intervenção

4. Formulação de caso: ouvindo com os ouvidos da ACT, vendo pelos olhos da ACT   82
com Emily K. Sandoz
5. A relação terapêutica na ACT   113
6. Criando um contexto para mudança: mente *versus* experiência   130

PARTE III – Processos clínicos centrais

7. Consciência do momento presente   160
com Emily K. Sandoz
8. Dimensões do *self*   176
9. Desfusão   195
10. Aceitação   217
11. Conexão com os valores   238
12. Ação de compromisso   264

PARTE IV – Construindo uma abordagem científica progressiva

13 Ciência comportamental contextual e o futuro da ACT ... 288

Referências ... 304

Índice ... 315

PARTE I
Fundamentos e o modelo

1
O dilema do sofrimento humano

Não há nada de externo que garanta ausência de sofrimento. Mesmo quando nós, seres humanos, temos *todas* as coisas que tipicamente usamos para medir o sucesso externo – ótima aparência, pais amorosos, filhos incríveis, segurança financeira, um cônjuge atencioso –, isso pode não ser suficiente. Os seres humanos podem estar aquecidos, bem alimentados, fisicamente bem – e ainda assim podem se sentir infelizes. Podem desfrutar de várias formas de excitação e entretenimento desconhecidas no mundo não humano e fora de alcance para quase todos, exceto uma pequena fração da população – TVs de alta definição, carros esportivos, viagens exóticas para o Caribe –, e mesmo assim experimentam sofrimento psicológico excruciante. Todas as manhãs um empresário de sucesso chega ao seu escritório, fecha a porta e silenciosamente abre a última gaveta da escrivaninha em busca de uma garrafa de gim escondida. Todos os dias um ser humano que tem todas as vantagens possíveis e imagináveis pega uma arma, carrega com uma bala, gira o tambor e aperta o gatilho.

Os psicoterapeutas e os pesquisadores do campo aplicado estão familiarizados com as sombrias estatísticas que documentam essas realidades. As estatísticas americanas, por exemplo, mostram que as taxas de prevalência de transtornos mentais ao longo da vida estão atualmente beirando os 50%, embora ainda mais pessoas apresentem sofrimento emocional devido a problemas no trabalho, nos relacionamentos, com os filhos e com as transições naturais que a vida apresenta a todos nós (Kessler et al., 2005). Em âmbito nacional, existem aproximadamente 20 milhões de alcoolistas (Grant et al., 2004); dezenas de milhares de pessoas cometem suicídio a cada ano, e inúmeras outras tentam, mas falham (Centers for Disease Control and Prevention, 2007). Estatísticas como essas se aplicam não só àqueles que foram massacrados ao longo de décadas na vida, mas igualmente a adolescentes e jovens adultos. Quase metade da população em idade universitária satisfazia os critérios para pelo menos um diagnóstico relacionado ao *Manual diagnóstico e estatístico de transtornos mentais* (DSM) recentemente (Blanco et al., 2008).

Se quiséssemos recorrer aos números para documentar a universalidade do sofrimento humano no mundo desenvolvido, poderíamos fazer isso quase indefinidamente. Terapeutas e pesquisadores com frequência mencionam tais estatísticas em inúmeras áreas-problema quando discutem a necessidade de mais clínicos, de mais financiamento para programas de saúde mental ou maior apoio à pesquisa psicológica. Ao mesmo tempo, profissionais e também o público leigo parecem não perceber a mensagem maior que essas estatísticas comunicam quando tomadas no seu conjunto. Se somarmos todos aqueles humanos que estão ou já estiveram deprimidos, dependendo de substâncias, ansiosos, irritados, autodestrutivos, alienados, preocupados, compulsivos, trabalhando em excesso, inseguros, terrivelmente tímidos, divorciados, evitando intimidade e estressados, somos levados a chegar a uma conclusão alarmante, ou seja, a de que o sofrimento psicológico é uma característica básica da vida humana.

Os seres humanos também infligem sofrimento uns aos outros continuamente. Pense em como é fácil coisificar e desumanizar os outros. A comunidade mundial está literalmente atordoada e cambaleante sob o peso da coisificação, com seus respectivos custos humanos e econômicos. Somos lembrados desse triste fato cada vez que temos de nos despir parcialmente para entrar em um avião ou colocar nossos pertences em uma esteira rolante para podermos entrar em um prédio do governo. As mulheres recebem quase um quarto a menos de remuneração do que os homens quando executam o mesmo trabalho. Minorias étnicas frequentemente encontram dificuldades para pegar um táxi nas grandes cidades. Arranha-céus são atacados por terroristas em aviões como um símbolo do que é odiado; em retaliação, bombas são jogadas do alto porque aqueles que são considerados maus podem estar vivendo lá embaixo. As pessoas não apenas sofrem; elas infligem sofrimento na forma de preconceito, discriminação e estigma de forma tal que isso parece tão natural quanto respirar.

Nossos modelos subjacentes mais populares de saúde e patologia psicológica praticamente não abordam o sofrimento humano e sua imposição aos outros como problemas humanos gerais. As ciências comportamentais e médicas ocidentais parecem ter uma miopia bem desenvolvida para verdades que não se encaixam perfeitamente em seus paradigmas adotados. Apesar das evidências esmagadoras em contrário, nós também rapidamente conceituamos o sofrimento humano por meio de rótulos diagnósticos como se ele fosse um produto de desvios da norma biomédica. Preferimos ver a coisificação e a desumanização em termos éticos ou políticos – como se preconceito e estigma fossem estritamente atributos dos ignorantes ou imorais entre nós, e não dos leitores e escritores de livros como este. Há um "elefante na sala" que ninguém parece admitir. É difícil termos compaixão por nós mesmos e pelos outros. É difícil ser um ser humano.

NORMALIDADE SAUDÁVEL: O PRESSUPOSTO SUBJACENTE DO *MAINSTREAM* PSICOLÓGICO

A comunidade da saúde mental tem testemunhado e gerado a "biomedicalização" da vida humana. A civilização ocidental praticamente cultua a ausência de sofrimento físico ou mental. As maravilhas da medicina moderna "convenceram as pessoas de que a cura era a causa da saúde" (Farley & Cohen, 2005, p. 33) – não somente a saúde física, mas todas as suas formas. Pensamentos, sentimentos, lembranças ou sensações físicas penosas passaram a ser encarados predominantemente como "sintomas". Considera-se que ter determinado tipo e número deles significa que você tem algum tipo de anormalidade ou mesmo algum tipo de doença. Os rótulos com frequência mascaram o papel significativo que o comportamento e o ambiente social desempenham na determinação da saúde física e mental das pessoas. Pessoas que costumavam ter desconforto desencadeado por ingerirem refeições pesadas associadas a alimentos gordurosos hoje simplesmente têm distúrbios que requerem que tomem um comprimido lilás. A falta de sono que deriva das escolhas comportamentais não saudáveis que as pessoas fazem em uma sociedade alerta 24 horas por dia, 7 dias da semana, é tratada como um transtorno que pode ser temporariamente atenuado por equipamento de pressão positiva contínua nas vias aéreas (CPAP) ou por uma das novas medicações para o sono que, juntos, produzem vendas equivalentes a muitos bilhões de dólares. A mensagem de que problemas psicológicos devem em geral ser tratados de forma muito semelhante à que trataríamos uma doença médica se estende até mesmo ao fornecimento de água da sociedade ocidental contemporânea – na medida em que existem quantidades consideráveis de antidepressivos em nossos rios e até nos peixes que comemos (Shultz et al., 2010)! Mesmo quando são prescritas adequadamente, tais medicações causam um impacto clinicamente significativo superior ao placebo somente nos casos mais extremos (Fournier et al., 2010; Kirsch et al., 2008), os quais são muito poucos para chegar a afetar o abastecimento de água, caso as drogas fossem prescritas unicamente com base no mérito científico.

A ideia de que o sofrimento é mais bem descrito em termos de uma normalidade bioneuroquímica tem outro lado atraente em sua superfície, isto é, que saúde e felicidade são os estados de homeostase natural da existência humana. Esse *pressuposto da normalidade saudável* se encontra no cerne das abordagens médicas tradicionais da saúde física. Se levarmos em conta o sucesso relativo da medicina física, não causa surpresa que a comunidade de saúde comportamental e mental também tenha adotado esse pressuposto. A concepção tradicional de saúde física é simplesmente ausência de doença. Considera-se que, deixado por sua conta, o corpo está propenso a ser saudável, mas que a saúde física pode ser perturbada por infecções, lesões, toxicidade, pelo declínio na capacidade física ou por desequilíbrios nos processos físicos. Igualmente, pressupõe-se que os seres humanos são inerentemente felizes, estão conectados com os outros, são altruístas e estão em paz consigo mesmos – mas que esse estado típico de saúde mental pode ser perturbado por determinadas emoções, pensamentos, lembranças, eventos históricos ou estados do cérebro.

Um corolário para o pressuposto da normalidade saudável é o de que *processos anormais se encontram na raiz dos transtornos mentais e físicos*. Esses pressupostos florescem e se transformam em pensamento e diagnóstico sindrômico. A identificação de síndromes – conjuntos de sinais (coisas que o observador pode ver) e sintomas (coisas das quais a pessoa se queixa) – é o primeiro passo habitual na identificação de uma doença. Doenças são entidades funcionais, ou seja, são distúrbios da saúde com uma etiologia conhecida, curso e resposta ao tratamento. Depois que as síndromes são identificadas, inicia-se a busca para encontrar os processos anormais que são considerados a origem desse grupo particular de resultados e para encontrar maneiras de alterar esses processos a fim de modificar os resultados indesejáveis.

Esses pressupostos e as estratégias diagnósticas que eles geram são, de modo geral, sensíveis dentro da área da saúde física, embora mesmo ali tenham limitações notáveis. Afinal de contas, saúde não é *meramente* a ausência de doença (Organização Mundial da Saúde, 1947), e sintomas médicos como febre, tosse, diarreia ou vômitos têm funções adaptativas que podem ser negligenciadas quando o foco é voltado unicamente para os sintomas, e não para suas possíveis funções (Trevathan, McKenna, & Smith, 2007). Ainda assim, dentro de limites amplos, o pressuposto da normalidade saudável funciona na medida em que a estrutura do corpo humano parece estar projetada para oferecer um grau razoável de saúde física como resultado natural da evolução biológica. Se determinados humanos não têm os genes adequados para uma saúde física suficiente para assegurar o sucesso reprodutivo, com o tempo a evolução geralmente elimina esses genes ou sua expressão. Sinais e sintomas físicos com frequência têm sido úteis como guias para a identificação de doença. A seleção natural, de modo geral, garante que o desenvolvimento estrutural de um organismo sirva às suas funções de autopreservação e reprodutivas. Portanto, desvios na estrutura costumam indicar anomalia e com frequência são úteis na identificação de doenças específicas. Por exemplo, no começo da epidemia de HIV/aids, formas extremamente raras de câncer levaram os pesquisadores a focar em um subgrupo particular de pessoas, o que, por sua vez, simplificou a descoberta do vírus. A seleção natural, de forma isolada, não garante uma conexão tão próxima entre a forma e a função do comportamento, e a estratégia diagnóstica biomédica corre o risco de ultrapassar os limites quando aplicada ao sofrimento psicológico.

O MITO DA DOENÇA PSIQUIÁTRICA

Nossa abordagem atual do sofrimento psicológico está baseada na ideia de que o exame das características topográficas (i.e., sinais, sintomas e agrupamentos destes) leva a entidades patológicas verdadeiramente funcionais que abarcam *por que* essas características surgem e *como melhor* alterá-las. O campo da psicopatologia foi dominado completamente por esses pressupostos e pelas estratégias analíticas resultantes. Poucos psicólogos e psiquiatras pesquisadores parecem ser capazes de evitar adotá-los. Seja como for, as doenças psiquiátricas são, na verdade, mais mito do que realidade.

Dada a extraordinária atenção direcionada para o modelo da anormalidade dentro da psicologia e da psiquiatria, é de causar surpresa observar que não foi feito praticamente nenhum progresso no estabelecimento das síndromes de saúde mental como entidades patológicas legítimas (Kupfer, First, & Regier, 2002). Depois de relatar o desgastado e antiquado exemplo de paresia geral, não há praticamente nenhuma outra história de sucesso para contar. De forma lamentável, essa ausência de sucesso não impede que os cientistas continuem insistindo que essas síndromes psicológicas em breve irão representar entidades patológicas distintas. Neste momento, estamos progredindo – como mostra a história – e estamos prestes a encontrar o gene, o neurotransmissor ou o neuromodulador responsável pela etiologia da doença psiquiátrica. Com o passar das décadas, aqueles com melhor memória deverão constatar a legitimidade de seu ceticismo original. Uma rápida consulta à listagem de doenças da Organização Mundial da Saúde (OMS) vai desmascarar a história, mostrando a miragem que ela é. Nenhuma das síndromes mais comuns de saúde mental conseguiu satisfazer nem mesmo os critérios mais básicos para ser legitimamente considerada como um estado patológico – mesmo transtornos graves como as esquizofrenias ou os transtornos bipolares.

Cada nova edição do DSM até o momento contém uma abundância de "novas" condições, subcondições e dimensões da patologia mental. A versão preliminar do DSM-5 deixa claro que essa tendência expansionista ainda perdura. Uma parte crescente da população humana continuará a ser inserida no âmbito da nosologia psiquiátrica dominante. O expansionismo diagnóstico seria aceitável se aumentasse a eficácia global do nosso sistema de saúde mental – *mas isso não acontece*. Em vez disso, confrontamo-nos com uma Torre de Babel clássica, na qual novas dimensões, conceitos e listas de sintomas são aglutinados formando uma nosologia com funcionamento deficiente para disfarçar as falhas do empreendimento em geral (veja Frances, 2010).

São inúmeras as deficiências no sistema diagnóstico atual, e abordaremos aqui apenas algumas delas. As taxas de "comorbidade" entre os transtornos são tão altas que desafiam a integridade da definição básica de todo o sistema. Por exemplo, os transtornos depressivos maiores têm taxas de comorbidade que se aproximam de 80% (Kessler et al., 2005). Tais taxas espantosamente altas representam mais um sistema diagnóstico deficiente do que a caracterização de uma verdadeira "comorbidade". Além do mais, a utilidade do tratamento (Hayes, Nelson, & Jarret, 1987) dessas categorias é extremamente baixa, uma vez que os mesmos tratamentos funcionam com muitas síndromes (Kupfer et al., 2002). Essa observação compromete o propósito funcional principal do diagnóstico, isto é, o aumento da eficácia das decisões de tratamento. O sistema descarta formas importantes de sofrimento psicológico (problemas de relacionamento, crises existenciais, dependências comportamentais, etc.), e até mesmo seus defensores concordam que algumas vezes ele parece patologizar processos normais na vida, como luto, medo ou tristeza (Kupfer et al., 2002).

Em contextos do sistema de saúde mental pré-pago (em que "diagnosticar" para receber a cobertura do seguro não é mais necessário), a grande maioria dos clientes que recebem tratamento psicológico não tem nenhuma condição diagnosticável (Strosahl, 1994). Mesmo que os clientes recebam um rótulo como "transtorno de pânico com agorafobia" ou "transtorno obsessivo-compulsivo", ainda assim a terapia terá que abordar outros problemas, como emprego, filhos, relacionamentos, identidade sexual, carreira, raiva, tristeza, problemas com álcool ou o sentido da vida. Tragicamente, à medida que a visão do sofrimento humano do DSM tem-se expandido pelo mundo e tem cada vez mais patologizado as dificuldades humanas normais, a capacidade das culturas não ocidentais de lidar com o sofrimento de uma maneira que mantenha o funcionamento comportamental e social decaiu, em vez melhorar (Watters, 2010).

Um foco na síndrome nos levou a desenvolver abordagens de tratamento que enfatizam excessivamente a redução dos sintomas e minimizam os marcadores funcionais e positivos de saúde mental. Com frequência, os efeitos generalizados da psicoterapia no *status* funcional e na qualidade de vida são pequenos, e os efeitos mais marcantes tendem a ser observados com medidas da gravidade dos sintomas. As reduções na frequência e na gravidade dos sintomas estão apenas moderadamente relacionadas à melhora no funcionamento social ou a medidas mais amplas da qualidade de vida. No entanto, os estudantes de psicopatologia são devidamente treinados para conhecer praticamente todas as características de praticamente todas as categorias de síndromes. Periódicos de pesquisa em psicologia e psiquiatria clínica contêm muito pouco além de pesquisas sobre as síndromes; na maioria dos países que financiam a ciência da saúde mental, o custeio é quase inteiramente dedicado ao estudo dessas síndromes.

O problema não é apenas o foco no pensamento sindrômico. A psicologia positiva, por exemplo, redireciona nosso foco por meio do estudo dos pontos fortes e das virtudes que possibilitam que as comunidades e os indivíduos prosperem. Assim, isso repercute de muitas formas com a abordagem que desenvolvemos e defendemos neste livro. A psicologia positiva, no entanto, não poderá resolver integralmente as dificuldades profundas inerentes ao sistema atual até que explore os processos dimensionais centrais que criam os padrões do sofrimento humano que vemos bem à frente dos nossos olhos. Ou seja, precisamos de uma *explicação*.

O sistema clínico tem abordado a área de saúde mental especificamente, e o sofrimento humano em geral, usando o pressuposto da normalidade saudável; em consequência, ele encara os estados mentais de sofrimento como sinais de transtorno e de doença. Se essa estratégia tivesse conduzido a formas muito mais efetivas de psicoterapia, haveria poucas razões para fazermos alguma objeção. "Sim", poderíamos então dizer, "o sofrimento humano é universal, mas precisamos deixar isso para o padre, o pastor ou o rabino. Nosso trabalho é tratar e prevenir as síndromes clínicas. Afinal de contas, isso é o que os nossos clientes querem. E nós fazemos isso muito bem, na verdade".

Mas não podemos fazer essa afirmação. Embora o campo tenha desenvolvido tratamentos razoavelmente efetivos para os "transtornos mentais" mais comuns, os tamanhos dos seus efeitos são modestos, e na maioria das áreas há anos não ocorre aumento apreciável nos tamanhos dos efeitos. A revolução da assistência baseada em evidências tem revelado esse problema repetidamente, mas poucos integrantes da comunidade científica parecem estar prestando atenção. Enquanto as verbas continuarem a ser transferidas para as universidades ou os institutos de pesquisa, todos estarão satisfeitos. Enquanto as revistas científicas focarem com tanta determinação no modelo de doença, ninguém vai perceber.

A maioria dos clínicos experientes irá prontamente expressar seu profundo ceticismo acerca do sistema diagnóstico atual e a sua opinião de que a ênfase em tratamentos baseados nos transtornos é insuficiente em alguns aspectos muito importantes. Os profissionais, de modo geral, percebem a discrepância entre o que foi prometido e o que foi realizado. Os clínicos frequentemente sugerem que a visão acadêmica está muito mais preocupada com a forma dos problemas de saúde mental e insuficientemente interessada nas funções que esses comportamentos têm na vida do cliente. Outros críticos apontam a aparente desconexão entre o tratamento clínico de um transtorno particular e as influências sociais, culturais e contextuais que conferem significado aos sintomas.

Até mesmo os pais da nosologia psiquiátrica estão começando a questionar a abordagem sindrômica. Quando fazemos palestras sobre os problemas inerentes à abordagem sindrômica, algumas vezes omitimos a procedência das citações que apresentaremos a seguir e então pedimos que a plateia dê um palpite sobre a fonte. Em geral, alguém na plateia imediatamente grita "Você!", mas isso está incorreto. As considerações a seguir são extraídas do relatório do comitê de planejamento da Associação Americana de Psiquiatria para a quinta versão do DSM (Kupfer et al., 2002) – a mesma organização (atuando na mesma tradição) que construiu a Torre de Babel em que estamos vivendo. O relatório dificilmente poderia ser mais condenatório. Acrescentamos itálico para destacar algumas das confissões mais perturbadoras:

O objetivo de validar essas síndromes e de descobrir as etiologias comuns permanece difícil de definir. Apesar dos muitos candidatos propostos, *nenhum* marcador laboratorial provou ser específico na identificação de *qualquer* síndrome definida pelo DSM. (p. xviii)

Estudos epidemiológicos e clínicos apresentaram taxas extremamente altas de comorbidades entre os transtornos, comprometendo a hipótese de que as síndromes representam etiologias distintas. Além disso, estudos epidemiológicos mostraram alto grau de instabilidade no diagnóstico de curto prazo para muitos transtornos. No que diz respeito ao tratamento, a falta de especificidade é a regra, e não a exceção. (p. xviii)

Muitas, se não a maioria, das condições e sintomas representam um excesso patológico arbitrariamente definido de comportamentos normais e processos cognitivos. Esse problema levou à crítica de que o sistema patologiza experiências comuns da condição humana. (p. 2)

A adoção *servil*, por parte dos pesquisadores, das definições do DSM-IV pode ter *atrapalhado* a pesquisa sobre a etiologia dos transtornos mentais. (p. xix)

A reificação das entidades do DSM-IV, a ponto de serem consideradas equivalentes a doenças, *mais provavelmente irá obscurecer do que elucidar os resultados das pesquisas*. (p. xix)

Todas essas limitações no paradigma diagnóstico atual sugerem que pesquisas exclusivamente focadas no refinamento das síndromes definidas pelo DSM podem *nunca* ter sucesso em descobrir suas etiologias subjacentes. Para que isso aconteça, será necessário que ocorra uma mudança para um paradigma ainda desconhecido. (p. xix)

Apesar da honestidade do relatório do grupo de trabalho, o lançamento da versão do DSM-5 mostra claramente que aqueles que controlam nossa nosologia psiquiátrica ainda não resolveram esses problemas (Frances, 2010).

O grupo de trabalho estava correto em sua percepção de que se faz necessária uma abordagem verdadeiramente nova. Este livro aborda como promover uma mudança de paradigma necessária – em nossos clientes, em nossa área e em nós mesmos. Essa mudança é em parte presuntiva, comportamental e experimental, mas é também intelectual. O campo necessita de um modelo transdiagnóstico unificado que esteja ligado a um esforço científico mais amplo de criar uma psicologia mais útil e integrada (veja também Barlow, Allen, & Choate, 2004).

A PERSPECTIVA DA TERAPIA DE ACEITAÇÃO E COMPROMISSO

A abordagem descrita neste livro é denominada terapia de aceitação e compromisso, ou ACT (do inglês *acceptance and commitment therapy*). ACT é sempre pronunciada como uma palavra (em inglês, "agir"), e não como letras individuais, talvez porque A-C-T soe mais como E-C-T (em inglês, sigla para eletroconvulsoterapia), o que não é uma associação favorável,[1] e mais positivamente porque o termo nos faz lembrar que essa abordagem encoraja o envolvimento ativo na vida.

Segundo uma perspectiva da ACT, o sofrimento humano emerge predominantemente de processos psicológicos normais, sobretudo aqueles que envolvem a linguagem humana.

---

[1] A maioria dos profissionais que atuam na área da psicoterapia usa acrônimos para identificar abordagens de tratamento. Assim, não utilizar iniciais tem um benefício colateral imediato na medida em que aqueles que explicam os pontos fortes e fracos da "A-Cê-Tê" são imediatamente expostos como se não tivessem feito nenhum treinamento sério ou leitura em ACT. Os leitores agora saberão encarar com uma dose de ceticismo o que esses observadores dizem.

Mesmo quando está presente uma disfunção fisiológica (como no diabetes ou na epilepsia, por exemplo), a máxima de que "O bom médico trata a doença; o ótimo médico trata o paciente que tem a doença" é uma doutrina sólida.

A observação anterior não significa que não existam processos anormais. Eles evidentemente existem. Se uma pessoa sofre uma lesão cerebral e se comporta estranhamente em consequência disso, esse comportamento não é atribuído unicamente a processos psicológicos normais (muito embora esses processos ainda possam ser relevantes ao se lidar com as consequências do dano cerebral).

A mesma observação pode algum dia se mostrar verdadeira para esquizofrenia, autismo, transtorno bipolar, etc., embora as reais evidências para uma etiologia orgânica simples nessas áreas sejam muito limitadas, conforme demonstrado pela ausência de marcadores biológicos específicos e sensíveis para essas condições (veja a primeira "confissão perturbadora" de Kupfer et al., 2002, anteriormente). No entanto, mesmo com tais doenças mentais graves, o modelo subjacente à ACT sustenta que os processos comuns incorporados na linguagem e no pensamento autorreflexivos podem na verdade *aumentar* as dificuldades centrais associadas a tais condições (para evidências mais detalhadas sobre esse ponto, veja o Capítulo 13). Independentemente de quantas vozes uma pessoa escuta ou quantos ataques de pânico ela experimenta, esse indivíduo é um ser humano que pensa, sente e recorda. A forma como uma pessoa responde a, digamos, uma alucinação pode ser mais crítica para o funcionamento sadio do que a alucinação em si, e, segundo uma perspectiva da ACT, essa resposta é predominantemente determinada por processos psicológicos normais.

O exemplo do suicídio

Não existe um exemplo mais dramático do grau em que o sofrimento faz parte da condição humana do que o suicídio. A morte por uma escolha deliberada é evidentemente o desfecho menos desejável que podemos imaginar na vida; no entanto, uma proporção surpreendentemente considerável da humanidade em algum momento na vida considera se matar, e um número alarmantemente grande desses indivíduos realmente tenta colocar esse ato em prática.

Suicídio é o ato consciente, deliberado e intencional de tirar a própria vida. Dois fatos são claramente evidentes em relação ao suicídio: (1) ele é universal nas sociedades humanas e (2) provavelmente está ausente entre todos os outros organismos vivos. As teorias existentes do suicídio têm dificuldade para explicar esses dois fatos de forma lógica. Há relatos de suicídio em todas as sociedades humanas, tanto atualmente quanto no passado. Cerca de 11,5 por 100 mil pessoas nos Estados Unidos cometem suicídio a cada ano (Xu, Kochanek, Murphy, & Tejada-Vera, 2010), representando em torno de 35 mil mortes em 2007. Sua ocorrência é praticamente inexistente entre bebês e crianças muito pequenas, mas começa a aparecer durante os primeiros anos escolares. Pensamentos suicidas e tentativas de suicídio são muito comuns na população em geral. Um estudo recente encomendado pelo Substance Abuse and Mental Health Services Administration encontrou uma taxa anual calculada de ideação suicida grave entre aproximadamente 8,3 milhões de indivíduos, com tentativas suicidas anuais entre jovens adultos próximas a 1,2% nessa faixa etária – com níveis mais altos de incidência associados a abuso de substâncias (Substance Abuse and Mental Health Services Administration, 2009). Estudos da incidência ao longo da vida sugerem que cerca de 10% de todas as pessoas em algum momento irão fazer uma tentativa contra suas vidas, e outras 20% irão apresentar ideação suicida e desenvolver um plano e meios para colocá-lo em prática. Assim, aproximadamente metade da população total irá experimentar níveis moderados a severos de suicidalidade em suas vidas (Chiles & Strosahl, 2004). Essa é uma cifra assustadoramente alta para explicar se devemos ver a suicidalidade como "anormal".

Também relevante para nossa discussão é o fato de que o suicídio é totalmente ausente entre não humanos. Com o tempo, várias exceções alegadas foram observadas em relação a essa generalização, mas, ao exame, elas se revelaram falsas. Lemingues noruegueses são talvez o exemplo mais clássico. Quando a densidade de sua população atinge um ponto que não pode ser mantido, o grupo inteiro se engaja em um padrão confuso de corrida que leva à morte de muitos deles – geralmente por afogamento. Porém, suicidalidade implica não meramente a morte, mas também atividades individuais que levam o indivíduo à morte pessoal como uma consequência deliberada dessa atividade. Quando um lemingue cai na água, ele tenta escalar, e quando tem sucesso ele permanece fora d'água, mas há inúmeros casos documentados de uma pessoa saltando de uma ponte, sobrevivendo e, então, imediatamente saltando da mesma ponte outra vez.

Nos humanos, a autoeliminação pode servir a uma variedade de propósitos, mas seus propósitos declarados geralmente se originam do léxico diário da emoção, da memória e do pensamento. Por exemplo, quando bilhetes suicidas são examinados, eles tendem a ter mensagens que enfatizam a pesada carga de viver e a conceitualização de um futuro estado de existência (ou não existência) em que essas cargas serão retiradas (Joiner et al., 2002). Embora os bilhetes suicidas com frequência expressem amor por outras pessoas e um sentimento de vergonha pelo ato, também costumam expressar que a vida é penosa demais para ser suportada (Foster, 2003). As emoções e os estados mentais mais comuns associados ao suicídio incluem culpa, ansiedade, solidão e tristeza (Baumeister, 1990).

O fenômeno do suicídio demonstra os limites e as falhas da perspectiva do sofrimento humano com base na síndrome. Suicídio não é uma síndrome, e muitas pessoas que acabam com a própria vida não podem ser simplesmente classificadas com um rótulo sindrômico bem definido (Chiles & Stroshal, 2004). Se a forma de atividade mais dramaticamente "nociva" que existe está presente em certa medida nas vidas da maioria dos humanos, mas não entre outros seres sencientes, somos levados a uma conclusão óbvia: a de que deve haver algo peculiar na condição de ser humano que faz com que seja assim. Mais precisamente, deve haver um processo em funcionamento que leva tão prontamente a tamanho sofrimento psicológico – um processo que é unicamente característico da psicologia humana. A estratégia de pesquisa que apoia a psicopatologia contemporânea não irá necessariamente detectar esse processo porque ela não está especificamente focada nos detalhes mundanos cotidianos das ações humanas. Mesmo que atribuíssemos a quase todas as pessoas um ou mais rótulo diagnóstico, nenhum progresso no estudo da psicopatologia diminuiria nossa obrigação de abordar e explicar melhor a universalidade do sofrimento humano. Todos os seres humanos têm suas dores – só que uns mais do que outros. Com efeito, é normal ser "anormal".

Normalidade destrutiva

A universalidade do sofrimento por si só sugere que ele se origina dentro de processos que se desenvolveram para promover a adaptabilidade do organismo humano. Essa observação é a ideia central por trás do *pressuposto da normalidade destrutiva*, a ideia de que processos psicológicos humanos comuns e até mesmo úteis podem conduzir a resultados destrutivos e disfuncionais, amplificando ou exacerbando quaisquer condições fisiológicas e psicológicas anormais que possam existir.

Quando a ACT estava sendo desenvolvida durante a década de 1980, ela foi projetada como uma abordagem transdiagnóstica de tratamento baseada nos processos centrais comuns que acreditávamos que explicavam o sofrimento psicológico humano. Começamos com algumas perguntas relativamente simples e diretas:

Como é possível que pessoas inteligentes, sensíveis e atenciosas que têm tudo o que necessitam para sobreviver e prosperar na vida precisem suportar tal sofrimento?
Existem processos humanos universais que de alguma maneira estejam ligados ao sofrimento generalizado?
Podemos desenvolver uma compreensão teórica sólida de como o sofrimento se desenvolve e então aplicar intervenções psicológicas para neutralizar ou reverter os processos centrais responsáveis?

Uma pista importante para que possamos encontrar respostas significativas a essas perguntas desafiadoras exigiu apenas que nos olhássemos no espelho. Envolto pelo escudo protetor redondo da cabeça encontrava-se um órgão com um lado positivo extremamente brilhante e uma contrapartida igualmente perturbadora.

É humilhante observar que esta ideia – a de que processos psicológicos normais e necessários funcionam de forma muito semelhante a uma faca de dois gumes – é básica para muitas tradições religiosas e culturais, porém é muito menos valorizada na psicologia e em outras ciências comportamentais. A tradição judaico-cristã (e, na verdade, a maioria das tradições religiosas, tanto ocidentais quanto orientais) adota a ideia de que o sofrimento humano faz parte do normal estado das coisas na vida. É importante examinar essa tradição religiosa como um exemplo concreto do quanto a euforia por síndromes médicas nos afastou de nossas raízes culturais nessas questões. O Gênesis, o princípio de todas as coisas, parece ser um lugar apropriado por onde começar nossa análise da linguagem humana e do sofrimento humano.

As origens do sofrimento segundo a tradição judaico-cristã

A Bíblia é muito clara em relação à fonte original do sofrimento humano. Na história do Gênesis, "E disse Deus: 'Façamos o homem à nossa imagem, conforme a nossa semelhança'" (Gen. 1:26 [Nova Versão Internacional]), Adão e Eva foram colocados em um jardim idílico. Os primeiros humanos eram inocentes e felizes: "O homem e sua mulher estavam nus e não sentiam vergonha" (Gen. 2:25). Eles recebem apenas uma ordem: "Não comerás da árvore do conhecimento do bem e do mal, porque no dia em que dela comeres, certamente morrerás" (Gen. 2:17). A serpente diz a Eva que ela não morrerá se comer daquela árvore, mas que "Deus sabe que quando dela comeres teus olhos se abrirão e serás como Deus, conhecendo o bem e o mal" (Gen. 3:5). Acontece que a serpente estava correta até certo ponto, porque quando a fruta é comida "Os olhos dos dois se abriram e eles perceberam que estavam nus" (Gen. 3:7).

Esta é uma história poderosa e muito instrutiva. Quando questionadas se é bom conhecer a diferença entre o bem e o mal, a maioria das pessoas religiosas certamente diria que ter tal conhecimento representa o próprio epítome do comportamento moral. Pode ser que sim, porém a história do Gênesis sugere que ter esse tipo de conhecimento avaliativo também representa o epítome de mais alguma coisa, isto é, a perda da inocência humana e o início do sofrimento humano.

Na história bíblica, os efeitos do conhecimento avaliativo são imediatos e diretos. Os efeitos negativos adicionais da punição de Deus vêm posteriormente. Adão e Eva já estavam sofrendo antes que Deus descobrisse sua desobediência. Quando Adão e Eva descobriram que estavam nus, eles imediatamente "coseram folhas de figueira e fizeram cintas para si" (Gen. 3:7 [Nova Versão Internacional]) e "esconderam-se da presença do Senhor Deus entre as árvores do jardim. E chamou o Senhor Deus a Adão: 'Onde estás?' Ele respondeu: 'Ouvi a tua voz soar no jardim e temi porque estava nu; e me escondi'. E disse Deus: 'Quem lhe disse que você estava nu? Por acaso você comeu do fruto da árvore?'" (Gen. 3:8-11). O que acontece em seguida é igualmente significativo. Adão culpa Eva por convencê-lo a comer do fruto da árvore, e Eva culpa o demônio.

Há algo de muito triste em relação a essa narrativa descrevendo o primeiro caso de vergonha e culpa humanas. Ela aborda algo muito profundo dentro de nós relacionado à nossa própria perda da inocência. Os humanos comeram o fruto da Árvore da Sabedoria: somos capazes de classificar, avaliar e julgar. Como conta a história, nossos olhos se abriram – porém a um custo terrível! Somos capazes de julgar a nós mesmos e nos percebemos desejosos; podemos imaginar ideais e achar o presente inaceitável por comparação; podemos reconstruir o passado; somos capazes de vislumbrar futuros que ainda não são evidentes e, então, podemos nos preocupar com a morte por atingi-los; podemos sofrer com o conhecimento certo de que nós e nossos entes queridos iremos morrer.

Cada nova vida humana reconstitui essa antiga história. As crianças pequenas são a própria essência da inocência humana. Elas correm, brincam, sentem – e, como no Gênesis, quando estão nuas não sentem vergonha. As crianças constituem um modelo para o pressuposto da normalidade saudável, e sua inocência e vitalidade fazem parte do motivo pelo qual o pressuposto parece tão obviamente verdadeiro. Porém, essa visão começa a se dissipar à medida que as crianças adquirem a linguagem e se tornam cada vez mais semelhantes às criaturas adultas que elas veem refletidas todos os dias em seus espelhos. Os adultos inevitavelmente arrastam seus filhos para fora do Jardim com cada palavra, conversa ou história que contam a elas. Ensinamos as crianças a falar, pensar, comparar, planejar e analisar. E, quando fazemos isso, sua inocência se desfaz como as pétalas de uma flor, para ser substituída pelos espinhos e os galhos rígidos do medo, da autocrítica e do fingimento. Não podemos impedir essa transformação gradual, nem somos capazes de suavizá-la completamente. Nossos filhos precisam ingressar no mundo aterrador do conhecimento verbal. Eles precisam passar a ser como nós.

As grandes religiões do mundo foram algumas das primeiras tentativas organizadas de resolver o problema do sofrimento humano. Isso quer dizer que todas as grandes religiões têm um lado místico e que todas as tradições místicas compartilham uma característica definidora: todas elas reúnem práticas que são orientadas para a redução ou a transformação do domínio da linguagem analítica sobre a experiência direta. A diversidade de métodos é impressionante. O silêncio é observado por horas, dias, semanas; charadas verbais insolúveis são contempladas; a própria respiração é monitorada durante dias de cada vez; mantras são repetidos interminavelmente; cânticos são repetidos por horas a fio; e assim por diante. Até mesmo os aspectos não místicos das grandes tradições religiosas – que se baseiam na linguagem literal e analítica – com frequência focam em atos que não são puramente analíticos. A teologia judaico-cristã, por exemplo, requer que tenhamos fé em Deus (a raiz de *fé* provém do latim *fides*, que significa algo mais próximo de fidelidade do que de crença lógica e analítica). O budismo foca nos custos do apego. Diferentes religiões variam os detalhes da narrativa, mas os temas em geral são os mesmos. Em sua tentativa de busca do conhecimento, os humanos perderam sua inocência, e o sofrimento é um resultado natural disso. Apesar dos excessos a que a religião muitas vezes está propensa, há uma grande sabedoria nessa perspectiva. Para se ter uma ideia, a tradição relativamente recente da psicoterapia apenas agora está se aproximando disso.

Os efeitos positivos e negativos da linguagem humana

A essência da abordagem da ACT está baseada na ideia de que a linguagem humana dá origem tanto às realizações humanas quanto ao sofrimento humano. Por "linguagem humana" não nos referimos à mera vocalização humana, nem ao inglês como oposto ao idioma francês. Da mesma forma, não estamos nos referindo meramente à sinalização social, como quando nosso cachorro late pedindo comida ou quando um esquilo emite um grito de alerta. Em vez disso, referimo-nos à atividade simbólica em qualquer forma que ela ocorra – seja por meio de gestos, figuras, formas escritas, sons ou o que quer que seja.

Embora pareça haver ampla concordância de que os primeiros humanos eram capazes de utilizar símbolos (baseados em suas práticas funerárias, por exemplo), o uso sofisticado dessas habilidades é espantosamente recente. Os primeiros registros permanentes e inquestionáveis de atividade simbólica humana sofisticada parecem ser os desenhos rupestres de apenas 10 mil anos atrás. As primeiras evidências de linguagem escrita como a conhecemos têm cerca de 5.100 anos de idade. O alfabeto foi inventado apenas há 3.500 anos. Mesmo dentro do registro escrito formal dos assuntos humanos, existe uma clara progressão das habilidades verbais. Apenas há alguns milhares de anos, as pessoas comuns devem ter experimentado autoverbalizações como declarações dos deuses ou de outras entidades invisíveis (Jaynes, 1976), e nas primeiras histórias escritas "pensar por conta própria" era visto como perigoso (p. ex., veja a análise de Jayne [1976] de *Ilíada* e *A Odisseia*). Hoje em dia, os adultos normais manipulam uma variedade de estímulos simbólicos (tanto abertamente quanto de forma relativamente velada) da manhã à noite enquanto simultaneamente atuam no mundo.

O progresso da humanidade pode ser relacionado diretamente a esses mesmos marcos verbais. O desenvolvimento das grandes civilizações foi impulsionado pela linguagem escrita, e as grandes religiões pelo mundo se desenvolveram não muito tempo depois. A enorme expansão da capacidade da espécie humana de alterar seu ambiente imediato por meio da tecnologia começou com a ascensão gradual da ciência e vem crescendo exponencialmente desde então.

O progresso resultante é surpreendente, superando nossa habilidade de apreciar as múltiplas e várias mudanças. Há aproximadamente 200 anos, a expectativa média da vida humana era de 37 anos; agora se aproxima de 88! Cerca de 100 anos atrás, um agricultor americano conseguia alimentar em média apenas outras quatro pessoas; hoje, são 200! Cinquenta anos atrás, o *Dicionário de Inglês Oxford* pesava 13 quilos e ocupava 1 metro do espaço na prateleira; atualmente, ele cabe em um *pen-drive* de 30 gramas ou pode ser acessado via *web* de praticamente qualquer lugar!

Esse tipo de ladainha "surpreendente" é fácil de descartar porque o impacto das habilidades verbais humanas de hoje é tão grande que é quase incompreensível. Mas não podemos avaliar plenamente o dilema humano se não vemos claramente a natureza e a velocidade do progresso humano. O sofrimento e a coisificação humanos só podem ser entendidos no contexto das realizações humanas porque a origem mais importante de ambos é a mesma – a atividade simbólica humana. Os psicoterapeutas, melhor do que a maioria das pessoas, conhecem o lado obscuro desse progresso.

Pedir que seres humanos individuais questionem a natureza e o papel da linguagem em suas próprias vidas é equivalente a pedir que um carpinteiro questione a utilidade de um martelo. A mesma injunção se aplica aos leitores deste livro. Você não pode ser um bom terapeuta de ACT se tomar as palavras como certas, corretas e verdadeiras em vez de perguntar: "Quão *eficazes* elas são?". Essa observação se aplica até mesmo às palavras que você está lendo. Martelos não são bons para tudo, e a linguagem também não é boa para tudo. Precisamos aprender a usar a linguagem sem sermos consumidos por ela. Precisamos aprender a manejá-la em vez de ela nos manejar – os clínicos e também os clientes.

O desafio da dor psicológica para criaturas com linguagem

Quando não humanos são expostos a estímulos aversivos, eles reagem de forma previsível. Eles se engajam em imediato comportamento de esquiva, emitem gritos de aflição, são hostis ou colapsam em um estado de imobilização. Essas reações de estresse geralmente têm um tempo limitado e estão associadas à presença de estímulos condicionados ou incondicionados. O comportamento relacionado ao estresse normalmente retornará aos níveis básicos depois que o evento aversivo for removido e a excitação autonômica abrandar.

Os humanos são criaturas muito diferentes, principalmente devido à sua capacidade de se engajar em atividade simbólica. Os humanos podem suportar eventos aversivos; criar semelhanças e diferenças entre os eventos; e formar relações entre eventos históricos e eventos atuais com base nas semelhanças construídas. Podem fazer previsões sobre situações que ainda não foram experimentadas. Podem responder como se um evento aversivo estivesse presente quando ele já foi retirado há décadas. As poderosas funções indiretas da linguagem e da cognição superior criam o potencial para sofrimento psicológico na ausência de pistas ambientais imediatas; no entanto, estas são as habilidades cognitivas mais valorizadas e úteis no avanço humano.

Parece improvável que os primeiros humanos tenham desenvolvido habilidades cognitivas primariamente para ponderar sobre a própria adequação ou para se indagarem para onde estão se dirigindo na vida. A linguagem humana foi selecionada com base em consequências muito mais substanciais da vida e da morte e do controle social. Os humanos são uma das espécies mais cooperativas conhecidas. De fato, cooperação social é provavelmente um contexto necessário para os processos de seleção multinível (dentro e entre os grupos) que originalmente podem ter gerado a cognição humana (Wilson & Wilson, 2007).

As adaptações individuais (dentes grandes ou melhor camuflagem, por exemplo), em geral, são egoisticamente vantajosas, embora adaptações sociais maiores possam ser mais altruístas porque proporcionam vantagens na competição entre os grupos. Cooperação também é uma característica conceitual essencial na evolução da linguagem porque a linguagem simbólica é útil, antes de qualquer coisa, para a comunidade mais ampla (Jablonka & Lamb, 2005). No entanto, embora a cognição humana tenha levado a uma maior capacidade para detectar e afastar as ameaças ao grupo, para coordenar o comportamento do clã e para assegurar que essa propagação ocorra, ela também nos deu ferramentas cognitivas que podem se voltar despercebidamente contra nossos melhores interesses.

No mundo desenvolvido, as pessoas raramente se defrontam com ameaças imediatas à sobrevivência. Elas têm o tempo e o incentivo para pensar sobre qualquer coisa prática: sua história, sua aparência física, seu lugar na vida comparando com onde achavam que estariam, o que outras pessoas pensam sobre elas, etc. A cultura humana do mundo civilizado evoluiu de modo a aproveitar nossas habilidades simbólicas. A linguagem evoluiu para incluir cada vez mais termos que descrevem e avaliam vários estados da mente ou da emoção. À medida que esses termos evoluem, as experiências podem ser classificadas e avaliadas. À medida que os seres humanos cada vez mais olham para dentro de si, a vida começa a parecer mais um problema a ser resolvido do que um processo a ser plenamente experimentado.

Podemos ver essa tendência começar externamente, mas por fim se voltar para dentro na própria estrutura e história de nossas línguas modernas. As primeiras palavras nas línguas humanas quase sempre estão relacionadas a externalidades: leite, carne, mãe, pai, etc. Somente foi possível falar sobre o "mundo interno" muito mais tarde, por meio do desenvolvimento de palavras que funcionassem como metáforas baseadas em situações externas comuns. Essa progressão é facilmente vista na etimologia das palavras disposicionais (Skinner, 1989). Por exemplo, "querer" alguma coisa provém de uma palavra que significa "faltando"; "pender" provém de uma palavra que significa "inclinar-se". Praticamente todos os termos disposicionais são assim.

Quando aprendemos a nos voltar para o interior, nossas habilidades verbais e cognitivas (nossas "mentes") começam a nos alertar com alarmes sobre estados psicológicos passados e futuros em vez de apenas alarmes sobre ameaças externas. Casos normais de dor psicológica se tornam o foco de nossa solução de problemas cotidiana – com resultados tóxicos. Esse processo de aplicação de um processo útil a um alvo inapropriado é similar à forma como as alergias envolvem a má aplicação de um processo útil das defesas corporais contra organismos intrusos aos próprios processos corporais. O sofrimento humano envolve predominantemente a má aplicação de processos psicológicos de solução de problemas (que em outros contextos podem ser positivos) a casos normais de dor psicológica. Em outras palavras, nosso sofrimento representa um tipo de reação alérgica ao nosso próprio mundo interno.

Não é possível eliminar o sofrimento eliminando a dor. A existência humana contém desafios inevitáveis. Pessoas que amamos serão feridas, e pessoas próximas a nós morrerão – na verdade, estamos conscientes desde uma tenra idade de que com o tempo todos nós vamos morrer. Nós também ficaremos doentes. As funções vão diminuir. Amigos e amantes vão nos trair. A dor é inevitável, e (devido às nossas inclinações simbólicas) rapidamente nos lembramos dessa dor e podemos trazê-la para a consciência em determinado momento. Essa progressão significa que os seres humanos conscientemente se expõem a quantidades excessivas de dor – apesar das nossas consideráveis habilidades para controlar suas fontes no ambiente externo. Mesmo assim, uma grande dor não é, por si só, causa suficiente para o verdadeiro sofrimento humano. Para que isso ocorra, o comportamento simbólico precisa ser levado um pouco mais além.

O canto das sereias do sofrimento: fusão e esquiva

No clássico poema grego A Odisseia, de Homero, Odisseu e seu bando de guerreiros procuram retornar a seus lares na Grécia após o fim da Guerra de Troia. Eles navegam pelo traiçoeiro Mar Egeu, enfrentando muitos perigos pelo caminho, talvez nenhum mais desafiador do que o encontrado quando passam pela ilha das sereias. As sereias são criaturas adoráveis que ficam escondidas nas rochas ao longo da costa, entoando cantos que prometem o conhecimento do futuro. Os cantos são irresistíveis porque se dirigem ao desejo pelo conhecimento de cada marinheiro, porém aqueles que são arrebatados inevitavelmente encontram seu destino. Alertado previamente por Circe sobre esse perigo iminente, Odisseu ordena que seus homens tapem seus ouvidos com cera de abelha. Entretanto, por desejar ouvir o canto das sereias, ele ordena que seus homens o amarrem ao mastro principal e em nenhuma circunstância o desamarrem até que o barco esteja muito além da costa da ilha. Quando o navio passa pela ilha, Odisseu fica tão encantado com o canto das sereias que implora e apela que seus homens o desamarrem, mas eles se recusam, sabendo que ele irá saltar no mar e morrer.

A história de Odisseu e do canto das sereias fala da relação básica dos humanos com o lado obscuro da sua própria força mental e do seu entrelaçamento com o conhecimento verbal. E, assim como na história do Gênesis, a história alerta quanto ao aspecto ambivalente do conhecimento verbal. Podemos começar a entender o alerta focando em dois processos principais: fusão cognitiva e esquiva experiencial – o "canto das sereias" do sofrimento humano (Strosahl & Robinson, 2008).

Fusão cognitiva

Ocorre sofrimento quando as pessoas acreditam tão fortemente nos conteúdos literais de sua mente que ficam *fusionadas* com suas cognições. Nesse estado de fusão, a pessoa não consegue distinguir entre consciência e narrativas cognitivas, já que cada pensamento e seus referentes estão fortemente ligados. Essa combinação significa que a pessoa tem maior probabilidade de seguir cegamente as instruções que são socialmente transmitidas por meio da linguagem. Em algumas circunstâncias, esse resultado pode ser adaptativo, mas, em outros casos, as pessoas podem se engajar repetidamente em conjuntos de estratégias ineficazes porque para elas parecem ser "certas" ou "justas" apesar das consequências negativas no mundo real. Pessoas que se fundem às próprias cognições provavelmente irão ignorar a experiência direta e se tornar relativamente alheias às influências ambientais. Com muita frequência, as pessoas entram em terapia devido ao desgaste emocional de tais consequências, na esperança de uma redução no desconforto dos sintomas. Mas elas não têm a intenção de mudar sua abordagem básica porque sua abordagem é efetivamente invisível para elas. É como se estivessem aprisionadas pelas regras que se originam em sua própria mente. Essas regras não são organizadas de forma aleatória; pelo contrário, no nível do conteúdo, elas seguem uma diretiva cultural específica sobre saúde pessoal e como melhor atingi-la. No nível do processo, elas estão implicitamente baseadas no pressuposto de que regras verbais e a solução de problemas deliberada são a melhor ou até mesmo a única forma de resolver problemas.

Considere, por exemplo, clientes com distimia, os quais diariamente têm diálogos internos que interferem em sua experiência direta de vida. Na maior parte do tempo, esses processos de pensamento envolvem "verificar" se eles estão "se sentindo bem". Se o cliente vai a uma reunião social, não vai demorar muito para que comecem a surgir perguntas de autorreflexão. Por exemplo, ele pode rapidamente se perguntar: "Bem, como estou me inserindo?". A busca de pistas ambientais se inicia. O indivíduo faz uma varredura nas pessoas próximas para ver se está sendo feito contato visual, se as pessoas estão olhando para outro lado ou se ele está sendo totalmente ignorado. Depois, são verificados os estímulos auditivos para ver se as pessoas estão dizendo coisas humilhantes ou o ridicularizando. O cliente se engaja em atos adicionais de autorreflexão: "Quão bem estou me relacionando com essas pessoas?", "Estou realmente sendo eu mesmo?", "Estou apenas fingindo estar feliz e normal?", "Eles podem realmente ver que não estou tão feliz quanto finjo estar?", "Afinal, por que estou fingindo para as pessoas?", "Achei que eu viria a esta festa para me divertir um pouco e ficar feliz, mas agora me sinto pior do que nunca!". O ruído interno causado pelo automonitoramento que o cliente faz das causas e dos efeitos emocionais se torna tão crônico que, para ele, é praticamente impossível engajar-se em qualquer atividade sem quase imediatamente destruir seu sentimento de "estar presente" ou ser espontâneo.

Em um estado fusionado, a pessoa com distimia segue a regra de que há uma "forma certa de ser" e de que a "forma certa" é feliz. Atingir a forma certa de se sentir se transforma em um esforço constante – um esforço que muitos clientes compartilham. Para o cliente com transtorno de pânico, o principal esforço é contra a ansiedade, pensamentos de morte, perda do controle ou perda da razão. A fim de manter o controle, o cliente deve estar vigilante para reconhecer os primeiros sinais de que reações indesejáveis estão ocorrendo. Ele precisa examinar as sensações corporais, os processos de pensamento, as predisposições comportamentais e as reações emocionais para sinais de fracasso (ou sucesso) iminente. A solução para a busca por sentir-se da forma certa aparentemente reside em mais vigilância, mais rastreamento do ambiente interno e externo e mais controle. No entanto, o ciclo autoimposto pelo cliente de monitoramento, avaliação, resposta emocional, esforços de controle e mais automonitoramento não é uma solução para esses transtornos; ao contrário, ele *é* o próprio transtorno.

Desvencilhar as pessoas das suas mentes é um dos principais objetivos da ACT, mas isso é muito mais fácil de dizer do que de fazer, tanto para os clínicos como para os clientes. As pessoas recorrem às suas mentes porque linguagem e pensamento são veículos extremamente efetivos no mundo cotidiano. Você deve definitivamente prestar atenção ao que sua mente está dizendo quando está fazendo seu imposto de renda, consertando uma máquina ou tentando atravessar uma rua em um cruzamento movimentado. O problema é que não somos treinados para discriminar quando a mente é útil e quando não é e não desenvolvemos as competências para passar de um modo de solução de problemas da mente fusionado para um modo da mente engajado em descrever. A mente é ótima quando se trata de inventar aparelhos, construir planos de negócios ou organizar programações diárias. Porém, isoladamente, a mente é muito menos útil em aprender a estar presente, aprender a amar ou descobrir como melhor carregar consigo as complexidades de uma história pessoal. O conhecimento verbal não é o único tipo de conhecimento que existe. Precisamos aprender a usar nossas competências analíticas e avaliativas quando isso promove operacionalidade e usar outras formas de conhecimento quando elas servem melhor aos nossos interesses. Com efeito, o objetivo final da ACT é ensinar os clientes a fazer essas distinções a serviço da promoção de uma vida mais viável.

Esquiva experiencial

Outro processo-chave no ciclo do sofrimento é a *esquiva experiencial*. Ela é uma consequência imediata da fusão com instruções mentais que encorajam a supressão, o controle ou a eliminação de experiências cuja expectativa é a de que sejam estressantes. Para o cliente que se engaja em padrões distímicos, o objetivo pode ser sentir-se da forma certa e evitar sentimentos ou pensamentos que o desviam do seu objetivo. Para o cliente que demonstra padrões obsessivo-compulsivos, o objetivo pode ser suprimir certos pensamentos ou controlar sentimentos de desgraça. Para o cliente com transtorno de pânico, o objetivo primordial é evitar experimentar ansiedade e pensamentos de morte, perda do controle ou perda da razão. (Ao longo de todo o tempo, durante o tratamento, o clínico também pode estar resistindo a impulsos de sentir-se impotente, tolo ou perdido.)

Há um paradoxo inerente na tentativa de evitar, suprimir ou eliminar as experiências privadas indesejáveis na medida em que frequentemente tais tentativas levam a um *recrudescimento* na frequência e na intensidade das experiências a serem evitadas (Wenzlaff & Wegner, 2000). Como a maior parte do conteúdo angustiante por definição não está sujeita à regulação comportamental voluntária, só resta ao cliente uma estratégia principal: esquiva emocional e comportamental. O resultado no longo prazo é que a vida da pessoa começa a se restringir, as situações evitadas se multiplicam e se deterioram, os pensamentos e sentimentos evitados se tornam mais preponderantes, e a capacidade de estar no momento presente e desfrutar a vida gradualmente diminui.

O impacto do canto das sereias

Tanto a fusão cognitiva quanto a esquiva experiencial afetam significativamente quem pensamos que somos. Ficamos cada vez mais enredados em nossas auto-histórias, e as ameaças às nossas autoconcepções se tornam centrais. As possibilidades que são externas à nossa narrativa oficial devem ser evitadas ou negadas. Essa consequência vale tanto para as histórias que são horríveis quanto para as que são ilusoriamente positivas. Inevitavelmente nos esquivamos de reconhecer os erros para salvar as aparências, mas ao custo de deixarmos de aprender com eles. Pessoas que padecem de transtorno de pânico com frequência irão declarar "Eu sou *agorafóbico*" – como se seus problemas definissem quem elas são – e irão se ater às particularidades de sua patologia ou à peculiaridade e ao poder explanatório de sua trágica história como se isso fosse seu principal direito de nascença. As pessoas com frequência mergulham em seus mecanismos mentais de forma semelhante ao modo como os marinheiros mergulham no mar (i.e., não sem algum grau de prazer). No entanto, elas são engolidas pelas ondas do orgulho e esmagadas contra os rochedos da vergonha. Em vez de ossos quebrados, temos casamentos rompidos. Assim como os marinheiros de Odisseu ansiando pelas verdades adivinhatórias das sereias, as oportunidades passam à nossa frente como navios vazios quando não se encaixam na narrativa da nossa mente. Quando você está muito ocupado em ser o que sua mente diz que você é, deixar de lado seus hábitos normais se torna impossível, mesmo quando isso seria obviamente útil.

A fusão cognitiva e a esquiva experiencial também afetam a habilidade do indivíduo de prestar atenção de modo flexível e voluntário ao que está acontecendo interna e externamente. Atentar deliberadamente aos eventos internos que a pessoa quer evitar – ou mesmo aos seus desencadeantes externos – faria cair por terra o propósito da esquiva experiencial. Observar os eventos que possam contradizer uma história muito fusionada significa afastar-se dessa história por um momento (que horror!). Para evitar tais resultados inoportunos, a atenção do indivíduo deve permanecer estritamente focada e inflexível. Com o tempo, instala-se um tipo de entorpecimento vital. A pessoa passa pelos acontecimentos da vida diária sem muito contato momento a momento com a vida em si. A vida segue no piloto automático.

O dano causado pela fusão cognitiva e pela esquiva experiencial é igualmente destrutivo em relação ao nosso senso de direção na vida e ao nosso comportamento guiado por objetivos. Nosso comportamento fica mais submetido ao "controle aversivo" do que ao "controle apetitivo" – mais dominado pela esquiva e escape do que pela atração natural. Nossas escolhas vitais mais importantes passam a ser baseadas em como não evocar conteúdo pessoal angustiante em vez de seguirmos na direção do que mais profundamente valorizamos. As pessoas perdem completamente seus pontos de referência porque estão muito ocupadas em monitorar o nível de risco de cada evento, interação ou situação.

ACT: ACEITAR, ESCOLHER, AGIR

Na abordagem da ACT, um objetivo de vida saudável não é tanto sentir-se *bem*, mas *sentir* bem. É *psicologicamente saudável* ter pensamentos e sentimentos desagradáveis, além dos prazerosos, e isso nos dá pleno acesso à riqueza de nossas histórias pessoais únicas. Ironicamente, quando pensamentos e sentimentos se tornam fundamentais, praticamente ditando o que fazemos – ou seja, quando eles "significam apenas o que *dizem* que significam" –, com frequência ficamos relutantes em sentir os sentimentos ou pensar os pensamentos abertamente e, assim, aprender com o que eles têm a nos ensinar. Em contrapartida, quando os sentimentos são apenas sentimentos e os pensamentos são apenas pensamentos, eles podem significar o que eles *realmente* significam, ou seja, que partes da nossa história pessoal única estão sendo trazidas para o presente pelo contexto atual. Pensamentos e sentimentos são interessantes e importantes, mas não devem necessariamente ditar o que acontece a seguir. Seu papel específico em cada caso depende do contexto psicológico em que ocorrem, e isso é muito mais variável do que qualquer modo de solução de problemas da mente normal que podemos imaginar.

A alternativa construtiva à fusão é a *desfusão*, e a alternativa preferida à esquiva experiencial é a *aceitação*. Estes são os processos ensinados e estimulados na abordagem da ACT. Desfusão e aceitação em seus modelos mais básicos estão implícitas em qualquer psicoterapia porque, no mínimo, o cliente e o terapeuta imediatamente irão aprender a observar os pensamentos e os sentimentos que ocorrem para compreender o problema que está sendo tratado. Em suas formas mais elaboradas apresentadas na ACT, desfusão envolve aprender a estar conscientemente atento ao próprio pensamento quando ele ocorre, e aceitação envolve o processo ativo de se engajar e algumas vezes aumentar a rica complexidade das próprias reações emocionais como um meio de fomentar a abertura psicológica, a aprendizagem e a compaixão por si mesmo e pelos outros. Essas habilidades envolvem experimentar conscientemente os sentimentos *como* sentimentos, os pensamentos *como* pensamentos, as lembranças *como* lembranças, e assim por diante. Elas permitem que a pessoa observe desapaixonadamente a própria mente em funcionamento enquanto ao mesmo tempo "acolhe o momento", dessa maneira permanecendo atenta a pistas ou sinais contextuais potencialmente importantes que de outra forma passariam despercebidos.

À medida que essas competências são adquiridas, o próprio sentido da atenção se torna mais flexível, focado e volitivo, possibilitando que a pessoa veja melhor a si mesma e as outras pessoas como parte de um mundo interconectado. A partir dessa perspectiva mais atenta e flexível, os clientes podem fazer com mais facilidade a mudança da conduta de esquiva e enredamento para uma de aumento no engajamento e na expansão comportamental.

Raramente nos engajamos em esquiva como um objetivo em si. A esquiva bem-sucedida não é um objetivo de resultados, mas um objetivo de processos. Se você perguntar a um cliente *por que* ele deve, digamos, evitar a ansiedade, a resposta geralmente irá se referir a um impacto positivo desejado em alguma parte da sua vida. O cliente pode acreditar, por exemplo, que a ansiedade indevida está atrapalhando uma promoção potencial, prejudicando um relacionamento ou impedindo-o de viajar. As estratégias da esquiva experiencial prometem que serão obtidos desfechos importantes e desejáveis na vida ao se livrar de maus sentimentos. Na ACT, no entanto, tais desfechos na vida se tornam mais imediatamente relevantes e viáveis, uma vez que os profissionais podem se voltar diretamente para a questão dos valores pessoais profundamente arraigados e a como construir a vida focando nesses valores.

A busca bem-sucedida de um valor vital é complicada pela esquiva porque as áreas em que podemos ser mais magoados são justamente aquelas áreas com as quais nos importamos mais profundamente. Pode ser muito confortável fingir "não se importar". Não é possível escolher direções na vida valorizadas, porém arriscadas, quando nossas cognições estão fusionadas porque a mente lógica procura garantias dos resultados. No contexto de maior flexibilidade psicológica, no entanto, a dor psicológica que é inerente a situações difíceis na vida pode ser aceita pelo que ela é, e podemos aprender com ela; nossa atenção e foco podem, então, ser mudados para comportamentos de melhoria da vida.

Nestas últimas páginas, descrevemos todo o modelo da ACT sem parar para explicar integralmente por que esses processos existem e como eles funcionam. Em parte, esta breve introdução pretende dar ao leitor uma noção de como pode funcionar uma alternativa ao pensamento sindrômico transdiagnóstica e focada em processos. O restante deste livro é planejado para entrar em mais detalhes. Esta será uma jornada que envolve primeiramente esclarecer os pressupostos teóricos, examinar a ciência básica e clínica e, então, articular implicações e aplicações clínicas específicas.

Organizamos este livro de modo que você primeiramente entenda os fundamentos do trabalho (Capítulo 2). Acreditamos que, longe de ser um exercício árido, conectar-se com os pressupostos subjacentes à ACT prepara o terreno para a utilização do modelo de uma forma vital. Poderemos, então, explorar a flexibilidade psicológica como um modelo transdiagnóstico unificado do funcionamento e da adaptabilidade humanos (Capítulo 3). Depois disso, o modelo é aplicado a estudos de caso específicos de modo que você, o clínico, possa começar a identificar vários pontos fortes e pontos fracos psicológicos em seus clientes e em você mesmo por uma perspectiva contextual (Capítulo 4). O Capítulo 5 aborda a ferramenta mais poderosa que você tem como terapeuta, isto é, sua relação consigo mesmo e com seus clientes. Ele mostra como você pode promover, demonstrar e apoiar a aceitação, *mindfulness* e as ações valorizadas como uma abordagem da própria relação terapêutica.

Nos Capítulos 6 a 12, examinamos, por meio de detalhes específicos de estudos de caso, como engajar os clientes e encaminhá-los pelos processos centrais da ACT. Cada capítulo descreve a relevância clínica do processo central, fornece exemplos de casos dos métodos de intervenção e orienta sobre como melhor integrar esse processo particular aos demais processos da ACT. Na prática clínica, constatamos de forma consistente que trabalhar em um processo específico da ACT tende a desencadear um ou mais dos outros processos sempre que eles forem relevantes; assim, é importante saber como detectar os sinais de que isso está acontecendo. Cada capítulo fornece uma breve lista "do que fazer e o que não fazer" para ajudá-lo a evitar alguns dos erros mais comuns que estamos sujeitos a cometer em nosso trabalho clínico.

No Capítulo 13, examinamos o passado e o futuro da ACT e lhe apresentamos a abordagem da ciência comportamental contextual (CBS) para desenvolvimento do tratamento e avaliação. Examinamos em detalhes os princípios fundamentais do desenvolvimento do tratamento por meio dos quais estamos tentando preencher a lacuna entre a ciência e a prática clínica. Se você está intrigado com a abordagem da ACT, provavelmente deve estar igualmente interessado na estratégia científica que dá origem a ela e que com o passar do tempo está estendendo seu alcance.

UMA ADVERTÊNCIA

O mestre Zen Seng-Ts'an gostava de dizer: "Se você trabalhar a sua mente com a sua mente, como é que consegue evitar uma grande confusão?". Muitas instituições humanas (incluindo o Zen Budismo proeminentemente entre elas) tentaram "aparar as garras dos leões" da linguagem humana. É inerentemente difícil usar a linguagem analítica para "aparar as garras" da linguagem analítica, exigindo, com efeito, que aprendamos a lutar contra o fogo com fogo sem nos queimarmos.

Estamos escrevendo um livro, não dançando ou meditando. Os leitores deste livro estão interagindo com um material verbal. Se a linguagem humana está na essência da maior parte do sofrimento humano, essa circunstância apresenta um desafio extremo, já que nossas melhores tentativas de explicar e "entender" a ACT estão firmemente baseadas no próprio sistema de linguagem e, assim, estão sujeitas a sistemas de regras culturalmente incutidas. Para começar com um exemplo trivial, este livro em geral será lido a partir do começo até o fim. Essa estrutura de linguagem pode levar os leitores a presumir que o que vem primeiro quando descrevemos o modelo de tratamento da ACT é o primeiro estágio do tratamento e que o último componente viria no fim do tratamento. O que acontece é que esse não é o caso. Dependendo da avaliação feita pelo terapeuta, qualquer processo central da ACT (independentemente da sua ordem de discussão neste livro) poderá ser o primeiro processo abordado em situações reais de tratamento.

Em um nível mais profundo, os objetivos finais da ACT são abalar a hegemonia da linguagem humana e trazer nossos clientes e nós mesmos de volta a um contato mais abrangente com o conhecimento – incluindo intuição, inspiração e a simples consciência do mundo. Esses processos não são diferentes para o terapeuta que lê este livro na tentativa de entender a ACT, nem para o cliente que tem dificuldades em encontrar significado, propósito e vitalidade na sua existência. As armadilhas da linguagem que ludibriam a todos nós precisarão ser identificadas. Essa condição requer que o leitor permaneça aberto às contradições e aprenda a manter com leveza os dois lados das aparentes contradições, em vez de ver um lado como totalmente certo e o outro como errado.

Às vezes usamos neste livro uma linguagem paradoxal e metafórica, sobretudo para evitar ficarmos aprisionados a um significado muito literal. Todo esse blá-blá-blá verbal pode criar alguma confusão ocasional para o leitor, pelo quê pedimos sua indulgência. Se atingirmos nossos objetivos maiores, a confusão terá sido necessária e valido a pena.

Em sociedades antigas, os templos com frequência exibem um aparentemente interminável conjunto de degraus que levam até uma melhor posição estratégica – simbolizando, supomos, o grande esforço necessário para passar a ver as coisas com mais clareza. Na sua base, essa escada em geral é ladeada por estátuas de criaturas assustadoras como leões ferozes – talvez simbolizando os obstáculos assustadores que algumas vezes precisamos ultrapassar antes de abandonarmos as visões familiares em favor de outras novas e não familiares. Podemos nomear esses leões de acordo com os processos que acabamos de prever que o leitor irá enfrentar neste livro – o que está à esquerda é Paradoxo, e o que está à direita é Confusão. Não colocamos os dois leões na capa do livro, mas poderíamos ter feito isso.

A ACT não é simplesmente um método ou técnica. Ela é uma abordagem multidimensional de um modelo básico e aplicado e uma abordagem de desenvolvimento científico. Ela se aplica tanto aos clínicos quanto aos clientes. Em um nível, nosso objetivo é apresentar uma explicação transdiagnóstica, unificada e focada em processos da patologia humana e do potencial humano. Em outro nível, convidamos você a explorar uma concepção diferente da sua própria vida e a de seus clientes.

2

Os fundamentos da ACT
Adotando uma abordagem contextual funcional

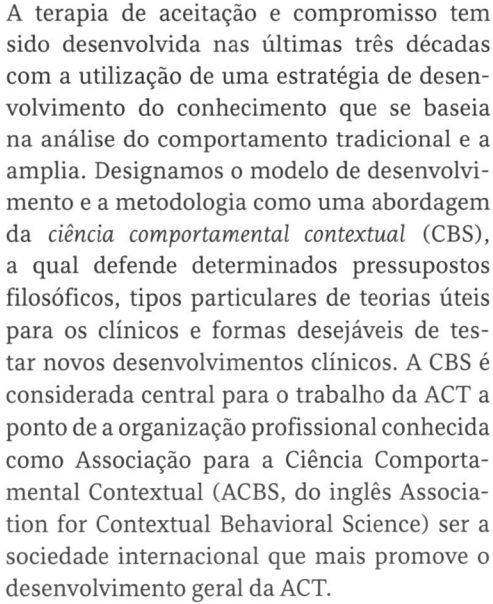

A terapia de aceitação e compromisso tem sido desenvolvida nas últimas três décadas com a utilização de uma estratégia de desenvolvimento do conhecimento que se baseia na análise do comportamento tradicional e a amplia. Designamos o modelo de desenvolvimento e a metodologia como uma abordagem da *ciência comportamental contextual* (CBS), a qual defende determinados pressupostos filosóficos, tipos particulares de teorias úteis para os clínicos e formas desejáveis de testar novos desenvolvimentos clínicos. A CBS é considerada central para o trabalho da ACT a ponto de a organização profissional conhecida como Associação para a Ciência Comportamental Contextual (ACBS, do inglês Association for Contextual Behavioral Science) ser a sociedade internacional que mais promove o desenvolvimento geral da ACT.

A maioria dessas questões é primariamente de interesse para os pesquisadores envolvidos na ciência básica ou no desenvolvimento e avaliação do tratamento. Descrevemos a abordagem da CBS mais detalhadamente no final do livro (no Capítulo 13). Neste capítulo, abordaremos apenas aqueles aspectos da filosofia e da teoria que são mais relevantes para um clínico praticante que está aprendendo ACT.

Facilmente compreendemos quando os profissionais algumas vezes ficam impacientes com a filosofia e a teoria. Em geral, você quer avançar imediatamente para os detalhes práticos de como ajudar outras pessoas. Você procura descobrir técnicas novas e específicas para usar, e nós entendemos as suas prioridades como funcionalmente práticas, levando em conta a sua limitação de tempo para fazer uma leitura técnica. Mas há uma razão clínica importante para explorarmos os fundamentos básicos da ACT, isto é, que *a ACT pede a seus clientes que adotem uma nova perspectiva sobre seus hábitos de pensamento pessoais*.

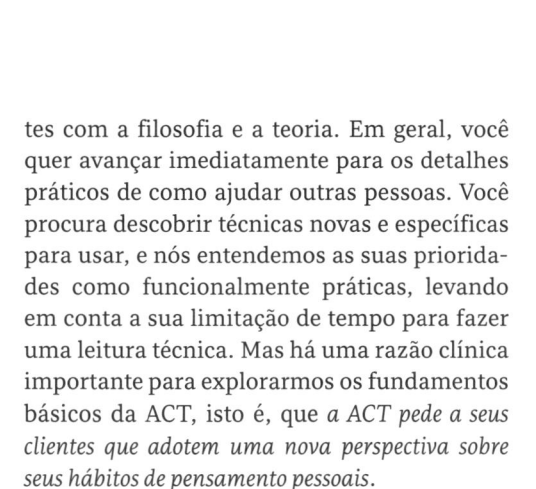

Os clínicos não poderão ser altamente competentes no estabelecimento dessa nova perspectiva com os outros se souberem pouco acerca de si mesmos. Os pressupostos normais incorporados à linguagem humana são um tanto hostis à nova perspectiva, como em breve iremos demonstrar. É muito mais fácil ser um terapeuta de ACT capacitado se você entender plenamente e conseguir se adaptar aos pressupostos excepcionalmente pragmáticos nos quais ela está baseada. Também será mais fácil experimentar os processos da ACT em primeira mão quando estiver plenamente apoiado em seus princípios subjacentes. Para qualquer terapeuta praticante da ACT, explorar os pressupostos filosóficos não é um exercício acadêmico árido, mas, em vez disso, a promoção ativa do uso efetivo da própria ACT.

Conceitualmente, as abordagens e a metodologia da ACT são derivadas de uma robusta tradição científica básica e de uma filosofia da ciência bem desenvolvida – algo que essencialmente não é compartilhado por outras psicoterapias contemporâneas. Quando você entender plenamente os fundamentos subjacentes da ACT, será capaz de avaliar que suas aplicações potenciais legitimamente se estendem mais além do consultório do terapeuta. É essa amplitude da perspectiva que confere à ACT uma oportunidade especial de funcionar como um modelo unificado do sofrimento humano e da resiliência humana. Iniciamos nossa discussão com os pressupostos básicos da ACT, contrastando-os, enquanto prosseguimos, com perspectivas já consagradas.

FILOSOFIA DA CIÊNCIA: O *MAINSTREAM*

Como Kurt Gödel (1962) provou no campo da matemática, é impossível ter um sistema simbólico – em matemática ou em qualquer outro lugar – que não esteja baseado em pressupostos e postulados que vão além do alcance desse sistema. Por exemplo, para saber o que é verdadeiro, você tem que dizer o que entende por "verdadeiro". Depois de fazer isso – do nada, por assim dizer –, você pode construir um sistema de pensamento que busque esse tipo de verdade. Os critérios de verdade *possibilitam* a análise científica – eles não são o *resultado* da análise científica. Considerações similares se aplicam a questões-chave como: "O que é aceito como dado?" ou "Que unidades organizam melhor o mundo?" ou "O que existe?".

A filosofia da ciência é, em grande parte, uma questão de descrição e escolha dos pressupostos que possibilitam o trabalho intelectual e científico. O objetivo do exame dos pressupostos não é tanto *justificá-los*, mas possuí-los e eliminar inconsistências acidentais. Dito de outra maneira, os objetivos de filosofar são nada mais (ou menos) do que clareza e responsabilidade.

Esse objetivo principal é o mesmo que dizer "Isso é o que eu pressuponho – precisamente isso".

A maioria dos psicólogos e profissionais da saúde comportamental relativamente não tem clareza quanto aos seus pressupostos filosóficos. Isso não significa necessariamente que não saibam nada sobre isso – eles podem apenas não saber como melhor articulá-los ou como se encaixam entre si. Em geral, seus pressupostos são adquiridos de modo implícito a partir do uso de senso comum da linguagem. Há outros tipos de pressupostos subjacentes à ciência comportamental, porém é menos provável que eles sejam adquiridos de modo implícito, o que é o nosso foco presente.

Em termos do senso comum, o mundo consiste de peças ou partes (p. ex., montanhas, árvores, pessoas) que podem ser descritas pela linguagem. Essa ideia simples contém pressupostos-chave sobre a realidade e a verdade. O mundo real está pré-organizado em partes, e a verdade é uma questão de mapear acuradamente essas partes com palavras. Considere o ato do senso comum de nomear as coisas. Uma criança é ensinada: "Isto é uma bola". Dentro dessa sentença existem pressupostos, isto é, que a bola é real e o nome corresponde a ela. Também há o pressuposto de que a bola tem características reconhecíveis (p. ex., é redonda, pode quicar). Esses pressupostos são fundamentais para pelo menos dois tipos de filosofia da ciência, ambos os quais tratam as partes ou elementos como primários e encaram a verdade como uma questão de correspondência entre as palavras e a realidade.

O ato do senso comum de nomear está subjacente à filosofia da ciência denominada *formismo* (p. ex., os primeiros pensadores gregos como Platão e Aristóteles adotaram essa visão). Nessa abordagem, a verdade é a simples correspondência entre as palavras e as coisas reais às quais elas se referem. O objetivo da análise é conhecer as categorias e as classes das coisas. A principal questão é considerada esta: "O que é isto?", e ela é respondida pela precisão e aplicabilidade das definições das categorias. Nas ciências comportamentais, algumas formas de teoria da personalidade ou nosologia estão baseadas em um conjunto desses pressupostos.

O ato do senso comum de desmontar máquinas está subjacente a uma filosofia da ciência que preferimos denominar *realismo elemental*. Os associacionistas britânicos seriam exemplos clássicos na filosofia. (*Mecanicismo* é o termo mais comum, mas esse termo leva a uma compreensão equivocada porque é usado de forma pejorativa na linguagem leiga.) Por exemplo, quando um relógio de corda é desmontado, observamos que ele é constituído por muitas partes. Elas precisam ser remontadas de acordo com um plano oficial, e então deve ser dada corda no relógio para que ele funcione. Nessa concepção, a verdade é a correspondência elaborada entre nossos modelos do mundo e as partes, relações e forças que o mundo real contém. O objetivo abrangente da análise é criar adequadamente um modelo do mundo. A questão principal é assumida como: "Quais elementos e forças fazem este sistema funcionar?", e ela é respondida pela capacidade preditiva do modelo. Grande parte do trabalho intelectual em psicologia está, em última análise, baseada no realismo elemental. Nas ciências comportamentais, o processamento da informação e a maioria das formas de neurociência cognitiva são bons exemplos.

Ontologia é o estudo filosófico do ser, da existência ou da realidade como tal. Tanto o formismo quanto o realismo elemental encaram a verdade em termos ontológicos. A verdade está baseada na correspondência simples (formismo) ou elaborada (realismo elemental) entre nossas ideias sobre o mundo e o que existe. Pressupõe-se que o mundo real é reconhecível e que já está organizado em partes.

Considere como essa ideia se desenvolve na terapia. Uma pessoa chega à terapia dizendo: "Eu sou uma pessoa terrível. Ninguém jamais vai me amar". Os clientes, com muita frequência, tentam justificar tais pensamentos disfuncionais fazendo alegações sobre o que é real. "Não estou apenas achando isso", eles dizem, "É verdade". Ao dizerem "verdade" de modo frequente, eles *não* pretendem dizer que ajuda ser guiado por esse pensamento particular. Muitas vezes, o pensamento a que se apegam teve exatamente o impacto oposto, funcionalmente falando. Em vez disso, eles querem dizer que suas palavras são verdadeiras porque elas correspondem à realidade: "Em algum sentido material, eu sou uma pessoa terrível e, assim, preciso evitar desenvolver relacionamentos com outras pessoas mesmo que fazer isso não leve a uma vida essencial". Os clientes muitas vezes parecem enredados em suas próprias redes ontológicas. Implicitamente desafiam os terapeutas a desfazer essas redes e a lhes provar que estão errados ou a admitir que a mudança é impossível.

Muitas formas de terapia tentam abordar esse problema testando cuidadosamente ou questionando o *status* de realidade ou a solidez lógica de tais pensamentos, como se o problema fosse de fato estar certo na alegação ontológica. Essa tática algumas vezes pode ser útil, porém é difícil de implantar, frequentemente malsucedida e um componente amplamente não comprovado de abordagens existentes (p. ex., Dimidjian et al., 2006; Longmore & Worrell, 2007). É difícil abandonar o questionamento do *status* da realidade ou a solidez lógica dos pensamentos se formos formistas ou realistas elementais, independentemente do *status* empírico desses métodos, porque a verdade é uma questão de correspondência entre as palavras e o que é real. Nesses sistemas, precisamos saber o que é real e ensinar nossos clientes a fazerem o mesmo.

FILOSOFIA DA CIÊNCIA: OS FUNDAMENTOS CONTEXTUAIS FUNCIONAIS DA ACT

A ACT é fundamentalmente diferente das abordagens anteriores. Está baseada em uma filosofia pragmática da ciência denominada *contextualismo funcional* (Biglan & Hayes, 1996; Hayes, 1993; Hayes, Hayes, & Reese, 1988). *Contextualismo* é o termo de Stephen Pepper (1942) para *pragmatismo* na tradição de William James. A unidade analítica central do contextualismo é a ação contínua no contexto, isto é, a ação do organismo situada no senso comum (Pepper, 1942). É fazer como está sendo feito, em um contexto histórico e situacional, como ao caçar, fazer compras ou fazer amor.

O contextualismo é uma abordagem holística; diferentemente da situação com o formismo ou o realismo elemental, *todo o evento* é primário, e as partes são derivadas ou abstraídas quando for útil fazer isso. O todo é entendido em referência ao contexto em vez de formado a partir dos elementos. Considere uma pessoa que vai ao mercado para fazer compras. Essa ação tem uma história proximal (p. ex., a comida está acabando; um jantar em família está se aproximando) e um contexto situacional enquanto ele se desenvolve (p. ex., Agora estou dobrando à esquerda na 12ª Avenida para ir ao mercado). Existe uma totalidade e um senso de propósito estendido que integram todos eles. "Ir ao mercado para fazer compras" é um evento inteiro que implica um lugar de onde você está vindo e para onde está indo, uma razão para ir e um propósito a ser cumprido. Se uma rua estiver bloqueada, outra será usada. A natureza do ato é definida por suas consequências pretendidas, não pela sua forma (você pode ir andando até lá ou de bicicleta – isso ainda é "ir ao mercado"). Você sabe que está feito quando chegar lá.

No contextualismo, *tudo* é pensado assim, inclusive as análises usadas por clínicos e cientistas. Ir ao mercado para comprar comida é "bem-sucedido" quando eu chego ao mercado e consigo comprar o que é necessário. Da mesma forma, a análise de um evento é "bem-sucedida" quando eu consigo fazer o que pretendia fazer com essa análise. A verdade é, assim, pragmática: ela é definida pelo fato de uma atividade particular (ou conjunto de atividades) ter ajudado – ou não – a atingir um objetivo declarado. Nessa abordagem, uma conceituação de caso "verdadeira", por exemplo, é útil. Você sabe que está feita quando chega lá.

A clareza quanto aos objetivos da análise se torna essencial para os contextualistas porque os objetivos especificam como um critério de verdade pragmático pode ser aplicado. Sem um objetivo declarado verbalmente, qualquer comportamento moldado pelas consequências seria "verdadeiro" (veja Hayes, 1993, para uma análise detalhada desse ponto). Esse desfecho seria sem sentido filosoficamente: significaria que qualquer comportamento instrumental é "verdadeiro", da adição a um fetiche. No entanto, depois que existe um objetivo declarado verbalmente, podemos avaliar até que ponto as práticas analíticas nos ajudam a atingi-lo. Essa opção permite que o trabalho bem-sucedido voltado para um objetivo funcione como um guia útil para a ciência.

O trabalho bem-sucedido é o meio pelo qual os contextualistas avaliam os eventos; os objetivos permitem que esse critério seja aplicado. Entretanto, os objetivos analíticos não podem, em última análise, ser avaliados ou justificados – eles só podem ser declarados. Avaliar um objetivo por meio do trabalho bem-sucedido exigiria ainda outro objetivo, mas então esse segundo objetivo não poderia ser avaliado, e assim por diante indefinidamente. É claro que temos hierarquia de objetivos. Essa consideração causa confusão com os clientes o tempo todo, como quando os objetivos do processo estão associados aos objetivos do resultado. Por exemplo, um cliente dirá algumas vezes que seu "objetivo" é se livrar da ansiedade, mas, se você perguntar o que aconteceria então, ele diz: "Se eu fosse menos ansioso, conseguiria fazer amizades". Em outras palavras, livrar-se da ansiedade não era um objetivo final por si só, mas um meio presumido para chegar a um fim. A relação entre os meios e os fins pode ser avaliada, mas os objetivos finais não podem ser avaliados – apenas declarados. Os objetivos dos resultados precisam simplesmente ser declarados e assumidos – de forma nua e crua, por assim dizer. Se ter amigos tem um valor para o cliente, então ter amigos tem um valor para o cliente.

As formas mais conhecidas de contextualismo são provavelmente vários tipos de contextualismo descritivo. Estes são designados como "contextualismo descritivo" porque têm como objetivo uma apreciação pessoal das características que participam do todo. O pós-modernismo, o construtivismo social, a dramaturgia, a hermenêutica, a psicologia narrativa, o marxismo, a psicologia feminista e outros são exemplos. As características distintivas do *contextualismo funcional*, quando contrastadas com essas tradições (Hayes, 1993), são seus objetivos únicos: *a previsão-e-influência dos eventos psicológicos com precisão, escopo e profundidade*. No contextualismo funcional, os eventos psicológicos são tidos como interações de organismos inteiros dentro e com um contexto considerado histórica e situacionalmente. Os contextualistas funcionais buscam primariamente "prever-e-influenciar essas interações" – as palavras estão hifenizadas porque ambos os aspectos desse objetivo são procurados de forma imediata. Clinicamente, não adianta muito apenas explicar e prever coisas – também temos que saber como *mudar* as coisas, e os contextualistas funcionais adotam a mesma perspectiva. Precisão, escopo e profundidade são padrões conceituais usados para avaliar explicações potencialmente aceitáveis que atendem aos nossos objetivos primários de previsão e influência. Precisão se refere à especificidade com a qual são identificadas variáveis relevantes. Escopo se refere à economia intelectual de uma teoria – até que ponto ela é capaz de realizar mais com menos conceitos. E profundidade se refere ao grau de coerência possível de ser atingida com conceitos úteis desenvolvidos em outros níveis de análise (sociológico ou biológico, por exemplo).

Dito em termos mais do senso comum, em psicologia queremos que uma ciência de análises aplicadas e intervenções seja clara, simples, de aplicação geral e integrada à estrutura mais ampla das ciências úteis. Você poderia acrescentar as palavras *e nada mais* a esse objetivo como um lembrete de que atingir uma praticidade desse tipo não é um meio para um fim, mas se constitui um fim em si.

O evento inteiro: ação em um contexto

O interesse filosófico no evento inteiro, visto como um ato em um contexto, está refletido diretamente no curso da terapia de ACT. O que define um evento comportamental como um evento inteiro? Em um nível, ele é determinado pelo propósito das pessoas que estão fazendo a análise, e em outro é definido pelo propósito do organismo que está agindo. Não é incomum que os terapeutas de ACT respondam à afirmação declarativa de um cliente descrevendo seu comportamento dizendo: "E isso está a serviço de...?". O terapeuta procura e talvez observe consequências comportamentais em múltiplos níveis (p. ex., a relação terapêutica; uma amostra do comportamento social geral da pessoa; um exemplo da dinâmica da psicologia do indivíduo). Ao focar a atenção do cliente nas consequências da sua ação, o terapeuta está tentando avaliar e destacar a sua totalidade. Os terapeutas de ACT estão constantemente tentando entender e influenciar os propósitos que os clientes trazem para dentro de suas vidas e como esses propósitos são executados, tanto no mundo externo quanto na "sua mente".

Deve ser destacado que, em um sentido técnico, *comportamento* é nosso termo preferido para uma ação em um contexto, seja considerando-se o comportamento aberto, o comportamento emocional ou o comportamento cognitivo. Usado dessa forma, *comportamento* não é meramente uma palavra-código para movimento, secreções glandulares ou ações publicamente observáveis. A atividade da qual estamos falando é *toda e qualquer atividade* que qualquer um (e às vezes apenas uma pessoa) pode observar, predizer e influenciar. O que isso exclui? Exclui ações hipotéticas que *ninguém* (nem mesmo o cliente) pode detectar diretamente. Assim, pensar, sentir, detectar e recordar são todas ações psicológicas, enquanto a projeção astral não é. Algumas vezes, neste livro, falaremos de uma maneira que se adapte à linguagem leiga, como quando falamos sobre emoções, pensamentos e comportamento; mas, quando somos mais técnicos, tratamos todas as formas de ação humana como ações em um contexto, ou seja, como comportamento em um sentido psicológico.

Contexto é um termo usado para o fluxo de eventos mutáveis que podem exercer uma influência organizadora sobre o comportamento. *Contexto* não é uma palavra-código para objetos ou coisas. É um termo funcional. Contexto inclui história e situações em sua relação com o comportamento. Uma vez que a unidade organizadora na ciência comportamental contextual é a ação em um contexto, faz sentido que *comportamento* e *contexto* sejam definidos em termos recíprocos. Para usar a linguagem comportamental mais antiga, porém mais precisa, não é possível ter uma resposta sem estimulação ou estimulação sem uma resposta. Se uma campainha é tocada, mas ninguém escuta, então a campainha não é um estímulo em termos psicológicos – independentemente do que indique o leitor de decibéis.

Verdade pragmática: operacionalidade prática

Em todas as formas de contextualismo e na ACT, o que é verdadeiro é o que funciona. Uma verdade desse tipo é sempre local e pragmática. A *sua* verdade pode não ser a *minha* se tivermos metas diferentes. De acordo com esse ponto de vista pragmático, a importância de uma única forma de pensar consistente acerca de uma situação começa a desaparecer. Se o que é importante não for a "verdade" concebida abstratamente como uma correspondência próxima entre as afirmações e a realidade – mas, em vez disso, ter as coisas realizadas –, e se diferentes formas de pensar ou falar acarretam consequências diferentes, então o que é melhor irá variar dependendo do contexto. A flexibilidade cognitiva, guiada pela operacionalidade, não apenas pela demanda social por consistência, se torna muito mais importante do que a obtenção de uma resposta verdadeira, seja lá o que *isso* representa.

Ver o conhecimento como intensamente prático, e não como uma questão de "verdade", pode parecer estranho até que associemos essa ideia a situações mais práticas. Considere, por exemplo, duas versões diferentes de um prédio: um deles é um desenho artístico do prédio em perspectiva, o outro é uma planta do prédio. Qual é o "desenho verdadeiro" do prédio? Ambos são "representações", e a abordagem contextual sustentaria que não há um "desenho verdadeiro" em um sentido objetivo. O desenho mais verdadeiro pode ser determinado somente no contexto dos objetivos e propósitos específicos que se aplicam. Se precisarmos de um desenho para identificar o prédio enquanto andamos pela rua, o desenho em perspectiva seria mais útil e, assim, o "mais verdadeiro" – no sentido de que ele é verdadeiro para esse propósito. Em contrapartida, se quiséssemos saber como remodelar o prédio com segurança, a planta provavelmente seria uma representação mais verdadeira. A linguagem cotidiana inclui essa noção de "verdade" – ela não é inteiramente estranha. Por exemplo, quando dizemos que uma flecha foi lançada de forma "certeira", queremos dizer que ela foi lançada de uma maneira que a fez atingir o alvo.

Quando o critério para sucesso clínico é a operacionalidade voltada para o objetivo de "previsão e influência dos eventos psicológicos com precisão, escopo e profundidade", precisamos ter análises que iniciem com o contexto mutável do comportamento. É lá que os profissionais estão, isto é, eles fazem parte do contexto do comportamento que desejam mudar. Para influenciarem significativamente as ações do cliente, os profissionais precisam ser capazes de manipular o contexto, já que nunca é possível manipular as ações de outra pessoa diretamente (Hayes & Brownstein, 1986). B. F. Skinner se expressou assim: "Na prática, todas essas maneiras de mudar a mente de um homem se reduzem à manipulação do seu ambiente, verbal ou outro" (1969, p. 239). Se os princípios psicológicos têm início nessa conjuntura, eles podem ter relevância direta porque podem ajudar a informar os agentes de mudança sobre o que fazer. Assim, todos os princípios comportamentais contextuais têm esta qualidade: eles são relações funcionais entre características contextuais mutáveis e o comportamento ao qual estão integrados.

A visão pragmática da verdade está refletida em cada nível na ACT. A ACT coloca grande ênfase na especificação dos valores no nível individual. Quando a verdade é definida pelo que funciona, os valores e objetivos mais amplos do cliente assumem importância primordial. Todas as interações terapêuticas são avaliadas na sua relação com os valores e objetivos escolhidos do cliente, e a questão é sempre a operacionalidade – ou seja, se elas funcionam na prática –, e não a verdade objetiva. A não ser que os valores e objetivos sejam claramente especificados, não há como avaliar o que é funcionalmente verdadeiro ou falso.

Os desenvolvedores da ACT reconhecem essa necessidade de objetivos em seu próprio trabalho; é por isso que os objetivos do contextualismo funcional foram tão claramente especificados. O mesmo viés é verdadeiro para o cliente e o trabalho do profissional que atende o cliente. Previsão-e-influência dos eventos psicológicos devem necessariamente estar em íntima sintonia com os valores e objetivos do cliente para que façam algum sentido. Essa abordagem essencialmente posiciona o contextualismo funcional e sua ideia da verdade firmemente no campo da ciência evolutiva multinível (Wilson, 2007). O pensamento evolutivo se aplica não só aos genes biológicos como também aos processos epigenéticos, aos processos comportamentais e ao processo simbólico dentro e ao longo da vida de um indivíduo (Jablonka & Lamb, 2005; Wilson, Hayes, Biglan, & Embry, 2011). Os seres humanos estão desenvolvendo sistemas comportamentais. No nível das contingências de reforçamento e significado verbal, o critério de seleção para essa evolução deve ser, em grande medida, aquilo pelo que o cliente mais se interessa.

Como já mostramos, as quatro principais características filosóficas do contextualismo funcional descritas até aqui (o evento inteiro, contexto, verdade e objetivos) não são abstrações vazias quando se trata da terapia real; ao contrário, *esses pressupostos estão na essência da ACT*. Há mais uma característica-chave do contextualismo funcional que queremos enfatizar. Superficialmente, ela é a mais estranha, mas pode ser transformadora para os clínicos e também para os clientes. Em um sentido profundo, é a razão pela qual um foco na filosofia da ciência subjacente à ACT recebe tanta ênfase por parte dos terapeutas e pesquisadores da ACT.

Abrindo mão da ontologia, um dia de cada vez

O pragmático critério da verdade vem acompanhado de certas consequências epistemológicas, isto é, ele determina como justificamos nossas crenças. No contextualismo funcional, as crenças são justificadas com base na utilidade de ter essas crenças – onde a utilidade pode ser amplamente construída, refletindo até mesmo toda a nossa própria vida ou a da espécie. Diferentemente das teorias da verdade como correspondência, o critério da teoria pragmática não contém nenhum elemento de ontologia. Ele não irá, nem poderá, levar a alegações sobre a natureza da existência ou da realidade como tal. Pragmaticamente falando, quando dizemos que uma declaração é "verdadeira", queremos dizer que ela facilita as consequências desejadas (i.e., a exigência epistemológica é satisfeita). Ela não acrescenta *nada* àquelas consequências experimentadas para então dizer "e a *razão* pela qual isso funciona é porque nossas visões combinam com o que existe ou é real". Para um pragmatista, tal alegação ontológica seria vazia – um tipo de postura intelectual – e, se ela não acrescenta nada, ela não é nada. Assim, o contextualista funcional simplesmente não tem nada a dizer sobre a ontologia, de uma maneira ou de outra.

Se existe uma única mudança de perspectiva que apoia a aprendizagem e a aplicação da ACT, ela é esta: abrir mão dos pressupostos ontológicos arraigados na concepção do senso comum da linguagem e da cognição. Esse alheamento da ontologia é parte de por que a ACT é desafiadora, mas também é parte de por que ela pode ser transformacional.

A experiência do senso comum dificulta abrir mão da ontologia. A mente humana faz objeção, dizendo: "As partes são reais, e elas se unem para criar complexidade. Afinal de contas, existe uma lua, um sol e a terra. Eles são reais". Os contextualistas pressupõem apenas um mundo – o mundo em que vivemos. Tudo bem chamá-lo de real se você quiser (os contextualistas não são idealistas), mas separá--lo em categorias é uma ação distinta. Esse processo de divisão do mundo se torna muito mais forte quando a linguagem humana é envolvida, como discutiremos mais detalhadamente neste capítulo. Algumas maneiras de dividir o mundo funcionam melhor do que outras – as consequências que se originam disso *não* são necessariamente arbitrárias –, mas pode haver muitas formas práticas de abordar a tarefa.

Considere a declaração: "Existe uma lua, um sol e a terra. Eles são reais. Eles existem". Em contextos mais comuns, faz sentido chamar o sol de sol e tratá-lo como uma *coisa*, um objeto com dimensões espaço-temporais. Porém, algumas vezes, é útil até mesmo que *esse* ponto de vista seja mantido com leveza. Afinal, onde o sol "verdadeiramente" começa e termina? O calor do sol que toca o seu rosto é uma porção do sol? A força gravitacional que atua em você também faz parte do sol? Onde no universo o sol é *não* existente? Não é um pouco ilusório sacar uma tesoura cósmica e recortar o contorno da órbita amarela que vemos, nomear o que retiramos do todo e, então, convenientemente nos esquecermos da tesoura que nós mesmos empunhamos? Se sentíssemos apenas calor, dividiríamos o mundo da mesma maneira? E se sentíssemos apenas descargas elétricas ou a gravidade?

Tais ponderações filosóficas ecoam por todo este livro, e aprender a abrir mão de conclusões ontológicas é um aliado poderoso na conexão com a ACT. A ACT foca no processo de pensamento em si, portanto clínicos e clientes são encorajados a reavaliar o pensamento à medida que ele se revela e examinar a sua operacionalidade prática em determinada situação. Encarar o pensamento do ponto de vista da operacionalidade em vez da verdade literal insere o pensamento em um contexto social/verbal alternativo – um contexto em que saúde, vitalidade e propósito podem mais prontamente desempenhar papéis centrais.

Abrir mão de declarações ontológicas (e mais especialmente qualquer noção de essencialismo) permite ao terapeuta de ACT maior flexibilidade no trabalho com os clientes em seus próprios termos sem ter que assumir desafios desnecessários, como tentar provar que seus pensamentos inúteis são incorretos ou inverídicos. As declarações ontológicas feitas por um cliente ou um terapeuta simplesmente não têm qualquer interesse. Em consequência, temos menos necessidade de nos esforçarmos para saber quem está "certo" e, em vez disso, podemos prosseguir diretamente para o que a experiência do cliente diz sobre o que funciona. A ACT é a-ontológica, não antiontológica. *Não* estamos dizendo que o mundo não é real ou que as coisas não existem. Estamos meramente tentando tratar *toda* a linguagem (mesmo sobre a ACT e seus pressupostos) como ações em um contexto para que possamos assumir a responsabilidade sobre nossas ações cognitivas e ampliar a flexibilidade comportamental para que práticas operacionais possam ser selecionadas com base nas relações das ações e dos resultados que experimentamos.

Esta discussão pode parecer estranha até que o leitor entenda melhor os princípios da ACT. Não esperamos que esta seção por si só faça o trabalho necessário. Porém, ela deixa claro que este livro não está simplesmente tentando ensinar outra técnica; trata-se de aprender um novo modo da mente com base em pressupostos radicalmente pragmáticos. Esse novo modo da mente não será rapidamente recheado como uma bolsa clínica de truques na qual ele possa repousar em segurança, já que tende a alterar muitas ideias básicas sobre o viver.

A adequação entre o contextualismo funcional e a agenda clínica

A maioria dos clínicos quer uma análise que faça o seguinte:

1. explique por que as pessoas estão sofrendo;
2. permita-nos predizer o que pessoas com problemas psicológicos particulares irão fazer;
3. diga-nos como mudar o curso dos eventos de modo que essa pessoa em particular com esse problema em particular consiga obter um melhor resultado.

Esses três objetivos (interpretação, previsão e influência) são *objetivos analíticos naturais* do clínico. Os clientes também querem essas coisas dos profissionais que os aconselham. O cliente que começa terapia geralmente quer saber: "Por que eu sou assim e o que posso fazer a respeito?". Assim, os clínicos têm uma necessidade natural de interpretar, predizer e influenciar os problemas psicológicos. A circunstância prática os força a adotar certos valores analíticos.

Esses valores são idênticos aos adotados pelos contextualistas funcionais. Para o contextualista funcional, influência não é uma consideração *a posteriori* ou meramente uma extensão aplicada do conhecimento básico; ao contrário, ela é uma métrica para a psicologia aplicada e para a básica. Assim, as preocupações práticas do clínico não estão mais totalmente divorciadas das preocupações analíticas e dos pressupostos do pesquisador, mesmo do pesquisador básico. Essa mescla de preocupações é uma das razões por que os desenvolvedores da ACT agora transitam tão harmoniosamente da pesquisa extremamente básica sobre temas ocultos como "O que é uma palavra?" para considerações extremamente práticas, como qual a melhor sequência de técnicas específicas na ACT. Os eventos mutáveis que estão envolvidos em cada investigação potencialmente se aplicam a todo o arsenal de métodos e técnicas da ACT.

Partindo da filosofia para a teoria e para a terapia

A postura a-ontológica e a forte ênfase contextual do contextualismo funcional lançam uma nova luz sobre velhas questões. Por exemplo, suponha que um cliente diga: "Não posso sair de casa, ou terei um ataque de pânico". Um realista elemental poderá se questionar por que a pessoa está em pânico ou como o pânico da pessoa pode ser aliviado, ou se a declaração da pessoa é crível ou meramente uma declaração exagerada. O contextualismo funcional sugere muitas outras opções. Por exemplo, o clínico pode:

1. Pensar nessa declaração como um fazer – como uma ação em si – e examinar o contexto em que o cliente diria

algo assim (p. ex., "Há alguma coisa que você espera que aconteça ao me contar esse pensamento?").
2. Observar a demarcação do mundo em unidades (sair de casa = pânico) sem atribuir *status* de realidade aos eventos descritos ou à sua suposta ligação causal (p. ex., "Esse é um pensamento interessante").
3. Procurar contextos ambientais em que o "pânico" está funcionalmente relacionado à incapacidade, com uma visão voltada para a alteração desses contextos, em vez de necessariamente tentar alterar o pânico em si (p. ex., "Humm. Vamos fazer isso e ver o que acontece. Diga em voz alta: 'Não posso me levantar ou terei um ataque de pânico' e, enquanto faz isso, levante-se lentamente").
4. Procurar contextos ambientais em que o "pânico" *não* está funcionalmente relacionado à incapacidade, com uma visão voltada para o fortalecimento desses contextos (p. ex., "E você alguma vez teve esse pensamento e mesmo assim saiu de casa? Fale-me sobre esses momentos").

Ou

5. Ver essa declaração como parte de múltiplas vertentes de ação e, assim, procurar vertentes em que essa mesma declaração possa ser integrada a um processo positivo (p. ex., "Se uma criança pequena que você amasse muito lhe dissesse que não podia sair de casa, o que você faria?").

Em outras palavras, em vez de entrar imediatamente no conteúdo dos pensamentos, declarações e ideias do cliente, um contextualista funcional olha para a ação e seu contexto e, então, aproveita a análise funcional dos objetivos pragmáticos do clínico e do cliente.

O compromisso contextual da ACT se estende ao exame do impacto dos pensamentos ou das emoções sobre outras ações. Esse fundamento filosófico da ACT a distingue de muitas outras abordagens terapêuticas. Em vez de enfatizar apenas a mudança na *forma* da experiência privada por presumir que essas formas sejam causais, os terapeutas da ACT enfatizam a mudança das *funções* das experiências privadas. Eles alteram as funções modificando os contextos em que certos tipos de atividade (p. ex., pensamentos e sentimentos) estão geralmente relacionados a outras formas (p. ex., ações explícitas).

A ACT procura implementar métodos de tratamento que são claras extensões de princípios comportamentais bem estabelecidos, isto é, princípios sobre as ações normais de organismos inteiros. A dependência exclusiva de princípios comportamentais (no sentido mais amplo de "comportamento") não é uma ideia nova. Todo o campo da análise do comportamento aplicada está baseado nela, como estava a terapia comportamental, a qual originalmente foi definida como terapia baseada em "teoria de aprendizagem operacionalmente definida e em conformidade com paradigmas experimentais bem estabelecidos" (Franks & Wilson, 1974, p. 7). O conjunto de princípios comportamentais foi meramente ampliado na ACT para incluir uma explicação comportamental contemporânea da cognição, especificamente a teoria das molduras relacionais. Voltaremos a esse tópico.

A VISÃO DA COGNIÇÃO SUBJACENTE À ACT: TEORIA DAS MOLDURAS RELACIONAIS

A ênfase na importância da linguagem e da cognição humanas não é exclusiva da ACT. O último século foi testemunha do surgimento de inúmeras escolas de filosofia e psicologia que focam na linguagem como a chave para a atividade humana e o mundo que nos rodeia (p. ex., a filosofia da linguagem comum, o positivismo lógico, a filosofia analítica, a psicologia narrativa, a psicolinguística e muitas outras). Embora muitas dessas abordagens sejam bastante interessantes, suas análises com frequência não são de relevância óbvia. A ACT está conectada a uma explicação básica da ciência denominada "teoria das molduras relacionais" (RFT; Hayes, Barnes-Holmes, & Roche, 2001). A RFT é uma teoria contextual funcional da linguagem e da cognição humanas que, durante pelo menos a última década, tem sido uma das áreas mais ativas da pesquisa analítica comportamental básica do comportamento humano. Devido ao seu foco em contextos mutáveis, a RFT é facilmente associada a preocupações práticas.

A RFT aspira a oferecer uma explicação psicológica abrangente da linguagem e da cognição superior tentando explicar parte do sucesso evolutivo da nossa espécie e buscando entender as raízes cognitivas das realizações humanas e do sofrimento humano. A RFT é um programa de pesquisa amplo, com vários livros publicados sobre seus aspectos essenciais (Hayes et al., 2001) e sobre como aplicá-la em domínios clínicos – não apenas na ACT, mas em psicoterapia de modo mais geral (Törneke, 2010) – ou em domínios aplicados fora da psicologia clínica, como educação especial (Rehfeldt & Barnes-Holmes, 2009). O programa de pesquisa em RFT é tão vasto que descreveremos apenas aqueles processos básicos da RFT que são necessários para entender a ACT. Entretanto, antes de voltarmos nossa atenção para a RFT, vamos considerar um pouco do seu histórico.

Diferentemente de muitos grupos que fazem pesquisa científica básica sobre a linguagem, o interesse dos proponentes da ACT na análise básica do comportamento verbal provém diretamente de um interesse associado ao bem-estar psicológico e ao trabalho aplicado. Começamos com questões sobre como é possível que uma conversa entre um cliente e um terapeuta possa levar a mudanças generalizadas na vida do cliente e fomos ficando cada vez mais interessados em análises experimentais de questões fundamentais sobre a linguagem humana. Assim, começamos nosso programa de pesquisa básica como uma tentativa de entender um aspecto da pragmática da linguagem, ou seja, como as regras verbais guiam o comportamento humano. Encerramos com uma análise da natureza da própria linguagem humana.

Em determinada época, rotineiramente era ensinado a todos os terapeutas comportamentais princípios comportamentais como controle discriminativo, condicionamento respondente e reforçamento. Depois, esse currículo, em grande parte, foi abandonado na maioria dos lugares onde profissionais aplicados eram treinados. Ele foi deixado de lado, em parte, porque durante o final da década de 1970 a tradição cognitivo-comportamental abandonou a exigência de que o tratamento estivesse baseado nos princípios de aprendizagem demonstrados no laboratório. Em vez disso, os clientes começaram a ser questionados sobre o que pensavam, e seus pensamentos e estilos cognitivos foram organizados em várias teorias clínicas da cognição. Em alguns aspectos, aquela foi a escolha certa na época. Os princípios comportamentais, por volta de 1975, não tinham uma forma adequada de lidar com o problema da cognição. Lamentavelmente, a ciência cognitiva básica se afastou das preocupações clínicas quando a ênfase principal se voltou para as relações entre os eventos mentais e por fim para as relações entre cérebro e comportamento – em vez de para os efeitos de fatores históricos e contextuais mutáveis nas cognições e ações e suas várias inter--relações. Assim, a ciência neurocognitiva básica não poderia autoritariamente dizer aos clínicos o que fazer (a posterior emergência da "modularidade massiva" da psicologia evolucionista compartilhava a mesma fragilidade na prática). As teorias clínicas da cognição eram aparentemente a melhor alternativa disponível.

Nós concordamos com a necessidade de mudar o curso, mas tínhamos dúvidas quanto à viabilidade no longo prazo de um modelo clínico da cognição como uma teoria subjacente. Conduzimos cerca de uma dezena de estudos durante o final da década de 1970 e início da década de 1980 testando os modelos cognitivos tradicionais, nenhum dos quais foi favorável (para um bom exemplo, veja Rosenfarb & Hayes, 1984). Em consequência, começamos a focar cada vez mais em encontrar uma nova maneira de conduzir uma análise comportamental da linguagem e da cognição (p. ex., veja Hayes, 1989b, para um resumo desse trabalho inicial). Esses processos se transformaram nos fundamentos para as primeiras versões da ACT. Quando descobrimos, em pequenos estudos, que a ACT funcionava bem (p. ex., Zettle & Hayes, 1986), levamos o programa de pesquisa para uma direção incomum. Como nosso objetivo não era meramente outro tratamento manualizado, mas um modelo abrangente orientado para processos, focamos no aprofundamento de uma explicação comportamental da cognição e da linguagem humanas – e como isso pode estar relacionado a comportamentos clinicamente relevantes – e essencialmente paramos completamente de fazer estudos de resultados. Esse desvio básico consumiu quase 15 anos, mas originou a RFT, a qual agora acreditamos ser uma abordagem adequada.

A seguir, começamos com uma descrição do que diferencia eventos verbais e cognitivos de outros atos psicológicos, estendemos essa perspectiva para o que são regras verbais e, então, retornamos ao tema da terapia. Usamos um mínimo de referências porque tratamentos detalhados em forma de livro estão disponíveis, e nosso propósito aqui é altamente prático. Ao longo deste livro, tentamos transmitir a importância desses processos e, na conclusão deste capítulo, resumimos o que acreditamos ser as implicações centrais da RFT para a prática clínica e os domínios aplicados.

Uma abordagem inicial dos eventos verbais e cognitivos

Praticamente qualquer definição de linguagem e cognição rapidamente chega à ideia de que esses domínios envolvem sistemas de símbolos, mas o que são os símbolos e como eles se tornaram símbolos frequentemente permanece nebuloso (p. ex., veja Jablonka & Lamb, 2005). Se procuramos um relato do funcionamento psicológico ascendente e orientado para processos, esse caminho tão usado provavelmente não acrescentará nada às teorias mais clínicas da cognição que já existem. Esse dilema é precisamente a questão sobre a qual a teoria da aprendizagem de processos gerais fracassou. Skinner, por exemplo, definiu um estímulo verbal meramente como o produto do comportamento verbal, e comportamento verbal foi definido de uma maneira que não pudesse distingui-lo de qualquer comportamento operante animal. Nenhuma das ideias parecia progressiva, e, em consequência, os psicólogos voltaram o olhar para outro lado (veja Hayes et al., 2001, p. 11-15, para uma análise ampliada desse ponto).

A RFT começa com um achado extraordinário na psicologia comportamental e postula o relato de um processo que estende esse achado para toda a linguagem e cognição. Pense em um triângulo com uma ponta virada para cima (veja a Figura 2.1). Mentalmente, coloque um objeto diferente em cada um dos três pontos – por exemplo, uma bola no ponto superior, um martelo no ponto inferior esquerdo e uma folha no inferior direito. Suponha que, quando foi mostrada a bola, você teve que aprender a apontar para o martelo em meio a uma série de outros objetos; posteriormente, quando foi apresentada a bola, você foi ensinado a apontar para uma folha, e não para os outros itens. Você aprendeu duas "relações" (alto → esquerda inferior

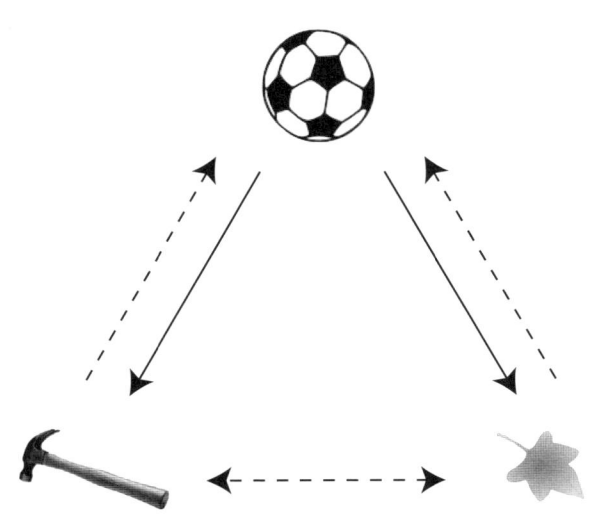

FIGURA 2.1 Se uma pessoa normal aprende a escolher um martelo entre uma série de objetos, dada uma bola como amostra, se ela então escolhe uma folha entre uma série de objetos, dada a bola, as relações derivadas apresentadas nas linhas pontilhadas provavelmente serão deduzidas pelo respondente.

→ direita inferior). Em termos mais abstratos, você aprendeu dois lados do triângulo, cada um em uma direção. Com apenas esse treinamento, se lhe fosse mostrado o martelo ou a folha e você tivesse que escolher entre uma bola e uma rosquinha, você provavelmente escolheria a bola. Se, então, lhe fosse mostrada a folha e você tivesse que escolher entre um martelo ou um carro de brinquedo, você escolheria o martelo, e vice-versa. Você *derivaria* quatro relações que não haviam sido ensinadas (direita inferior → topo; esquerda inferior → topo; esquerda inferior → direita inferior; direita inferior → esquerda inferior). Você agora conheceria todos os lados do triângulo em todas as direções.

Os analistas do comportamento chamam esse resultado, que foi identificado cerca de 40 anos atrás e tem raízes muito mais antigas, de "classe de equivalência de estímulos" (Sidman, 1971). Podemos aplicar esse exemplo gráfico a uma situação linguística simples. Uma criança normal é primeiramente ensinada a relacionar uma palavra escrita particular a um nome oral e, então, a mesma palavra escrita a um tipo de objeto. Dadas essas duas relações treinadas, todas as outras relações entre esse triângulo específico de objetos provavelmente irão emergir sem treinamento adicional. As relações não treinadas são o que significa *relações de estímulos derivadas*. Por exemplo, sem treinamento explícito nesse caso específico, a criança será capaz de dizer o nome do objeto. Isso faz parte do que pretendemos quando dizemos que uma criança "entende" o que determinada palavra significa. Podemos, agora, ser um pouco mais precisos acerca da natureza de um estímulo verbal: ele tem seus efeitos devido às relações derivadas entre ele e outras coisas.

O que torna a equivalência de estímulos *clinicamente* relevante é que as funções dadas a um membro de uma classe de equivalência tendem a ser transferidas para outros membros. Vamos considerar um exemplo simples que estende esse resultado para uma situação de linguagem comum que pode ter consequências clínicas (conforme representado na Figura 2.2). Suponha que uma criança que nunca havia visto ou brincado antes com um

```
                    G-A-T-O
                   /      \
                  /        \
                 ↙          ↘
                          (ouve – chora)
            🐱  ←------→  "gato"
          Arranha – chora
```

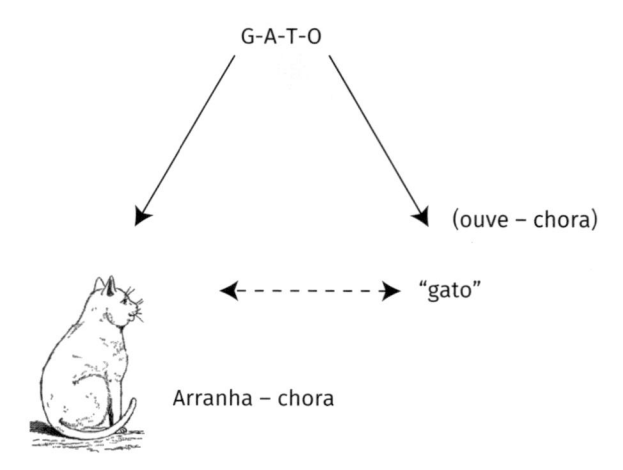

FIGURA 2.2 A criança aprendeu a relação G-A-T-O → mamífero peludo e a relação G-A-T-O → nome oral diretamente. Posteriormente, a criança é arranhada por um gato e chora. Como a criança derivou uma relação entre o mamífero peludo e "gato", a nova função se transfere para outros eventos na rede relacional, e posteriormente a criança chora ao ouvir o nome mesmo que não tenha havido uma história de eventos aversivos ocorrendo diretamente referente ao nome.

gato aprenda que as letras G-A-T-O se aplicam a esses mamíferos peludos, e não a outros, e que as letras G-A-T-O são vocalizadas como "gato" (em vez de "cachorro" ou qualquer outro som). Suponha, a seguir, que a criança seja arranhada enquanto brinca com um gato. Ela chora e foge. Mais tarde, ouve sua mãe dizendo: "Oh, veja! Um gato!". Mais uma vez a criança chora e foge. Essa ocorrência pode parecer surpreendente porque a criança nunca havia sido ensinada a temer o som "gato". Seria altamente improvável que a mesma história de treinamento aplicada a um não humano produzisse o mesmo resultado. O medo do gato é agora despertado por um nome oral, mas a função do nome oral, nesse caso, é *derivada*. Estudos bem controlados mostraram que a transferência do medo de gatos diretamente condicionado para o nome oral ocorre somente se a criança derivar relações que não foram diretamente treinadas. Em outras palavras, não é suficiente que a criança apenas aprenda objeto → palavra escrita → nome oral. Afinal, muitos animais não humanos poderiam rapidamente aprender a mesma coisa e não apresentariam esse efeito. A criança também tem que *derivar* a relação palavra escrita → objeto, nome oral → palavra escrita, objeto → nome oral e nome oral → objeto. O triângulo precisa ser formado. Só então as funções de ser arranhado (i.e., medo e esquiva) serão transferidas do gato para o nome oral.

Esses tipos de resultados não podem ser adequadamente explicados pelos simples e familiares processos de generalização que estão incorporados na aprendizagem por contingências. Se um bebê aprende a tocar em uma tampa alaranjada porque há comida atrás dela e ainda evita uma azul porque tocá-la dispara um ruído estrondoso, ele provavelmente também estará disposto a se aproximar de uma amarela, apenas com um pouco mais de cautela. Da mesma forma, o bebê tenderá a evitar não só a tampa azul, mas também uma verde, embora talvez menos enfaticamente. As respostas do bebê às tampas alaranjada e azul foram estabelecidas por meio do treinamento direto. As respostas observadas às amarelas e às verdes ocorrem porque os humanos e outros animais com sistemas visuais bem desenvolvidos cresceram em ambientes onde a coloração laranja está mais próxima do amarelo do que o verde e onde a coloração azul está mais próxima do verde do que do amarelo. Tais *gradientes de generalização de estímulos* estão baseados na semelhança formal.

Esse não é o caso com equivalência de estímulos. Uma criança que chora ao ouvir "Oh, veja! Um gato!" não está apresentando generalização de estímulos em um sentido formal porque não há nada em relação a esses sons que seja semelhante aos animais reais. Da mesma forma, princípios simples de condicionamento associativo de ordem superior não podem prontamente explicar a robustez da equivalência de estímulos porque precisamos recorrer ao condicionamento inverso e a outros procedimentos cujos efeitos são muito fracos para modelar esses resultados. De fato, é precisamente por isso que a aprendizagem verbal associativa nunca forneceu uma explicação plenamente bem-sucedida da linguagem e da cognição humanas.

Mesmo sem explicar por que a equivalência de estímulos acontece ou estender o resultado a muitas outras relações (coisas que a RFT tenta fazer), esse notável desempenho comportamental dá vez a novas formas de pensar sobre o comportamento. Por exemplo, imagine uma pessoa que sofre de agorafobia tendo um ataque de pânico inicial enquanto está "presa" em um *shopping center*. Falar de um *shopping* não irá provocar medo – idêntico ao caso da criança arranhada –, mas isso ocorrerá com outros eventos relacionados a estar "preso". A gama de coisas na qual você pode estar "preso" é tão ampla que desafia uma simples descrição baseada em propriedades formais, possivelmente incluindo um campo aberto, uma ponte, uma relação conjugal, falar ao telefone, assistir a um filme, ter um emprego ou estar na própria pele. Tudo agora pode ser fonte de pânico (se estivermos tão propensos).

É vasta a literatura sobre equivalência de estímulos, mas não é suficiente construir toda uma teoria da linguagem em torno dela, como até mesmo seus criadores já observaram (p. ex., Sidman, 2008, p. 331). Além disso, equivalência de estímulos é meramente um resultado, não um processo. A RFT descreve esses tipos de relações de maneira geral e dá uma explicação dos seus processos. O processo que a RFT propõe como dando origem à equivalência de estímulos pode prontamente ser aplicado a *qualquer* tipo de relação entre eventos. Quando os muitos outros tipos de relações de estímulos são acrescentados – diferentes, opostos, hierárquicos, sequenciais, causais, etc. –, um processo básico pode originar uma ampla gama de habilidades cognitivas, e uma explicação do processo de aprendizagem geral se torna possível. Segundo a perspectiva da RFT, o que conecta os tipos de situações em que uma pessoa pode ter ataque de pânico são não só suas propriedades formais em um sentido simples, mas também os aspectos verbais ou cognitivos dessas situações.

Molduras relacionais

De acordo com a RFT, o núcleo essencial da linguagem e da cognição superior é a habilidade de aprender e aplicar "molduras relacionais". O enquadramento relacional é um comportamento aprendido que apresenta três propriedades principais sob controle contextual arbitrário: implicação mútua, implicação combinatória e transformação de função do estímulo.

Implicação mútua significa que uma relação aprendida em uma direção também implica outra na direção oposta. Se uma pessoa aprende em um contexto particular que *A* se relaciona de uma forma particular com *B*, então isso implica algum tipo de relação entre *B* e *A* nesse contexto. Por exemplo, se uma pessoa é ensinada que umidade é o mesmo que molhado, essa pessoa irá derivar que molhado é o mesmo que úmido. Se uma pessoa aprende que Sam é mais alto do que Fred, ela também irá entender que Fred é mais baixo do que Sam.

Implicação combinatória significa que relações mútuas podem se combinar. Se uma pessoa aprende em um contexto particular que A se relaciona de uma forma particular com B, e B se relaciona de uma forma particular com C, esse arranjo também implica uma relação entre A e C nesse contexto. Por exemplo, se uma pessoa é ensinada, em determinado contexto, que Mike é mais forte do que Steve, e Kara é mais forte do que Mike, a pessoa irá derivar que Kara é mais forte do que Steve.

Por fim, as funções dos eventos em redes relacionais desse tipo podem ser transformadas em termos das relações subjacentes. Se você precisa movimentar um equipamento pesado e sabe que Mike é bom nisso, você irá derivar (considerando a informação dada anteriormente) que Steve será menos útil e Kara será mais útil sem que necessariamente nada novo seja ensinado sobre Steve ou Kara.

A RFT afirma que qualidades como essas são características de um quadro de resposta abstraída que é inicialmente adquirida e controlada por características contextuais arbitrárias por meio do reforçamento de aproximações no treinamento exemplar múltiplo. Somos expostos a muitos exemplos que relacionam os eventos de uma forma particular (p. ex., "__ > __"), em geral baseados inicialmente em suas propriedades formais (p. ex., um elefante é maior do que um camundongo; papai é maior do que mamãe; um níquel é maior do que dez centavos). Quando o tipo particular de relação (como a comparação de tamanho) é abstraído de múltiplos exemplares, ele fica sob o controle de pistas relacionais arbitrárias como "__ é maior que __". Quando isso acontece, qualquer coisa pode ser colocada nas lacunas, já que apenas as pistas relacionais fazem isso, e as relações mútuas e combinatórias serão derivadas.

A maioria dos pais já presenciou esse processo em primeira mão. Em muitos países, algumas moedas de pequeno valor são grandes. Um níquel é um pouco maior do que dez centavos; meio euro é maior do que um euro.

Qualquer pai sabe que quando as crianças pequenas aprendem que as moedas têm valor, elas costumam preferir um níquel a dez centavos. Isso faz sentido porque elas aprenderam uma relação comparativa não arbitrária, isto é, que o níquel é fisicamente maior. Organismos mais complexos podem aprender relações não arbitrárias (p. ex., aquelas definidas pelas propriedades formais dos eventos relacionados), não apenas as pessoas. No entanto, por volta dos 4 ou 5 anos, as crianças demonstram um novo conjunto de habilidades. Elas começam a preferir dez centavos a um níquel, pois aprendem uma versão *arbitrariamente aplicável* de "maior que", a qual já não está mais associada às propriedades físicas dos dois itens. Dez centavos podem, na verdade, ser "maior" em valor do que um níquel. Depois de aprendido de modo geral, pode ser dito à criança que "isso é maior do que aquilo", e as outras respostas relacionais podem ser derivadas, independentemente de quais são as entidades específicas. Depois de dito que o Sol é maior do que a Terra, mesmo uma criança irá derivar a informação adicional de que a Terra é menor do que o Sol, independentemente da sua aparência.

Nomear é talvez o exemplo mais simples de enquadramento relacional – é a ação que corresponde diretamente à equivalência de estímulos, e ela ocorre primeiro no treinamento da linguagem. A RFT chama isso de uma "moldura de coordenação". Uma criança é exposta a milhares de exemplos de nomeação. Se mãe é "mamãe," então apontar para ela quando ouve "Onde está a mamãe?" provavelmente trará a aprovação dos adultos que estão por perto. Igualmente, se "cachorro" é C-A-C-H-O-R-R-O, então quando C-A-C-H-O-R-R-O é lido como "cachorro", a aprovação é provável. Em outras palavras, aprender uma relação verbal em uma direção prediz o reforçamento por responder na outra direção. Esse tipo de sequência é como a RFT formula a hipótese de que o enquadramento relacional foi realmente realizado, isto é, como um grande conjunto de múltiplos exemplares na aprendizagem da linguagem natural (veja Moerk, 1990).

Depois que a implicação mútua está robusta, a implicação combinatória pode ocorrer muito prontamente com formas simples de enquadramento. Por exemplo, se a substância leite é "leite" em português e *milk* em inglês, então *milk* e "leite" podem ser facilmente relacionados como sinônimos. Inicialmente, essa correspondência pode requerer treinamento direto, porém, uma vez que algumas propriedades do leite real (p. ex., seu gosto, sua aparência física) podem ser prontamente observáveis pela implicação mútua para *milk* e "leite", a implicação combinatória pode ocorrer de modo relativamente fácil.

A transformação das funções do estímulo está implícita em todas as relações derivadas (a criança pode ser capaz de ver ou sentir o gosto do "leite" ao ouvir a palavra), mas um treinamento adicional pode levar a um controle contextual mais rigoroso (uma área essencial das implicações aplicadas, como veremos em seguida). Por exemplo, podemos focar na cor do leite, e não no seu gosto, ou no seu gosto, e não na sua cor, se fornecidas as pistas certas. As pistas que controlam a transformação das funções do estímulo (p. ex., *provar milk*) são diferentes daquelas que controlam o tipo de relação (p. ex., leite é *milk*). Esse achado é fundamental para a ACT, como descreveremos em breve.

Segundo a perspectiva da RFT, enquadramento relacional é a característica definidora essencial da linguagem e da cognição superior. *Um evento que tem efeitos porque ele participa de um enquadramento relacional é um estímulo verbal* (um "símbolo"). Os leitores precisam ter em mente, daqui para a frente, que, quando usamos o termo *verbal*, não estamos necessariamente nos referindo a palavras, e, quando usamos o termo *cognição*, não estamos necessariamente nos referindo a pensamentos que ocorrem na forma de palavras. Quando dizemos "verbal" ou "cognitivo", pretendemos dizer "via treinamento resultando em relações derivadas". Gestos, figuras, imagens, dança, música – em alguns contextos, podem todos ser "verbais" ou "cognitivos" nesse sentido relacional mesmo sem que as palavras desempenhem um papel direto.

Os pesquisadores em RFT mostraram que é necessário treinamento nas habilidades de enquadramento relacional para que ocorram relações derivadas (p. ex., Barnes-Holmes, Barnes-Homes, Smeets, Strand, & Friman, 2004), incluindo o treinamento na primeira infância (p. ex., Luciano, Gómez-Becerra, & Rodriguez-Valverde, 2007). Em um estudo recente (Berens & Hayes, 2007), demos a crianças pequenas muitos exemplos de relações comparativas arbitrárias. "Esta é maior do que aquela", dizemos, apontando para "moedas" de papel de vários tamanhos, "Quais você usaria para comprar doces?". Quando as crianças receberam *feedback*, aprenderam gradualmente. Elas aprenderam a derivar uma relação comparativa mútua – se esta era maior do que aquela, então aquela era menor do que esta. Elas puderam, então, aplicar esse conhecimento a qualquer conjunto de "moedas" relacionadas definidas sem treinamento adicional. Depois que aprenderam a combinar essas relações comparativas, elas escolheram as "grandes" para comprar doces em vez das "pequenas". Todas as crianças no estudo mostraram que esse treinamento se generalizou não só para novas "moedas", mas também para novas redes. Por exemplo, uma criança pode aprender a combinar "Este é maior do que aquele, mas é menor do que este outro aqui" sem qualquer treinamento explícito sobre esse tipo específico de rede, apenas treinando na moldura relacional de comparação com outros tipos específicos de redes.

Essa descoberta pode se tornar clinicamente relevante de forma mais evidente associando-a a pesquisas que mostram que molduras relacionais de comparação podem alterar todos os outros processos comportamentais. Dougher, Hamilton, Fink e Harrington (2007) ensinaram a alguns adultos, e a outros não, que a relação entre três símbolos arbitrários em uma tela de computador era A < B < C. Todos os participantes, então, aprenderam a pressionar uma barra a determinada velocidade quando B era apresentado. Aqueles que não haviam aprendido as relações entre os símbolos foram mais lentos quando A e C apareciam. Aqueles que haviam aprendido as relações arbitrárias também foram mais lentos quando A aparecia, mas trabalhavam mais rapidamente quando C aparecia. Seu comportamento refletia a relação derivada de que C é maior do que B. Em outro ponto no estudo, os participantes recebiam choques repetidamente quando B era apresentado até que se tornaram ativados e temerosos (conforme medido por uma resposta galvânica da pele) sempre que B aparecia. Aqueles que não haviam aprendido as relações mostraram menos ativação quando A ou C apareciam. Aqueles que haviam aprendido que A < B < C também apresentaram ativação mínima a A, mas, quando C aparece, eles ficavam muito *mais* temerosos do que quando B era apresentado. Alguns participantes até mesmo gritaram e arrancaram os pelos do braço – não porque receberam choque, mas porque aquele estímulo C assustador havia aparecido. Esses participantes *nunca* haviam recebido choque na presença do estímulo C; no entanto, estavam agindo como se isso fosse muito pior do que um estímulo que realmente havia sido associado de forma repetida a choques moderadamente dolorosos apenas porque C foi citado de forma arbitrária como "maior do que B".

Mesmo um exemplo simples como esse começa a ligar o enquadramento relacional a questões clínicas. Se um níquel pode ser "menor" do que dez centavos – o que certamente não é, exceto em um sentido arbitrário –, o que irá impedir que "grande sucesso" seja pequeno em comparação com um ideal? Muitos anos atrás, quando enfrentava dificuldades com um quadro de transtorno de pânico, um de nós (SCH) teve um ataque de pânico intenso enquanto dava uma palestra para três enfermeiras, muito embora uma semana antes tivesse dado uma palestra para centenas de pessoas com muito menos dificuldade. Isso pareceria menos surpreendente se você soubesse que o pânico no grupo pequeno foi visto como "muito mais insano" – e, assim, muito mais ameaçador – do que a ansiedade em meio à grande multidão, assim como os participantes no estudo citado anteriormente demonstraram *mais* medo de uma situação que anteriormente havia sido benigna do que de uma que havia sido diretamente associada ao choque – apenas porque havia sido dito que ela era "maior que" esta última. O enquadramento relacional é *arbitrariamente aplicável*, portanto não há nada no mundo das propriedades formais (p. ex., o real tamanho da multidão) que impeça que ocorram esses tipos de desfechos, apesar do sofrimento que possam causar.

Para mostrar o que entendemos por "arbitrariamente aplicável", pense em dois objetos concretos. Mentalmente, rotule-os como *A* e *B*. Agora, escolha um número entre 1 e 4. Se já fez isso, pode ser informado de que o número indica uma expressão relacional: 1 significa "melhor que", 2 significa "o pai de", 3 significa "diferente de", e 4 significa "semelhante a". Agora, responda a esta pergunta: "Como é A # B?". Isto é, "Como ____ (diga o nome do objeto A) é _____ (expressão relacional indicada pelo número que você escolheu, por sua vez seguida pelo nome do objeto B)?".

Esta pode ser uma pergunta estranha, e é muito improvável que você a tenha ouvido antes. No entanto, em alguns segundos, encontrará uma resposta. Muito frequentemente, se você for esperto, a resposta parecerá adequada – algumas vezes tanto que a relação parece estar "nos objetos", apenas esperando para ser notada. Isso tem a ver com uma ilusão até certo ponto, uma vez que não importa quais são os objetos ou as relações para que ocorra esse efeito, e não é possível que tudo esteja relacionado a tudo o mais de todas as formas possíveis em um sentido formal.

Existe uma explicação muito mais plausível, ou seja, a de que relações desse tipo são arbitrariamente aplicáveis. Devido a essa propriedade da linguagem e da cognição humanas, *nós* podemos relacionar tudo a tudo o mais de todas as maneiras possíveis.

A RFT pode fornecer um modelo robusto para qualquer estratégia de intervenção cognitiva (Törneke, 2010), mas, até agora, essa discussão da RFT disse pouco acerca da ACT *per se*. Para a conexão emergir mais claramente, precisamos retornar a uma característica-chave da RFT: o controle contextual.

O papel das características contextuais

Os pesquisadores em RFT descobriram que as molduras relacionais são reguladas por duas características contextuais distintas: o contexto relacional e o contexto funcional. O contexto relacional determina como e quando os eventos estão relacionados; o contexto funcional determina quais funções serão transformadas em termos de uma rede relacional. Por exemplo, na sentença "Sarah é mais esperta do que Sam", as palavras *mais esperta do que* provavelmente funcionam para que a maioria dos leitores estabeleça um contexto relacional de comparação entre Sarah e Sam. Na sentença "Imagine o gosto de leite coalhado", as palavras *imagine o gosto* provavelmente servem como um contexto funcional que ativa as experiências perceptuais de leite coalhado, baseadas em uma moldura de coordenação entre leite coalhado e os nomes escritos ou falados.

A existência de duas formas distinguíveis de controle contextual leva a importantes implicações clínicas, e a ACT tira o máximo proveito delas. As intervenções terapêuticas orientadas mais verbalmente são manipulações do contexto relacional. Esse tipo de manipulação é ótimo quando é necessária informação por parte do cliente ou quando essas manipulações estão apropriadamente associadas a esforços para criar mais flexibilidade da resposta cognitiva, como com algumas formas de reavaliação cognitiva. No entanto, a manipulação do contexto relacional tem limitações importantes em muitas outras situações comuns. Como as molduras relacionais são aprendidas e arbitrariamente aplicáveis, é impossível controlar o contexto relacional tão plenamente a ponto de evitar que relações inúteis sejam derivadas. Por exemplo, inúmeras pistas podem levar crianças a derivar que não são tão atraentes, merecedoras de amor, inteligentes ou dignas como poderiam ser. Em termos gerais, você não pode evitar que as crianças tenham temores de inadequação garantindo que nunca pensem que são inadequadas. Despejar elogios excessivos sobre elas, embora com boas intenções, pode ser mais prejudicial do que benéfico. Além disso, como ocorre com toda aprendizagem, depois que é feita a relação, ela pode ser inibida, mas nunca será desaprendida. Não existe um processo chamado "desaprendizagem". Depois que uma criança deriva "Não sou merecedora de amor", essa impressão estará entranhada no indivíduo para *sempre*, pelo menos em certa medida. Mesmo que a impressão diminua sua força para quase zero, ela será mais rapidamente reaprendida, talvez décadas mais tarde.

A persistência da lembrança se deve ao fato de ser muito difícil reestruturar redes cognitivas de modo eficiente. É fácil somar-se a outras redes – e a ACT certamente faz isso em muitas áreas –, porém é difícil evitar que relações inúteis sejam derivadas, e não é possível apagar inteiramente tal pensamento da nossa história mental.

No entanto, o contexto funcional determina o *impacto* da resposta relacional, e isso, felizmente, é muito mais fácil de regular na maioria dos casos. Esta é uma ideia que é bem aplicada na ACT. Na imaginação, conseguimos facilmente sentir o gosto de uma laranja... mas também podemos sentir o gosto de uma lllllllllll aaaaaaaaaa rrrrrrrrr aaaaaaaa nnnnnnn jjjjjjjj aaaaaa... ou o gosto de uma laranja, laranja, laranja, laranja, laranja, laranja... ou o gosto de uma "laranja" *dito na voz do Pato Donald* – ou... sentir o gosto de uma enquanto canta "Home, home on the o-range". O impacto psicológico dessas variações estapafúrdias é diferente de "sinta o gosto de uma laranja", e de fato estes são todos exemplos de intervenções de desfusão que podem ser usadas na ACT.

Não é apenas o fato de ter conhecimento da distinção entre um contexto relacional e funcional que pode criar ideias para novas intervenções clínicas. A RFT também nos ajuda a ver que, se não formos cuidadosos, o foco em um contexto relacional pode inadvertidamente modificar o contexto funcional de uma forma inútil. Considere, por exemplo, uma pessoa em luta com processos psicóticos que é solicitada a olhar para a racionalidade de um pensamento para melhor testar se ele é real. Essa solicitação equivale a uma intervenção no contexto relacional. A esperança é a de que essa intervenção possa alterar a forma das redes verbais/cognitivas da pessoa (p. ex., "Não, eu não estou sendo perseguido pela máfia – sou uma pessoa sem-teto na Filadélfia"). Essa intervenção pode ser útil, mas também pode tornar o pensamento mais importante e central, talvez até mesmo fazendo com que impacte mais o comportamento, não menos. Além disso, como as molduras relacionais são bidirecionais, se o pensamento racional for enquadrado em oposição ao irracional, ele pode evocar a relação na direção oposta ("Sou uma pessoa sem-teto na Filadélfia – mas então por que a máfia está me perseguindo?"). A RFT sugere que qualquer esforço para mudar o pensamento é uma faca de dois gumes e pode ser perigoso quando colocado a serviço de não pensar sobre alguma coisa, pensar menos sobre alguma coisa ou pensar apenas de uma maneira. O que é logicamente útil não é necessariamente o mesmo que é psicologicamente útil.

Sabemos, pela experiência, que alguns leitores questionarão essas ideias pelo fato de que, se elas estivessem corretas, parte da terapia cognitivo-comportamental (TCC) tradicional seria prejudicial, não útil, devido à sua frequente inclusão do desafio cognitivo. Este é um argumento razoável, mas a TCC é um grande pacote, muito do qual é comportamental e muito do qual faz muito sentido empírico. Além disso, mesmo algumas características cognitivas da TCC (p. ex., esforços para encorajar a flexibilidade cognitiva, os quais algumas vezes são feitos em intervenções de reavaliação cognitiva) fazem muito sentido segundo uma perspectiva da RFT. No entanto, quando o elemento-chave do questionamento cognitivo é focado em estudos dos componentes, ele *não* é tipicamente útil (p. ex., Jacobson et al., 1996; veja Longmore & Worrell, 2007, para uma metanálise) e, de fato, parece ser prejudicial para alguns subtipos de clientes (p. ex., Haeffel, 2010).

Segundo uma perspectiva comportamental contextual, a maioria das terapias pela fala consiste de intervenções no contexto relacional. As intervenções no contexto relacional podem elaborar, ampliar ou interconectar redes relacionais, mas não podem eliminar relações cognitivas previamente aprendidas. A elaboração é particularmente útil quando uma rede relacional existente não contém relações-chave, como quando uma intervenção psicoeducacional é necessária ou quando a pessoa precisa aprender a gerar mais alternativas de resposta para ser mais flexível cognitivamente. As intervenções da ACT com frequência envolvem informação psicoeducacional sobre conceitos centrais da ACT, com o objetivo de elaborar uma rede relacional deficiente ou limitada, e intervenções de flexibilidade cognitiva são uma matéria-prima comum. Por exemplo, na sessão inicial da terapia, falar a clientes experiencialmente evitativos sobre seu padrão de esquiva esperado (ou mesmo sobre o abandono da terapia) quando as coisas ficam emocionalmente difíceis pode ajudar a manter seu engajamento, assim como assinalar que exercícios de supressão do pensamento podem ajudar a reduzir seu apego pouco saudável a formas evitativas de enfrentamento. A ressalva é que mesmo intervenções psicoeducacionais e de flexibilidade tecnicamente corretas podem ter funções não intencionais de eliminação e esquiva (p. ex., "Se eu conseguir entender isso mais profundamente, então o problema vai acabar"), motivo pelo qual é necessária atenção especial.

A compreensão de que é improvável que a terapia ajude o cliente a desaprender cognições específicas não deve ser transformada na ideia de que você, o clínico, nunca deva tentar mudar as cognições dos clientes. Os terapeutas podem prontamente elaborar a cognição, torná-la mais adaptável e de fato torná-la menos provável de ocorrer (ironicamente, uma das melhores formas de fazer isso é encontrar formas de tratar certos pensamentos como menos importantes, o que é uma técnica comum na ACT). Muitos programas de pesquisa em RFT aplicada são inteiramente concebidos para elaborar a melhoria da cognição dos clientes. A RFT já está sendo usada para treinar habilidades de linguagem, fortalecer competências para a solução de problemas e estabelecer uma noção de *self* mais forte, por exemplo (para uma descrição extensa desses programas, veja Rehfeldt & Barnes-Holmes, 2009). A ACT também contém elementos do contexto relacional, mesmo que enfatize intervenções focadas em um contexto funcional em vez de puramente relacional. Por exemplo, se o pensamento "Eu sou mau" cria confusão e produz um efeito negativo, não há nada de errado, em princípio, no fato de acrescentar formas verbais a um pensamento habitual como "Estou tendo os pensamentos de que sou mau" ou "Eu sou mau?" ou "Eu sou mau... exceto quando não sou". Nenhum desses acréscimos irá apagar "Eu sou mau", mas pode alterar seu impacto funcional expandindo o conjunto de respostas relacionais que ocorrem e que são relevantes para isso.

A natureza autoperpetuante do enquadramento relacional

Embora o enquadramento seja um comportamento operante aprendido, as contingências que o controlam se tornam tão amplas que são muito difíceis de regular. No início da infância, a linguagem é aprendida quase inteiramente por meio do condicionamento social. Ao mesmo tempo que essa linguagem e pensamento estão se desenvolvendo nas crianças, elas estão aprendendo regras sociais, costumes e crenças que refletem as práticas culturais contemporâneas. Essa "programação social" está tão arraigada dentro do sistema de linguagem que é funcionalmente invisível. Crenças e práticas culturalmente promovidas – mesmo aquelas que não são úteis – se tornam muito difíceis de ser detectadas pelo indivíduo. Além disso, à medida que amadurecemos durante a infância, as consequências sociais diretas se tornam menos importantes quando a linguagem é usada para encontrar sentido, solucionar problemas e fazer narrativas. Coerência e utilidade são suficientes para manter relações verbais depois que elas estão estabelecidas. Detectar que estamos derivando redes relacionais coerentes e explicáveis (p. ex., sabendo que estamos "certos" ou "encontrando sentido") ou que relacionar os eventos está levando a resultados efetivos (p. ex., saber que "resolvemos o problema") e processos similares fornece reforçamento contínuo para o processo de enquadramento relacional. Em consequência, é muito difícil desacelerar a linguagem e a cognição depois que elas estão bem estabelecidas. Depois que a linguagem é aprendida, é impossível retornar totalmente ao mundo não verbal, pelo menos o que entendemos pelo termo *verbal*. Além disso, depois que pensamos nas coisas de uma maneira particular, essa forma de pensar permanece irremediavelmente em nosso repertório relacional, mesmo que raramente se repita. Quanto mais se pensou a respeito, mais relações derivadas estão disponíveis para manter e restabelecer determinada rede se práticas mais novas enfraquecerem. Essa tendência ajuda a explicar por que as redes cognitivas são extraordinariamente difíceis de romper mesmo com treinamento contraditório direto. Laboratórios de RFT mostraram que, quando antigos pensamentos são extintos, eles rapidamente voltarão a emergir se novas formas de pensamento encontrarem dificuldades (Wilson & Hayes, 1996). Laboratórios de RFT desenvolveram novas formas altamente sofisticadas de medir a cognição implicitamente, mostrando que ocorrem efeitos de longa duração e às vezes prejudiciais de certos tipos de condicionamento relacional (p. ex., Procedimento de Avaliação Relacional Implícita ou IRAP; Barnes-Holmes, Murphy, Barnes-Holmes, & Stewart, 2010).

As ideias centrais subjacentes à RFT receberam apoio empírico em uma literatura rapidamente crescente abrangendo vários escores de estudos. Sabemos que as molduras relacionais se desenvolvem na infância (p. ex., Lipkens, Hayes, & Hayes, 1993), e isso acontece assim devido ao treinamento direto (p. ex., Luciano et al., 2007). O ponto fraco no enquadramento relacional está associado a déficits cognitivos como habilidades limitadas para a solução de problemas ou níveis inferiores de comportamento inteligente (O'Hora, Pelaez, Barnes-Holmes, & Amesty, 2005). Por sua vez, o treinamento em enquadramento relacional aumenta habilidades cognitivas de ordem superior (p. ex., Barnes-Holmes, Barnes-Holmes, & McHugh, 2004; Berens & Hayes, 2007), incluindo o QI (Cassidy, Roche, & Hayes, 2011). O leitor interessado em se aprofundar nessa literatura de pesquisa pode facilmente encontrar boas revisões extensas dos recentes desenvolvimentos em RFT (p. ex., veja Rehfeldt & Barnes-Holmes, 2009; Törneke, 2010).

Comportamento governado por regras

O enquadramento emocional é uma vantagem evolutiva importante da espécie humana que provavelmente emergiu no contexto da cooperação social. Os estímulos verbais podem ser combinados em regras verbais elaboradas que têm a capacidade de regular o comportamento. O comportamento governado por regras não precisa estar baseado no contato refletindo consequências diretas face a face com o mundo; ao contrário, ele está em grande parte baseado em formulações verbais dos eventos e das relações entre eles. Segundo Skinner (1969), comportamento governado por regras é o comportamento que é governado pela especificação de contingências em vez de pelo contato direto com elas. O comportamento governado por regras permite que os seres humanos respondam de formas muito precisas e efetivas em casos em que a aprendizagem por meio da experiência direta pode ser ineficaz ou até mesmo letal. Por exemplo, uma pessoa pode não querer se engajar em um processo gradual de aprendizagem para aprender a evitar fios elétricos de alta tensão. Igualmente, sabemos, pelo trabalho experimental básico, que consequências muito adiadas em geral são ineficazes com não humanos. O comportamento governado por regras permite que os humanos respondam de forma efetiva a consequências enormemente adiadas, tais como: "Seja gentil com seu tio, e daqui a 20 anos ele vai se lembrar de você em seu testamento".

No entanto, essas regras têm um custo. Quando o comportamento é governado por regras verbais, ele tende a ser relativamente insensível a mudanças no ambiente que não estão descritas na própria regra (veja Catania, Shimoff, & Matthews, 1989; Hayes, Brownstein, Haas, & Greenway, 1986a; Hayes, Zettle, & Rosenfarb, 1989, para revisões dessa literatura, e Hayes, 1989, para um tratamento mais extenso desse tema). Quando o comportamento é governado por regras verbais, os humanos com frequência monitoram mudanças no ambiente com menos precisão do que não humanos. Por exemplo, uma pessoa a quem é dito para "apertar este botão rapidamente para ganhar pontos" terá menos probabilidade de parar de apertar o botão quando os pontos não forem mais concedidos (p. ex., Hayes, Brownstein, Zettle, Rosenfarb, & Korn, 1986b).

Esse assim chamado efeito de insensibilidade é importante porque muitas formas de comportamento clinicamente significativo exemplificam esse padrão: comportamentos (tanto privados quanto públicos) persistem apesar das consequências negativas diretamente experimentadas ou do seu potencial. Essa observação pode ser mais bem entendida ao examinarmos por que as regras são seguidas. A RFT distingue entre três tipos de cumprimento das regras (Barnes-Holmes et al., 2001; Hayes, Zettle, & Rosenfarb, 1989): *pliance, tracking* e *augmenting*.

Pliance (extraída de *compliance*) envolve uma regra verbal baseada na história das consequências para a correspondência socialmente monitorada entre a regra e o comportamento anterior. Por exemplo, o pai diz ao filho: "vista um casaco – está frio lá fora". Se a criança responder com base em uma história de cumprir as regras para agradar ou desagradar ao pai (e não, nesse caso, para ficar agasalhada), isso é *pliance*. No nível clínico, pode ocorrer *pliance* quando o cliente faz alguma coisa para agradar ao terapeuta, para parecer bem ou para estar certo aos olhos dos outros – mas na realidade não "possui" o comportamento e sua associação a valores pessoais. *Pliance* tende a ser relativamente rígida, em geral predominando em pessoas com padrões comportamentais inflexíveis. É uma forma importante de comportamento governado por regras no desenvolvimento das crianças porque contingências rígidas podem levar ao cumprimento da regra, e, ao se acrescentar consequências sociais para o cumprimento da regra, as contingências podem ser fortemente ligadas ao comportamento. No entanto, entre os adultos, *pliance* é superestimada como uma forma útil de regulação verbal e com frequência é algo que deve ser manejado diretamente na terapia.

Tracking é seguir uma regra verbal com base em uma ligação histórica entre tais regras e contingências naturais (i.e., aquelas produzidas pela forma exata do comportamento naquela situação particular). Por exemplo, se a criança mencionada anteriormente veste um casaco para se aquecer porque no passado tais regras ("vista um casaco – está frio lá fora") descreveram acuradamente a temperatura e previram as consequências de ter ou não ter um casaco, esse comportamento está baseado em *tracking*. *Tracking* coloca o cliente em contato direto com o impacto do comportamento. Consequentemente, produz formas mais flexíveis de comportamento do que *pliance*, possibilitando que as pessoas se adaptem ao ambiente em vez de apenas se curvarem às consequências sociais do cumprimento de regras não relacionadas a repercussões diretas. No entanto, como é tão útil em muitos contextos, *tracking* pode ser excessivamente estendida para situações que não são prontamente governadas pela regra. Por exemplo, tentar seguir uma diretiva de "ser mais espontâneo" provavelmente causará confusão. Espontaneidade não pode ser atingida unicamente pela instrução verbal, assim como um verdadeiro trabalho artístico não pode ser obtido "pintando pelos números".

Augmenting é o comportamento governado por regras que altera em que medida algum evento irá funcionar como uma consequência. Em termos clínicos, *augmenting* fornece incentivos verbalmente formulados para o cliente se comportar de uma forma particular. Existem dois subtipos: *augmentals formativos* estabelecem novas consequências (p. ex., Hayes, Kohlenberg, & Hayes, 1991). Por exemplo, se ouvir a palavra *bom* é reforçador, então aprender que as palavras *bueno* e *bon* também significam *bom* pode estabelecê-las como reforçadoras também. *Augmentals motivadores* alteram a força de uma consequência funcional existente (p. ex., Ju & Hayes, 2008). Os anunciantes usam essa forma de comportamento governado por regras quando tentam evocar verbalmente sensações que seus produtos podem produzir (p. ex., "Você não está com fome de um Burger King agora?"; veja

Ju & Hayes, 2008, para uma demonstração experimental de como esses anúncios funcionam). *Augmenting* é uma das principais fontes de motivação para os adultos, e é importante fazer bom uso dela na terapia.

Comportamento governado por regras e rigidez psicológica

Essas distinções entre as regras se mantiveram muito bem durante os últimos 20 anos de pesquisas em laboratório. A tradução desses princípios na prática clínica é, na verdade, bem direta, e, nas seções a seguir, abordamos algumas das implicações mais importantes.

O impacto clínico de pliance

A insensibilidade induzida pelas regras tem alta correlação com formas indesejáveis de rigidez psicológica como um padrão comportamental disseminado (Wulfert, Greenway Farkas, Hayes, & Dougher, 1994). *Pliance* é uma fonte especial dessa rigidez (Barret, Deitz, Gaydos, & Quinn, 1987; Hayes, Brownstein et al., 1986a). Os primeiros estágios da regulação verbal costumam ser caracterizados por demandas sociais daqueles que ditam as regras. "Não!" é normalmente uma das primeiras palavras aprendidas pelas crianças. A *pliance* desse tipo *pretende* reduzir a sensibilidade a outras contingências ambientais – se um dos genitores está ensinando o filho a não ir para a rua unicamente pela demanda do pai, o pai não deseja ter a regra testada (p. ex., a criança saindo à rua para ver o que acontece).

Na idade adulta, no entanto, a maioria dos comportamentos efetivos que poderiam, de outra forma, se basear em *pliance* em geral deriva mais eficientemente do *tracking* e do *augmenting* (veja Sheldon, Ryan, Deci, & Kasser, 2004). A maioria de nós pode pensar em pessoas de 40 e 50 anos de idade que ainda estão se rebelando contra seus pais, mesmo que eles já tenham morrido há muito tempo. *Pliance* em tal circunstância restringe o comportamento de modo desnecessário e o deixa menos flexivelmente relacionado às suas consequências naturais. Da mesma forma, crianças podem precisar aprender a demonstrar compaixão usando o elogio parental para produzi-la, mas um adulto não precisa ficar preso a esse nível; ele pode demonstrar compaixão como uma expressão de valores pessoais escolhidos (*augmenting*) e fazer o que funciona melhor com esses valores (*tracking*). A fonte dessa atenção pode, em parte, ser social, mas *pliance* reverte a atenção humana para a opinião dos outros.

O impacto clínico de tracking

Tracking também pode produzir problemas quando as pessoas estão seguindo regras verbais que não são testáveis, preditivas, autorrealizáveis ou são aplicadas a situações que podem somente ser influenciadas por contingências. A ACT é cética quanto à aplicação ampla de estratégias de mudança cognitiva direta, além de cautelosa sobre o quão facilmente as estratégias de mudança cognitiva saudáveis podem ser minadas, mas algumas vezes existem bons motivos para fazer os clientes testarem as regras verbais e desenvolverem *tracks* que fazem um melhor trabalho de previsão das consequências. Infelizmente, muitos dos tipos mais perniciosos de regras são extremamente difíceis de testar.

Considere regras que são autorrealizáveis. Em tais casos, o ciclo de *feedback* natural entre seguir uma regra e as consequências que resultam é ausente ou equivocado. Essa circunstância pode facilmente produzir um ciclo estranho. Por exemplo, seguir a regra "Eu não tenho valor" com frequência leva a um comportamento que confirma a regra em um sentido funcional. Se eu finjo ser esperto porque na verdade não tenho valor, o elogio dos outros parece vazio. Afinal de contas, eu os enganei – e quem pode confiar em tolos ou se importar com suas opiniões? O resultado provavelmente serão sentimentos *continuados* de desvalia apesar dos sinais de sucesso objetivo.

Em áreas em que o comportamento precisa ser estabelecido por meio da experiência direta, os testes da utilidade das regras verbais pela detecção das suas consequências não são suficientes; em vez disso, elas precisam ser comparadas com ações que são menos governadas por regras. Explicamos como isso é obtido no capítulo sobre desfusão (Capítulo 9), mais adiante neste livro.

O impacto clínico de augmenting

A ACT tenta *fortalecer* certos tipos de regulação verbal, incluindo em particular *augmenting*, que pode ajudar o comportamento a ficar sob controle de consequências tardias ou probabilísticas. Por exemplo, a ACT é fortemente focada nos valores principais do cliente. Os valores são escolhidos, declarados e esclarecidos por suas funções de aumento, sejam elas formativas, sejam elas motivadoras. Um cliente pode mais prontamente aprender ações novas e mais efetivas e abandonar as antigas e ineficazes quando o propósito maior de fazer isso estiver baseado em valores do cliente, tais como amar, participar, compartilhar ou contribuir com os outros. Em contraste, aumentos focados na fuga e na esquiva, como "Apenas não pense no seu diabetes, e você vai se sentir muito melhor", em geral contribuem para resultados deficientes. Na ACT, aumentos associados a resultados baseados em valores devem ser fortalecidos; aqueles ligados a objetivos de processos (p. ex., remover a ansiedade, aumentar a autoconfiança) devem ser fortalecidos ou enfraquecidos com base no seu impacto nos objetivos de resultado (i.e., aqueles baseados na operacionalidade).

Extensão excessiva dos processos verbais

A RFT é uma teoria contextual, e os contextos são o foco da intervenção clínica na ACT. Determinados contextos com frequência estão implicados quando processos verbais ou cognitivos são estendidos excessivamente. A comunidade social/verbal em geral usa símbolos verbais – eventos que têm suas funções porque eles participam nas molduras relacionais – em vários contextos de literalidade. Entendemos por "contexto de literalidade" circunstâncias sociais/verbais em que as pessoas são encorajadas a interagir com estímulos verbais com base em seu significado convencional ou suposta correspondência com o que é "real". Esse contexto é central para muitos dos usos da linguagem – dar razões, fazer narrativas, encontrar sentido ou solucionar problemas – e é algumas vezes útil. Quando um pai grita "Cuidado – um carro!", ele quer que o filho pule como se o carro estivesse bem ali – ou seja, baseado na correspondência entre um som arbitrário ("carro!") e a chegada iminente de um grande veículo sobre rodas. Como as operações para solução de problemas são talvez o maior uso benéfico da linguagem, nós nos referimos ao modo da mente estabelecido por esses contextos de literalidade como "um modo de solução de problemas" (veja Segal, Williams, & Teasdale, 2002, para um ponto de vista relacionado).

São necessárias poucas molduras relacionais básicas para facilitar a solução de problemas verbais. Considere um exemplo de solução de problema verbal: "Dada a situação X, se eu fizer P, obterei Q, que é melhor do que Y". Apenas três tipos de molduras relacionais são absolutamente necessários: molduras que coordenam palavras com eventos, molduras de antes e depois, e molduras comparativas. Um modo de solução de problemas da mente avalia o momento atual com referência a um objetivo, e a discrepância é observada, desencadeando outra rodada desse tipo de solução de problemas.

Para um exemplo do processo, suponha que você esteja tentando encontrar um museu em uma grande cidade. Digamos que, de onde você está, se dobrar imediatamente à direita, deverá chegar lá. Se, em vez disso, dobrar à esquerda, você tentará se lembrar de onde veio e irá circular repetidamente pelo processo relacional até que a discrepância ("Quero ir até o museu e ainda não estou lá") desapareça ("Estou lá!").

A solução de problemas é uma habilidade incrível, mas é tão generalizada e útil que os seres humanos acham extremamente difícil discernir quando ela é útil e quando não é. Um modo de solução de problemas é restrito, orientado para o futuro e o passado, algumas vezes rígido, crítico e altamente literal. Ele é restrito porque apenas respostas relacionais que são relevantes para o problema são consideradas legítimas; é orientado para o futuro e o passado porque essas respostas relacionais são aspectos da análise do problema e da avaliação das soluções possíveis para o problema; algumas vezes é rígido porque pode prontamente abordar todos os problemas humanos, exceto os limites da própria solução de problemas verbal; é crítico porque precisam ser feitas comparações com um objetivo; e é altamente literal porque os símbolos são tratados como se estivessem fortemente associados aos seus referentes.

O problema com a solução de problemas é que se trata de um modo da mente que não sabe quando parar; com facilidade se torna excessivamente estendido. Pode desencorajar a intuição, a inspiração, a descrição e a observação desapaixonada, o engajamento, a apreciação, a imaginação, a inteligência emocional ou alguma outra forma de conhecimento e experiência que não seja temporal ou comparativa. As contingências evolutivas (i.e., aprender como fazer o que funciona) não podem operar na ausência de variação funcional, e as vidas humanas rapidamente ficam travadas na falta de variação, incapazes de seguir em frente.

Consideremos o exemplo do autoconhecimento. Devido ao processo de implicação mútua, sempre que um humano interage verbalmente com seu próprio comportamento, o significado psicológico do símbolo verbal e do comportamento em si pode mudar. A propriedade bidirecional torna útil a autoconsciência, mas também a torna penosa. Uma pessoa que relata dores e traumas passados geralmente irá chorar – mesmo (ou talvez *especialmente*) que o autorrelato nunca tenha sido feito antes. O choro ocorre porque o relato está mutuamente relacionado ao evento em si, e não porque o relato foi diretamente associado no passado a eventos aversivos.

Nós aplicamos naturalmente um modo de solução de problemas da mente a eventos aversivos. É aversivo estar verbalmente consciente dos eventos aversivos, e a mente humana está sempre pronta para resolver esse problema evitando, negando ou suprimindo pensamentos, sentimentos, lembranças ou sensações corporais aversivos. Assim, um modo de solução de problemas da mente inflexível e indiscriminado irá alimentar o que são seguramente os dois maiores processos limitadores do repertório conhecidos na psicologia humana: a excessiva governança por regras e a esquiva experiencial.

Felizmente, podemos criar contextos em que linguagem e cognição funcionam de modos distintos. Podemos estabelecer um modo da mente diferente – engajamento atento – que seja mais flexível e aberto às consequências da ação, seja ele direta ou verbalmente adotado como significativo. Nesse modo, a linguagem e a cognição são colocadas a serviço da observação e da apreciação do fluxo e refluxo dos eventos externos e internos, flexivelmente focando a atenção e a ação em ações intrinsecamente valorizadas. Para que essa abordagem seja possível, os contextos que alimentam a literalidade e seu modo de solução de problemas da mente precisam ambos ser detectados e mudados. Como podemos fazer isso é um dos temas deste livro. A RFT fornecerá uma boa orientação, como veremos.

Relevância clínica das descobertas da RFT

Podemos resumir algumas das conclusões centrais de relevância aplicada que emergem do programa de pesquisa da RFT em sua aplicação ao nosso propósito presente. Algumas dessas conclusões provêm do material que já abordamos. Algumas apenas serão mencionadas aqui e serão abordadas posteriormente:

- Sem molduras relacionais, os humanos não podem funcionar normalmente. Os clínicos têm que lidar com o sistema verbal/cognitivo, frequentemente usando a interação verbal, e, assim, precisamos de teorias precisas e de amplo escopo que digam aos profissionais como realizar essa tarefa.
- Alguns dos problemas clínicos do cliente podem ser atribuídos a repertórios relacionais pouco desenvolvidos (p. ex., fraca solução de problemas; habilidades intelectuais deficientes; falta de empatia; falha em ver a perspectiva dos outros) e podem ser remediados pela construção de habilidade verbal. A RFT pode ajudar a especificar as habilidades necessárias (p. ex., veja Cassidy et al., 2011).
- As redes relacionais funcionam por adição, não por subtração, e, portanto, é impossível simplesmente eliminar um evento cognitivo clinicamente relevante. Não existe um processo de aprendizagem denominado "desaprendizagem". A extinção de um comportamento ou de hábitos passados é uma questão de nova aprendizagem, inibição e flexibilidade da resposta, não de desaprendizagem.
- À medida que se desenvolve, o enquadramento relacional predomina sobre outras fontes de regulação comportamental porque sua utilidade e ubiquidade no mundo real, e o contexto generalizado de literalidade e solução de problemas, são mantidos, em parte, pela comunidade social/verbal.
- As mesmas propriedades das molduras relacionais que permitem a efetiva solução de problemas dos humanos também contribuem para o cumprimento rígido das regras e para a esquiva experiencial, os quais são processos poderosos de limitação do repertório.
- Enquadramento relacional sob fraco controle contextual torna difícil para os humanos manter atenção flexível, focada e voluntária na experiência presente.
- Um contexto literal para a solução de problemas não é o único contexto disponível no qual podem ocorrer processos verbais/cognitivos. Um contexto de engajamento atento (*mindful*) também pode ser criado. As funções verbais serão diferentes nesse contexto.
- Aprender a trazer diferentes modos de linguagem e cognição para o controle contextual é uma tarefa central da ACT e de manutenção da saúde psicológica de modo mais geral.

CONSIDERAÇÕES FINAIS

Neste capítulo, introduzimos alguns dos fundamentos filosóficos, teóricos e científicos da ACT. Nosso propósito principal era possibilitar ao leitor uma melhor compreensão dos princípios básicos do contextualismo funcional e da teoria das molduras relacionais, os quais se relacionam diretamente com os tópicos clinicamente relevantes que abordamos ao longo deste livro. No próximo capítulo, apresentamos um modelo unificado do funcionamento adaptativo humano e, então, nos baseamos em conceitos da RFT, também introduzindo conceitos clínicos intimamente associados que se tornaram a base para a ACT como é praticada hoje.

3

Flexibilidade psicológica como um modelo unificado do funcionamento humano

Neste capítulo, apresentamos um modelo unificado do funcionamento e da adaptabilidade humanos e mostramos sua relevância clínica. Acreditamos que as seis características principais desse modelo são amplamente responsáveis pela adaptabilidade humana – ou, dito inversamente, pelo sofrimento humano. Também fazemos algumas ligações com a ciência pertinente, relacionando o trabalho feito em laboratórios de ACT e RFT com o trabalho feito em outros domínios da ciência psicológica que se conectam com o tema. No próximo capítulo, mostraremos como esses mesmos processos podem ser usados para formular o caso e planejar intervenções.

Conforme o definimos, um modelo unificado é *um conjunto de processos coerentes que se aplica com precisão, escopo e profundidade a uma ampla gama de problemas clinicamente relevantes e a problemas do funcionamento e da adaptabilidade humanos*. Pense em uma fonte que você pode ter visto em um parque da cidade que seja capaz de proporcionar continuamente diferentes padrões de exibição da água. Alguns deles saltam bem alto no ar, enquanto outros interagem cuidadosamente sequenciados jorrando com diferentes tipos de espirros. Cada exibição que você vê é planejada para ser única; é isso que torna a fonte esteticamente atrativa. Em outro nível de análise, a fonte tem na sua base um encanamento comum, um pequeno número de canos e motores e um painel de circuitos comum. Todo esse encanamento e equipamento elétrico escondido é a base para tudo o que a fonte é capaz de fazer. Um pequeno número de processos é capaz de produzir um número quase infinito de diferentes exibições.

Igualmente, na ACT, nosso foco não é na miríade de exibições do sofrimento humano (sintomas e síndromes, ou coleções de sintomas), mas nos processos que controlam toda a apresentação. O modelo de flexibilidade psicológica subjacente à ACT está focado em um conjunto limitado de processos coerentemente relacionados que contribuem para a adaptabilidade humana e seu oposto, a psicopatologia e o sofrimento humano.

OS OBJETIVOS DE UM MODELO UNIFICADO

Conforme discutido nos Capítulos 1 e 2, a prova de fogo para qualquer modelo de tratamento é a sua *capacidade de lidar com intervenções clinicamente significativas*. É possível gerar protocolos amplamente aplicáveis – e as evidências sugerem que a ACT tem feito isso –, mas isso, de forma isolada, não consegue satisfazer nossa definição de um modelo unificado. Também é essencial que demonstre o seguinte: (1) que os processos que supostamente explicam o impacto do tratamento de fato fazem isso; (2) que os principais processos humanos que o modelo argumenta serem relevantes para o resultado são de fato relevantes; e (3) que os componentes da intervenção que são ditos importantes *são* de fato importantes. Em outras palavras, os modelos psicológicos clínicos têm sucesso ou falham não apenas com base nos resultados, mas também na *identificação de processos de mediação, moderadores de resultados e componentes-chave, todos ligados à constante pesquisa básica e clínica.*

Um modelo unificado também precisa mostrar que esses mesmos processos diferenciam os membros funcionais dos membros disfuncionais da população. Não é suficiente mostrar que as populações *clínicas* têm um estilo de resposta particular – também é preciso mostrar que segmentos mais saudáveis da população diferem de alguma forma observável no mesmo estilo de resposta. Outra maneira de expressar essa exigência é que *o modelo de tratamento e o modelo de psicopatologia devem estar integrados e associados a processos nucleares comuns.*

A ACT está baseada em uma abordagem dimensional da avaliação clínica que enfatiza a natureza contínua do comportamento humano. Contudo, uma abordagem dimensional pode adicionar confusão se houver muitas dimensões e elas não forem de importância primordial e não estiverem organizadas em um todo coerente. Assim, um modelo unificado *precisa escolher entre esses muitos processos disponíveis e organizar um subgrupo menor em uma perspectiva coerente.* É fácil observar esse fenômeno. Suponha que comecemos a organizar a psicologia humana por características dimensionais aleatoriamente, agregando coisas como idade, grau de compromisso religioso, grau de autoestima, grau de orientação externa ou interna, etc. Quando essa lista chegasse aos dois dígitos, seria muito complicado ser clinicamente útil. Sem uma *teoria subjacente* adequada, não haveria nada que impedisse que alguma abordagem como essa tentasse avaliar literalmente os escores das dimensões. A classificação funcional dimensional requer que foquemos nas dimensões prováveis de relevância clínica conforme derivado pela ciência básica. A abordagem funcional contextual busca utilidade ao limitar o seu número, associando-as aos processos básicos e organizando-as em um modelo coerente. Acreditamos que agora o modelo da ACT se desenvolveu suficientemente bem para satisfazer a todos esses critérios.

UMA VISÃO GERAL DE UM MODELO DE FLEXIBILIDADE PSICOLÓGICA

O modelo de flexibilidade psicológica é indutivo em sua natureza e está associado aos processos humanos básicos derivados em grande parte da ciência de laboratório. Por *design*, ele é simultaneamente um modelo de psicopatologia, um modelo de saúde psicológica e um modelo de intervenção psicológica. Na Figura 3.1, em forma de hexágono, representamos os seis processos que contribuem para a inflexibilidade psicológica: atenção inflexível; perturbação dos valores escolhidos; inação ou impulsividade; apego a um *self* conceitualizado; fusão cognitiva; e esquiva experiencial. A Figura 3.2 mostra os seis processos centrais correspondentes que produzem flexibilidade psicológica: atenção flexível ao momento presente; valores escolhidos; ação de compromisso; o self-como-contexto; desfusão; e aceitação. O formato do modelo e o foco na flexibilidade psicológica originaram o rótulo jocoso de "hexaflex". Para o bem ou para o mal, o rótulo parece ter pegado. Se o uso do termo o faz sorrir um pouco, não se preocupe – ele também nos faz sorrir apesar do seu propósito sério.

Nossa proposição principal é que esses seis processos centrais são responsáveis pela promoção da flexibilidade psicológica e – na ausência de um ou mais deles – pelo risco de rigidez psicológica. Ademais, defendemos que a rigidez psicológica é a causa essencial do sofrimento e do funcionamento humano mal-adaptativo. Quantos clientes você verá em psicoterapia que são capazes de se desapegar de regras impraticáveis, de aceitar o que não pode ser mudado dentro e fora dele mesmo, de viver no momento presente e dar atenção ao que é relevante, de fazer contato com um senso de *self* mais profundo como um lócus de adoção de perspectiva e de escolher e explicar valores fortemente adotados na vida e organizar suas ações na vida em torno desses valores? Diríamos que poucos, se é que existem.

O modelo de flexibilidade psicológica sustenta que a dor é uma consequência natural de viver, mas que as pessoas sofrem desnecessariamente quando seu nível geral de rigidez psicológica as impede de se adaptar a contextos internos e externos (veja a Figura 3.1). Ocorre sofrimento desnecessário quando processos verbais/cognitivos tendem a restringir os repertórios humanos em áreas essenciais ao longo do emaranhado cognitivo e da esquiva experiencial. Quando as pessoas se identificam excessivamente, ou "se fundem", com regras verbais impraticáveis, seu repertório comportamental se torna restrito e elas perdem o contato efetivo com os resultados diretos da ação. Essa resposta inibe sua capacidade de mudar o curso quando as estratégias existentes não estão funcionando. Isso também as faz serem mais persistentes ao tentarem analisar e entender a sua dificuldade. Estar "certo" sobre o que está errado pode se tornar mais importante do que viver de maneira vital e eficaz. Quando as pessoas se engajam em esquiva experiencial, seu comportamento fica sob controle aversivo, ou seja, elas

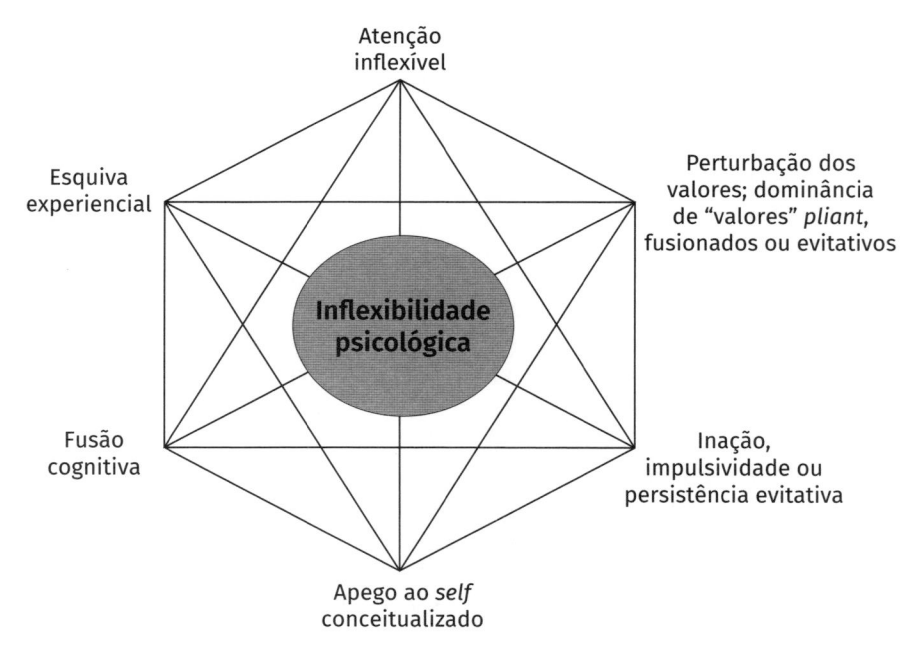

FIGURA 3.1 Inflexibilidade psicológica como um modelo da psicopatologia. Copyright Steven C. Hayes. Usada com permissão.

```
                    Processos de compromisso
                    e ativação comportamental
                   ⌒‾‾‾‾‾‾‾‾‾‾‾‾‾‾‾‾‾‾‾‾‾⌒
                         Atenção flexível
                        ao momento presente

      Aceitação                                    Valores

                         Flexibilidade
                          psicológica

      Desfusão                                     Ação de
                                                  compromisso

                           Self-como-
                           -contexto
                   ⌣_____⌣
                         Processos de
                          mindfulness
                          e aceitação
```

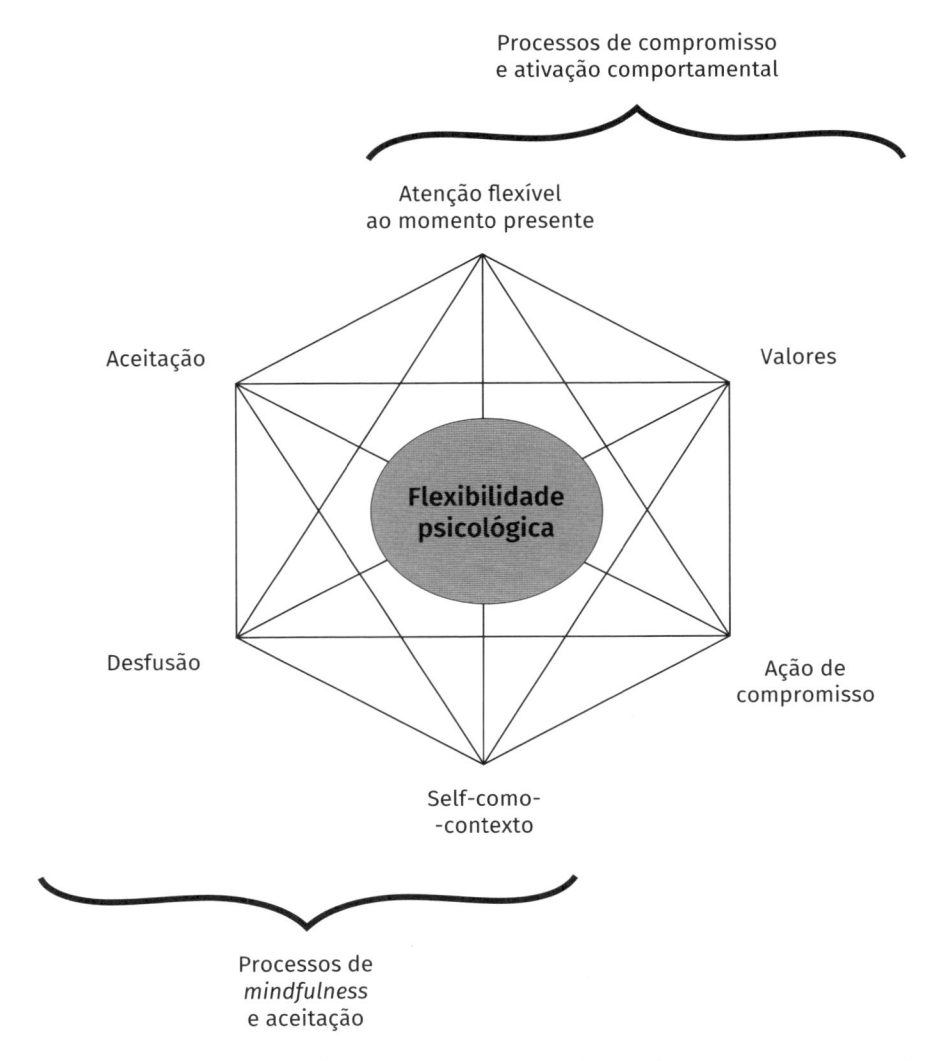

FIGURA 3.2 Flexibilidade psicológica como um modelo do funcionamento humano e de mudança do comportamento. Os quatro processos à esquerda são considerados processos de *mindfulness* e aceitação; os quatro à direita são processos de compromisso e mudança de comportamento ou processos de ativação comportamental. Todos os seis trabalhando em conjunto são a "flexibilidade psicológica". Copyright Steven C. Hayes. Usada com permissão.

estão primordialmente tentando evitar, suprimir ou escapar de pensamentos, sentimentos, lembranças ou sensações corporais. A esquiva causa mais restrição comportamental e perda gradual do contato com as consequências positivas da resposta. Um ciclo de esquiva pode se tornar dominante, no qual a necessidade de manter a esquiva aumenta à medida que crescem os "danos colaterais" (i.e., declínio nas relações, esperanças e sonhos desfeitos, etc.)

Esses padrões tendem a sobrecarregar processos atencionais flexíveis. Por exemplo, quando as pessoas não conseguem estar no momento presente de modo flexível, fluido e voluntário, elas se tornam alvos fáceis de ruminação, ansiedade, depressão e outros.

Se elas se identificam excessivamente com sua auto-história ou se tornam rigidamente apegadas a uma visão de *self* impraticável, acabam se comportando de modo que funcionam como profecias autorrealizáveis. Em consequência, ocorre amplificação injustificada do impacto de aspectos difíceis da história prévia da pessoa. Esses processos excessivamente dominantes também tendem a interferir nos usos positivos da cognição humana, isto é, na construção de significados positivos e na associação da ação às consequências escolhidas. A interferência nesses usos positivos reduz a motivação e inibe as ações baseadas em valores. Quando as pessoas perdem contato com seus valores pessoais fortemente arraigados, seu comportamento é controlado pela conformidade social, por tentativas de agradar e apaziguar os outros ou por esquiva. Quando esse comportamento persiste com o tempo, as principais áreas da vida que produzem um senso de saúde, vitalidade e propósito ficam estagnadas. Em vez disso, as pessoas começam a se retrair, isolando-se, ou, ao contrário, exibem excessos comportamentais como beber, drogar-se, cortar-se, comer em excesso, fumar demais, etc. Coletivamente, esses processos "hexaflex negativos" podem levar a um estilo de vida com a sensação de morte interior, como se a pessoa estivesse vivendo no "piloto automático", ou um estilo cheio de turbulência, angústia e autofoco. Em qualquer dos casos, a vida está sendo vivida, mas não está produzindo um senso de vitalidade, propósito e significado.

O modelo de flexibilidade psicológica parece, em sua superfície, ser extremamente convencional: a maior parte do sofrimento humano é atribuída à mente, a maioria das psicopatologias é de fato um transtorno "mental", e saúde requer aprendizagem para adotar um modo da mente diferente. O que é não convencional é que os teóricos da ACT abordam a mente com uma apreciação técnica da natureza da atividade verbal e cognitiva e uma abordagem comportamental contextual da linguagem. O elemento-chave na produção de sofrimento é o *contexto* da atividade verbal – mais do que o *conteúdo* das experiências privadas *per se*. Não é exatamente que as pessoas estejam pensando a coisa errada; em vez disso, o problema é o pensamento em si e como a comunidade mais ampla apoia o uso literal excessivo das palavras e dos símbolos como um modo de regulação comportamental.

O objetivo definitivo da ACT é ter um melhor controle contextual dos processos cognitivos verbais e levar o cliente a passar mais tempo em contato com as consequências positivas de suas ações imediatamente no presente como parte de um caminho na vida que seja valorizado. Os seis processos "hexaflex positivos" enumerados na Figura 3.2 contribuem coletivamente para a flexibilidade psicológica e para o funcionamento humano adaptativo. Eles são processos que tentamos aperfeiçoar por meio de intervenções da ACT.

Cada um desses processos centrais atua como prevenção, ou como uma ação contrária, para aqueles que produzem rigidez e sofrimento:

- Para corrigir o problema do apego excessivo aos conteúdos da atividade mental (fusão), a ACT ensina os clientes a recuarem e verem os eventos privados (pensamentos, emoções, lembranças, sensações) como eles são (experiências contínuas a serem vividas), e não pelo que eles dizem que são (verdades literais que organizam o mundo). Esse processo é a desfusão. Nós "desliteralizamos" ou enfraquecemos a dominância funcional das respostas literais, avaliativas, baseadas em regras. Assim, a desfusão está focada primariamente nos aspectos verbais da experiência humana.
- Para corrigir o problema da esquiva experiencial, a ACT ensina o cliente a "dar espaço" para o conteúdo privado indesejado sem se engajar em esforços

inúteis para suprimi-lo, controlá-lo ou evitá-lo e, além disso, explorar os altos e baixos dessas experiências difíceis com uma atitude de curiosidade genuína e autocompaixão (aceitação). Assim, a aceitação está focada particularmente nos aspectos emocionais da experiência humana.

- Para corrigir o apego excessivo e a identificação com a própria história (apego a um *self* conceitualizado), a ACT ajuda o cliente a desenvolver uma conexão mais forte com o *self* como um aspecto da experiência no "aqui-e-agora". Essa perspectiva de observador, ou o self-como-contexto, é usada para proporcionar uma base consciente para exploração dos pensamentos e sentimentos de forma desfusionada e de aceitação.
- Em vez de processos atencionais rígidos que tendem a transportar as pessoas para o passado recordado ou para um futuro imaginado, a ACT procura estabelecer processos atencionais flexíveis que possibilitem ao cliente voltar ao momento presente.
- Se o problema estiver sendo desconectado dos valores pessoais do cliente ou atuando de formas inconsistentes com eles, a ACT o ajuda a optar pelos seus valores de modo consciente e a se conectar com as qualidades positivas do presente que estão intrinsecamente relacionadas à situação (valorização).
- Se o cliente tiver dificuldades com uma incapacidade de agir de formas efetivas ou se engaja em atos impulsivos ou persistência evitativa, a ACT o ajuda a associar ações específicas aos seus próprios valores escolhidos (ação de compromisso) e a construir padrões sucessivamente maiores de ações efetivas baseadas nos valores, assim como é feito na terapia comportamental tradicional.

Na prática clínica real, os clientes raramente apresentam déficits gritantes em todos os seis processos centrais, por isso é importante avaliar antes cada processo de forma específica, bem como ao longo da terapia, de forma constante. Na prática real, abordar um processo central da ACT quase invariavelmente "ativa" um ou mais dos outros processos. Segundo nossa perspectiva, esse fenômeno apresenta ao terapeuta uma oportunidade de ouro, possibilitando que ele use algum ponto forte identificado no hexaflex positivo para ajudá-lo a corrigir os pontos fracos identificados. Assim, conforme desenvolveremos no Capítulo 4, o hexaflex pode simultaneamente funcionar como uma conceituação de caso e como uma ferramenta para planejamento e acompanhamento.

OS PROCESSOS CENTRAIS DO MODELO DE FLEXIBILIDADE PSICOLÓGICA

Os seis processos de flexibilidade psicológica – aceitação, desfusão, o self-como-contexto, atenção flexível ao momento presente, valores escolhidos e ação de compromisso – emergiram de quase 30 anos de pesquisa básica e clínica. Cada um desempenha um papel fundamental na determinação do quanto os humanos são capazes de se adaptar às circunstâncias em constante mudança e frequentemente desafiadoras da vida. Embora cada processo esteja relacionado a todos os outros, cada um também está mais profundamente interligado a um processo mais do que os outros. É útil pensar nesses três pares de processos como estilos de resposta: aceitação-desfusão, consciência do momento presente-self-como-contexto e valores-ação de compromisso (veja a Figura 3.3). Utilizamos os termos *aberto*, *centrado* e *engajado* para descrever essas díades de processos centrais.

Como uma tríade de pilares que apoiam um telhado ou três pernas que apoiam um banco (Strosahl & Robinson, 2008), os três estilos de resposta têm uma força tremenda quando alinhados apropriadamente e funcionando em conjunto. No entanto, se uma ou mais pernas for fraca ou estiver fora de alinhamento, toda a estrutura fica instável e pode ruir mesmo com uma carga leve. Russ Harris (2008) adota uma ideia similar em seu modelo "triflex" da flexibilidade psicológica. O desafio da manutenção da flexibilidade psicológica está na criação de um equilíbrio constante entre os três estilos de resposta e seus componentes.

Nas seções a seguir, abordamos cada um dos seis processos centrais da ACT, organizados em termos dos três estilos básicos de resposta – aberto, centrado e engajado – nessa ordem. Posteriormente neste capítulo, examinamos as evidências de mediação, moderação e resultados para esses processos e procedimentos.

Estilo de resposta aberto: desfusão e aceitação

Aceitação e desfusão são habilidades essenciais que apoiam nossa abertura à experiência direta. A desfusão possibilita que o indivíduo abra mão do entrelaçamento desnecessário com eventos e experiências privados estressantes e indesejados e os veja de uma forma não crítica como apenas uma atividade mental contínua. A aceitação possibilita que o indivíduo se engaje mais plenamente nas experiências com uma atitude de curiosidade para aprender com elas e dar espaço para a sua ocorrência. No capítulo anterior, discutimos a base verbal de dois processos que podem restringir o repertório: a esquiva experiencial e a fusão cognitiva. Esses dois processos ocupam o lado esquerdo do modelo hexaflex negativo (veja a Figura 3.1). Se assumir uma posição de rejeição e fusionada com respeito à experiência privada é um pilar da patologia no modelo

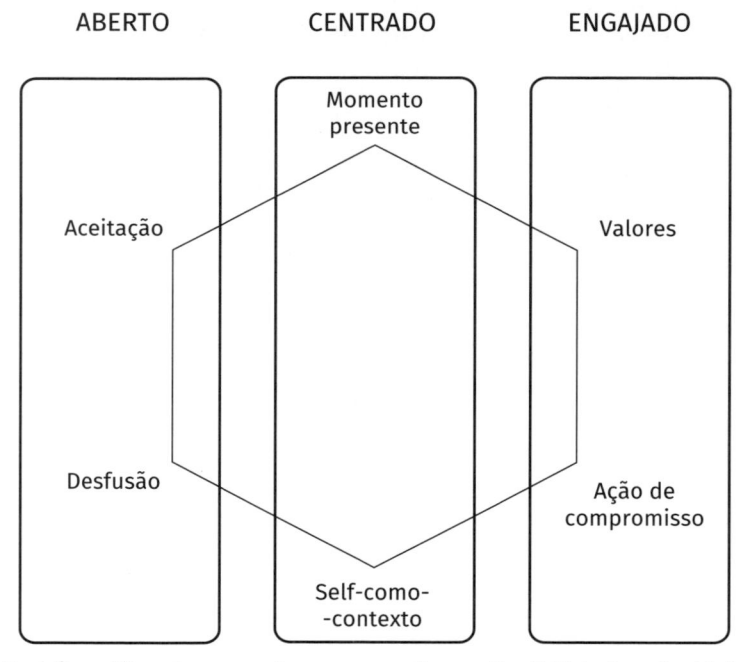

FIGURA 3.3 Os três estilos de resposta que compõem a flexibilidade psicológica. Copyright Steven C. Hayes. Usada com permissão.

da flexibilidade psicológica, estar psicologicamente aberto é o remédio e um alvo para a intervenção.

Embora as discussões da ACT frequentemente comecem com o tema da aceitação, abordamos primeiro a desfusão devido à centralidade da linguagem e da cognição no modelo da flexibilidade psicológica e ao papel-chave da fusão na esquiva experiencial.

Fusão e desfusão

Os humanos vivem em um mundo intensamente verbal. Essa ênfase verbal é bem reconhecida, porém os processos exatos envolvidos com frequência não são descritos. Considera-se que esses processos, designados em geral como "mentais", residem em nossas "mentes". Como uma questão técnica, quando falamos aqui de "mentes", estamos nos referindo ao repertório de atividades relacionais (i.e., verbais ou cognitivas) do indivíduo, tais como avaliação, categorização, planejamento, raciocínio, comparação, referenciamento, etc. Embora utilizemos a palavra como um substantivo, *mente*, ela não é um objeto físico específico. O "cérebro" é isso – repleto de matéria cinzenta e branca, estruturas do mesencéfalo e afins –, mas a mente é um repertório comportamental, e não um órgão específico. *Minding* seria um termo mais preciso e complicado.

O comportamento verbal é uma ferramenta maravilhosa para interagir efetivamente no e com o mundo, mas ele pode se sobrepor a todas as outras formas de atividade. Depois de estabelecidas, as relações verbais ocorrem com pouco apoio ambiental deliberado contínuo, uma vez que muitas das consequências que o mantêm – busca de sentido, solução de problemas, narração, etc. – estão praticamente integradas à linguagem e à cognição depois que as habilidades são estabelecidas. Não há nada no mundo da experiência humana que "a mente" não possa alcançar. Mesmo o evento mais obviamente "não verbal" pode rapidamente se tornar, pelo menos em parte, verbal para os humanos – simplesmente *se pensando* sobre ele.

Em um sentido técnico, fusão cognitiva é um processo por meio do qual os eventos verbais exercem forte controle de estímulo sobre a resposta, excluindo outras variáveis contextuais. Formulado de outro modo, fusão é um tipo de dominância verbal na regulação comportamental. Como os contextos que apoiam o comportamento verbal são onipresentes, tendemos a nos comportar verbalmente da manhã à noite, constantemente descrevendo, categorizando, relacionando e avaliando. Em nosso modo de mente normal, as funções da palavra estão fusionadas com (etimologicamente, "vertidas junto com") aquelas que derivam de pensamentos e descrições. À medida que o comportamento se torna cada vez mais direcionado pelas relações com estímulos derivados, a experiência direta desempenha um papel menor. A fusão dificulta a distinção entre os dois. Começamos a responder às nossas construções mentais como se estivéssemos respondendo diretamente a uma situação física.

Isso não é necessariamente ruim. Se gritarmos "Cuidado!" para uma pessoa que está prestes a tropeçar em alguma coisa, não há por que querer que naquele instante os estímulos verbais estejam equilibrados com outras fontes de regulação comportamental. Da mesma forma, se você estiver preparando seu imposto de renda, permitir que seu foco mental esteja colocado inteiramente na adequação entre os números relevantes e as regulações dos impostos não causa nenhum prejuízo. Entretanto, quando a fusão *não* é útil, é importante ter alternativas. A vida cotidiana normal pode nunca estabelecer essa alternativa, já que há pouco para garantir que as habilidades de desfusão sejam aprendidas. *Fazer a fusão cognitiva ficar sob controle do cliente é um dos propósitos principais da abordagem da ACT.*

Quando pensamos em um pensamento particular, o que surge são algumas funções de estímulo dos eventos relacionados ao pensamento. Suponha que um cliente com transtorno de pânico que fará uma apresentação em algumas semanas esteja ficando gradualmente aterrorizado. Suponha que ele imagine que vai perder o controle quando estiver no palco à frente de centenas de pessoas. Em um estado fusionado, esse desfecho negativo irá parecer imediatamente presente e altamente provável. A pessoa pode ter imagens vagas de perda do controle ou imaginar o choque, o horror e os riscos sarcásticos que seu comportamento provocaria no público. Ansiedade é uma resposta natural a eventos aversivos imediatamente presentes, e, quando ocorrem esses pensamentos fusionados, o próprio pensamento pode ocasionar sintomas de pânico. Essa reação, por sua vez, perpetua o constrangimento imaginado e, então, se funde com esses atos em pensamento como se a característica assustadora do mundo tivesse sido descoberta, e não construída. O evento imaginado na verdade não aconteceu; no entanto, a fusão dos símbolos verbais com o evento permite que algumas das propriedades funcionais do evento estejam realmente presentes em um sentido psicológico. Sem jamais ter tido que revisitar a situação de alto risco (p. ex., a pessoa pode, na verdade, nunca ter feito uma apresentação antes), a fusão possibilita que o cliente já tenha tido um ataque de pânico "enquanto faz uma apresentação". Segundo uma perspectiva da ACT, não é o pensamento em si que é o problema, mas a fusão involuntária com ele e a resultante esquiva do dano real.

Até certo ponto, a fusão está inserida na linguagem humana e em suas funções sensíveis evolucionárias. É provável que a linguagem tenha-se desenvolvido inicialmente como uma forma de controle social, cooperação e sinalização de perigo e, depois, gradualmente tenha-se expandido, tornando-se uma ferramenta geral para a solução de problemas. Como diz o ditado, "É melhor perder o almoço do que ser o almoço". A linguagem expande enormemente nossa habilidade para detectar e evitar o perigo e obter apoio social. Parece altamente improvável que a linguagem tenha evoluído para promover autoatualização, felicidade pessoal ou apreciação estética. Nenhuma vantagem evolucionária teria sido obtida por lembrar os organismos do quanto estão seguros e satisfeitos ou para ajudá-los a apreciar um pôr do sol bonito. Um modo de solução de problemas da mente é uma ferramenta muito poderosa. Isso explica, pelo menos em parte, por que os seres humanos tomaram conta do planeta.

Lamentavelmente, esse modo da mente é difícil de ser interrompido. Considere o que acontece quando uma pessoa está perdida. Nessa situação, a pessoa olha para ver como chegou ali e determina a distância entre a localização atual e onde ela quer estar. Mark Williams (2006), um dos criadores da terapia cognitiva baseada em *mindfulness*, chama essa abordagem de "um modo da mente baseado na discrepância". A maioria das funções da linguagem envolvidas nesse processo tem pouco a ver com o "aqui e agora"; ao contrário, elas estão baseadas na previsão e na comparação. Alguns dos pensamentos que geramos como parte desse processo de solução de problemas podem ser improdutivos, porém, nesse modo da mente, o conteúdo dos pensamentos está mais intimamente relacionado às emoções e às ações, e a aplicação prática dos pensamentos é menos um ponto focal do que sua suposta verdade. Como resultado, as pessoas ficam mais emaranhadas e vivem mais em suas cabeças. Na verdade, a mídia moderna parece estar encorajando um estado da mente fusionado, à medida que o público está cada vez mais sendo exposto a um discurso crítico emocionalmente carregado. Talvez em consequência, nosso maior acesso à mídia eletrônica prediga mais estigma e viés (Graves, 1999).

Relevância clínica da fusão-desfusão

Os tipos precedentes de fenômenos relacionados à fusão são o alvo de muitas formas de terapia. De fato, eles são precisamente o motivo da ocorrência da revolução cognitiva na terapia comportamental antes de tudo. Os principais teóricos da época concluíram que uma relação indesejável entre pensamento → ação deveria ser modificada por meio da mudança na forma, na frequência ou na sensibilidade situacional dos pensamentos negativos. Ao mesmo tempo que avalia a gravidade do problema, a ACT recomenda uma solução alternativa, ou seja, o estabelecimento de mais flexibilidade cognitiva e o enfraquecimento dos contextos que automaticamente apoiam as relações entre pensamento → ação. A flexibilidade cognitiva é difícil de ser atingida sem incluir a ilusão da linguagem. Essa ilusão, incluída nos processos de linguagem normais, sugere que os pensamentos são o que eles dizem que são – que os pensamentos modelam a realidade, e, portanto, há apenas uma resposta certa e verdadeira para determinada questão.

Como uma alternativa clínica à abordagem cognitivo-comportamental tradicional de identificação e remodelagem do conteúdo de pensamentos distorcidos, os métodos de desfusão tentam alterar o contexto funcional de *minding* de modo que seja possível apreciar o processo de pensamento e sentimento, não apenas o conteúdo dessas atividades. Em termos da RFT, a fusão envolve contextos que aprimoram a transformação das funções do estímulo pela linguagem e pela cognição. Pense em intervenções de desfusão como a aplicação clínica do processo oposto. Os métodos de desfusão reduzem a transformação das funções dos estímulos alterando as pistas e os contextos que apoiam a fusão. Para alterar a função, em vez da forma, do pensamento, os métodos de desfusão com frequência ajudam os clientes a observar seu ato de organizar verbalmente o mundo em tempo real. Pensamentos múltiplos ou até mesmo contraditórios podem ser observados (ou mesmo deliberadamente estimulados) sem a necessidade de imediatamente escolher o correto ou argumentar com os incorretos. A desfusão, de forma gradual, influencia o conteúdo e também o estilo do pensamento, embora não por meio da reprogramação lógica, mas mediante a exposição a novas experiências de aprendizagem sendo estimuladas pela flexibilidade e abertura cognitiva.

Foram desenvolvidos escores das técnicas de desfusão cognitiva, e discutimos muitas delas mais detalhadamente no Capítulo 9. Uma técnica de desfusão clássica da ACT que lá descrevemos é o exercício *Leite, Leite, Leite*, usado pela primeira vez por Titchener (1916, p. 425). Essa técnica consiste primeiramente da exploração inicial de todas as propriedades físicas da palavra referenciada. Por exemplo, "leite" é branco, cremoso, frio, etc. A palavra, então, é dita em voz alta e rapidamente pelo terapeuta e pelo cliente por cerca de 30 segundos. Em nosso exemplo, a palavra *leite* perde todo o significado, e o que resta é um som engraçado. Experimente isso sozinho apenas para ver o que acontece à sua própria relação com a palavra *leite*. Na prática clínica, esse exercício costuma ser seguido por um similar, desta vez usando uma variante com uma palavra de uma preocupação clínica importante ou um pensamento problemático que a pessoa esteja pronta para abandonar (p. ex., "mau", "tolo", "fraco", "perdedor", etc.). Se um pensamento clinicamente relevante é selecionado, pesquisas mostram que a credibilidade do pensamento em geral diminui juntamente com o estresse que ele produz (Masuda, Hayes, Sackett, & Twohig, 2004; Masuda, Hayes et al., 2009).

Por que esse estranho procedimento funcionaria? Porque encadeamentos normais de palavras são um contexto em que as palavras têm significado. Experimente isto: se você não sabe o que significa "juzzwuzz", por favor, bata palmas. Vamos esperar por você. Se você se sentiu inclinado a bater palmas (ou na verdade bateu), está sentindo a atração da fusão cognitiva. "Bata palmas" e "Vamos esperar" são apenas tinta no papel ou elétrons em uma tela de computador. Em alguns contextos, "por favor, bata palmas" funciona para produzir ações específicas com as mãos, e mesmo que este possa não ser um contexto normal para tais ações (já que a compreensão da leitura de um livro normalmente não requer um comportamento motor), você ainda pode sentir a atração. Há maneiras de reduzir a atração. Se você disser, escrever ou digitar "bata palmas" 100 vezes rapidamente, essa função pode ser consideravelmente reduzida. Ela também pode ser reduzida se você notou que CLAP (= bata palmas) de trás para frente é PALC, ou que de cabeça para baixo se parece com CTVb, ou se você a verbalizou tão lentamente que levou 10 segundos, ou qualquer outra coisa entre as dúzias de outros procedimentos que podem enfraquecer a ilusão de literalidade mantida pela comunidade da linguagem e suas práticas. Nossa experiência é a de que os clientes podem rapidamente gerar novos métodos na terapia depois que a ilusão da linguagem é penetrada e a natureza e o propósito da desfusão são mais compreendidos. Um estudo recente encontrou um forte efeito de desfusão na tolerância à dor ao fazer os participantes lerem uma declaração em voz alta enquanto andavam pela sala. Qual foi a declaração? "Não posso andar por esta sala." (McMullen et al., 2008).

Um contexto que apoia que sejam dadas razões verbais para o comportamento tende a aumentar a fusão, o que provavelmente é o motivo pelo qual essas pessoas são mais difíceis de tratar (p. ex., Addis & Jacobson, 1996). Contudo, podemos reduzir o incentivo para a apresentação de razões na terapia. Mesmo o impacto psicológico positivo da reavaliação cognitiva depende de processos de flexibilidade psicológica (Kashdan, Barrios, Forsyth, & Steger, 2006); assim, mesmo quando precisamos lidar diretamente com conteúdo cognitivo, podemos fazer isso de uma forma que seja sensível à função e ao contexto. Existem alternativas contextuais para os problemas cognitivos que enfrentamos como seres humanos.

Esquiva experiencial versus *aceitação*

As molduras relacionais são mútuas ou bidirecionais. Essa característica prontamente transforma o autoconhecimento em luta interna porque é muito automático e natural descrever e avaliar nossa própria história, sensações físicas, pensamentos, sentimentos e predisposições comportamentais. Eventos verbais relacionados a eventos aversivos são frequentemente experimentados como aversivos. Recordar uma rejeição não é, em si, uma rejeição, mas com frequência tomamos uma atitude direta contra tais experiências privadas, com efeito transformando-as no inimigo. Se os clientes são solicitados a olhar à sua volta na sala de terapia, em geral conseguem encontrar muito para avaliar de forma negativa com apenas alguns minutos de esforço. O fluxo constante de avaliação é aplicado tão prontamente a nós mesmos quanto ao nosso ambiente. Contudo, ver uma porta feia ou um tapete feio não nos afeta da mesma forma que ver um pensamento feio ou uma emoção feia porque, no primeiro caso, você pode sair da sala. Você não pode sair do seu corpo ou da sua história. A linguagem nos prepara para lutar com o mundo interno.

Ocorre *esquiva experiencial* quando uma pessoa não está disposta a entrar em contato com experiências privadas particulares (p. ex., sensações corporais, emoções, pensamentos, lembranças, predisposições comportamentais) e toma atitudes para alterar a forma, a frequência ou a sensibilidade situacional dessas experiências, mesmo que isso não seja imediatamente necessário. Introduzimos o termo algum tempo atrás (Hayes & Wilson, 1994; Hayes, Wilson, Gifford, Follete, & Strosahl, 1996) para destacar os perigos de uma abordagem fechada, rígida e defensiva ao mundo interno. Desde então, o termo se tornou rotineiro na literatura psicológica, com centenas de estudos conduzidos. Termos como *esquiva emocional* ou *esquiva cognitiva* são algumas vezes usados em vez do termo mais genérico quando existem os tipos de experiências privadas dos quais a pessoa procura escapar ou tenta evitar ou modificar.

Há um crescente corpo de evidências demonstrando que a esquiva experiencial está associada a uma impressionante variedade de psicopatologias e problemas comportamentais (para revisões, veja Chawla & Ostafin, 2007; ou, para flexibilidade de forma mais ampla, veja Kashdan & Rottenberg, 2010). Uma metanálise (Hayes et al., 2006) mostrou que os níveis de esquiva experiencial, conforme medidos pelo Questionário de Aceitação e Ação, representam de 16 a 28% da variância nos problemas de saúde comportamental em geral. A esquiva experiencial compartilha alguns atributos em comum com vários outros conceitos na literatura contemporânea, tais como desregulação (Gratz & Roemer, 2004), intolerância ao estresse (Brown, Lejuez, Kahler, & Strong, 2002), intolerância à incerteza (Dugas, Freeston, & Ladouceur, 1997), supressão cognitiva e emocional (p. ex., Wenzlaff & Wegner, 2000) e *mindfulness* (Bear et al., 2008), entre outros. Os pesquisadores estão ocupados em distinguir esses conceitos e comparar suas contribuições relativas (p. ex., Kashdan et al., 2006; Karekla & Panayiotou, 2011), mas, até o momento, as revisões abrangentes parecem concordar que a esquiva experiencial integra aspectos-chave do comportamento que perpassam esses outros conceitos (p. ex., Chawla & Ostafin, 2007).

Os custos e os perigos da esquiva experiencial têm sido reconhecidos implícita ou explicitamente na maioria dos sistemas de terapia. Os terapeutas comportamentais reconhecem que "o fenômeno geral da esquiva emocional é uma ocorrência comum; eventos desagradáveis são ignorados, distorcidos ou esquecidos" (Foa, Steketee, & Young, 1984, p. 34). A terapia centrada no cliente enfatiza a importância de trabalhar com os clientes para que sejam capazes de se tornar "mais abertamente conscientes dos próprios sentimentos e atitudes tal como existem" (Rogers, 1961, p. 115). A Gestalt-terapia defende que "ocorre disfunção quando as emoções são interrompidas antes que possam ingressar na consciência" (Greenberg & Safran, 1989, p. 20). Os psicólogos existenciais focam na esquiva de um medo da morte: "para lidar com esses temores, erguemos defesas... que, se mal-adaptativas, resultam em síndromes clínicas" (Yalom, 1980, p. 47).

Não estamos argumentando que a esquiva experiencial é sempre tóxica. Em alguns contextos circunscritos (p. ex., trabalhar como enfermeiro em uma sala de emergência), a esquiva de eventos privados pode ser adaptativa (Mitmansgruber, Beck, & Schübler, 2008). Mais do que as estratégias de esquiva em si, é a sua aplicação indiscriminada que tem maior impacto na adaptabilidade humana (Bonnano, Papa, LaLande, Westphal, & Coifman, 2004). O problema é que as estratégias de esquiva são altamente resistentes à extinção (Luciano et al., 2008) porque são mantidas pelas reduções nos estados aversivos internos, como ansiedade, medo, tristeza ou raiva. Lamentavelmente, essas experiências evitadas com frequência retornam rapidamente e são experimentadas como mais angustiantes e dominantes do que antes. Como os comportamentos de esquiva são aprendidos em condições de controle aversivo, é maior a probabilidade de que sejam aplicados de forma rígida, independentemente do contexto atual (Filkman, Lazarus, Gruen, & DeLongis, 1986). Assim, embora a esquiva experiencial possa funcionar em algumas situações restritas, a estratégia provavelmente se tornará sobreaprendida e será aplicada a contextos em que a esquiva experiencial é ineficaz ou até mesmo prejudicial. Por exemplo, adquirir riquezas pode não ser intrinsecamente prejudicial, mas pode ser quando está associado a esquiva experiencial (Kashdan & Breen, 2007).

A natureza mútua ou bidirecional das molduras relacionais torna a esquiva experiencial básica para a existência humana. Imagine que uma sobrevivente de trauma sexual seja solicitada a descrever esse trauma. Ao fazer isso, haverá uma transformação de funções do estímulo entre o relato e o trauma. Quando a sobrevivente do trauma descreve o que aconteceu, algumas das funções originais do evento irão aparecer. Assim, contar a história será, por si só, experimentado como aversivo – é penoso falar sobre experiências penosas.

Emoções humanas que são avaliadas negativamente ou que emergem de eventos aversivos também tendem a ser evitadas. Ansiedade, por exemplo, é uma resposta natural a eventos aversivos. Em organismos não verbais, a ansiedade em si não é ruim porque a resposta e o evento que a produz não estão mutuamente relacionados. Não há nada na literatura experimental animal que sugira que organismos não verbais naturalmente evitem suas *respostas* a eventos aversivos; em vez disso, eles evitam os próprios eventos aversivos (ou situações que confiavelmente os predizem). Suas respostas emocionais ocorrem depois dos eventos aversivos ou seus correlatos – elas não predizem a aproximação desses eventos. No entanto, a linguagem humana é bidirecional, e isso é suficiente para colocar um alvo nas costas de qualquer emoção difícil. Ansiedade é ruim; livrar-se dela é bom.

A tendência natural à esquiva experiencial também é amplificada pela comunidade verbal. Ver a emoção negativa nos outros é aversivo para cada um de nós. Os pais e outras pessoas há muito tempo usam *pliance* para reduzir a expressão de emoções negativas nas crianças (porque ela é aversiva), mas com frequência eles dizem que estão pedindo que a criança mude a própria emoção, não a sua expressão. Por exemplo, costuma-se dizer a crianças que estão amedrontadas: "Vá dormir! Não há nada do que ter medo!", e provavelmente elas irão concluir que elas podem e devem voluntariamente eliminar o medo. As emoções negativas *per se* serão nomeadas como os criadores de caso. Normalmente, é dito às crianças que elas podem e devem controlar estados afetivos negativos. Mesmo os bebês costumam ser avaliados de acordo com a intensidade com que expressam estados afetivos negativos (p. ex., "Ela é um bom bebê, não chora nunca"). Punição e reforço costumam ser distribuídos de acordo com a habilidade de controlar e suprimir pelo menos os sinais externos de estados emocionais aversivos ("Pare de chorar ou vou lhe dar motivo para chorar"). Os irmãos e colegas de escola apoiam o constante controle intencional dos pensamentos, lembranças ou emoções. Declarações como "Não seja um bebê chorão" ou "Não dê bola para X" serão reforçadas por uma variedade de consequências mediadas socialmente (p. ex., ridicularização, humilhação, admiração por "suportar").

A mídia moderna ampliou em grande medida nossa exposição ao horror e ao trauma, ao mesmo tempo em que apoia de modo ostensivo estratégias de esquiva experiencial, seja na forma de uma pílula, seja na forma de uma cerveja, um carro reluzente ou um escapismo simples. O que está ocorrendo aqui é a extensão social de um processo psicológico. O processo não é novo – apenas está sendo promovido mais eficientemente na era da internet.

Relevância clínica da esquiva experiencial-aceitação

A relevância clínica do processo de esquiva fica clara quando levamos em consideração que a maioria dos clientes chega à terapia se queixando de emoções e, implícita ou explicitamente, preocupada por não conseguir controlá-las. Queixas clínicas comuns como "Não consigo controlar minha depressão" ou "Sou muito ansioso" assumem essa forma. Porém, a realidade é que os eventos privados são mal regulados e a dificuldade de controlá-los ou modificá-los pode facilmente ser prejudicial porque pode se tornar supressora e restringir o repertório.

A esquiva consciente e deliberada de eventos privados é altamente provável em várias situações que costumam ser encontradas no trabalho clínico, como os exemplos a seguir:

1. *O processo de controle deliberado contradiz o resultado desejado.* São vários os exemplos dessa situação nos quais a esquiva produz o oposto do seu objetivo declarado. Quando é solicitado aos sujeitos que suprimam um pensamento ou emoção, eles posteriormente apresentam aumento nesse pensamento ou sentimento suprimido quando comparados com aqueles que não receberam instruções para supressão (veja Wenzlaff & Wegner, 2000). Essa retomada é maior em contextos em que a supressão ocorreu ou, de forma alternativa, no mesmo estado psicológico que prevaleceu quando a supressão ocorreu originalmente.

Há discordância sobre o motivo pelo qual ocorre esse fenômeno, mas é sabido que a supressão aumenta a saliência das pistas relacionadas ao item suprimido. Além disso, as regras inevitavelmente fazem referência ao item a ser suprimido. "Não pense em carros vermelhos" contém as palavras *carros vermelhos*, e o próprio fato de mencioná-las nos inclina a pensar nelas. Com frequência, as próprias regras de supressão contêm consequências explícitas ou implícitas que colocam em destaque o item suprimido. O alerta ou ameaça "Não fique ansioso, ou sua vida acabou" provavelmente irá despertar ansiedade da mesma forma que o fará uma pessoa portando uma arma e dizendo "Sua vida acabou".

2. *O evento a ser controlado não é regido por regras.* Eventos privados que são condicionados diretamente não são eliminados de forma rápida por regras verbais. Nessas circunstâncias, as tentativas de controle intencional baseado em regras podem ser inúteis porque o processo subjacente não é regulado verbalmente. O evento pode mudar – mas não necessariamente da maneira pretendida. Por exemplo, suponha que uma pessoa esteja extremamente angustiada pela lembrança de um ataque de pânico difícil e tente fazer de tudo para eliminar essa angústia. As lembranças são algumas vezes eventos espontâneos desencadeados por uma ampla gama de estímulos, e é improvável que desapareçam, pelo menos não de forma saudável. As estratégias necessárias para suprimir inteiramente tais eventos são quase sempre autodestrutivas (i.e., entorpecimento com uso de álcool ou drogas) e acabam por si só produzindo dificuldades.

3. *A esquiva é possível, mas realizá-la implica custos significativos.* Suponha que uma lembrança seja evitada pela esquiva de todas as situações que podem provocá-la. Essa abordagem pode reduzir a frequência da lembrança, mas também pode limitar terrivelmente a vida da pessoa. Por exemplo, uma sobrevivente de abuso sexual ou de violência doméstica pode evitar todos os relacionamentos íntimos.

4. *O evento não pode ser mudado.* Algumas vezes, o controle experiencial é colocado a serviço de eventos imutáveis. Por exemplo, uma pessoa pode adotar a perspectiva de que "Não posso aceitar que meu pai foi morto" e irá consumir drogas para aliviar sua dor. A dor é uma reação natural em perdas como essa, mas o consumo de nenhuma quantidade de droga irá alterar a situação ou a perda. Nessas situações, nenhum esforço irá resultar em redução ou alteração dos eventos privados. Quando ocorre uma perda que não pode ser mudada, a coisa saudável a ser feita é sentir plenamente o que sentimos. Esse processo incluirá perda e luto. Pode incluir muitas outras coisas também, como rir de coisas engraçadas que a pessoa fez ou valorizar o que ela criou em vida. A questão é de flexibilidade.

5. *O esforço de mudança por si só é uma forma de comportamento contraditório com o objetivo do esforço de mudança.* O comportamento de controle de alguma coisa tem um significado. Algumas vezes, significa o oposto do seu propósito. Uma pessoa que se esforça muito para ser espontânea, na realidade, não está sendo nada espontânea. Confiança é outro bom exemplo, já que tantos clientes não a têm, a desejam e parecem incapazes de atingi-la. A etimologia da palavra *confiança* ajuda a mostrar por quê. *Con-* significa "com" e *–fiança* vem do latim *fides*, que é a raiz das palavras *fidelidade* e *fé*. "Confiança" literalmente significa "com fidelidade" ou "com fé" – em suma, significa ser verdadeiro consigo mesmo. O ato de fugir de sentimentos assustadores no esforço de se sentir mais confiante não é uma ação confiante porque o próprio ato não inclui fé em si mesmo ou fidelidade a si mesmo. Quando estão presentes sentimentos assustadores, a ação mais funcionalmente confiante que podemos ter é senti-los plenamente. Em outras palavras, aceitação experiencial é o *comportamento* de confiança.

As situações mencionadas são todas contraindicações para o controle deliberado do conteúdo experiencial como estratégia de enfrentamento. As respostas emocionais humanas são apenas ecos da nossa própria história que está sendo trazida até o momento presente pelo contexto atual. Se nossas reações estão enraizadas em nossa história e são nossas inimigas, então nossa história se tornou nossa inimiga. Não existem boas tecnologias para remover a história de uma pessoa, pelo menos não seletivamente. O tempo e o sistema nervoso humano se movem em uma direção – não em duas –, e as novas experiências são sempre *acrescentadas*, nunca *subtraídas*. Para evitar reações emocionais automáticas, temos que distorcer nossas vidas de tal forma a ficarmos psicologicamente sem contato com nossa própria história. É por isso que a esquiva experiencial leva não só a emoções negativas restringidas, mas também à ausência de emoções positivas (Kashdan & Steger, 2006) e à falta de diferenciação e flexibilidade emocional saudável (Kashdan, Ferssizidis, Collins, & Muraven, 2010). A alternativa, embora difícil de implementar, é contornarmos e adotarmos nossa experiência imediata sem críticas e sem conflito. Esse ato pode, por sua vez, alterar as emoções gradualmente – mas de maneira inclusiva e aberta em que todos os aspectos da nossa história são bem-vindos para fazer parte da jornada.

Aceitação, conforme usamos o termo, se refere tanto à disponibilidade comportamental quanto à aceitação psicológica. Disponibilidade* é *a escolha voluntária e baseada em valores de permitir ou manter contato com experiências privadas ou os eventos que provavelmente irão ocasioná-las*. Aceitação psicológica é *a adoção de uma postura intencionalmente aberta, receptiva, flexível e não crítica com respeito à experiência momento a momento*.

Sem disponibilidade, é improvável que esteja presente a aceitação no sentido a que nos referimos. Aceitação não é resignação ou tolerância – é um processo ativo. Harris (2008) é sensível à distinção quando usa o termo *melhoria* em vez de *aceitação*. De fato, usamos esse termo clinicamente, sobretudo para evitar que a *aceitação* conduza a uma qualidade passiva (mais como tolerância) que não está relacionada a resultados positivos na saúde (Cook & Hayes, 2010; Kollman, Brown, & Barlow, 2009). A ligação entre *disponibilidade* e *aceitação* é tão grande que esses termos são frequentemente usados como sinônimos na literatura da ACT, mas pode ser feita uma distinção útil. Por exemplo, um cliente pode se colocar disponível (p. ex., uma pessoa que sofre de fobia social pode entrar em uma situação social de forma intencional) e ainda assim não praticar aceitação (i.e., a pessoa imediatamente tentou suprimir a ansiedade quando ela apareceu).

A aceitação não é prontamente regida por regras. As instruções para adotar uma atitude de abertura, curiosidade e flexibilidade normalmente trazem consigo um propósito de solução de problemas, que é exatamente o que aceitação não é. Os clientes até podem, no início, tentar usar "aceitação" ainda como outra estratégia para controlar ou eliminar eventos psicológicos indesejados ("Se eu permitir que a minha experiência esteja simplesmente ali por tempo suficiente, ela irá embora"). Quando a aceitação está ligada

---

* N. de R.T.: Em inglês, *willingness*.

a esse tipo de modo de solução de problemas da mente, absolutamente não é aceitação. Esta pode ser uma razão pela qual ela parece requerer metáforas, exercícios e modelagem para que seja aprendida em vez de simplesmente instruções a serem seguidas (McMullen et al., 2008).

Estilo de resposta centrado: o momento presente e o self-como-contexto

Não é possível estar aberto e engajado na vida sem também estar centrado na consciência e no presente social, físico e psicológico. A coluna central do hexaflex funciona como uma articulação do contato consciente e flexível com "o agora". Aceitação e desfusão, por um lado, e valores e ação, por outro, estão baseados nas escolhas de uma pessoa consciente atuando no contexto presente. A terapia quase sempre começa com a centralização de duas pessoas em uma relação. A atenção consciente e flexível ao "agora" capacita a pessoa a ativar as habilidades de desfusão e aceitação quando forem requeridas e a se engajar em ações baseadas em valores quando forem necessárias. A habilidade de oscilar entre elas é o critério da flexibilidade psicológica e é fortalecida pelos processos de centralização.

Estar ausente versus *contato flexível com o momento presente*

Quanto mais tempo gastamos no modo de solução de problemas da mente, menos tempo passamos fazendo contato com o "aqui e agora". Os clientes que não são capazes de entrar em contato com o aqui e agora costumam ter dificuldades em alterar seu comportamento para se adequar às demandas de mudança do seu contexto social. Contato com o momento presente envolve prestar atenção ao que está presente de forma focada, voluntária e flexível. Alguns eventos externos exercem tanto controle de estímulo sobre o comportamento que o contato com eles já não é mais plenamente voluntário, flexível ou focado. Se uma arma disparasse na sala em que você está agora, a resposta de alarme seria bastante previsível e inflexível. Em algum lugar pode existir um monge para quem isso não valeria, mas, para a maioria das pessoas, sim. Felizmente, respostas de alarme desse tipo têm baixo custo. Outros eventos externos também podem induzir respostas inflexíveis, como pode lhe contar qualquer pai de uma criança hipnotizada por um programa de televisão ou um *videogame*. Pensamentos internos, sentimentos, lembranças, sensações corporais, impulsos e disposições podem ter um efeito de dominação similar, e seu impacto nos processos atencionais flexíveis pode ter alto custo. Um princípio fundamental da adaptabilidade humana é que, para responder de modo efetivo a contingências naturais, a pessoa precisa estar psicologicamente presente para fazer contato direto com essas contingências.

O único momento em que alguma coisa acontece é no presente. O presente é tudo o que há. Nesse contexto, em certo sentido é um pouco estranho falar sobre "contato com o momento presente" como se houvesse uma alternativa. O presente está sempre presente; portanto, um contato com qualquer coisa é contato com o momento presente. A alternativa é psicológica, baseada nas funções verbais: as pessoas aparentemente conseguem "desaparecer" do momento e, em vez disso, ficam "perdidas" no processo de *minding*. O significado simbólico sempre está pelo menos um pouco defasado em relação à experiência direta. Considere as palavras *Eu estou falando do agora*. O "agora" de que estou falando não é o mesmo "agora" de quem está ouvindo e entendendo a sentença, nem mesmo o meu agora quando estou terminando a sentença. Contraste essa experiência com experiências perceptuais diretas, as quais sempre estão no agora. Quando ingressamos no mundo do significado verbal, imediatamente corremos o risco de perder contato com o presente. Esse risco é muito aumentado sempre que a linguagem é usada para a solução de problemas.

Resolver problemas envolve considerar como o passado levou até o presente para criar um futuro desejado. Considere a fusão com um pensamento emocional como "Por que eu me sinto assim?". "Por que" chama a atenção para o passado e o futuro, e não de forma flexível. Uma resposta é exigida; as possibilidades devem ser geradas e pesadas. "Assim" sugere que o questionamento está focado no presente, mas está, na realidade, se referindo a um sentimento presente em comparação com um estado imaginado que pode ser sentido em algum ponto no tempo e no espaço ("assim, e não assado"). Aprender a estar atento ao presente requer romper todos esses processos automáticos e habituais de inflexibilidade atencional. Atenção rígida e a falha em estar no presente foram associadas a muitos tipos de problemas, incluindo trauma (Holman & Silver, 1998), ruminação (Davis & Nolen-Hoeksma, 2000) e dor (Schultze et al., 2010), entre outros.

É comum pensar na atenção como uma coisa que é alocada, assim como o dinheiro é gasto, mas, em um sentido comportamental, prestar atenção é apenas interagir com alguma coisa. Faz mais sentido pensar na atenção como um tipo de habilidade geral. É possível aprender a interagir com os eventos presentes de forma focada, voluntária e flexível independentemente dos eventos específicos. A maioria das pessoas interage dessa maneira com algumas coisas, mas não com outras, e com frequência a diferença não é voluntária, apenas habitual. Flexibilidade psicológica envolve a habilidade de exercer controle atencional mesmo em situações que são complexas, evocativas ou de natureza intensamente social. Imagine uma pessoa socialmente ansiosa que está prestes a dar um discurso público e está mentalmente envolvida com pensamentos assustadores e resultados potencialmente desastrosos. O controle de estímulo do pensamento é devastador, e um grande número de outros eventos é suplantado. Um foco no momento presente pode, de início, parecer mais difuso ou variado, mas optar por essa alternativa pode preparar as condições para o foco voluntário. A pessoa pode notar um pensamento assustador, mas, ao mesmo tempo, ela também pode observar como se sente inspirando e expirando, ou observar o sussurro da plateia, ou o desejo de fazer a diferença e contribuir para outras pessoas. O pensamento é apenas um dos vários eventos que estão ocorrendo. A pessoa pode ser capaz de focar no que é importante – por exemplo, em como contribuir apresentando um argumento verbal cuidadoso na parte seguinte do discurso. Se pensamentos assustadores se intrometem, esse mesmo processo de expansão, reconhecimento e foco possibilita atenção mais voltada para o discurso.

Há evidências de que tais processos atencionais focados, voluntários e flexíveis podem ser ensinados e aprendidos (p. ex., Baer, 2003, 2006). A prática contemplativa é, em parte, o treinamento em um foco no momento presente conforme nos referimos aqui. Por exemplo, imagine uma pessoa que está observando atentamente sua respiração como parte de um exercício de *mindfulness*. Alguns segundos depois, outro evento (digamos, um pensamento sobre o que está acontecendo em casa) pode prender a sua atenção, mas, então, a ação pode ser redirecionada gentilmente para a respiração que está ocorrendo agora. Não é necessário um modo de solução de problemas da mente para se engajar nesse tipo de atividade.

A mente detesta ociosidade. Qualquer pessoa que fez um retiro silencioso com alguns dias de duração sabe como a mente seguirá em jorros de respostas em extinção (aumento temporário na resposta quando um reforçador é retirado), produzindo ideias maravilhosas e criativas, ou preocupações, ou problemas físicos, etc. – tudo isso demandando receber atenção. Em retiros desse tipo, é dito à pessoa que, quando notar esse estado mental se aproximando, traga a atenção de volta à sua respiração. Em outras palavras, são tomadas providências para manter esse modo de solução de problemas da mente fusionado em extinção. A mente pode ser quase diabólica ao seduzir as pessoas para um modo de solução de problemas da mente fusionado. Por exemplo, a mente pode dizer: "Não estou fazendo isso direito" ou (ainda mais sedutora, algumas vezes) "Cara, hoje estou fazendo um bom trabalho meditando!". Esses pensamentos podem ser notados, e a atenção trazida de volta para a respiração, mas, se a resposta seguinte for "O que foi que o meu instrutor de meditação disse antes?" ou "Espero conseguir continuar melhorando", então "o pássaro já fugiu da gaiola" – isto é, a atenção foi desviada do presente e da observação dos pensamentos no presente quando eles ocorrem e, em vez disso, foi direcionada para um fluxo de linguagem fusionada. A solução para esse enigma é a prática – praticar a observação e gentilmente redirecioná-la. De forma repetida, pequenas sequências dessa prática ensinam a prestar atenção como uma habilidade geral que vai além do conteúdo da experiência.

Como um tema científico, sabemos que os métodos de aceitação e *mindfulness* alteram significativamente habilidades atencionais básicas (Chambers, Chuen Yee Lo, & Allen, 2008; Jha, Krompinger, & Baime, 2007). De fato, a terapia cognitiva baseada em *mindfulness* originalmente seria nomeada como "terapia do controle atencional",** ou ACT (como isso teria sido confuso!). A terapia metacognitiva (Wells, 2008) desenvolveu muitos métodos inteligentes para ensinar habilidades de regulação da atenção. Os profissionais da ACT (terapia de aceitação e compromisso) estão dispostos e ávidos por adotar esses desenvolvimentos porque são inteiramente consistentes com o modelo de flexibilidade psicológica (p. ex., Paez-Blarrina et al., 2008a, 2008b).

** N. de R.T.: Em inglês, *attentional control therapy*.

Apego a um self conceitualizado versus consciência contínua e tomada de perspectiva

A psicologia tem uma história longa e um tanto obscura de tentar desenvolver e testar teorias de autoexperiência. Termos como *autoconceito* ou *autoestima* já foram usados de muitas maneiras, com frequência atrelados a explicações de traços do comportamento. Em geral, essas teorias enfatizam a autoexperiência como um tipo de "coisa" – assim como poderíamos tratar atributos da personalidade como uma coisa. Muitas tradições terapêuticas enfatizam a necessidade de alterar o autoconceito como forma de promoção da saúde psicológica. Esse ponto de vista implica que o autoconceito é diretamente acessível via comportamento verbal e é receptivo a intervenções diretas ou racionais. Por exemplo, a baixa autoestima pode ser pensada como resultado de pensamento ilógico (e assim por diante).

Embora nossos clientes com frequência estejam familiarizados com seus relatos de *self* construídos verbalmente, estão muito menos familiarizados com autoconsciência contínua e ainda menos em contato com o aspecto mais espiritual do *self* – a tomada de perspectiva baseada no "eu/aqui/agora" da experiência da consciência. A ACT distingue três tipos principais de "autoexperiência" (Barnes-Holmes, Hayes, & Dymond, 2001; Hayes & Gregg, 2000; Hayes, Strosahl et al., 1999b). Certamente existem mais tipos, mas aqui estamos interessados somente naquelas formas de autorrelação que produzem vários tipos de autoconhecimento. Esses três tipos são o *self* conceitualizado (ou o self-como-conteúdo), a autoconsciência contínua (ou o self-como-processo) e a tomada de perspectiva (ou o self-como-contexto).

O SELF CONCEITUALIZADO

Quando as crianças começam a adquirir linguagem, são ensinadas a categorizar a elas mesmas e suas próprias reações. Elas são meninos ou meninas, felizes ou tristes, com fome ou não. Duas coisas acontecem como resultado de tal treinamento. Primeiro, as crianças aprendem a diferenciar e a categorizar suas próprias reações e disposições comportamentais – a base da autoconsciência – tecendo as várias características em histórias integradas – a base de uma auto-história. Segundo, elas aprendem a fazer relatos verbais a partir de uma perspectiva consistente e a distinguir essa perspectiva da perspectiva dos outros.

O *self* conceitualizado é o subproduto direto do treinamento em nomeação, categorização e avaliação. É o tipo de autorrelação com o qual é mais provável que estejamos fundidos. Nós, humanos, não vivemos meramente no mundo – nós interagimos com ele verbal e cognitivamente. Nós o interpretamos, construímos narrativas sobre ele e o avaliamos. Os clientes invariavelmente formularam suas características pessoais no que Adler designou como uma "lógica privada". Eles contaram histórias, formularam sua história de vida, definiram seus atributos dominantes, avaliaram esses atributos, compararam seus atributos com os de outras pessoas, construíram relações de causa e efeito entre sua história e os atributos, etc. Conforme descrito no Capítulo 2, as relações derivadas entre estímulos podem prontamente dominar outros processos comportamentais.

No modo de solução de problemas da mente, *self* é um tipo de objeto conceitualizado. As pessoas se descrevem em termos de seus papéis, história, disposições e atributos, como "Eu sou um cara legal" ou "Estou deprimido" ou "Eu sou bonito". Uma miríade de declarações como essas se une como um tipo de história (ou conjunto de histórias) de quem somos nós. "Eu sou como sou porque fui abusado" ou "Sou uma pessoa crítica, como meu pai". Uma frase simples como "Sou uma pessoa que..." pode gerar dúzias, até mesmo centenas, dessas autodescrições aparentemente acuradas. Embora seja mais fácil falar do *self* conceitualizado no singular, é importante lembrar que há muitas versões construídas para se adequar aos propósitos sociais de vários contextos na vida. Por exemplo, se incentivada a "Conte-me um pouco sobre você", a auto-história de uma pessoa pode variar muito, dependendo de se o questionador é um especialista de recursos humanos em uma entrevista de emprego ou um novo conhecido em uma reunião social.

Muitas coisas estão incluídas nas auto-histórias que contamos: avaliações, causas e efeitos, emoções e reações à história. Muitas dessas características são amplas e difíceis de mudar. As explicações das relações de causa e efeito baseadas historicamente, quando vistas pela linguagem, são vistas como "fatos". Outros membros da comunidade verbal apoiam esses "fatos" – em parte porque eles também têm uma auto-história baseada em "fatos" que podem ser extraídos de suas histórias. Com o tempo, facilitados pela fusão, tornamo-nos apegados ao processo de classificação e avaliação autorreflexiva, quase como se essas histórias definissem quem nós somos. Nesse estado fusionado, qualquer ameaça à história é uma questão de vida ou morte. Tentamos viver de acordo com essa visão construída de nós mesmos. Escondemos nossos segredos dos outros ou até de nós mesmos. Tentamos viver dentro das histórias, sejam elas grandiosas ou terríveis. Tentamos nos tornar o que dizemos que somos. O ego desembarcou!

Diversos fatores promovem a dominância verbal desse tipo de autoconhecimento. Primeiro, a derivação faz parte da resposta emocional. Entre outras implicações, essa observação significa que as redes relacionais que são consistentes são inerentemente mais autoapoiadoras porque cada parte da rede pode ser usada para derivar outras partes que podem ter sido enfraquecidas com o tempo. Pessoas com deficiência cognitiva podem rapidamente confabular nessa base, com os fragmentos de uma auto-história que são conhecidos sendo usados para preencher as lacunas que não são conhecidas. Em segundo lugar, temos uma história massiva de aprendizagem para detectar e manter consistência. O objetivo de dar sentido é central para um modo de solução de problemas da mente, e parece "racional" desenvolver uma explicação consistente e socialmente ajustada de quem somos e de como ficamos assim. Terceiro, a comunidade social não só demanda que sejam contadas histórias desse tipo como também espera alguma correspondência entre o que ocorreu e o que dizemos e entre o que dizemos e o que fazemos. As consequências são distribuídas de acordo com isso. A comunidade social chama isso de "ter razão" ou "conhecer a si mesmo". Desde uma idade precoce, estar certo e mostrar que você se conhece evocam consequências poderosas. Em quarto lugar, frases como "Sou uma pessoa que..." são assertivamente sobre questões de ser, como se "Eu estou vivo" e "Eu sou gentil" fossem o mesmo tipo de declarações. Por meio de molduras de coordenação (em vez de hierarquia, de modo que o *self contenha* essas coisas), "Eu" passa a estar na mesma classe verbal que esses atributos conceitualizados, um processo que as tradições espirituais chamam de "apego".

Por fim, quando uma pessoa se identifica com uma autoconceituação particular, é menos provável que as alternativas a ela sejam vistas. As inconsistências podem parecer quase ameaçadoras à vida. A moldura relacional aqui parece ser "mim = conceituação de mim" e seu derivativo implicado "ameaça à conceituação = me eliminar". Por meio dessas molduras de coordenação, somos levados a proteger nosso *self* conceitualizado como se ele fosse nosso *self* físico. Talvez por essa razão, eventos que ameaçam o *self* conceitualizado podem evocar fortes emoções e maior esquiva experiencial (Mendolia & Baker, 2008), possivelmente devido à necessidade de manter consistência dentro da autonarrativa.

Na ACT, o *self* (ou *selves*) conceitualizado é visto como altamente problemático e pode interferir na flexibilidade psicológica. A fusão com o *self* conceitualizado pode levar a uma tentativa de manter a consistência distorcendo ou reinterpretando os eventos se eles parecerem inconsistentes com a autonarrativa. Se uma pessoa acredita que é gentil, por exemplo, haverá menos espaço para lidar direta e abertamente com exemplos de comportamento cruel. Se uma pessoa acredita que é incompetente, haverá pouco espaço para reconhecer as habilidades. Dessa maneira, o *self* conceitualizado estimula o autoengano, que, por sua vez, o deixa ainda mais resistente à mudança, uma vez que confrontar esse processo significa confrontar o engano.

A psicologia clínica empírica *mainstream* tem encorajado com frequência uma ênfase na mudança do *self* conceitualizado pelo fato de que as pessoas com problemas de saúde mental costumam se julgar com muita severidade. Lamentavelmente, tais intervenções podem produzir resultados deficientes ou contraproducentes. De fato, revisões abrangentes da literatura científica mostram que estimular a autoimagem positiva por meio de intervenções terapêuticas ou programas escolares tem probabilidade de promover tanto narcisismo doentio quanto melhores resultados (Baumeister et al., 2003). Em uma ironia do destino particularmente triste, as autoafirmações se revelam úteis apenas para aqueles que já têm alta autoestima. Se usadas de modo indiscriminado por aqueles que mais precisam delas, as autodeclarações positivas ("Sou uma pessoa amável") são ativamente prejudiciais (Wood, Perunovic, & Lee, 2009). Na ACT, o objetivo não é alterar o conteúdo da auto--história diretamente, mas enfraquecer o apego a ela. Defendemos que é esse apego imperioso que provoca danos porque torna o comportamento mais restrito e rígido, reduzindo a flexibilidade psicológica.

O SELF-COMO-CONSCIÊNCIA--CONTÍNUA

A autoconsciência é importante na terapia e está intimamente associada a uma vida saudável e psicologicamente vital. Essa percepção é verdadeira, em parte, porque muito da nossa socialização sobre o que fazer em situações na vida está associado a um processo contínuo de autoconsciência verbal. A conversa emocional é talvez o exemplo mais claro. Raiva, ansiedade ou tristeza são muito variadas nas histórias que lhes dão origem, mas, dentro de cada uma, elas são bastante semelhantes em suas implicações sociais e psicológicas. Um indivíduo que não é capaz de estar consciente de estados comportamentais contínuos não consegue abordar as circunstâncias altamente variáveis e voláteis que a vida diária apresenta. Considere, por exemplo, uma jovem que foi abusada sexualmente durante muitos anos pelo pai. Suponha que durante todo esse período as expressões de emoção associadas a essa experiência aversiva tenham sido reinterpretadas, ignoradas ou negadas pelos irmãos, parentes e os pais. Por exemplo, o perpetrador pode ter tentado convencer a criança de que ela não estava contrariada quando de fato ela estava contrariada, ou que ela deveria se sentir amada quando de fato ela empaticamente não se sentia amada. Tendo em conta uma história como essa, a autoconsciência contínua da criança poderia ser distorcida ou enfraquecida, já que muitas discriminações verbais convencionais haviam sido minadas; em outras palavras, a criança pode não "saber" como se sentia – no sentido de ser capaz de usar palavras que descrevam acuradamente estados de sentimentos. Tal situação não significaria que ela não estivesse tendo intensas experiências emocionais, mas que não conseguia empregar símbolos verbais convencionais para entender, comunicar, responder e autorregular suas experiências emocionais. Em um sentido mais profundo, a pessoa estaria voando às cegas psicologicamente até que esse déficit fosse corrigido (como no contexto de uma relação terapêutica que ajudasse a pessoa a desenvolver autoconsciência mais normativa).

Em termos do processo psicológico envolvido, a base para o self-como-consciência-contínua é simplesmente a descrição verbal contínua (o que os skinnerianos rotulam como "tatos"). O *self* conceitualizado envolve a integração das observações e descrições a uma autonarrativa avaliativa. Em contraste, o *self* como processo está baseado nas ações relacionais simples de notar o que está presente, sem fusão ou defesas desnecessárias. É este último sentido de *self* que é estimulado pelas intervenções da ACT.

Segundo uma perspectiva comportamental, autoconsciência consiste em responder ao próprio responder. Skinner (1974) usou o exemplo da visão. A maioria dos animais não humanos "vê", mas os humanos, exclusivamente, também veem o que veem.

> Há uma... diferença entre comportar-se e relatar o comportamento ou relatar as causas do próprio comportamento. Ao organizar as condições sob as quais uma pessoa descreve o mundo público ou privado em que vive, uma comunidade gera essa forma muito especial de comportamento denominada conhecer... O autoconhecimento é de origem social. (p. 30)

A comunidade social/verbal torna o autoconhecimento importante exigindo respostas a perguntas como "Como você está se sentindo? Do que você gosta? O que aconteceu com você ontem? Aonde você foi? O que você viu?". Como diz Skinner, "Somente quando o mundo privado de uma pessoa se torna importante para outras pessoas é que ele se torna importante para ela" (Skinner, 1974, p. 31).

Clinicamente falando, a habilidade de aprender a descrever o que você sente ou pensa pode ser facilmente prejudicada por viver em ambientes emocionalmente empobrecidos que falham em formular perguntas, em ambientes sociais disfuncionais que insistem em fornecer respostas que não se encaixam na experiência da pessoa ou em ambientes que encorajam a esquiva experiencial de modo que o indivíduo primariamente tenha contato distorcido com experiências privadas estressantes.

O SELF-COMO-CONTEXTO

O aspecto final da autorrelação é o mais frequentemente ignorado na cultura ocidental, ou seja, o self-como-contexto, ou tomada de perspectiva. A literatura psicológica contém numerosos termos e conceitos que aludem a esse aspecto do *self*: um senso de *self* transcendente, consciência pura e outros. As tradições espirituais e religiosas igualmente citam uma variedade de termos relevantes: espiritualidade, um *self* "não coisa", mente grande, mente sábia, etc. A multiplicidade de termos usados para descrever esse tipo de experiência reflete o quanto ela está afastada do modo de solução de problemas da mente. Estamos falando de um aspecto do *self* que metaforicamente não pode ser olhado, mas *a partir do qual* precisamos olhar. De dentro para fora, aparentemente não é absolutamente uma "coisa", e ter múltiplos nomes reflete o desafio de nomear um processo que não tem propriedades "semelhantes a coisas" que podemos prontamente detectar. Não é possível contatar plenamente os limites da consciência conscientemente.

Um dos paradoxos da vida é que a própria existência desse senso do *self* – tão essencial para a liberação psicológica – nada mais é do que um efeito colateral dos mesmos processos de linguagem que criam o sofrimento humano. As crianças começam a adquirir autoconsciência sendo questionadas sobre elas mesmas e sobre os outros – por exemplo, "O que sua irmã comeu ontem?". Elas são questionadas sobre o presente, o passado e o futuro e sobre coisas que estão acontecendo aqui, ali e praticamente em todos os lugares. Para fornecer relatos verbais consistentes, as crianças devem desenvolver um senso de perspectiva – um ponto de vista – e distinguir o delas do de outras pessoas. Mesmo quando o conteúdo dessas descrições começa a tecer uma auto-história – o que pode ser limitante –, o senso de perspectiva está crescendo – o que pode ser libertador.

As principais relações verbais no desenvolvimento da tomada de perspectiva são "dêiticas", o que significa "por demonstração". A maioria das relações verbais pode ser modelada inicialmente pelas propriedades formais dos eventos relacionados. Você não precisa conhecer a perspectiva do interlocutor para instruir alguém sobre qual de dois objetos é fisicamente maior, por exemplo. Quando uma criança aprende que "papai" é maior do que o bebê, a relação comparativa inicial está no contexto físico. Somente mais tarde é que a criança irá precisar enfrentar a tarefa mais árdua de tornar essa relação arbitrariamente aplicável, como quando aprendeu que "papai" também é muito mais velho do que o bebê. As relações dêiticas não são assim porque fazem sentido apenas relativo a uma perspectiva; portanto, elas precisam ser ensinadas de uma forma diferente.

Considere a relação "aqui" *versus* "lá". Para a confusão das crianças pequenas, você não pode demonstrar "aqui/lá" com objetos físicos. Você tem que aprender isso por demonstração. Suponha que a mãe tenha uma caixa e a criança tenha uma bola. A criança precisa aprender a dizer "A bola está aqui, a caixa está lá" mesmo que a mãe, ao mesmo tempo, esteja dizendo "A caixa está aqui, a bola está lá". Se a criança corresse até onde a mãe está, "lá" de repente se tornaria "aqui", e o lugar que foi deixado para trás agora seria "lá", não "aqui". Essa relação é aprendida por meio de centenas, se não milhares, de exemplos; o que é consistente entre os exemplos não é o *conteúdo* da resposta, mas o *contexto*, ou perspectiva, a partir do qual a resposta ocorre. Este é o caso com todas as outras molduras dêiticas, como eu/você, nós/eles e agora/depois.

Durante os últimos anos, os pesquisadores em RFT aprenderam muito sobre como a tomada de perspectiva acontece, como medi-la e como produzi-la. O procedimento usado para ensinar molduras dêiticas é muito inteligente. Considere as três principais relações dêiticas de eu/você, aqui/lá e agora/depois. Os testes dêiticos começam com perguntas simples como "Eu tenho uma caixa, e você tem uma bola. O que você tem?". Então, eles progridem para uma questão que demanda flexibilidade contextual. Um exemplo de uma pergunta de inversão simples é: "Eu tenho uma caixa, e você tem uma bola. Se eu fosse você e você fosse eu, o que você teria?". As perguntas podem se tornar mais complexas. Um exemplo de uma pergunta de dupla inversão é: "Hoje eu tenho uma caixa, e você tem uma bola. Ontem eu tinha uma caneta, e você, uma xícara. Se eu fosse você e você fosse eu, e hoje fosse ontem e ontem fosse hoje, o que você teria hoje?". Mesmo as perguntas mais complexas são possíveis (p. ex., triplas inversões) combinando-se múltiplas molduras dêiticas. As perguntas podem ser cuidadosamente formuladas para explorar muitas combinações diferentes de tempos, lugares e pessoas, além dos tipos importantes de conteúdo (p. ex., objetos, emoções, comportamentos).

Pesquisas mostraram que as relações dêiticas avaliadas desse modo gradualmente se fortalecem durante a infância, tornando-se mais úteis na infância intermediária (McHugh, Barnes-Holmes, & Barnes-Holmes, 2004). Elas são essenciais para entender que outras pessoas têm "mentes" e que nossa perspectiva é diferente das perspectivas dos outros. As molduras dêiticas provaram ser centrais para as habilidades da "teoria da mente" (McHugh et al., 2004), como entender a mentira (McHugh, Barnes-Holmes, Barnes-Holmes, Stewart, & Dymond, 2007a) ou que outras pessoas podem ter falsas crenças (McHugh, Barnes-Homes, Barnes-Holmes, & Stewart, 2006; McHugh, Barnes-Holmes, Barnes-Holmes, Whelan, & Stewart, 2007). As relações dêiticas são fracas em populações clínicas que têm problemas com o senso de *self*, incluindo aqueles com transtornos do espectro autista (Rehfeldt et al., 2007). Adultos com "anedonia social", a incapacidade de experimentar prazer com as interações sociais, têm dificuldade com o enquadramento dêitico (Villatte, Monestès, McHugh, Freixa i Baqué, & Loas, 2008, 2010). No entanto, o enquadramento dêitico pode ser ensinado com sucesso, e, quando é, as competências para tomada de perspectiva e da teoria da mente melhoram (Weil, Hayes, & Capurro, 2011).

Os teóricos da RFT são capazes de demonstrar, medir e treinar um senso de *self* de tomada de perspectiva porque têm uma noção precisa das unidades verbais que lhe dão origem. É notável que as crianças adquiram essas habilidades por meio do treinamento histórico inadvertido que ocorre dentro de uma comunidade de linguagem natural. Em geral, o treinamento dêitico é indireto. Se você o ensina com muitas declarações com "eu", "eu" em algum sentido significativo *é* a localização que está por trás quando todas as diferenças de conteúdo são subtraídas. Por exemplo, observe o que é consistente nas repostas às perguntas "O que aconteceu com você ontem? O que você viu? O que você comeu?". Normalmente respondemos "Eu fiz isso e isso", "Eu vi isso e isso" e "Eu comi isso e aquilo". Treinamento semelhante em "nós/eles" ocorre em culturas e linguagens mais alocêntricas. O "eu" que é referido não é apenas um organismo físico – ele também é um lócus, local ou perspectiva. Todavia, pesquisas da RFT mostraram que declarações com "eu" desse tipo não podem criar as discriminações apropriadas, a menos que também sejam acompanhadas por declarações previsíveis e úteis de outras pessoas sobre as suas perspectivas. Assim como "aqui" não existe sem "lá" e "agora" sem "depois", ou "nós" sem "eles", "eu" como perspectiva precisa da perspectiva "você" para ser plenamente formado.

Pense no self-como-contexto como um tipo de reunião das principais classes de relações dêiticas, tais como eu/você, aqui/lá e agora/depois. A Figura 3.4 mostra a ideia. Como objetos em órbitas elípticas, as crianças aprendem a se imaginar respondendo a partir de aqui ou de lá; no agora ou no depois; segundo o ponto de vista de "eu" ou o ponto de vista de "você". Como na configuração no alto da figura, essas ações se sobrepõem, mas não estão totalmente

Moldura relacional dêitica

(Você, Agora, Aqui, Eu, Lá, Depois)

O eu/aqui/agora do self-como-contexto

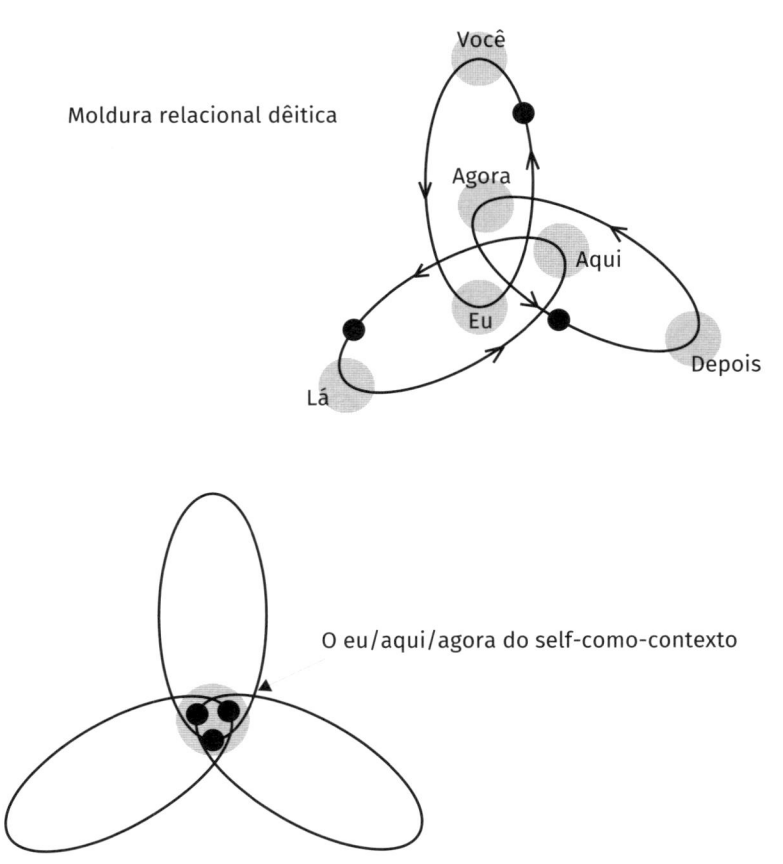

FIGURA 3.4 Representação gráfica de como as molduras relacionais dêiticas se reúnem para criar o "self-como-contexto" – um senso de *self* interconectado socialmente como um tipo de tomada de perspectiva. Copyright Steven C. Hayes. Usada com permissão.

integradas. Quando essas classes de resposta se reúnem, um senso de perspectiva emerge como um evento integrado. Depois que isso ocorre, todo o autoconhecimento pode ocorrer segundo uma perspectiva consciente de "eu/aqui/agora", como está representado metaforicamente na configuração inferior na figura. Mesmo quando nos imaginamos, digamos, olhando pelos olhos de outra pessoa, ainda temos uma sensação de estarmos olhando a partir de um lócus no "eu/aqui/agora" dentro da outra pessoa. O conteúdo consciente agora é conhecido no contexto de um lócus ou ponto de vista consistente que consegue integrar esse conhecimento. A amnésia infantil começa a desaparecer. Os eventos são mantidos na memória em uma ordem verbal temporal. Surge uma pessoa consciente – não como o objeto da reflexão, mas como uma perspectiva a partir da qual o conhecimento pode ocorrer.

Os exercícios clínicos comuns começam a fazer mais sentido quando as propriedades centrais da tomada de perspectiva são apreciadas. Um jovem adulto com apreciação fraca do seu impacto sobre os outros pode ser questionado por um terapeuta: "Você poderia se colocar naquela cadeira vazia? Se você fosse sua mãe, o que gostaria de dizer a você?". Poderia ser dito a uma criança socialmente inadequada: "Imagine que você é o Super-Homem. O que o Super-Homem diria?". A flexibilidade da tomada de perspectiva permite que o senso integrado do "eu/aqui/agora" seja situado independentemente de tempo, lugar ou pessoa. Podemos escrever cartas a nós mesmos de um futuro distante e mais sábio ou tentar ver o mundo pelos olhos de outra pessoa. Isso é clinicamente importante porque situa o autoconhecimento em um contexto temporal, social e espacial mais amplo. Essa flexibilidade aumenta a habilidade de responder às consequências de ações que são tardias, que ocorrem em outro lugar ou que são sentidas primariamente por outras pessoas.

Existem implicações aplicadas e teóricas profundas desse senso do *self* e sua base cognitiva. Destacamos três delas:

1. *Espiritualidade e um senso de transcendência.* Quando é formado um senso de tomada de perspectiva, é feita uma distinção fundamental entre o conteúdo de um evento verbal e o senso de lócus a partir do qual as observações são feitas. Depois que emerge a consciência como perspectiva, seus limites jamais poderão ser totalmente reconhecidos de forma consciente. Essa dimensão da experiência humana é única na medida em que ela não é semelhante a uma coisa – não tem bordas, limites ou distinções discerníveis. Aonde quer que você vá, lá estará você. Tudo o que você conhece verbalmente, você estava lá para conhecer verbalmente. Podemos ter consciência dos limites de tudo, exceto da nossa própria consciência.

Essas qualidades conferem ao self-como-perspectiva uma qualidade atemporal, sem lugar definido e transcendente. "Matéria" é a substância da qual as coisas são feitas (provém originalmente de uma palavra que significa "madeira"), e o self-como-perspectiva *não* é semelhante a uma coisa. Assim, ele é "imaterial" ou "espiritual". Estamos defendendo que a distinção entre o conteúdo verbalmente conhecido e o self-como-contexto é a fonte experiencial da distinção entre matéria e espírito que parece ter emergido em praticamente todas as culturas humanas (Hayes, 1984). Essa distinção é antiga, tendo-se originado muito antes de a perspectiva científica dominar a cultura humana. Em vez de rejeitar essa distinção, a ACT e a RFT a reconhecem como útil e cientificamente sensível.

As tradições espirituais e religiosas lidaram preponderantemente com esse senso de *self*, talvez devido às suas qualidades transcendentes de tomada de perspectiva. As tradições orientais falam de espiritualidade usando termos como *tudo/nada*. O budismo e o taoísmo promovem a ideia de uma "pedra não lapidada" que tem origem no nascimento. A pedra não lapidada é a simples totalidade da própria consciência e a "base" para a experiência. As tradições judaico-cristãs falam da espiritualidade como compartilhando o divino (p. ex., os humanos são feitos à imagem e à semelhança de Deus; Gen. 1:26), e as características de Deus (onipresente, onisciente, etc.) parecem ser compreendidas como extensões das qualidades de "não coisa" do self-como-contexto (Hayes, 1984).

Algumas tradições de intervenção (p. ex., programas de 12 passos) advogam a importância da espiritualidade, mas sem uma definição ou intepretação do que implica a espiritualidade além da que é dada pela cultura leiga. A ACT é uma terapia baseada em evidências que igualmente enfatiza a importância da espiritualidade, mas que fornece uma descrição básica das suas características centrais.

2. *Consciência como social, expandida e interconectada.* O achado de que a tomada de perspectiva emerge de molduras relacionais dêiticas diz alguma coisa profunda sobre a natureza da consciência humana. O self-como-contexto não está sozinho e isolado. Não estamos falando de um "eu" em um sentido progressivo/processivo de focar em si mesmo, como seria o caso de um "eu" conceitualizado. Ele é inerentemente social, ampliado e interconectado porque o enquadramento está mútua e combinatoriamente implicado. Começo a experimentar a mim mesmo como um ser humano consciente no momento preciso em que começo a experimentar *você* como um ser humano consciente. Eu vejo segundo uma perspectiva apenas porque também vejo que você vê segundo uma perspectiva. A consciência é *compartilhada*. Além disso, você não pode estar plenamente consciente aqui e agora sem sentir a sua interconexão com outros em outros lugares e outros tempos. A consciência se expande através das épocas, dos lugares e das pessoas. No sentido mais profundo, a consciência contém a qualidade psicológica de que *nós* estamos conscientes – de forma atemporal e em todos os lugares.

3. *Compaixão e aceitação; estigma e desfusão.* Conforme descrito até aqui, aceitação e desfusão superficialmente parecem ser questões intrapsíquicas, mas o self-como-contexto expande a sua natureza. Como a tomada de perspectiva é social, não é possível assumir uma perspectiva amorosa, aberta, receptiva e ativa sem fazer da mesma forma com os outros. A tomada de perspectiva inerentemente nos possibilita estarmos conscientes da nossa própria dor, mas também possibilita que estejamos conscientes da dor das outras pessoas, o que, por sua vez, é duplamente doloroso. Assim, compaixão e autoaceitação estão relacionadas dentro do modelo. Não é possível desenvolver um hábito de desfusão de pensamentos autorreferentes críticos sem praticar a desfusão de pensamentos críticos em relação aos outros. A fusão com julgamento é um canhão indiscriminado, e mais cedo ou mais tarde nossas qualidades ou características inevitavelmente se encontrarão debaixo de fogo cruzado. Além disso, as coisas que achamos importunas e merecedoras de forte julgamento nos outros são com frequência coisas que são relevantes para aspectos da nossa própria história e comportamento.

Nosso modelo explica o achado empírico de que estigma e preconceito em relação aos outros estão frequentemente associados a sofrimento psicológico pessoal na área estigmatizada. É interessante notar que a ligação entre estresse e pensamentos estigmatizantes desaparece quando ajustamos o impacto da fusão e da esquiva experiencial (p. ex., Masuda, Price, et al., 2009). Esse achado sugere que o preconceito é alimentado pela esquiva experiencial do conteúdo autorreferente. Também sugere que não é tanto o conteúdo do pensamento quanto esse apego rígido a esses pensamentos o que causa mais problema. Essa observação não implica necessariamente que precisamos abrir mão da avaliação e do julgamento – eles ainda podem ser ferramentas úteis no modo de solução de problemas (p. ex., "Ela é uma *boa* advogada"). No entanto, como todas as ferramentas como essas, precisamos adotá-las com cautela e perceber sua utilidade limitada.

Um senso de consciência social, expandida e interconectada naturalmente orienta a aceitação e a desfusão na direção da compaixão em vez do preconceito e do viés. Ele expande os processos da ACT através do tempo e do espaço. É difícil manter a ideia de que os valores devem ser aplicados apenas localmente – essa preocupação com os outros deve se estender apenas à própria família, e não às demais pessoas que sofrem em outro lugar, ou deve dizer respeito apenas a este momento e local, e não àqueles em gerações seguintes. Essa predisposição benéfica ajuda a explicar as qualidades expansivas do trabalho da ACT. Não é por acaso que a ACT tem sido aplicada não só ao autoestigma entre os clientes que buscam tratamento (p. ex., Lillis & Hayes, 2008; Luoma, Kohlenberg, Hayes, & Fletcher, no prelo), mas também à estigmatização de grupos raciais e étnicos (Lillis & Hayes, 2008) e a pessoas com transtornos mentais (Masuda et al., 2007). A ACT ainda milita contra a tendência dos clínicos de estigmatizar seus próprios clientes (Hayes, Bissett et al., 2004) por meio de um tipo de expansividade incluída no modelo da flexibilidade psicológica que está na essência da sua abordagem do tratamento terapêutico.

MINDFULNESS E AUTOCONCEPÇÃO

O ingresso do *mindfulness* na comunidade da terapia comportamental é uma das características mais notáveis dos tratamentos cognitivos e comportamentais da "terceira onda" (Hayes, 2004). Um valioso tesouro de métodos baseados em *mindfulness* foi introduzido nas terapias comportamentais e cognitivas durante a última década. Esse desenvolvimento tem seus aspectos positivos e negativos, porque corremos o risco de adicionar ainda outra intervenção que parece "funcionar", mas sem nenhuma explicação coerente ou progressiva do porquê. A extensão da desconexão entre ciência e prática nessa área é moderada. Na verdade, não existe uma definição de consenso de *mindfulness* na psicologia. Uma revisão das várias definições (p. ex., Bishop et al., 2004; Kabat-Zinn, 1994; Langer, 2000) mostra que elas descrevem *mindfulness* de modo variado como um processo psicológico, um resultado ou um método geral ou um conjunto de técnicas (Hayes & Wilson, 2003).

O *mindfulness* precisa ser mais bem entendido em seu nível básico comportamental e também clínico. A necessidade se refere à maior compreensão de *mindfulness* como um processo contínuo, como um mediador ou moderador da resposta à terapia, e como um resultado na vida por mérito próprio. Definido de todas essas várias maneiras, *mindfulness* é difícil de ser pesquisado de modo adequado. Como ocorre com a maioria dos conceitos leigos que posteriormente se tornam foco de disciplinas, pode ser que nunca concordemos quanto a uma definição oficial, mas tal concordância em si não é a questão. Os cientistas e pesquisadores clínicos precisam explicar mais detalhadamente seus pressupostos de referência para que o restante da comunidade verbal possa realmente acompanhar o que está sendo estudado. Dentro do modelo da flexibilidade psicológica, *mindfulness* é visto como aberto e centrado. Já exploramos em outro lugar (veja Fletcher & Hayes, 2005), com alguns detalhes, como os quatro processos nesses dois estilos de resposta oferecem uma definição de *mindfulness* e quais são nossas perspectivas apoiadas por evidências neurobiológicas recentes sobre os processos de *mindfulness* (Fletcher, Schoendorff, & Hayes, 2010). O subtítulo deste livro fala do "processo e prática da mudança consciente" neste sentido específico: os terapeutas e os clientes da ACT tentam trazer os quatro processos à esquerda do hexágono para apoiar a mudança comportamental baseada em valores.

Estilo de resposta engajado: valores e ação de compromisso

Embora a abertura possa tornar nosso repertório de ações mais flexível, e a centralização apoie a consciência no momento presente, o que torna a vida significativa são as conexões com valores firmemente mantidos durante as ações na vida diária. Em última análise, a saúde psicológica é produzida por meio do trabalho eficaz no mundo real. Posteriormente, o trabalho eficaz tende a produzir um senso de vitalidade e conexão com a vida e um senso de saúde e bem-estar. Esse sentido de fluidez e engajamento emerge quando uma pessoa faz contato com eventos reforçadores no presente que são intrínsecos a ações de vida profundamente significativas.

Esperar, reagir e agradar versus *valorizar*

A fusão cognitiva e a esquiva experiencial exigem outros custos de longo prazo na vida. Elas produzem padrões de comportamento diversos que se desenvolvem sobretudo sob condições de controle aversivo. O indivíduo pode perder com facilidade seu senso de direção na vida que normalmente ajuda a motivar, organizar e direcionar ações na vida que produzem vitalidade. Clinicamente, esse fenômeno costuma se mostrar como um tipo de falta de objetivo que em geral envolve queixas de que a vida parece mundana, vazia ou sem sentido e/ou queixas acerca da falta de motivação ou falha em levar adiante objetivos de curto e de longo prazos. A "crise da meia-idade" é talvez um exemplo – o cliente, que em geral tem um bom emprego, é casado, tem filhos e desfruta de todos os apetrechos da classe média, repentinamente rompe suas amarras normais para buscar alguma forma mais profunda de significado na vida. Esse rompimento com frequência é acompanhado por algum comportamento socialmente considerado tabu, como ter um caso extraconjugal, abandonar de modo repentino um bom emprego, etc. Em casos como esses, em geral estamos presenciando os efeitos retardados e supressores de ter, por tanto tempo na vida, seguido as regras socialmente prescritas sobre como viver em vez de se manter em contato com os próprios valores. Como diz aquele ditado consagrado: "Visão sem ação é um devaneio; ação sem visão é um pesadelo".

A ênfase nos valores distingue a ACT de muitos outros tratamentos comportamentais especificamente e de uma ampla gama de terapias em geral. Somente dentro do contexto dos valores é que a ação, a aceitação e a desfusão se unem formando uma totalidade sensível. Na linguagem da governança por regras, os valores são formativos e motivam o reforço. Eles são um dos usos mais importantes da linguagem humana.

"Na ACT, valores são consequências livremente escolhidas, verbalmente construídas, de padrões de atividade contínuos, dinâmicos e progressivos, os quais estabelecem reforçadores predominantes para essa atividade que são intrínsecos ao engajamento no próprio padrão comportamental valorizado." (Wilson & DuFrene, 2009, p. 66) A formulação de Wilson e DuFrene (2009) é densa e mais facilmente compreendida quando subdividida em seus componentes principais.

VALORES LIVREMENTE ESCOLHIDOS

A ênfase na ACT é colocada nos valores que os clientes experimentam como livremente escolhidos, e não naqueles que podem ser impostos a eles por outras pessoas ou pelas circunstâncias. Este é o motivo principal por que as intervenções na ACT focam nas "escolhas" pessoais em vez de usar uma abordagem de "tomada de decisão". As escolhas são feitas *na presença* de razões a favor e contra uma ação particular, mas não estão *baseadas* nessas razões. As decisões, por outro lado, tendem a se originar no modo de solução de problemas da mente e podem ganhar ou perder determinação quando as razões supostamente mudam. Uma implicação do fato de os valores serem livremente escolhidos é que a sua construção irá atuar no sentido mais saudável quando a pessoa estiver em contato com eles no aqui e agora. Valores como compaixão pelos outros ou por si mesmo tendem a se tornar manifestos quando uma pessoa está vivendo no momento presente e fazendo contato com o *self* que está tomando uma perspectiva, que é provavelmente o motivo pelo qual valores e compaixão são um foco natural da maioria das tradições de *mindfulness*. Embora os valores "livremente escolhidos" não sejam socialmente forçados, isso não quer dizer que eles não sejam socialmente estabelecidos ou sociais em seu foco. Livre escolha não tem a ver com individualismo. Tem a ver com a qualidade psicológica de apropriação das ações.

CONSEQUÊNCIAS VERBALMENTE CONSTRUÍDAS

As intervenções da ACT focam na construção e na escolha de valores. A expressão mais comum é *clarificação de valores*, mas *clarificação* pode ser enganoso. Implica que existem valores preexistentes totalmente formados que estão esperando em algum lugar para serem descobertos. Preferimos o termo *construção* em vez de *clarificação*. Fazemos isso para destacar a natureza ativa dos valores na ACT.

Os valores, assim como as mentes, não são "como coisas", mas um processo contínuo de relações verbais. Por exemplo, um cliente inicialmente pode não ver uma conexão entre ter uma carreira profissional gratificante e ser um pai efetivo. No entanto, examinar o modelo que o cliente gostaria de ser para os filhos como parte da promoção da sua satisfação na vida em longo prazo revelaria essa ligação verbalmente construída.

PADRÕES DE ATIVIDADE CONTÍNUOS, DINÂMICOS E PROGRESSIVOS

Por "padrões de atividade contínuos, dinâmicos e progressivos verbalmente construídos" pretendemos dizer que os valores possibilitam à pessoa a escolha de se engajar em determinados padrões de comportamento funcionalmente definidos pelo comportamento verbal. O padrão escolhido será dinâmico e progressivo porque ele será vivido momento a momento conforme a história e as circunstâncias permitirem. As consequências verbalmente construídas são tecnicamente eventos não reforçadores porque nunca podem ser completadas ou até mesmo encontradas. Uma pessoa que valoriza a igualdade de gênero pode nunca a ver, mas pode trabalhar para isso como uma consequência construída ou uma função do comportamento. Os reforçadores fortalecem o comportamento quando são encontrados, mas os valores nunca são promovidos do mesmo modo. O que os valores fazem é estabelecer outros eventos como reforçadores. É por isso, tecnicamente falando, que os valores são reforçadores.

OS REFORÇADORES INTRÍNSECOS PREDOMINAM

Os eventos que os valores estabelecem como reforçadores são descritos por Wilson e DuFrene (2009) como a seguir: "Reforçadores predominantes... são intrínsecos no engajamento no padrão comportamental valorizado". Valores não têm tanto a ver com o futuro, mas com viver o momento e fazer coisas que incorporam os valores pessoais. Essas ações, devido à sua conexão com anseios de vida verbalmente expressos, apresentam características reforçadoras. Não é o valor em si que é reforçador; é a qualidade da ação conectada aos valores que é inerentemente reforçadora. De certo modo, essa qualidade da ação é o que está sendo livremente escolhido.

Suponha que uma pessoa escolha como valor ser um pai amoroso, ou seja, estar sempre disponível para seus filhos. Se você explorar como seria isso, inúmeros padrões de comportamento podem ser descritos: passar um tempo juntos; prestar atenção; garantir segurança; encorajar a aprendizagem. O processo de amar jamais será encerrado, e os padrões de ação podem progredir à medida que os filhos e o pai passam um tempo juntos. Se o pai de repente fica acamado, esse valor pode ser incorporado de muitas formas diferentes. Os reforçadores não estão desativados em algum futuro verbal conceitualizado. Ao contrário, é no processo momento a momento de contar histórias, limpar o nariz e cuidar de um joelho esfolado que o valor de ser um pai amoroso é praticado e reforçado. Tentar ser um pai amoroso porque de outra forma você pode se sentir culpado – ou porque outra pessoa ficaria desapontada se você falhasse – não é um valor no sentido a que estamos nos referindo. Na verdade, a literatura sobre valores (p. ex., Elliot, Sheldon, & Church, 1997; Sheldon & Elliot, 1999; Sheldon, Kasser, Smith, & Share, 2002) mostra que somente quando o indivíduo encara os valores como uma escolha pessoal, e não como uma questão de observância social ou esquiva da culpa, é que eles se correlacionam significativamente a resultados clínicos favoráveis.

Para resumir, a valorização foca o cliente na geração de propósito e significado psicológico, afastando-o do modo de solução de problemas da mente. Em termos aristotélicos, os valores funcionam como "causas finais" do comportamento na medida em que são o objetivo de consumo "em função do qual" as ações são realizadas. Em um sentido mais técnico, os valores fornecem critérios de seleção que possibilitam que a variação e a retenção seletiva funcionem como processos causais na evolução do comportamento. Os valores dignificam o trabalho de desfusão e aceitação de pensamentos e sentimentos dolorosos específicos quando essas experiências estressantes funcionam como barreiras para as ações valorizadas. A ACT não é uma chafurda emocional interminável; em vez disso, ela envolve "assimilar" o que a própria história tem a oferecer no processo de viver uma vida valorizada. É extensa a literatura sobre valores mostrando que pode ocorrer mudança comportamental significativa mesmo com intervenções nos valores de curto prazo (p. ex., Cohen, Garcia, Apfel, & Master, 2006).

Inação/impulsividade versus *ação de compromisso*

O resultado final da fusão, da esquiva e da perda de contato com os valores é um padrão de resposta ineficaz, limitado e rígido. A rigidez comportamental pode ser caracterizada por esquiva comportamental (inação, passividade, afastamento) ou por excessos comportamentais (comportamento impulsivo, uso excessivo de comportamentos de entorpecimento, como abuso de bebidas, consumo de drogas, compulsão alimentar, automutilação, etc.). O elo comum entre esses comportamentos é que eles são concebidos para reduzir ou eliminar estados aversivos. Muitas vezes, a pessoa irá acreditar que desfechos temidos e experiências privadas estressantes associadas podem ser prevenidos evitando-se inteiramente uma situação estressante. Em outros casos, são tomadas ações impulsivas que, na verdade, pioram as situações; elas são contraproducentes. Em outros casos ainda, as pessoas irão usar soluções "rápidas" que podem ter consequências terríveis no longo prazo. Independentemente da sua forma, a função dessas ações é limitar as consequências aversivas em vez de procurar alguma coisa positiva na vida. Indivíduos que vivem assim experimentam uma compressão do espaço vital que inevitavelmente produz uma variedade de sintomas clinicamente significativos, como depressão, ansiedade, adição e outros. Outra maneira de dizer isso é que indivíduos psicologicamente rígidos tendem a ter dificuldades para iniciar e manter ações que são sensíveis às contingências, reduzindo, dessa forma, sua capacidade de adaptação às mudanças nas circunstâncias.

No modelo da ACT, a expressão *ação de compromisso* se refere a *uma ação baseada em valores concebida para criar um padrão de ação que é baseado em valores*. Em outras palavras, há um redirecionamento contínuo do comportamento de modo a construir padrões cada vez maiores de comportamento flexível e efetivo baseado em valores. A ação de compromisso é o antídoto para os efeitos limitadores de repertório da fusão cognitiva e da esquiva experiencial. Por implicação, é por isso que a ACT é essencialmente uma terapia comportamental do tipo "casca grossa". Quando falamos *compromisso*, não estamos nos referindo a uma promessa feita sobre o futuro, mas à vivência real momento a momento de um padrão comportamental em que a pessoa assume a responsabilidade pela sua forma. Quando a ação de compromisso falha, o compromisso adicional é assumir a responsabilidade pela falha e mais uma vez voltar os esforços em uma direção baseada em valores. Indivíduos com a habilidade de direcionar e redirecionar o comportamento ao longo do tempo têm uma vantagem extraordinária sobre aqueles que exibem fracos padrões de controle comportamental. A pedra angular da flexibilidade psicológica é a capacidade de se engajar em comportamentos altamente organizados e intencionais que sejam sensíveis às contingências.

Ação de compromisso é uma extensão dos valores. Considerando que um valor envolve as consequências escolhidas de padrões de atividade contínuos e que uma ação baseada em valores é uma ação reforçada por essas consequências, manter um compromisso significa redirecionar o comportamento, momento a momento, para padrões de comportamento mais amplos com um objetivo de manter esses propósitos. No momento em que a pessoa vê uma divergência e escolhe redirecionar seu comportamento de modo que ele seja consistente com os valores, essa pessoa está se engajando em uma ação de compromisso.

Quando falamos de ação e comportamento aqui, não nos referimos necessariamente a atos físicos. Compromisso também pode envolver atividades mentais inteiramente privadas. Um dos compromissos de Victor Frankl enquanto estava em um campo de concentração nazista durante a II Guerra Mundial tinha a ver com sua esposa. Ele decidiu, em sua mente, que o amor era algo que fazia valer a pena suportar o sofrimento dos campos da morte. Ele desenvolveu incontáveis formas de manter sua esposa na mente mesmo durante todo o tempo em que esteve recluso, não sabendo se ela estava viva, não sabendo se algum dia voltaria a vê-la. Ele cita um cântico de Salomão: "Põe-me com selo sobre teu coração, porque o amor é tão forte como a morte" (Frankl, 1992, p. 50). Frankl viu claramente a sedução do desespero e, em vez disso, escolheu manter-se apegado àquela imagem da sua esposa. Cada vez que fez isso, ele fez uma escolha, um compromisso com o seu valor.

Diferentemente dos valores, que podem nunca ser obtidos como um objeto, objetivos concretos que são consistentes com os valores podem ser atingidos por meio da ação de compromisso. Os protocolos da ACT, de modo geral, envolvem toda a gama de definições de objetivos e metodologias para a mudança do comportamento que estão disponíveis na comunidade terapêutica mais ampla em geral e na terapia comportamental em particular. Ao mesmo tempo, as abordagens comportamentais existentes costumam ser fortalecidas por outros aspectos do modelo da ACT. Alguns dados sugerem que mudanças em outros processos centrais "possibilitam" que os métodos comportamentais funcionem. Por exemplo, disponibilidade (*willingness*) e aceitação parecem ajudar pessoas com transtorno de pânico a serem mais abertas à exposição (Levitt, Brown, Orsillo, & Barlow, 2004) ou pacientes com dor crônica a mudar o comportamento (Dahl, Wilson, & Nilsson, 2004).

A ESSÊNCIA DO MODELO: FLEXIBILIDADE PSICOLÓGICA

Flexibilidade psicológica pode ser definida como ter contato com o momento presente – como ele é, e não como o que ele diz que é – como um ser humano consciente, plenamente e sem defesas desnecessárias e persistir com, ou mudar, um comportamento a serviço dos valores escolhidos. Defendemos que os três estilos de resposta, compreendendo seis processos centrais, criam juntos a flexibilidade psicológica.

Há 30 relações direcionais entre os seis processos centrais do hexaflex. As linhas representadas entre os seis componentes nas Figuras 3.1 e 3.2 não são para chamar a atenção; ao contrário, cada uma representa uma alegação teórica de relação. Os processos individuais da ACT não fazem sentido se desconectados dos outros no modelo global – da mesma forma que a hélice dupla do DNA não faz sentido sem os pares de nucleotídeos. Por exemplo, aceitação sem valores ou ação é um tipo de tolerância ou resignação. Valores sem aceitação ou desfusão são difíceis de gerar, já que cuidado e vulnerabilidade andam lado a lado, e a esquiva experiencial promove entorpecimento sobre a vitalidade. Ao longo deste livro, os processos centrais do modelo de flexibilidade psicológica serão definidos e refinados com referência aos outros pontos do modelo, o que faz sentido, levando em consideração suas inter-relações.

Definição da ACT

A ACT usa aceitação e processos de *mindfulness* e de compromisso e processos de ativação comportamental para produzir flexibilidade psicológica. Ela procura deixar a linguagem e a cognição humanas sob controle contextual de modo a superar os efeitos limitadores do repertório de uma confiança excessiva em um modo de solução de problemas, além de promover uma abordagem da vida mais aberta, centrada e engajada. A abordagem da ACT está baseada em uma perspectiva contextual funcional sobre a adaptabilidade e o sofrimento humanos, derivada de princípios comportamentais ampliados pela teoria das molduras relacionais. Embora contenha técnicas baseadas na ciência, a ACT não é apenas uma tecnologia. Definida funcionalmente, consiste de qualquer método que produza, de modo confiável, flexibilidade psicológica; teoricamente falando, qualquer método baseado na teoria da flexibilidade psicológica que descrevemos aqui poderia ser chamado de "ACT", caso aqueles que estiverem empregando os métodos optem por descrevê-la desse modo.

Evidências para a ACT e o modelo de flexibilidade psicológica

Durante a década passada, o número de estudos publicados sobre a RFT e a ACT cresceu exponencialmente. Em 1999, quando esse modelo foi descrito pela primeira vez de forma abrangente, a RFT ainda não havia sido apresentada em forma de livro; havia menos de um punhado de estudos empíricos sobre a ACT; não havia medidas bem estabelecidas dos processos da ACT, nem qualquer estudo longitudinal ou mediacional sobre a relação dos processos da ACT com os resultados. Tudo isso mudou. Mesmo a classificação mais conservadora lista mais de 40 estudos que testam experimentalmente os processos da RFT (talvez 100 mais estejam relacionados às ideias da RFT), e, no entanto, nenhum deles contém dados discutindo a lógica subjacente para a teoria (Dymond, May, Munnelly, & Hoon, 2010). Ruiz (2010) encontrou 22 estudos correlacionais sobre a relação da flexibilidade psicológica com depressão (ponderado $r = 0,55$) e 15 sobre ansiedade (ponderado $r = 0,51$), com mais de 3 mil participantes. Usando metodologia correlacional, mais de 30 estudos longitudinais ou mediacionais examinaram o impacto dos processos da ACT nos resultados de longo prazo, e praticamente todos os estudos se encaixam dentro das expectativas do modelo de flexibilidade psicológica aqui apresentado. Levin, Hildebrandt, Lillis e Hayes (2011) encontraram 40 estudos sobre os componentes da ACT, isolados ou em combinação, com a média do tamanho do efeito ponderado de $d = 0,70$ (intervalo de confiança 95%; 0,47-0,93) em resultados específicos. Ruiz encontrou 25 estudos de resultados em áreas da psicologia clínica ($N = 605$; 18 ensaios randomizados), 27 em psicologia da saúde ($N = 1.224$; 16 estudos randomizados) e 14 em outras áreas, como esportes, estigma, organização ou aprendizagem ($N = 555$, 14 estudos randomizados). Em toda a literatura existente, os tamanhos do efeito entre os grupos parecem estar em torno de 0,65 (Hayes et al., 2006; Öst, 2008; Powers, Vörding, & Emmerlkamp, 2009; Pull, 2009). Quase dois terços dos estudos randomizados tiveram análises mediacionais conduzidas, e todos tiveram sucesso em $p = 0,10$ ou mais, representando cerca de metade da variância no resultado (Hayes, Levin, Vilardage, & Yadavaia, 2008).

É a abrangência dos problemas abordados nesses estudos que talvez seja o mais surpreendente. Essa abrangência é uma das principais exigências científicas de um modelo que afirma ser unificado e transdiagnóstico. Existem estudos da ACT controlados sobre estresse no trabalho; dor; tabagismo; ansiedade; depressão; controle do diabetes; uso de substâncias; preconceito em relação a usuários de substâncias em recuperação; adaptação ao câncer; epilepsia; enfrentamento de psicose; transtorno de personalidade *borderline*; tricotilomania; transtorno obsessivo-compulsivo; dependência de maconha; escoriação da pele; preconceito racial; preconceito em relação a pessoas com problemas de saúde mental; síndrome do chicote; transtorno de ansiedade generalizada; dor pediátrica crônica; manutenção do peso e autoestigma; adoção, pelo clínico, de farmacoterapia baseada em evidências; e treinamento de clínicos em métodos de psicoterapia além da ACT. O único aspecto negativo até agora é o uso da ACT para problemas de menor relevância, em que a tecnologia existente ultrapassou os resultados da ACT em algumas medidas (p. ex., Zettle, 2003).

O mais importante, segundo a perspectiva do modelo de flexibilidade psicológica, é que, quando um ou mais dos processos centrais são mudados – e eles geralmente são –, bons resultados são atingidos. Até o momento, essa descoberta não tem exceção. Isso oferece um alvo para a criatividade dos pesquisadores e clínicos, que podem focar em *processos apoiados empiricamente*, e não apenas em pacotes e manuais apoiados empiricamente – um sonho antigo do tratamento apoiado empiricamente (Rosen & Davidson, 2003). Se as pessoas chamam seu trabalho de ACT, isso já não interessa. De fato, uma razão por estarmos usando a expressão *modelo de flexibilidade psicológica* é para enfatizar que esse modelo vai além de questões de tecnologia ou de marca comercial. Mesmo a expressão *flexibilidade psicológica* não é importante. O importante é que os processos de aceitação, *mindfulness* e valores proporcionem um modelo coerente do sofrimento e da adaptabilidade humanos, um modelo que conduza consistentemente a intervenções e componentes de intervenção efetivos e a moderadores e mediadores de mudança. Voltaremos a essas questões no último capítulo deste livro, examinaremos os aspectos intelectuais e estratégicos do modelo de flexibilidade psicológica e revisaremos mais evidências relacionadas a eles.

CONSIDERAÇÕES FINAIS

Neste capítulo, introduzimos um modelo de flexibilidade psicológica que envolve seis processos centrais organizados dentro de três estilos de resposta principais. Embora o espaço não permita uma revisão exaustiva da literatura de cada domínio de pesquisa, procuramos observar algumas áreas de pesquisa que apoiam o relato. Além disso, dados empíricos dentro das comunidades da ACT e da RFT foram destacados para mostrar a promessa dessa abordagem transdiagnóstica. Não estamos alegando que temos uma resposta para cada pergunta que possa ser formulada (ou testada) no que diz respeito ao modelo de flexibilidade psicológica. O propósito de explicar o modelo, em primeiro lugar, é fornecer aos profissionais interessados e aos praticantes da clínica e da pesquisa básica uma estrutura que permita que questões clinicamente importantes sejam investigadas. É por meio desse processo de investigação que iremos, por fim, descobrir os pontos fortes e as limitações dessa abordagem. No modelo de desenvolvimento da ciência comportamental contextual (veja o Capítulo 13), isso é exatamente como deveria ser. Acreditamos que o modelo de flexibilidade psicológica atende às exigências para uma explicação transdiagnóstica unificada relativamente adequada que pode ser útil para estimular o crescimento humano e aliviar o sofrimento humano. Começando com o próximo capítulo, iremos explorar como isso é feito na ACT.

PARTE II
Análise funcional e abordagem à intervenção

4

Formulação de caso
Ouvindo com os ouvidos da ACT, vendo pelos olhos da ACT

com Emily K. Sandoz

Neste capítulo, você aprenderá...

◊ Como explorar o problema atual do cliente.
◊ Como identificar fontes de rigidez e flexibilidade psicológica.
◊ Como identificar processos relevantes para a ACT na conversa terapêutica.
◊ As principais características de uma estrutura de formulação de caso na ACT.

Começamos esta seção sobre a abordagem da ACT com um capítulo sobre formulação de caso por uma simples razão: este é com frequência um pré-requisito importante para implementar intervenções efetivas de ACT que sejam adequadas às necessidades de cada cliente. Formulação de caso segundo uma perspectiva da ACT é a habilidade de analisar funcionalmente os problemas apresentados pelo cliente e estruturá-los no modelo de flexibilidade psicológica (descrito no Capítulo 3). Presenciamos muitas situações clínicas em que o terapeuta é altamente habilitado para implementar intervenções específicas de ACT, mas tem dificuldades em entender o panorama da situação do paciente – e, em consequência, a direção da terapia não será a mais adequada. Se você, profissional, é capaz de ouvir com os "ouvidos da ACT", será capaz de identificar as pistas verbais (prontamente disponíveis na maioria das interações clínicas) que revelam com o que o cliente está realmente se debatendo. Essas pistas facilitam a seleção da intervenção de ACT mais apropriada. Da mesma forma, olhar pelos "olhos da ACT" possibilita que você entre em sintonia com sinais não verbais ou comportamentos sutis (i.e., olhar caído ou triste, cerrar os punhos, morder a língua, esfregar as mãos), mas altamente significativos, que refletem a atitude psicológica do cliente em relação às suas situações de vida difíceis e às experiências privadas desagradáveis associadas.

Discutimos o modelo de flexibilidade psicológica neste capítulo de forma clínica, porém o modelo em si é um modelo do fun-

---

Emily K. Sandoz, PhD, é professora assistente de psicologia na University of Louisiana, Lafayette.

cionamento humano, não apenas da patologia em sentido restrito. A conceituação de caso em alguns contextos especiais (p. ex., *coaching* corporativo) requer ferramentas um pouco diferentes daquelas que discutimos aqui. Além disso, em alguns contextos, é importante fazer o trabalho da ACT sem uma conceituação de caso detalhada para indivíduos específicos (p. ex., trabalho organizacional, em saúde pública ou educacional em larga escala). Entretanto, mesmo nessas situações, os ouvidos e os olhos da ACT irão aumentar a sua eficácia e tornar menos provável que você aplique os métodos da ACT de modo inapropriado. Em grande medida, os princípios gerais discutidos neste capítulo se aplicam independentemente das diferenças no contexto.

No contexto da psicoterapia, formulação ou conceituação de caso envolve a reunião das informações de que você precisa na entrevista inicial, a dissecação dessas informações utilizando o modelo de flexibilidade psicológica, a identificação de um ponto de entrada na terapia e a modificação da formulação com base nas informações adicionais obtidas no desenrolar da terapia. Focamos, neste capítulo, na relação muito direta entre avaliação, formulação de caso e tratamento. A fim de fornecer um elemento de estrutura necessário para o processo de formulação de caso, também apresentamos algumas ferramentas da ACT para formulação de caso que você poderá usar prontamente na sua prática clínica. Embora nossa ênfase neste capítulo recaia sobre as estratégias da entrevista clínica, não é nossa intenção diminuir a importância do uso simultâneo de métodos formais de avaliação, como medidas de autorrelato, simulações comportamentais e outros. Visando à melhor comunicação, algumas vezes usamos os termos sindrômicos do *Manual diagnóstico e estatístico de transtornos mentais* (DSM), embora acreditemos que, quando aplicado corretamente, o modelo unificado da ACT tem maior utilidade no tratamento do que as abordagens atuais baseadas nas síndromes.

A FORMULAÇÃO DE CASO CLINICAMENTE ÚTIL

Embora os contextos e os clientes variem amplamente, o objetivo da formulação de caso é sempre o mesmo, ou seja, orientar o clínico para pontos de intervenção passíveis de mudança que sejam de benefício potencial para o cliente. Se todas as formulações de caso fossem feitas exatamente no mesmo contexto – digamos, uma grande equipe interdisciplinar em um hospital de pesquisa, com uma bateria predefinida de horas de avaliação programada no regime de tratamento –, poderíamos oferecer um único método de formulação de caso que tenha comprovado sua utilidade clínica. No entanto, sabemos que esse arranjo idealizado simplesmente não é o caso. Alguns dos profissionais que usam este livro podem ter a possibilidade de destinar horas para o desenvolvimento e o refinamento de uma formulação de caso, enquanto outros se defrontam com a situação de encontrar o cliente em uma clínica de cuidados primários ou em um serviço de emergência, tendo que gerar uma formulação de caso prática e funcional no espaço de 15 minutos. Alguns trabalham com crianças, e outros com adultos. Alguns trabalham com clientes com deficiência intelectual, enquanto outros trabalham com pessoas altamente funcionais.

Sejam quais forem as necessidades do leitor, teremos maior chance de tornar a formulação de caso clinicamente útil se pensarmos nos principais processos de flexibilidade no contexto mais amplo do cliente (história familiar, contingências culturais, sociais) e nos antecedentes e nas consequências que mais influenciam o comportamento "problema". Uma abordagem de ACT é direcionada para auxiliar o clínico a "sair da caixa" rapidamente e pensar nos problemas humanos de forma altamente pragmática. Até que o profissional esteja inteiramente acostumado a pensar funcional, comportamental e contextualmente, a ACT sempre será uma tarefa difícil – motivo pelo qual os profissionais que chegam à ACT provenientes de outras orientações teóricas geralmente precisam de educação adicional e treinamento nos aspectos mais abrangentes do contextualismo.

Coleta de informações sobre os problemas apresentados e seu contexto

O modelo de flexibilidade psicológica descrito neste livro é, em sua essência, uma abordagem contextual para entender os clientes em sua interação dentro e através de seus contextos ambientais e privados. Essa afirmação sugere que os seis processos do modelo não devem ser vistos de forma isolada, mas que são altamente sensíveis aos ambientes sociais, culturais, ambientais e biológicos circundantes. Problemas clinicamente relevantes e suas soluções não se desenvolvem apenas dentro do organismo; ao contrário, eles interagem amplamente com o ambiente circundante. Por exemplo, os benefícios de ensinar flexibilidade psicológica a trabalhadores são enfraquecidos em um ambiente de trabalho que não permite que novas ideias sejam expressas e seguidas (Bond & Bunce, 2003). Os valores são sensíveis ao contexto cultural – eles podem ser alocêntricos ou relativamente individualistas. O modelo de flexibilidade psicológica é concebido para ser adaptável culturalmente ao permitir que o conhecimento cultural seja acoplado aos processos e princípios sabidamente importantes para a saúde psicológica. Esta é uma abordagem mais segura do que a adaptação cultural baseada no conhecimento cultural isoladamente, uma vez que as culturas podem apoiar processos psicologicamente nocivos, bem como processos saudáveis.

Como a avaliação na ACT está focada em um pequeno grupo de variáveis funcionalmente relevantes, os profissionais da ACT podem abreviar o processo de entrevista de modo significativo no que se refere aos exercícios de coleta de informações mais tradicionais. Isso, por si só, é algo altamente recomendável em ambientes sobrecarregados nos quais os serviços de saúde comportamental costumam ser oferecidos. Há duas perguntas principais que em geral "alimentam" o processo de formulação de caso na ACT: que tipo de vida o cliente deseja mais profundamente criar e viver? Quais são os processos psicológicos e/ou ambientais que inibiram ou interferiram na busca desse tipo de vida?

A análise funcional: tempo, trajetória e contexto

Na entrevista inicial, o cliente normalmente apresenta um foco em um problema particular, e o profissional costuma iniciar analisando essas queixas apresentadas. O modelo de flexibilidade psicológica ajuda a organizar as queixas em uma análise orientada para a sua função, não apenas para a sua forma, frequência ou ocorrência situacional. São necessárias informações sobre o curso e o contexto dos problemas do cliente para conduzir essa análise funcional.

O clínico deve obter uma compreensão da *cronologia* do problema. Quando esse problema começou? Houve alguma época em que o cliente não teve o problema ou em que ele foi significativamente menos pronunciado? A natureza reveladora do problema ou *trajetória* também precisa ser entendida. Esse problema, no momento, tem aproximadamente a mesma intensidade, frequência e duração de quando apareceu pela primeira vez? Ele é menos grave do que antes ou pior do que já foi? Os impactos negativos do problema estão ampliando ou restringindo o espaço de vida do cliente? Ele parece mais controlável ou menos controlável ao longo do tempo? Também é importante observar os *antecedentes* e as *consequências* privados ou públicos do comportamento. O que desencadeia esse problema no mundo externo ou interno do cliente? O que acontece quando o cliente se engaja no comportamento? Como as consequências positivas e negativas se organizam a curto e a longo prazos?

Além de fornecerem as informações necessárias, essas perguntas por si só já são uma intervenção meramente devido à forma como são estruturadas pelo clínico. Por exemplo, suponha que uma pessoa esteja usando drogas e que pareça possível ao clínico que o cliente as esteja consumindo, em parte, para regular sua ansiedade. Quando o clínico gradualmente pergunta mais detalhes acerca das experiências difíceis que as drogas ajudam a regular e as consequências experimentadas a curto e a longo prazos, a consciência que o cliente tem da esquiva experiencial e dos seus custos pode aumentar. Essa consciência aumentada, por sua vez, pode abrir caminho para intervenções posteriores baseadas na ACT.

Em geral, é útil indagar acerca das experiências privadas com as quais o cliente está tendo dificuldades. Saber que o cliente parece desconfortável quando fala sobre algum tópico não é tão útil quanto saber quais pensamentos, emoções, lembranças ou sensações físicas específicos estão aparecendo naquele ponto para o cliente. O clínico precisa demonstrar um "questionamento apropriado" – a habilidade de se aprofundar mais nas experiências privadas do cliente no que diz respeito a algum domínio sem se perder em meio ao material resultante. O objetivo do clínico é simplesmente abordar processos privados relevantes para ver como eles podem estar interconectados. Em seguida, essas informações serão usadas na conceituação de caso e no planejamento do tratamento.

Muitos clínicos provavelmente irão sondar mais certos tipos de experiência privada do que outros, e essa tendência pode criar "lacunas" no conhecimento que o clínico tem do cliente. Por exemplo, um clínico com forte histórico em reestruturação cognitiva pode ser mais inclinado a procurar "pensamentos pegajosos" e menos inclinado a indagar sobre lembranças e sensações físicas que o cliente está experimentando. Em geral, recomendamos que o clínico sempre indague sobre uma ampla variedade de experiências no domínio privado do cliente, incluindo pensamentos, emoções, sensações físicas e lembranças associados a elas. Essa moldagem de uma rede ampla possibilita que o clínico esteja em uma posição de prestar atenção apropriada a diversos aspectos da experiência privada do cliente que possam ser relevantes. O ambiente externo (incluindo membros da família e outras pessoas significativas) também deve ser examinado de modo exaustivo, juntamente com as possíveis relações entre as duas esferas, interna e externa.

Também é importante observar nossas próprias reações durante a entrevista. Que tipos de pensamentos, sentimentos, associações, lembranças e sensações físicas você experimenta enquanto entrevista o cliente? Eles podem ser úteis como um guia. Por exemplo, se você está sentindo raiva sem razões óbvias, pode ser útil explorar como o cliente lida com questões de raiva, mágoa ou vulnerabilidade ou como ele está se sentindo no momento atual.

Entrevista sobre valores: amor, trabalho e lazer

A conceituação de caso deve incluir o contexto da vida em que o cliente está operando e como as exigências básicas da vida diária estão sendo satisfeitas. Assim, é importante obter um retrato do espaço vital do cliente entre os domínios relevantes da vida valorizada. Robinson, Gould e Strosahl (2010) sugeriram uma avaliação baseada em "Trabalho-Amor-Lazer". Todos os domínios de vida valorizada que discutimos em detalhes em nosso capítulo sobre valores (Capítulo 11) também podem ser usados no início para avaliar os pontos fortes e fracos do cliente

(Wilson & Durene, 2009). O tempo reservado para essa avaliação inicial depende do contexto. Na típica terapia ambulatorial, a entrevista pode ocupar a maior parte da primeira sessão de terapia; no contexto de um exame em cuidados primários ou em uma consulta em um serviço de emergência, a avaliação pode levar apenas alguns minutos.

Independentemente do contexto particular, o clínico deve explorar domínios importantes da vida diária na sua relação com as queixas apresentadas pelo paciente. O cliente parou de participar de atividades relaxantes no momento presente? O cliente está desconectado socialmente? Como vão as coisas no trabalho e com os colegas de trabalho? Como o cliente está se relacionando com seu parceiro? Ou filhos? Ou amigos? O que o cliente faz para a vida espiritual? Que tipos de hábitos de saúde está praticando: está bebendo? Usando drogas? Fumando? Comendo em excesso? Exercitando-se regularmente?

Durante essa fase da entrevista, em geral é muito fácil reestruturar a justificativa do cliente para os problemas presentes em um contexto de valores. Por exemplo, considere uma pessoa socialmente retraída que diz: "Não quero ficar sozinha – não sou eremita em uma casa vazia por opção –, mas, quando estou na companhia de outras pessoas, não sei muito bem, só não me sinto confortável. Elas podem não gostar de mim". O clínico imediatamente reformula a resposta do cliente desta maneira um pouco diferente:

> "Deixe-me ver se entendi direito. Parece que na verdade você se importa com as pessoas – gostaria de estar conectado e de fazer parte das coisas –, mas se afasta para diminuir a ansiedade que costuma sentir quando está perto de outras pessoas, especialmente quando está achando que elas podem não gostar de você, e isso está originando um sentimento de solidão e vazio. É assim que aparentemente as coisas estão funcionando?"

DETECTANDO PROCESSOS DE FLEXIBILIDADE PSICOLÓGICA

Se existe uma arte na terapia, ela é a habilidade do clínico de ler o que está acontecendo durante a sessão de terapia. Alguns clínicos parecem ter nascido com a habilidade de fazer isso de forma muito espontânea, mas, para o restante de nós, é necessário um pouco de estrutura para ajudar a guiar o processo. Avaliar os processos de flexibilidade do cliente durante a entrevista não se constitui, por si só, em uma formulação de caso. Em vez disso, a avaliação fornece os dados para a conceituação de caso, para o planejamento do tratamento e para correções constantes do curso durante a terapia. Nas seções a seguir, exploramos o modelo de flexibilidade psicológica e destacamos as vertentes de uma entrevista clínica que podem indicar altos ou baixos níveis de um processo central particular. Para cada processo central, fornecemos a você, o clínico, uma escala comportamentalmente baseada representando níveis de flexibilidade baixos, médios e altos nessa área. Depois disso, retornamos à questão da integração desses processos em uma estrutura coerente de conceituação de caso. Como o modelo de flexibilidade psicológica é multidimensional e integrado, poderíamos, em princípio, começar em qualquer ponto no modelo e então observar outros processos centrais que surgem. Começamos com a avaliação do estilo de resposta "centrado".

Avaliando o autodomínio no momento presente: o cliente consegue se manter centrado?

O estilo de resposta centrado incorpora a consciência do momento presente e o self-como-perspectiva. Para avaliar esses processos, precisamos conhecer essas duas coisas em seu nível mais básico:

1. A pessoa está vendo a vida como uma experiência pelo menos um pouco distinta das histórias que nossas mentes contam sobre ela?
2. Ela está aqui flexivelmente, voluntariamente e intencionalmente neste momento?

Em outras palavras, até que ponto existe um "você" e "eu" trabalhando aqui e agora, prestando atenção de forma flexível e focada na tarefa em questão?

Avaliando processos no momento presente

A avaliação dos processos no momento presente pode ocorrer naturalmente em uma entrevista clínica. Toda a vida acontece no momento presente – incluindo discussões do passado e do futuro. A pergunta crítica na avaliação é: o cliente consegue entrar em contato com eventos no presente de uma forma flexível, focada, voluntária e intencional?

Na entrevista clínica normal, a questão do presente aparece até nas perguntas mais simples sobre o que trouxe a pessoa à terapia naquele momento particular. As perguntas sobre os problemas atuais descritas anteriormente oferecem um ponto de entrada para a avaliação. O cliente consegue dirigir a atenção para quando o problema começou ou para as situações em que ele piorou ou melhorou? E é capaz de fazer isso sem se distrair facilmente ou ficar fixado no conteúdo particular? A habilidade de fazer isso é um marcador para o funcionamento no domínio dos processos no momento presente. Alterar o ritmo do questionamento, demorando-se em alguns tópicos e seguir um pouco mais rapidamente por outros, pode revelar o nível de contato do cliente com o contexto atual momento a momento.

FALHAS COMUNS DOS PROCESSOS NO MOMENTO PRESENTE

As falhas dos processos no momento presente podem assumir uma variedade de formas. Um exemplo comum é a preocupação e a ruminação. Clientes que exibem altos níveis de preocupação e ruminação podem ser capazes de acompanhar uma linha de questionamento. No entanto, as sondagens iniciais tendem a revelar que suas respostas persistentemente se voltam para preocupações sobre o futuro ou para um reexame de eventos passados. A rigidez atencional pode ser observada, por exemplo, em um cliente diagnosticado com síndrome de Asperger que fala quase exclusivamente sobre, digamos, cartas de basquete. Instruções para chamar a atenção do cliente para se deter em temas particulares podem encontrar resistência e frustração. Outros clientes podem ficar fixados na explicação ou na análise como um meio de evitar conteúdo emocional particularmente forte.

A distratibilidade é outra variante encontrada com regularidade. A incapacidade de manter o foco atencional é uma característica central de certos diagnósticos, como transtorno de déficit de atenção/hiperatividade (TDAH), mas também pode estar presente em clientes que enfrentam dificuldades com ansiedade e depressão. Nesses casos, várias visões, sons e tópicos desviam a pessoa do caminho. Clientes com histórias de trauma costumam exibir esse tipo de troca de tópicos a serviço da esquiva experiencial. Não devemos confundir o período de tempo do conteúdo que está sendo discutido com a capacidade de "estar presente" no sentido a que nos referimos. Por exemplo, suponha que um clínico pergunte acerca de um evento muito difícil no passado do cliente, como a morte do seu cônjuge. O cliente pode conseguir deslocar sua percepção e prestar atenção a esse evento, a lembranças dele e ao modo como as coisas estão agora quando lembradas e, então, consegue passar adiante para o próximo assunto. No sentido inverso, contudo, o cliente pode descartar a sondagem e rapidamente voltar ao tópico anterior ou passar para o seguinte ou ficar tão rigidamente conectado a ele que a habilidade de mudar o foco da atenção é perdida. A inclinação do cliente em geral é revelada pela receptividade relativa às sondagens sucessivas. Por exemplo, tendo feito contato com algum evento difícil no passado, o clínico pode perguntar sobre quais sentimentos estão "surgindo" quando o evento é recordado e sobre como eles poderiam ser diferentes do que foram experimentados quando o evento ocorreu originalmente. A transição fluida dessa época para agora, ou desse tópico para o seguinte, indica força nos processos relacionados ao momento presente mesmo que o conteúdo discutido seja "sobre o passado". Da mesma forma, então, apenas trazer o passado ou o futuro voluntariamente não indica, por si só, que o cliente tenha dificuldade em lidar com os processos no momento presente.

As falhas nos processos relacionados ao momento presente costumam ser reveladas nos aspectos paralinguísticos da fala e nos aspectos atencionais da escuta. Quando os clientes estão psicologicamente presentes, existe um senso de presença em seus olhos, postura corporal, tom emocional e receptividade ao ritmo do terapeuta. Quando os clientes são atencionalmente rígidos e sem contato com o presente, podem ser distraídos por outros eventos quando eles ocorrem no ambiente imediato (p. ex., sons fora da sala) ou podem ser incapazes de se manter conectados e receptivos às sondagens do terapeuta. As dificuldades nessas áreas com frequência são experimentadas pelo terapeuta como um tipo de desconexão com o cliente, em que quase parece como se cliente e terapeuta não estivessem engajados na mesma conversa. A conversa pode parecer monótona ou sem vida apesar das inúmeras tentativas de obter uma variedade de respostas do cliente. Na verdade, o cliente pode parecer um tanto desconectado do processo da fala – ou, o contrário, tão inflexivelmente conectado que a consciência de outros aspectos da interação parece ser perdida.

Parte da avaliação dos processos relacionados ao momento presente está voltada para o ritmo da comunicação. Se alguém está experimentando algo altamente penoso, em geral há uma qualidade acelerada e pressionada na sua fala. Em casos como esse, o clínico pode deliberadamente diminuir o ritmo e persistir nesse ritmo mais lento. Alguns clientes prontamente aderem ao ritmo alterado do terapeuta, mas outros não. Se o clínico formula uma pergunta muito lentamente ou pede, com gentileza, que o cliente pare um momento e considere a questão, o cliente estará disposto a modular o ritmo da sua conversa de modo apropriado?

FALHAS EXTREMAS DOS PROCESSOS RELACIONADOS AO MOMENTO PRESENTE

No ponto extremo do *continuum*, o cliente pode ser inteiramente irresponsivo às perguntas. A dissociação é um exemplo drástico. Em tais casos, as exigências clínicas são ver onde a atenção do cliente está sendo focada, indagar a respeito e sondar para ver se a atenção do cliente pode ser mudada para outros temas relacionados ou até mesmo não relacionados. O clínico pode tentar ver se alguma coisa no ambiente presente é capaz de provocar uma resposta do cliente. O cliente que está alucinando ativamente é outro exemplo; nesse caso, a flexibilidade e o foco dos processos atencionais dentro e fora da área-problema devem ser avaliados. Por exemplo, podemos perguntar sobre a alucinação ("Você pode me contar o que ouviu?") ou sondar a flexibilidade da atenção em outras áreas ("Quem o trouxe para a sessão?").

Avaliando processos do self

A avaliação da relação com o *self* é crucial para a formulação de caso na ACT. O problema clássico visto em contextos clínicos é a fusão com o conteúdo do autoconhecimento verbal – tal como "Eu sou deprimido", em que "deprimido" tem a qualidade de uma identidade pessoal. Esse aspecto do *self* – o *self* conceitualizado – pode ser "positivo", "negativo" ou ambos, mas suas características dominantes são de que ele é rígido, avaliativo e evocativo. Quando essa forma de *self* é dominante na vida mental diária do cliente, ela tende a subjugar todas as outras formas de autoexperiência. Questões como "ter razão", defender a própria história de *self* ou entender as origens do sofrimento pessoal se tornam os objetivos mais importantes. Em geral, a ACT vê essa forma de autoconhecimento não apenas como altamente falha mas também como uma grande ameaça à vitalidade na vida do cliente.

Outro aspecto do *self* é o contato com o fluxo contínuo das experiências privadas, ou o "self-como-processo". Esse contato tem a ver com a habilidade de observar e descrever experiências no momento presente. Declarações como "Estou me sentindo irritado neste momento" revelam que o cliente está consciente do conteúdo da consciência contínua e consciente do processo distinto da observação desse conteúdo. Esse aspecto da relação com o *self* é uma parte crucial do "contato com o momento presente".

Um domínio final da relação com o *self* é caracterizado pela habilidade de observar o conteúdo da consciência segundo uma perspectiva particular, ou o self-como-perspectiva. O "eu/aqui/agora" da consciência é um aspecto do *self* que transcende qualquer conteúdo particular da consciência – é o contexto do próprio conhecimento verbal. Pesquisadores da RFT desenvolveram ferramentas de avaliação para medir esse senso de *self* (McHugh et al., 2004; Rehfeldt et al., 2007), mas, em entrevistas clínicas, a avaliação pode ser baseada na habilidade de uma pessoa de mudar a perspectiva do agora para o depois, do aqui para lá, e assumir a perspectiva de outras pessoas. Com frequência, essa habilidade será demonstrada em comportamentos verbais e não verbais espontâneos, por exemplo, comentários bem-humorados feitos sobre uma situação dolorosa ou momentos de silêncio em que o cliente parece estar se colocando "de castigo".

Uma boa maneira de avaliar o self-como-contexto é examinar a flexibilidade da tomada de perspectiva por meio da própria entrevista. Uma pergunta como "O que você acha que eu estou sentindo agora ao ouvir isso?" investiga a habilidade de imaginar o mundo conforme visto pelos olhos de outra pessoa, e, assim, os clínicos podem frequentemente detectar déficits na tomada de perspectiva, como certa falta de sensibilidade ou falta de conexão com a própria experiência por parte do cliente. Os clientes podem ser convidados a imaginar que são mais velhos e mais sábios e dar conselhos a eles mesmos sobre como seguir em frente agora em meio às dificuldades. Essa abordagem investiga a habilidade de ver o "eu/agora" segundo a perspectiva do "eu/depois". Uma ampla variedade de técnicas clínicas comuns (cadeira vazia, dramatização, sondagem do que a pessoa supõe que os outros sentem, ou entender e aplicar metáforas e histórias) depende, em parte, do self-como-contexto e pode ser usada para ajudar a detectar processos da ACT nas interações clínicas.

FALHAS COMUNS DOS PROCESSOS RELACIONADOS AO SELF

O problema prototípico nos processos relacionados ao *self* é a fusão com concepções verbais do *self*, de modo que o cliente não é capaz de se manter em contato com processos de *self* contínuos e não consegue ter a perspectiva dos problemas difíceis na vida. A fusão com o *self* conceitualizado é revelada na tendência a ficar absorvido em histórias sobre si mesmo e a defender uma autoimagem particular. Não importa se a história é "boa" ou "ruim". Quando informações contraditórias ou interpretações alternativas são oferecidas, a pessoa encontra uma forma de manter a tese original. Não é incomum que tal cliente responda com ameaças quando o *self* conceitualizado é desafiado, como quem diz "Se eu não for quem digo que sou, então quem eu sou?".

A fusão com um *self* conceitualizado pode com frequência ser revelada por declarações que assumem a forma "Eu = problema". Quando é feita à pessoa uma pergunta que normalmente evocaria respostas com "Eu", a resposta verbal rapidamente se transforma em conteúdo fusionado. Perguntas simples como "O que você sentiu?" ou "Do que você se lembra?" podem produzir esse tipo de efeito. Se a fusão com o *self* conceitualizado for muito alta, as sondagens invariavelmente levarão de volta ao conteúdo fusionado autorrelevante, com frequência integrado ao mesmo tema geral, independentemente das áreas que realmente foram investigadas.

Formular perguntas orientadas para valores é uma boa maneira de testar fusão com a história sobre o *self*. O clínico pode fazer uma solicitação simples como "Fale-me sobre alguma atitude particular que você teve que me ajudaria a entender você como irmão". Esta é uma solicitação cuja resposta normalmente começaria com "Eu". Suponha que o cliente responda: "Eu emprestei meu carro para o meu irmão 4 ou 5 anos atrás, e ele o destruiu e nunca me pagou pelos danos. É assim que ele é". Esse tipo de resposta é inadequado porque não leva em conta realmente a intenção do terapeuta (uma forma de tomada de perspectiva) e desencadeou uma parte da história do cliente sobre si mesmo, suprimindo o contato dele com valores sociais importantes.

Em um nível muito mais grave, alguns indivíduos podem ser completamente incapazes de manter sua atenção em qualquer coisa que o clínico pergunte. Não conseguimos ver absolutamente nenhuma distância entre o cliente como pessoa e as alucinações que estão sendo experimentadas. Mesmo uma pergunta como "Você está ouvindo vozes neste momento?" pode ser respondida com apelos do tipo "Eles vão me matar! Eles vão me matar!" em vez de "Eu estou ouvindo vozes". Nessas circunstâncias, o cliente pode ser incapaz de responder a perguntas do tipo "Eu" independentemente do sintoma particular que está sendo experimentado. Acompanhando a diminuição do "Eu" também virá a diminuição do "você", e tais clientes podem ter pouca ou nenhuma consciência do papel, dos sentimentos ou da perspectiva do clínico.

Avaliando o domínio da aceitação-desfusão: o cliente consegue se manter aberto?

Embora alguns clientes precisem de um pouco mais para estar centrados e presentes, reconectar-se com seus valores e dar início a uma ação de compromisso, com mais frequência eles terão níveis de esquiva e fusão que impõem obstáculos substanciais a uma vida valorizada. Anteriormente chamamos a fusão e a esquiva experiencial de "canto da sereia" do sofrimento. Quando os padrões de comportamento do cliente são desenvolvidos sob as contingências de controle aversivo que a esquiva experiencial envolve, a vida se torna um jogo de esquiva da experiência pessoal baseado na crença de que tal experiência é toxica e impõe um desafio direto à saúde pessoal. Este é um jogo viciado, é claro, mas é feito para parecer possível de ser vencido pela cultura do "ficar numa boa" que o promove.

Ao avaliar esse domínio, o clínico precisa focar na dimensão em que a fusão e a esquiva experiencial estão comandando a vida do cliente. A existência do cliente está organizada principalmente pelo que ele considera como inaceitável? O cliente permite que sentimentos ou lembranças desagradáveis imponham em grande parte a direção da sua vida? Em que medida o cliente vive em um mundo de "preciso" e "devo" e "não posso"? Em que medida vive em um mundo de desculpas bem ensaiadas para explicar por que as coisas são como são – um mundo em que a mudança é impossível ou para outro momento que não agora?

Com frequência um tipo de comportamento estereotipado caracteriza as vidas de clientes que estão sob forte controle aversivo. Tanto a fusão quanto a esquiva experiencial são indicadas por padrões de comportamento rígidos. Verbalmente, esse padrão fica mais evidente no tom de voz, ritmo e conteúdo. O cliente pode dizer essencialmente a mesma coisa de modo repetitivo. A qualidade vocal também pode não ter alcance, tanto no tom quanto no ritmo. Para o cliente deprimido, o tom pode ser baixo e suplicante. O tom de voz do cliente irritado pode ser mais alto e recortado. Tanto os clientes deprimidos quanto os irritados apresentam pouca variabilidade ou sensibilidade contextual, mesmo quando estimulados para isso. Por fim, o conteúdo da fala do cliente mostra rigidez e limitação.

Avaliando processos de aceitação

A questão central na avaliação da aceitação é se o cliente é capaz de aceitar ativamente o que ocorre na experiência direta – momento a momento – mesmo quando o conteúdo é indesejado e penoso. Ou, então, quais aspectos da experiência privada do cliente estão funcionando como obstáculos a uma vida valorizada. Os clientes costumam procurar ajuda porque estão experimentando algum tipo de dor em suas vidas. Investigar em detalhes qual é a dor e o que o cliente faz em face dela molda diretamente as intervenções orientadas para a aceitação.

FALHAS COMUNS DOS PROCESSOS DE ACEITAÇÃO

Ao avaliar a aceitação, é importante avaliar tanto o conteúdo evitado quanto o repertório comportamental evitativo do cliente. Algumas vezes, o cliente rotula diretamente o que é inaceitável – ataques de pânico, períodos de humor depressivo, pensamentos negativos sobre si, culpa, vergonha, fissura por beber ou usar drogas. Quando o conteúdo do comportamento de esquiva pode ser descrito, o clínico pode investigar melhor as formas como o cliente lida com esses eventos inaceitáveis sempre que eles aparecem. A pessoa tende a entrar em pânico e ficar em casa? Ou evita participar de eventos ou se engajar em atividades que possam desencadear níveis desconfortáveis de ansiedade/tristeza/culpa? Quando em situações sociais, o cliente foca no monitoramento do nível da sua ansiedade em vez de apenas estar socialmente engajado? Como demonstra a narrativa a seguir, sondagens simples relacionadas ao que o cliente faz quando o conteúdo evitado está presente revelam muito acerca dos repertórios evitativos.

Terapeuta: Então, você disse que a avidez pela bebida tem sido particularmente ruim ultimamente.

Cliente: Sim, isso me deixa louco, não consigo pensar direito.

Terapeuta: Algumas vezes a avidez está melhor e algumas vezes pior?

Cliente: Com certeza, algumas vezes eu nem mesmo penso a respeito. As coisas ficam ótimas. Mas então – lá vem ela, e não consigo pensar em outra coisa.

Terapeuta: Para me ajudar a entender isso, seria útil se você pudesse me contar sobre as vezes em que a avidez é mais suave e as vezes em que é muito forte. Então, quando ela é apenas suave, o que você faz?

Cliente: Bem, eu tento apenas não pensar nisso. Apenas tento me manter ocupado.

Terapeuta: Mais alguma coisa?

Cliente: Bem, algumas vezes eu me preocupo – e se ela piorar ou se nunca mais desaparecer? E se eu tiver 60 anos e ainda estiver pirando? Acho que eu não consigo aguentar! (*O ritmo acelera um pouco, a voz se torna mais tensa.*)

Terapeuta: Uau, parece que algumas vezes você começa a se preocupar e isso se potencializa em você. É quase como se você pudesse observar à medida que vai piorando.

Cliente: Sim, e pode ficar muito ruim.

Terapeuta: E quando está realmente ruim, o que você faz?

Cliente: Eu simplesmente não sei *o que* fazer! Isso me deixa maluco. Eu acabo gritando com as pessoas à minha volta, gritando com a minha esposa, gritando com as pessoas ao telefone, dirigindo como um idiota, gritando no trânsito.

Nesse diálogo, o padrão de esquiva experiencial é tentar não pensar em beber e tentar se manter ocupado para distrair a atenção do impulso. É bem possível que as explosões de raiva do cliente sejam um subproduto da qualidade aversiva da avidez; no entanto, elas também podem funcionar para distrair o cliente da experiência inaceitável da avidez, combinada com pensamentos de que a avidez "nunca vai desaparecer". O clínico pode explorar, sem julgamento, o que acontece à avidez quando o cliente fica muito irritado ou se envolve em uma discussão. É perfeitamente possível que essas explosões evitem os estados psicológicos aversivos associados à incerteza da avidez. Embora haja algumas exceções, uma regra de ouro é que, o que quer que se siga ao conteúdo inaceitável, será mais provavelmente parte da cadeia de respostas evitativas.

Pode ser muito útil avaliar quando e onde o conteúdo evitado é pior. Os padrões de esquiva, nesses casos, podem interferir na vida valorizada. Por exemplo, um pai divorciado pode tentar evitar sentir remorso por seu casamento fracassado quando vê seu filho ou mesmo quando observa outras pessoas com seus filhos. Intervenções de aceitação voltadas para esses antecedentes relevantes podem ajudar o cliente a se abrir mais para a paternidade como um domínio valorizado.

Uma significativa fonte de informação sobre aceitação e esquiva experiencial é o comportamento do cliente dentro da sessão. O cliente pode não saber ou não estar consciente do que está sendo evitado e, portanto, não é capaz de falar diretamente a respeito. Essa situação vale particularmente para o cliente multiproblema crônico. Durante a condução da entrevista, o clínico pode observar que os tópicos mudaram e perceber apenas em retrospectiva que o cliente desviou a conversa para uma direção diferente. Se esse comportamento recorre repetidamente, um padrão de esquiva fica evidente. O simples fato de pedir ao cliente para visualizar uma situação difícil e observar os pensamentos, emoções, lembranças e sensações corporais que surgem pode, algumas vezes, elaborar o conteúdo evitado de uma forma que o cliente pode achar difícil discutir de maneira direta. Alguns clientes podem não ser capazes de tolerar tais exercícios, mesmo quando muito breves. No entanto, essa objeção potencial não deve atrapalhar a avaliação, pois isso por si só já é um indicador do nível de esquiva. Outro cliente pode ser capaz de seguir as instruções e visualizar a cena, mas não consegue permanecer no exercício. Em vez disso, ele pode envolver o terapeuta em uma conversa sobre o exercício para evitar entrar em contato com o conteúdo temido. Ainda outro cliente pode ser capaz de se envolver no exercício, descrever diretamente o conteúdo penoso e continuar participando até que seja instruído pelo clínico a parar. Todas essas respostas potenciais representam pontos diversos ao longo do *continuum* da esquiva-aceitação.

MEDIDAS FORMAIS DE ACEITAÇÃO

As medidas formais de esquiva experiencial e aceitação são atualmente muito populares e disseminadas. A mais conhecida é o Questionário de Aceitação e Ação (AAQ; Bond et al., no prelo; Hayes et al., 2004), uma escala de avaliação disponibilizada ao público que exige do cliente apenas alguns minutos para ser completada. O AAQ faz um ótimo trabalho de predição de muitas formas de psicopatologia (Hayes et al., 2006). Um grande número de versões mais específicas do AAQ foi desenvolvido em áreas como tabagismo (Gifford et al., 2004), peso (Lillis & Hates, 2008), psicose (Shawyer et al., 007), dor crônica (McCracken, Vowles, & Eccleston, 2004), epilepsia (Lundgren et al., 2008) e diabetes (Gregg, Callaghan, Hayes, & Glenn-Lawso, 2007b), entre outras.

Dado o grande aumento em aceitação, *mindfulness* e outras intervenções de terceira onda, emergiu uma ampla variedade de medidas relacionadas que utilizam os processos de aceitação. Estas incluem a Escala de Autocompaixão (Neff, 2003), o Inventário de Supressão do Urso Branco (Wegner & Zanakos, 1994), a Escala Cognitivo-Comportamental de Evitação (Ottenbreit & Dobson, 2004), o Questionário de Controle do Pensamento (Wells & Davies, 1994), a Escala de Tolerância à Angústia (Simons & Gaher 2005), a subescala de Não Aceitação Emocional das Dificuldades na Escala de Regulação Emocional (Gratz & Roemer, 2004) ou subescalas similares em várias medidas de *mindfulness*, tais como o Kentucky Inventory of Mindfulness Skills (Baer, Smith, & Allen, 2004) ou o Questionário das Cinco Facetas de Mindfulness (Baer et al., 2008), entre vários outros. As definições de aceitação variam em todas essas abordagens.

Medidas com estas podem ser usadas para informar a formulação de caso. Mesmo medidas idiossincrásicas simples também demonstraram ser úteis, tais como as autoclassificações de disposição feitas em uma escala de 1 a 10 (Twohig, Hayes, & Masuda, 2006). Os clínicos que praticam a ACT não devem ser relutantes em improvisar escalas de aceitação personalizadas, desde que elas promovam o objetivo geral de informar a formulação de caso.

Avaliando processos de desfusão

Ao avaliar processos de desfusão, o clínico deve tentar identificar exemplos específicos de conteúdo fusionado, além do impacto desse conteúdo nos vários domínios da vida. Declarações repetitivas, monotônicas, categóricas e avaliativas são marcadores comuns de fusão. O cliente retorna ao mesmo conteúdo repetidamente? O cliente prontamente conta uma história antiga sobre a sua condição, como ela evoluiu e o que precisa mudar para que a vida siga em frente? A inter-relação dos processos da ACT é particularmente relevante quando examinamos a fusão. Por exemplo, a sufocante repetitividade da preocupação e da ruminação é um exemplo de falha dos processos relacionados ao momento presente, mas os conteúdos da preocupação e da ruminação constituem conteúdo fusionado. Da mesma forma, a fusão pode ser encontrada como um obstáculo primário em uma avaliação dos valores ou quando são discutidas dificuldades com a ação de compromisso.

FALHAS COMUNS DOS PROCESSOS DE DESFUSÃO

O conteúdo fusionado é uma ocorrência comum durante a entrevista, tanto para o clínico quanto para o cliente; portanto, é útil conhecer as características seminais da fusão clinicamente problemática. Podemos listar várias.

Comparação e avaliação. Ouvir comparação e avaliação excessivas na fala do cliente, em contraste com a descrição. O clínico pode sondar a força de tais padrões de fusão pedindo que o cliente simplesmente descreva a situação problemática e o que ela evoca sem introduzir avaliações na narrativa contínua.

Complexo, agitado, confuso. O discurso fusionado frequentemente tem uma qualidade muito agitada – como se a pessoa estivesse trabalhando muito duro para descobrir alguma coisa. Se a fusão estiver muito elevada, esse fluxo frenético de solução de problemas é extremamente difícil de ser interrompido.

Antagônico. O discurso fusionado costuma ter uma qualidade antagônica. Às vezes, esse aspecto pode parecer como se a pessoa estivesse na verdade discutindo com ela mesma internamente – tentando desenvolver a força de vontade para fazer ou não fazer alguma coisa. Como mostra a narrativa de humor negro a seguir, a natureza da atividade simbólica humana garante que nunca há um "vencedor" nessas discussões internas; para cada argumento favorecendo um lado de uma discussão, a mente humana geralmente será capaz de gerar um contra-argumento.

Eu:	Eu deveria começar um programa de exercícios.
Eu:	Mas eu não gosto de fazer exercícios.
Eu:	Mas isso seria bom para mim.
Eu:	Mas estou muito ocupado agora.
Eu:	Mas você está sempre muito ocupado.
Eu:	Mas eu tenho um capítulo para terminar.
Eu:	E quando isso não acontece?
Eu:	Mas desta vez estou falando sério. Quando voltar da Europa, eu vou começar.
Eu:	Onde eu já ouvi isso antes?

E assim continua.

Discurso de justificação. Às vezes, um discurso fusionado soa menos como uma discussão e mais como uma justificativa, explicação ou apresentação de razões. O fator comum é a impermeabilidade relativa e a inflexibilidade da conversa. Versões breves de alguns exercícios de desfusão da ACT podem ajudar você, como clínico, a avaliar o quanto a apresentação de razões está arraigada. Por exemplo, o clínico pode escrever as razões do cliente em cartões de fichário medindo de 7,62 cm por 12,7 cm e, então, pedir que ele se sente em silêncio enquanto o clínico coloca um cartão por vez, voltado para cima, no colo do cliente. Este deve simplesmente ler em voz alta o que está escrito em cada cartão. O cliente altamente fusionado com frequência irá interromper esse exercício e começar a discutir sobre o propósito dele ou retomar o processo de defender razões no meio do caminho. Em contrapartida, um cliente com níveis muito baixos de fusão pode ter poucos problemas em simplesmente ler em voz alta as várias declarações do conteúdo e pode até mesmo fazer um comentário sobre essas declarações, que parecem diferentes quando são ditas em voz alta.

Um elemento adicional do discurso de justificação é um alto nível de solução de problemas verbais que falha em facilitar a ação consistente com os valores. Autoargumentar ou apresentar razões costuma ser um comportamento em busca de soluções. Vou ou não vou começar um programa de exercícios? Há alguma razão para que eu esteja deprimido? Há alguma razão para que eu imagine o pior no meu futuro? Se o cliente estiver tentando convencê-lo de alguma coisa, ou se você achar que está discutindo com o cliente, essa inclinação indica que altos níveis de conteúdo fusionado estão vindo à tona na interação. Você não precisa refutar essas razões. Em vez disso, você deve sondar a flexibilidade e a esquiva experiencial e comportamental que é o resultado final da fusão.

Perseveração. Assim como a fixação da atenção impõe uma barreira à consciência no momento presente, a perseveração é com frequência uma característica distintiva do cliente fusionado. Em essência, o cliente perde a habilidade de mudar flexivelmente entre o tópico que está dominando a consciência e outros tópicos de importância clínica. Os domínios da vida valorizados podem fornecer um método sensível e prático para avaliação da fusão. Como inflexibilidade é uma característica distintiva de fusão, podemos começar a perguntar ao cliente sobre domínios da vida que são significativos e então observar a direção que a conversa assume em resposta.

Em casos extremos, o cliente será totalmente irresponsivo à sondagem. Em outros casos, pode responder parcialmente à sondagem à medida que a mudança de tópico é feita, mas o padrão de resposta tenderá a incorporar o conteúdo fusionado. Em outros casos, ainda, a sondagem pode apenas interromper o padrão repetitivo de forma momentânea (p. ex., de se preocupar com a depressão), que, então, imediatamente retorna, em geral com o mesmo tom e ritmo. Um olhar mais atento ao conteúdo falado provavelmente revelaria sentenças, frases e pensamentos que o cliente repetiu inúmeras vezes.

MEDIDAS FORMAIS DE DESFUSÃO

Há um interesse crescente no desenvolvimento de medidas estruturadas da desfusão. A desfusão pode ser difícil de ser medida com o uso do autorrelato, uma vez que o conceito se refere à relação da pessoa com o pensamento, e não ao conteúdo, e o autorrelato foca principalmente no conteúdo. Entretanto, tem havido progresso nessa área.

Uma forma comum pela qual a desfusão é medida é perguntar sobre a credibilidade de um pensamento, para além da sua ocorrência. Os dois conceitos não são isomórficos. Por exemplo, "eu vou morrer" é totalmente crível, mas uma pessoa pode estar desfusionada desse pensamento ou então enredada nele. Distinguir entre se um pensamento ocorreu e se ele era crível quando ocorreu é uma forma facilmente compreensível de perguntar aos participantes como eles se posicionam em relação aos próprios pensamentos em áreas particulares.

Quase toda medida cognitiva que está focada no conteúdo do pensamento pode ser reescrita para focar na relação da pessoa com o pensamento quando ele ocorreu pela primeira vez. Por exemplo, índices de credibilidade podem ser adicionados a medidas estabelecidas como o Questionário de Pensamentos Automáticos (ATQ; Hollon & Kendall, 1980), perguntando não com que frequência ocorrem os pensamentos, mas se eles parecem críveis quando aparecem (um fato histórico interessante é que credibilidade originalmente fazia parte do ATQ, mas foi deixada de lado pelos seus desenvolvedores antes da publicação). Essa abordagem resulta em uma medida de "credibilidade do ATQ". Essas medidas têm sido usadas com sucesso desde os primeiros dias da pesquisa da ACT (p. ex., Zettle & Hayes, 1986) e têm repetidamente mediado os resultados da ACT (p. ex., Hayes et al., 2006; Varra, Hayes, Roget, & Fisher, 2008; Zettle, Rains, & Hayes, 2011).

Existem medidas específicas de fusão/desfusão em certos domínios, por exemplo, o Avoidance and Fusion Questionnaire for Youth* (Greco, Lambert, & Baer, 2008) e a subescala de fusão da Escala de Inflexibilidade Psicológica na Dor (Wicksell, Ahlqvist, Bring, Melin, & Olsson, 2008). Algumas medidas de *mindfulness* também apresentam subescalas que medem a fusão (Baer et al., 2004; Baer, Smith, Hopkins, Krietemeyer, & Toney, 2006). Várias medidas de apresentação de razões, as quais foram usadas na primeira pesquisa da ACT (Zettle & Hayes, 1986), foram refinadas em algumas áreas específicas, por exemplo, o Reasons for Depression Questionnaire (Addis & Jacobson, 1996). Os pesquisadores da RFT também estão fazendo progresso no desenvolvimento de medidas cognitivas implícitas destinadas ao uso repetido com indivíduos que podem estar focados em formas específicas de conteúdo fusionado (p. ex., Barnes-Holmes, Hayden, Barnes-Holmes, & Stewart, 2008). Uma medida geral da fusão cognitiva também está em desenvolvimento (Dempster, Boulderston, Gillianders, & Bond, n.d.), cujo *download* pode ser feito em *contextualpsychology.org/CFQ*).

---

* N. de R. T.: Há uma versão deste instrumento validada em Portugal, intitulada: Questionário de Evitamento e Fusão Cognitiva para Jovens.

Avaliando o domínio do compromisso com valores: o cliente consegue se engajar na vida?

O impacto gerado pelas dificuldades de estar aberto e centrado é com frequência sentido na arena do engajamento na vida. O propósito da ACT é ajudar os clientes a construir padrões contínuos de ações de compromisso consistentes com os valores, escolhendo direções valorizadas na vida, engajando-se em ações que são consistentes com esses valores e conscientemente construindo maior consistência nos padrões de valores. O modelo de flexibilidade psicológica sugere que essa ação está baseada, em parte, na abertura e na habilidade de estar centrado. A exploração de valores e ação de compromisso com frequência revela rapidamente questões essenciais não só nesse domínio, mas também nos outros dois (abertura e centralidade). Entretanto, é um erro pensar que a intervenção em valores e ação de compromisso sempre requer trabalho nas outras áreas. Em alguns casos, basta simplesmente fazer o cliente entrar em contato com seus valores mais intimamente arraigados e desenvolver um plano de ação de compromisso simples. Do mesmo modo, a avaliação das dificuldades com a ação de compromisso pode revelar algo como uma forma simples e fácil de remediar déficits de competências na definição de objetivos pessoais ou na mudança do comportamento autodirecionado. Por essa razão, sempre é importante avaliar cada processo central individualmente e incluir os resultados dessa avaliação na formulação de caso.

Avaliando processos de valores

A pergunta crítica na avaliação de valores é: o cliente experimenta a vida como meramente imposta ou como algo do qual ele pode ser autor de forma significativa e contínua? Embora os obstáculos clássicos à avaliação e à adoção dos nossos valores sejam, em geral, fusão e esquiva, a falha em estabelecer um processo de valores pode assumir uma infinidade de formas. Queremos saber alguma coisa sobre a vida que o cliente está almejando levar para orientar e contextualizar o tratamento baseado na ACT. Na ausência de um senso de direção na vida, pouco resta para dar significado à dor do cliente e às intervenções concebidas para potencializar o viver.

FALHAS COMUNS DOS PROCESSOS DE VALORES

A falha mais comum dos processos de valores ocorre quando os problemas psicológicos do cliente desempenham um papel tão central que o cliente perde contato com domínios valorizados na vida. O cliente pode não compreender integralmente o que é importante na vida porque tais questões foram deixadas "em suspenso" enquanto uma guerra interna estava em curso. Por exemplo, um cliente pode estar tão mergulhado na ansiedade ou na depressão que perde inteiramente o contato com as direções valorizadas na vida. A vida se transforma em uma tentativa diária de controlar a ansiedade e a depressão e de descobrir o que está causando essas emoções desagradáveis antes de tudo. Ironicamente, o forte apego à solução do problema da depressão ou ansiedade pode justamente afastar o cliente do tipo de vida que ele está buscando.

Como fusão e esquiva são obstáculos centrais para uma vida baseada em valores, o clínico precisa constantemente estar atento aos sinais de fusão quando avalia a orientação para os valores. Às vezes, essa necessidade é indicada pelo cliente diretamente (p. ex., ele declara que "tem que" valorizar alguma coisa – e então associa essa necessidade a uma razão fusionada). Outras vezes, evidências mais indiretas fornecem pistas. Quando o clínico está direcionando a entrevista para uma discussão dos valores do cliente, este persistentemente a reverte para uma discussão das dificuldades psicológicas? Quando domínios valorizados são apontados, o cliente começa a ruminar ou se preocupar com essa área da vida? O cliente é defensivo, alegando que a vida está indo bem em todos os domínios valorizados? Se solicitado a descrever quem gostaria de ser, o cliente consegue descrever ativamente eventos particulares em diferentes domínios valorizados?

O discurso fusionado é dominado por categorias, em vez de particularidades, e tende a ter um tom repetitivo em vez de fluido. Na seguinte narrativa de uma sessão, uma cliente que endossa a maternidade como um forte valor é solicitada a descrever um evento particular nesse domínio.

Terapeuta: Posso ver, pelo Questionário da Vida Valorizada, que a maternidade é muito importante para você.

Cliente: Sim, a coisa mais importante na minha vida.

Terapeuta: Seria de grande auxílio para mim em nosso trabalho se você pudesse me ajudar a ver bem claramente essa área. Talvez você possa me contar sobre algumas coisas muito específicas que você fez com seu filho para que eu possa ter uma ideia dessa área.

Cliente: Bem, ele é muito importante para mim, mas eu sou um desastre. Ele precisa de mim, e eu nem mesmo consigo sair da cama pela manhã. Eu só fico ali deitada e sei que preciso me levantar. Eu sei que preciso me mexer e posso ouvir meu marido ajudando-o a se arrumar para a escola, e eu simplesmente não consigo me mexer.

Observe que o terapeuta pede um exemplo específico de maternidade, mas a cliente responde com uma referência geral às dificuldades psicológicas existentes e às falhas passadas como mãe. Embora a resposta da cliente pareça suficientemente sensível, ela de fato não responde à pergunta formulada. Se um cliente está particularmente fusionado, mesmo diversas sondagens podem não conseguir provocar uma resposta direta à pergunta formulada. A capacidade de resposta a essas sondagens reflete tanto uma avaliação quanto uma intervenção. Se o terapeuta consegue ajudar a manter o cliente no presente com um exemplo de vida valorizada por um período de tempo estendido, a fusão é diminuída pelo menos de forma momentânea. Então, o terapeuta pode ser capaz de auxiliar o cliente a construir objetivos consistentes com o valor.

Os valores são uma questão de escolha, não de mero cumprimento; portanto, outra falha nos processos de valores surge quando eles são empregados como um método de evitação da culpa ou para obtenção de aprovação social. Essas motivações, às vezes, podem ser avaliadas na entrevista. Por exemplo, o cliente que valoriza a educação pode ser questionado: "E se você pudesse aprender, mas ninguém soubesse, isso ainda seria de importância?". Quando o que parece ser um valor está, em vez disso, a serviço da adequação social ou da esquiva da experiência, o questionamento irá revelar que os valores não são intrínsecos à ação em si, nem verdadeiramente escolhidos de forma livre.

MEDIDAS FORMAIS DOS VALORES

Inúmeros processos de avaliação e medidas dos valores estão disponíveis, tais como o "Na mosca" (Bull's Eye) (Lundgen, Dahl, Yardi, & Melin, 2008), o Questionário sobre Valores Pessoais (Ciarrochi, Blackledge, & Heaven, 2006, baseado no trabalho de Sheldon & Elliot, 1999) ou o Questionário da Vida Valorizada-2 (VLQ-2; Wilson & DuFrene, 2009), o qual é discutido em detalhes no Capítulo 11. Em sua maior parte, essas medidas são relativamente eficientes, não levando mais de 15 a 20 minutos para serem completadas na maioria dos casos. O VLQ é uma exceção, mas versões específicas dele estão surgindo em áreas como a dor crônica (Vowles & McCracken, 2008). Quando o tempo permite, a integração de instrumentos de clarificação dos valores estruturados à entrevista clínica pode criar ainda mais clareza sobre as questões de valores. Existem determinados domínios valorizados em que o cliente apresenta mais flexibilidade no discurso ou, então, áreas em que existe um forte senso de restrição? Quando um cliente apresenta flexibilidade razoável em um domínio valorizado, o clínico pode avançar na elaboração dos valores e na criação de possíveis ações de compromisso. Quando o cliente mostra restrição considerável e altos níveis de fusão e esquiva, o terapeuta deve voltar a centralizar e focar no trabalho no momento presente.

Uma área complicada ocorre com culturas que estimulam valores alocêntricos. Os humanos são uma espécie social, e em nossa experiência a maioria das pessoas em todas as culturas apresenta fortes valores sociais. Em culturas alocêntircas, no entanto, o bem do grupo é estimulado tão fortemente que pode ser difícil distinguir valores fusionados de valores sociais escolhidos. A questão central não é se os valores são alocêntricos ou individualistas – ambos podem ser valores no conceito da ACT –, mas se a pessoa assume responsabilidade por essas escolhas. Ainda resta trabalho a ser feito sobre como melhorar a tarefa de fazer discriminações em diferentes condições culturais.

Avaliando processos de compromisso

Ao avaliarmos processos de compromisso, estamos perguntando se o cliente é capaz de construir e executar atos comportamentais particulares que sejam consistentes com os valores. Os principais obstáculos aos processos de compromisso são a fusão e a esquiva ou a falta de motivação que pode surgir quando tais ações estiverem ligadas à história sobre o *self*, e não aos valores. Este último obstáculo, por sua vez, conduz a padrões crônicos de comportamento contraproducente. Problemas com a ação de compromisso podem estar evidentes na falta de ação, na falta de persistência ou em excessos comportamentais a serviço dos propósitos da esquiva experiencial e comportamental. O processo de avaliação com frequência revela uma situação de vida inconsistente e pouco organizada. Atividades importantes podem caracterizar certos domínios, mas não outros, ou podem ocorrer de vez em quando, mas não regularmente. Assim, mesmo que o cliente pareça ter *algumas* habilidades comportamentais, ele ainda precisa se engajar seriamente na construção de padrões de ação que sejam maiores, mais integrados e menos sensíveis à perturbação impulsiva. Por exemplo, se o cliente consistentemente permite que padrões de ação de compromisso sejam rapidamente perturbados por determinadas emoções ou pensamentos, um processo de elaboração desses pontos de vulnerabilidade enquanto são mantidos os compromissos é definitivamente o mais adequado.

FALHAS COMUNS DOS PROCESSOS DE COMPROMISSO

As razões mais comuns que levam a falhas nos processos de compromisso são impulsividade, imobilidade e esquiva persistente. A avaliação inicial dos processos de compromisso com frequência envolve pedir que o cliente cite exemplos de ações particulares consistentes com os valores que ele praticou no passado e outras que possam ser contempladas no futuro. O clínico também pode pedir para o cliente gerar uma lista de possíveis ações de compromisso – desde os atos de compromisso muito pequenos que podem ser realizados no mesmo dia até aqueles que podem ser muito mais demorados. Alguns clientes são capazes de gerar inúmeros exemplos com pouca estimulação, mas parecem ficar enredados quando chega a hora de agir. Às vezes, essa reação sinaliza problemas com conteúdo fusionado, embora outras vezes indique déficits na habilidade para a determinação de objetivos pessoais. Por essa razão, o clínico precisa percorrer todo o processo de fazer o cliente se comprometer e manter compromissos particulares. O que acontece que paralisa o processo? O cliente não está conseguindo prosseguir porque algum conteúdo temido surge repentinamente? O cliente tem a habilidade de subdividir o comportamento planejado em unidades menores e dar um passo de cada vez? Ele interrompe a ação de compromisso ao primeiro sinal de alguma resistência do ambiente? Em um nível básico, as falhas dos processos de ação de compromisso sempre apontam para alguns outros processos, seja a fusão, seja um déficit em uma habilidade específica. É muito importante para o processo de conceituação de caso ser capaz de determinar quais fatores estão em jogo.

Quando fusão e esquiva são altas, o cliente pode ser incapaz de citar qualquer exemplo específico de ações orientadas para valores, sejam elas passadas ou futuras. Como mostra a narrativa a seguir, uma cliente pode até mesmo mergulhar em preocupação, ruminação e padrões fusionados ao serem feitas perguntas sobre assumir e cumprir compromissos.

Terapeuta: Anteriormente estávamos falando sobre a importância da maternidade, e eu gostaria que você pudesse me contar algumas medidas que gostaria de adotar como mãe.

Cliente: Bem, eu só quero que eles possam contar comigo.

Terapeuta: Certamente, mas você poderia me dizer algumas coisas específicas que faria e que realmente significam ser a mãe que você quer ser?

Cliente: Bem, quando eles chegam da escola, eu deveria estar presente. Quero dizer, não somente estar em casa, mas, você sabe, estar disponível como minha mãe estava para mim. Mas eu simplesmente não consigo me mexer. Me sinto travada. Isso me deixa mal. E eu me preocupo com os efeitos que isso vai ter neles. É como se eles não tivessem mãe – talvez até pior. Eu tenho que fazer alguma coisa.

Observe que o discurso da cliente é repleto de "tenho que" e "deveria". E também carece de detalhes. A cliente não menciona coisas específicas que a sua mãe fez – apenas "estar presente". A flexibilidade e a fluidez com as quais os clientes conseguem responder a tais perguntas é uma questão essencial na avaliação. Se muitas solicitações de coisas específicas se deparam com fusão, é provável que até mesmo o pensamento de tomar uma atitude seja paralisante. Se ocorrer esse tipo de interação, o terapeuta também pode tomar uma atitude indireta e observar se a fusão se suaviza um pouco.

Terapeuta: Só quero que você saiba que eu absolutamente *não quero* que você faça nada diferente neste momento. Apenas quero ter uma noção de alguns pequenos atos que me dariam uma ideia da mãe que você deseja ser. Mais tarde podemos falar sobre *fazer*. Por enquanto, só quero dar uma olhada na vida que você anseia ter. Então, você mencionou estar presente quando seus filhos chegam da escola. E também mencionou a sua mãe. Que tipo de coisas ela fazia?

Cliente: Na verdade não era muito. Não consigo me lembrar. Só me lembro que eu sempre podia contar com ela.

Terapeuta: Bem, talvez você possa me ajudar a ver isso. Então feche os olhos por um momento e talvez consiga se ver chegando em casa da escola. Imagine-se na frente da casa da sua infância e observe o contorno do prédio e como é o jardim.

E se imagine passando pela porta, e sua mãe está lá. Apenas imagine que você entra e começa a observar as pequenas coisas que ela faz. E permaneça ali por um momento, respirando suavemente – apenas assimilando tudo aquilo. Agora, você pode abrir os olhos e me contar o que viu.

Cliente: Ela estava na cozinha. Ela me disse para sentar e me preparou um lanche – aqueles sanduíches pequenos que ela costumava fazer. E eu pude vê-la se movimentando pela cozinha e perguntando sobre o meu dia, o que eu havia aprendido e com quem eu brinquei.

Terapeuta: Ótimo.

Cliente: Ela simplesmente estava sempre à disposição. Não era grande coisa, mas eu podia contar com ela.

Nesse conjunto de interações, abordamos ações de compromisso potenciais de um modo consideravelmente indireto e não ameaçador. Como a cliente havia se referido à própria mãe, os atos de sua mãe servem como um tipo de representante simbólico para as ações de compromisso que ela poderia tomar. Além disso, observe que essa conversa também envolve pedir que a cliente fique centrada – estando presente no pequeno exercício experiencial de chegar em casa. Um pouco dessa experiência de estar no presente pode ajudar a construir flexibilidade em torno dos processos de compromisso quando a fusão e a esquiva são altas.

Imobilidade e impulsividade geralmente são fáceis de detectar. Em geral, é mais difícil detectar padrões de persistência evitativa. Estes podem se apresentar com um disfarce de serem baseados nos valores. Por exemplo, um pai *workaholic* pode acreditar firmemente que está trabalhando para prover sua família, mas somente o exame mais detalhado deixa claro que ele está evitando a intimidade. Flexibilidade na busca dos valores é a chave aqui.

Assim, a ação de compromisso pode, às vezes, se parecer mais com relaxamento, lazer ou conectividade social do que com trabalho árduo.

A parte do modelo da ACT que lida com a ação de compromisso varia muito com base no comportamento-problema específico. Portanto, qualquer orientação geral sobre processos de compromisso deve ser adaptada aos objetivos comportamentais específicos e aos métodos a serem empregados. Por exemplo, ao lidar com tabagismo, a ação de compromisso pode envolver redução gradual, fumar programado, fumar com atenção, datas para deixar de fumar, procedimentos de controle do estímulo, compromissos públicos e outros procedimentos. Ao lidar com depressão, a ação de compromisso pode envolver ativação comportamental, envolvimento social, resolução de dificuldades familiares, exercícios ou tratar problemas relacionados ao trabalho, etc. Ao lidar com ansiedade, a ação de compromisso pode envolver exposição gradual, aumento das atividades sociais, higiene do sono, etc. A ACT faz parte da terapia comportamental, e a análise funcional fornecida pelo modelo de flexibilidade psicológica visa informar o conjunto mais amplo de questões funcionais específicas de problemas particulares apresentados.

Âncoras de avaliação

Você pode usar um método numérico aproximado de monitoramento dos seis processos de flexibilidade focando na facilidade de ocorrência e na flexibilidade contextual e comportamental de dimensões essenciais de resposta para cada processo. As dimensões são mostradas para cada processo na Folha de Classificação da Flexibilidade na Figura 4.1. Podemos imaginar uma escala de 10 pontos a partir do zero (ocorre muito raramente ou nunca) até 10 (ocorre de forma flexível e quando necessário, funcionalmente falando), com o ponto médio de 5 indicando que a dimensão da resposta ocorre apenas algumas vezes (mesmo quando necessário e útil) ou somente com encoraja-

Processo	Principais características do comportamento do cliente	0 Nenhum ou muito raramente	5 Às vezes ou com encorajamento	10 Fluente e flexível
Momento presente	Observa e faz uso de eventos internos e externos no agora	0	5	10
	Atenção flexível – consegue persistir ou mudar quando necessário	0	5	10
	Desvencilhado do passado ou futuro em vez de preocupar-se em predizer ansiosamente ou ruminar	0	5	10
Self	Contato com um senso de self transcendente	0	5	10
	Vê a perspectiva dos outros e outros momentos ou lugares	0	5	10
	Desvencilhado do self conceitualizado	0	5	10
	Usa a tomada de perspectiva para melhorar a ação efetiva	0	5	10
	Demonstra empatia e compaixão genuínas	0	5	10
Aceitação	Assume abordagem aberta e curiosa das experiências dolorosas	0	5	10
	Consegue desfrutar de emoções positivas sem se apegar ou demonstrar excessivo medo de perda	0	5	10
	Ativo e flexível na presença de pensamentos, sentimentos, lembranças ou sensações corporais difíceis	0	5	10
Desfusão	Capaz de abrir mão de ter razão ou de "ficar bem na fita"	0	5	10
	Desvencilhado de histórias e razões no interesse da ação efetiva	0	5	10
	Avalia os pensamentos primariamente com base na operacionalidade em vez de na "verdade" em um sentido literal	0	5	10
	Observa o pensamento como um processo contínuo em vez de meramente o mundo estruturado pelo pensamento	0	5	10
	Pensamento parece aberto, penetrável e flexível	0	5	10

(Continua)

FIGURA 4.1 Folha de Classificação da Flexibilidade. Use para classificar dimensões importantes de resposta dos processos de flexibilidade psicológica.

(Continuação)

Valores	Noção clara de valores escolhidos	0	5	10
	Valoriza intrinsecamente em vez de por meio da adequação, esquiva ou fusão	0	5	10
	Valoriza atribuir sentido no presente	0	5	10
	Diferencia valores de objetivos	0	5	10
	Aberto à vulnerabilidade da escolha de valores	0	5	10
Ação de compromisso	Senso de leveza, fluidez, vitalidade nas ações	0	5	10
	Cliente disposto a mudar direções a serviço de valores	0	5	10
	A ação está ligada a propósito apetitivo escolhido, não a esquiva	0	5	10
	Padrões cada vez mais amplos de ação efetiva emergem com o tempo em vez de impulsividade, incapacidade ou inação passiva	0	5	10
	O cliente mantém compromissos	0	5	10

FIGURA 4.1 Folha de Classificação da Flexibilidade. Use para classificar dimensões importantes de resposta dos processos de flexibilidade psicológica.

mento. Fazendo a estimativa dessas classificações numéricas durante ou após as sessões, pode ser criada uma avaliação global dos processos de flexibilidade psicológica calculando-se a média das fileiras dentro das áreas. Essas classificações podem, por sua vez, alimentar a formulação de caso específica descrita na próxima seção.

FORMULAÇÃO DE CASO NA ACT

O modelo de flexibilidade psicológica orienta os agentes de mudança do comportamento em direção a processos funcionais comuns inseridos na linguagem e na cognição humanas. A formulação de caso em ACT é uma extensão direta do modelo de flexibilidade psicológica. Formulação de caso envolve especificar o seguinte:

(1) os eventos externos e internos que levaram a processos limitadores do repertório e atualmente apoiam esses processos; (2) as maneiras como os processos da ACT interagem para apoiar o *status quo*; e (3) o grau de força dos processos de expansão do repertório que podem ser usados para efetuar mudança. Em outras palavras, o clínico determina quais processos são mais fracos, quais deles são mais prováveis de ser pedras angulares e quais processos mais fortes podem ser usados para estimular a mudança nos outros. Em cada um dos casos, seu contexto histórico e situacional é considerado. Avaliação e planejamento do tratamento estão intimamente ligados, uma vez que o planejamento do tratamento consiste, em grande parte, das considerações táticas subjacentes a como atingir as áreas mais fracas.

Várias abordagens inovadoras recentemente desenvolvidas para formulação de caso podem ser usadas para estruturá-la e agilizá-la, bem como aos processos de planejamento do tratamento. Descrevemos aqui algumas dessas ferramentas, mas o rápido ritmo de desenvolvimento sugere uma advertência importante: nossa inclusão de ferramentas particulares neste capítulo não impede que você use outras ferramentas para formulação de caso ou invente outras novas que se adaptem a demandas particulares do contexto da sua prática clínica. Nosso propósito é apenas demonstrar como a estruturação do processo de formulação de caso pode auxiliar a esclarecer a relação entre processos nucleares e revelar objetivos de tratamento possíveis de serem atingidos. No restante do capítulo, descrevemos três métodos de formulação de caso e fornecemos exemplos mostrando sua aplicação específica. Todos os formulários impressos e ferramentas deste livro estão disponíveis para *download* em *www.contextualpsychology.org/clinical_tools*. Descobrimos que, com o uso regular, esses formulários podem fornecer orientações úteis na formulação de caso, no planejamento do tratamento, no monitoramento do progresso e na supervisão individual ou em grupo.

Instrumentos hexagonais para formulação de caso

O modelo de flexibilidade psicológica proporciona a base para um sistema diagnóstico dimensional funcional – uma ideia popularizada por Wilson e DuFrene (2009). Como um conceito-chave é o de que a flexibilidade psicológica é central para um modelo unificado do funcionamento humano e a mudança do comportamento, delineando as forças e as fraquezas do cliente por meio do uso do modelo hexagonal, os principais pontos fracos podem ser visados, e os principais pontos fortes, enfatizados. Os gráficos simples do Instrumento de Monitoramento de Caso Hexaflex podem ser usados para visualizar o estado atual da flexibilidade psicológica do cliente e acompanhar seu desenvolvimento ao longo do tempo. A Figura 4.2 retrata o instrumento de Monitoramento Hexaflex aplicado a Jenny, a cliente descrita anteriormente. O hexágono da figura é dividido como uma torta em seis áreas que representam os seis processos. As linhas concêntricas dentro do hexágono correspondem a uma escala de 10 pontos para classificação da força de cada processo. A linha mais externa (não numerada) representa 10, força máxima. O zero, no centro do hexágono (também não numerado), representa fraqueza máxima. A linha horizontal central fornece a classificação numérica para as linhas alternadas. Extraindo a média da classificação numérica avaliada para as características principais na Figura 4.1, poderá ser obtida a classificação global do cliente dentro de cada processo. A classificação global poderá, então, ser mais bem compreendida escurecendo-se a seção do processo em direção à parte externa do hexágono até a classificação avaliada.

Exemplo de caso: Jenny

Jenny* é uma mulher branca divorciada de 52 anos que se queixa de estresse familiar e depressão. Ela tem dois filhos adultos independentes. No momento, reside com sua mãe, de 88 anos, de quem é a cuidadora primária. Jenny diz que sempre foi uma "cuidadora" e que teve dificuldades em defender suas próprias necessidades, sobretudo perante sua mãe. Jenny descreve sua mãe como muito exigente e crítica das suas habilidades como cui-

---

[1] Jenny (tratada graficamente nas Figuras 4.2 a 4.4) está vagamente baseada em uma cliente real, porém a descrição foi um pouco modificada para garantir confidencialidade. Uma sessão gravada com essa cliente está disponível na forma de DVD (Hayes, 2009). As âncoras das respostas para processos de flexibilidade psicológica mais detalhadas do que as fornecidas na Figura 4.1 também podem ser encontradas em *www.contextualpsychology.org/clinical_tools* (depois que o usuário se registrar no *site*).

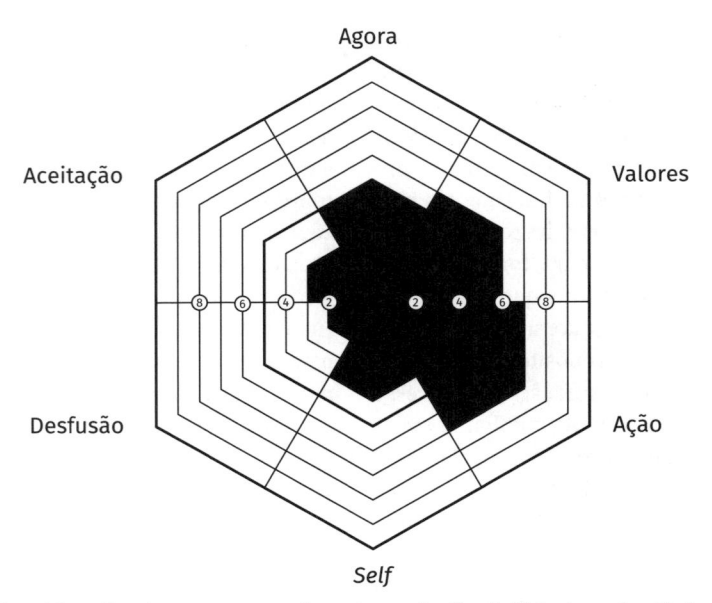

FIGURA 4.2 Classificação de Jenny nos elementos de flexibilidade psicológica, exibidos no Instrumento de Monitoramento de Caso Hexaflex.

dadora. Ela observa que a mãe era uma cristã devota que lhe ensinou que cuidar das necessidades de sua mãe era seu dever primordial, acima de tudo o mais. Ela também ensinou a Jenny que pensar negativamente sobre outras pessoas ou atender às suas próprias necessidades acima das dos outros significava que ela era uma má pessoa e não uma boa cristã. Jenny admite que não quer que a mãe more na sua casa e que tem muitas emoções "acumuladas" que acha difíceis de expressar. Menciona sentir-se muitas vezes culpada e egoísta quando discute o próprio desejo por maiores níveis de independência, autonomia e estabelecimento de limites. Relata que se sente deprimida e autocrítica, particularmente depois de alguma tentativa fracassada de afirmar sua independência em face das críticas e demandas incessantes de sua mãe por atenção. Ela menciona por várias vezes durante a entrevista inicial que quer ter relações que sejam genuínas e honestas. Tem tido muita dificuldade para conversar com a mãe sobre o que quer. O escore de Jenny no AAQ mostra alto grau de esquiva experiencial. As estimativas do terapeuta sobre a força dos processos da ACT no caso de Jenny, em média, são apresentadas na Figura 4.2. Os maiores problemas são com desfusão (com classificação de 2) e aceitação (3) – o estilo de resposta da abertura. Valores (6) e ação (7) são forças relativas. Os processos envolvidos em estar centrada – agora (5) e *self* (4) – estão classificados no setor intermediário. A investigação detalhada do gráfico nos dá uma noção dos problemas particulares de cada cliente – a própria forma da figura condensa muita informação em uma única imagem.

Ao refletirmos sobre as possíveis influências internas e externas que afetam a situação da cliente, pode ser usado um formulário um pouco diferente, conforme visto na Figura 4.3. Apelidado de "tartaruga" – apenas por se parecer com uma –, esse instrumento foi inicialmente desenvolvido pelo especialista japonês em ACT Takashi Mutto, que salientou que a palavra japonesa para *hexágono* é derivada do símbolo para "casco de tartaruga". Cada um dos seis processos principais é representado por um círculo organizado em torno do hexágono. Cada círculo, por sua vez, consiste de um grupo de 10 círculos concêntricos progressivamente menores representando as classificações possíveis da força do processo. Estes podem ser preenchidos com os mesmos escores representados na Figura 4.2. A "tartaruga" é especialmente útil nos grupos de supervisão, entre os quais ela pode ser prontamente distribuída ou ampliada para um *flip chart*, possibilitando que todo o grupo visualize a formulação do caso.

No caso de Jenny, o terapeuta acredita que a principal característica sejam os efeitos de restrição do repertório causada pela fusão. Essa fusão, acredita o terapeuta, foi estimulada originalmente pela mãe de Jenny, que ensinou sua filha somente a atender às necessidades dela, associando suas demandas à adequação social e a avaliações morais baseadas em crenças religiosas. Como resultado, a cliente se sente ameaçada pelos sentimentos de raiva e culpa que emergem sempre que ela pensa nas próprias necessidades. Ela aderiu a um *self* conceitualizado que é negativo e autocrítico (incluindo, por exemplo, a autoconcepção de que ela é egoísta). O clínico suspeita de que a cliente tenha temores adicionais nessa área ("No fundo, eu não sou uma boa pessoa"). Suas outras áreas de processos nucleares variam quanto à força, mas são, no mínimo, moderadamente fortes, sobretudo seus valores relativos a ter um relacionamento carinhoso, aberto e honesto com seus filhos e também com sua mãe. Sua habilidade para comportalmente seguir em frente é boa.

O nível muito alto de fusão de Jenny provavelmente será um foco do tratamento, mas suas áreas de força provavelmente serão alia-

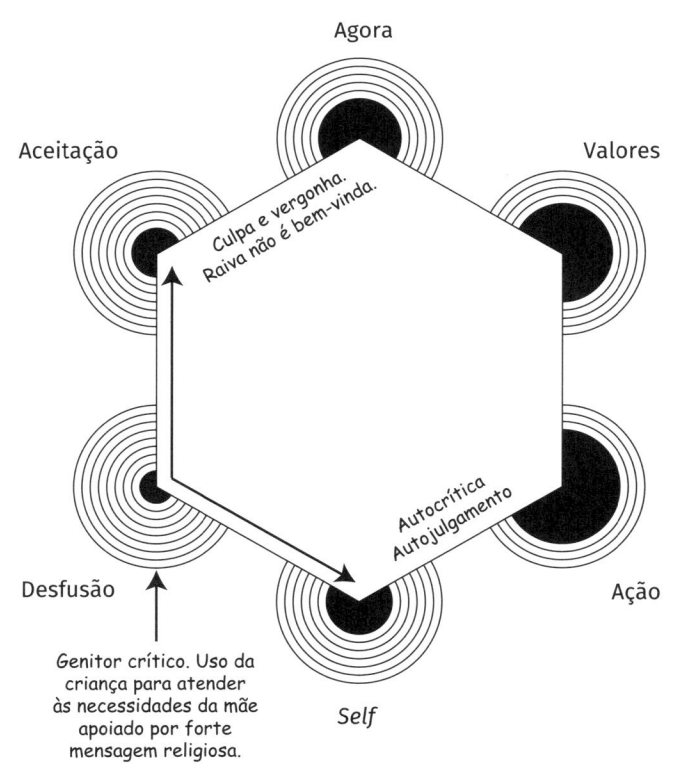

FIGURA 4.3 A formulação de caso inicial para Jenny, apresentada no Instrumento da Tartaruga para Formulação de Caso.

das nesse processo. Nesse caso, a força óbvia são os seus valores, presumindo-se que Jenny confirme a valorização de relações que sejam abertas, honestas, amorosas e compassivas e esteja disposta a tomar as medidas necessárias para promover essas qualidades. Esse curso pode, então, informar não somente como se comportar com sua mãe idosa e exigente, mas também como enfrentar as barreiras verbais fusionadas que podem levar a uma fraca fixação de limites e à autoinvalidação. Por exemplo, dar espaço na consciência para processos automáticos de autojulgamento pode ser parte de um esforço baseado nos valores de ouvir atentamente suas próprias experiências com julgamento menos fusionado. Ouvir sua mãe dessa maneira também pode fazer parte do esforço. As partes dolorosas de sua história podem ser um aliado nessa tarefa. Jenny pode se lembrar de como se sentia envergonhada quando pequena e era acusada de ser má cristã por não cuidar de sua mãe. O terapeuta poderia tentar associar as habilidades de desfusão a essa dor e à sua origem no anseio por aceitação e por uma relação mais positiva. Por exemplo, poderia ser pedido a Jenny para se recordar de alguma situação em que teve dificuldades quando criança e que agora tenha uma conversa como adulta com essa criança. Ela pode ser solicitada a dizer em voz alta algumas das coisas autocríticas que pensa agora, tais como "Eu sou uma má pessoa", na voz dessa criança. Essa intervenção de desfusão é concebida para ativar sua autocompaixão e autoaceitação, tornando possível o tipo de relações que ela valoriza: relações que sejam abertas, honestas, amorosas e compassivas. O plano de tratamento resultante para Jenny é apresentado na Figura 4.4.

Se o plano funcionar, ela deve ver mudanças nos processos almejados. Quando medimos mudanças nas habilidades de desfusão

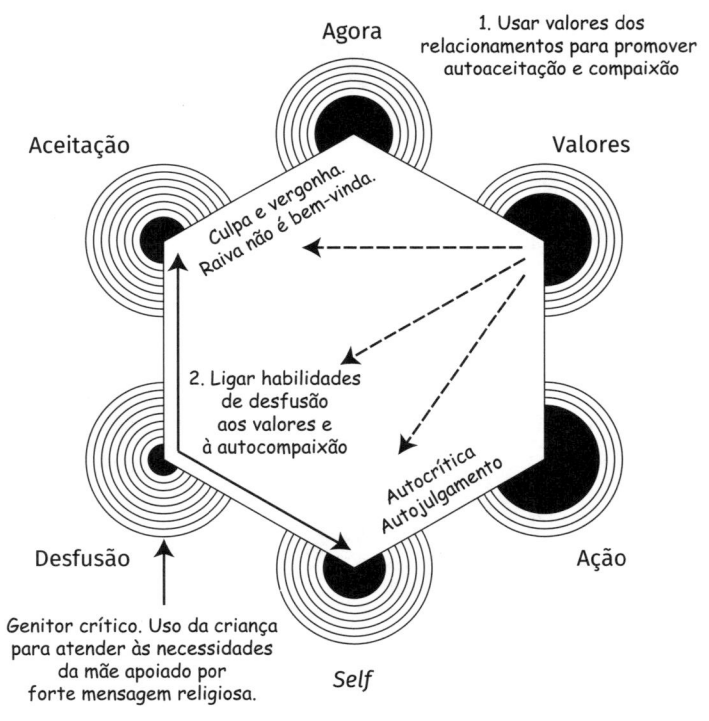

FIGURA 4.4 Plano inicial de tratamento para Jenny, apresentado na Ferramenta da Tartaruga para Formulação de Caso.

do cliente dentro e entre as sessões, o Instrumento de Monitoramento de Caso Hexaflex pode ser usado para monitorar o progresso do tratamento durante um curso de intervenção.

A ferramenta de planejamento Psy-Flex

Conforme discutimos longamente no Capítulo 3, um modo eficiente e prático de usar o modelo de flexibilidade psicológica é subdividi-lo em três estilos básicos de resposta, cada um consistindo de dois processos centrais: centrado (momento presente, o self-como-contexto), aberto (aceitação, desfusão) e engajado (valores, ação de compromisso). Patricia Robinson (uma experiente clínica, pesquisadora e autora em ACT) desenvolveu um método simples que chama de Ferramenta de Planejamento Psy-Flex, projetada para condensar as informações da entrevista clínica em um formato visual fácil de interpretar para a formulação de caso e planejamento do tratamento.

No método de formulação de caso Psy-Flex, cada estilo de resposta é representado por um arco que conecta seus dois processos. Depois que o cliente completa a entrevista clínica e algum exercício de avaliação adicional, o clínico o classifica de baixo a alto em cada processo central marcando as linhas dentro de cada arco, como já fizemos com as ferramentas anteriores. Abaixo dos arcos estão as perguntas fundamentais para formulação do caso e planejamento do tratamento para aquele estilo de resposta. Elas ajudam o terapeuta a focar em processos importantes que entram em jogo, caso esse estilo de resposta seja o foco da intervenção. As respostas são formuladas com base nas informações coletadas na entrevista clínica e em outras informações disponíveis. Por exemplo, abaixo do Arco Central, o clínico deve identificar as barreiras que estão impedindo o cliente de contatar flexivelmente o momento presente e as estratégias que podem ajudar a promover a experiência no momento presente. Além disso, o clínico deve observar intervenções específicas que podem ser efetivas na abordagem de algum déficit observado em um processo central. O caso a seguir ilustra o uso da Ferramenta de Planejamento Psy-Flex.

Exemplo de caso: Sandra

Sandra é uma mulher de 42 anos com preocupação crônica e ansiedade diária. Foi diagnosticada previamente em outro contexto de saúde mental com transtorno de ansiedade generalizada. Ela parece manter apenas atenção parcial ao mundo à sua volta e se descreve como constantemente preocupada. Durante a entrevista, com frequência mudava de um tópico para outro, aparentemente em resposta a recrudescimento da emoção negativa associada a algum tópico. Sandra tem pouco contato consigo mesma, além das suas dificuldades com a ansiedade. Teve dificuldades na entrevista para simplesmente recuar e descrever seus pensamentos preocupantes sem entrar em autoavaliações negativas ou avaliações do tópico de seus pensamentos. Ela se descreve como "muito preocupada" e responde a eventos ambíguos como potencialmente ameaçadores ou perigosos. Sandra é intolerante ao desconhecido, e sua preocupação parece distraí-la desses poderosos temores subjacentes. A preocupação de Sandra com frequência envolve a classificação de eventos potenciais em "bons" ou "ruins" e o planejamento de como ela poderia lidar com tais eventos. Fontes frequentes de fusão são as coisas "ruins" que podem acontecer às suas duas filhas. Sandra valoriza profundamente seu papel de mãe. Algumas vezes tem conseguido deixar suas preocupações de lado de forma temporária para se relacionar com suas filhas, que têm 13 e 15 anos. No entanto, está insatisfeita com a frequência com que permite que suas preocupações dominem sua atenção e energia e observa que suas filhas algumas vezes já comentaram que ela "não está ali" e parece distante. Sandra agora está preocupada com o impacto da sua preocupação na sua relação com as filhas e o marido.

Como pode ser visto na Figura 4.5, este é um caso em que os arcos da "abertura" e da "centralização" predominam. Sandra precisa de treinamento em aceitação (dar espaço para pensamentos perturbadores e imagens do futuro) e *mindfulness* (manter-se focada no momento em vez de ser atraída para o futuro por meio da preocupação). Esse processo pode ser significativamente auxiliado pela sua força principal – sua preocupação com as filhas. Em vez de associar seu apreço pelos relacionamentos à preocupação, ela pode ser capaz de associar esse apreço aos comportamentos de relacionamentos positivos que valoriza. Para fazer isso, ela terá que dar espaço para sua propensão a experimentar pensamentos, imagens e emoções associados relativos a possíveis perdas e reveses futuros. Em outras palavras, as ações valorizadas em seu relacionamento com suas filhas provavelmente podem desencadear conteúdo fusionado, distraindo-a do momento presente. Nesse momento, seria necessário que ela agisse de forma mais aberta e centrada se quiser se comportar de acordo com seus valores. Em vez de visar imediatamente o mais difícil do seu conteúdo fusionado, faz mais sentido começar por baixo em uma hierarquia de comportamentos que irão apoiar o conteúdo fusionado e, então, avançar no grau de dificuldade. Sandra pode, assim, praticar a ação de compromisso em face de conteúdo fusionado menos evocativo, ao mesmo tempo em que está presente e conectada com seus valores.

Como é verdadeiro para a maioria dos métodos contemporâneos para formulação de caso na ACT, a Ferramenta de Planejamento Psy-Flex também pode funcionar simultaneamente como um exercício de avaliação dentro da sessão para ajudar a guiar o terapeuta ou como um dispositivo para monitorar o progresso. Aspectos úteis desse método de formulação de caso incluem sua estrutura para avaliar objetiva e sistematicamente as forças e as fraquezas do cliente em cada processo central e a necessidade de que o terapeuta pense por escrito, escrevendo respostas às questões centrais do cliente.

ACT Advisor

David Chantry, um terapeuta ACT do Reino Unido e editor de uma obra interessante sobre discussões da ACT (Chantry, 2007), criou o ACT Advisor como uma ferramenta de avaliação rápida do cliente que pode ser usada em qualquer contexto ambulatorial. Ela é apresentada na Figura 4.6 (usando nosso próximo sujeito de caso como exemplo). Ela pode ser útil como uma ferramenta de ensino e como uma forma de checar com os clientes suas autoclassificações do progresso na terapia. A ferramenta essencialmente requer que o terapeuta e/ou o cliente forneçam uma classificação numérica para cada um dos seis processos centrais usando o acrônimo "ACT ADVISOR" como mnemônica (os termos da ACT se encaixam surpreendentemente bem na mnemônica – com a possível exceção do uso de "identificação" para um processo de clareza dos valores que é mais como escolher ou tomar posse). Uma característica única do ACT Advisor é que as classificações individuais podem ser somadas entre si para formar um escore de flexibilidade geral que varia de 0 a 60. Esse escore, assim como as classificações dos itens individuais, pode ser reavaliado com o tempo para fornecer uma medida quantificável da mudança clínica para uso no manejo do caso (não foi avaliado para uso em pesquisa). A ferramenta ACT Advisor pode ser útil em contextos nos quais as interações do cliente são breves e em que os planos de tratamento precisam ser gerados rapidamente. A seguir, apresentamos um exemplo de formulação de caso gerado a partir de uma entrevista de 10 minutos usando o ACT Advisor.

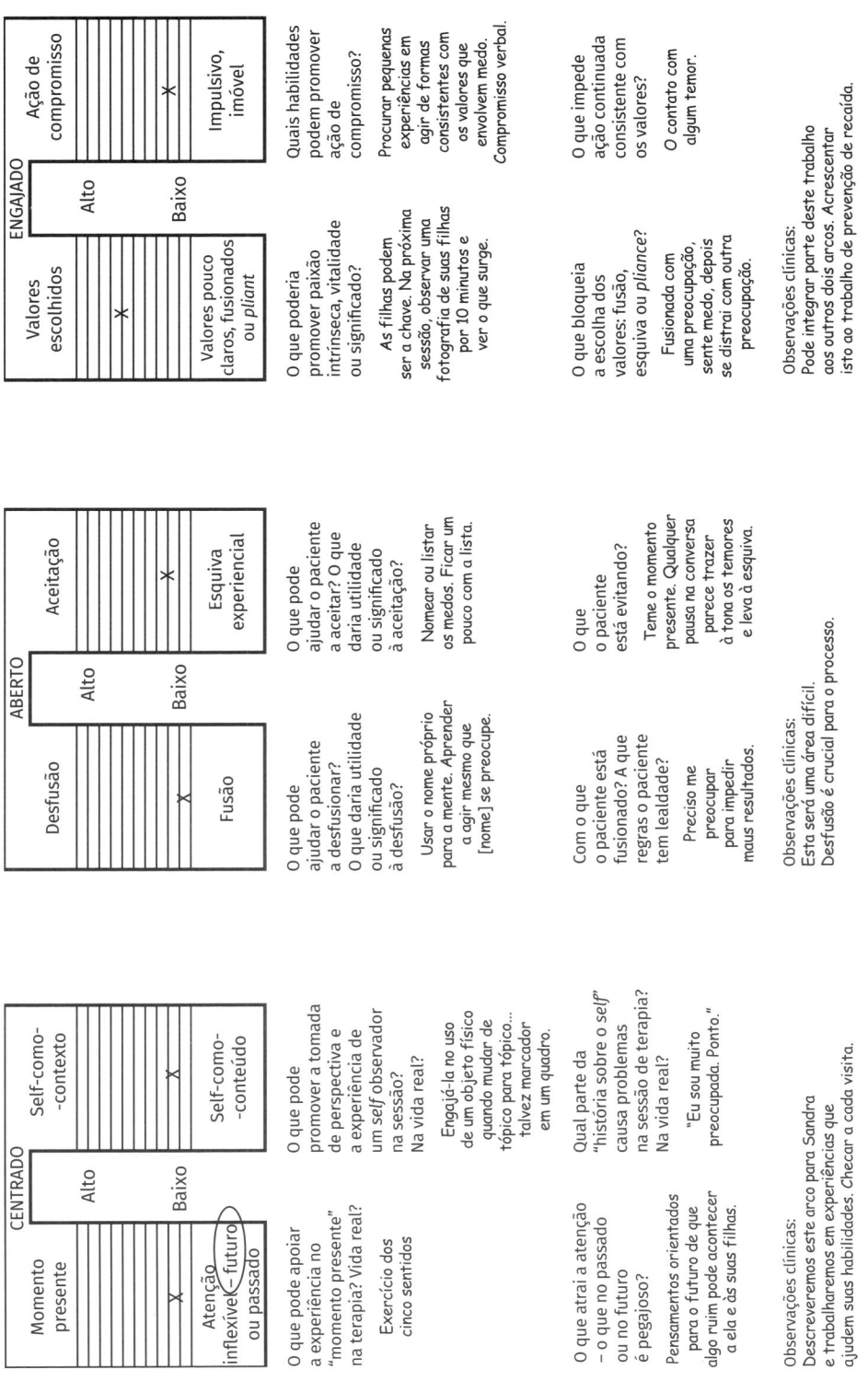

CENTRADO		ABERTO		ENGAJADO	
Momento presente	Self-como--contexto	Desfusão	Aceitação	Valores escolhidos	Ação de compromisso
Alto	Alto	Alto	Alto	Alto	Alto
Baixo	Baixo	Baixo	Baixo	Baixo	Baixo
X (Baixo)	X (Baixo)	X (Baixo – Fusão)	X (Baixo – Esquiva experiencial)	X (Baixo – Valores pouco claros, fusionados ou *pliant*)	X (Baixo – Impulsivo, imóvel)
Atenção inflexível (−futuro ou passado)	Self-como--conteúdo	Fusão	Esquiva experiencial		
O que pode apoiar a experiência no "momento presente" na terapia? Vida real? Exercício dos cinco sentidos	O que pode promover a tomada de perspectiva e a experiência de um *self* observador na sessão? Na vida real? Engajá-la no uso de um objeto físico quando mudar de tópico para tópico... talvez marcador em um quadro.	O que pode ajudar o paciente a desfusionar? O que daria utilidade ou significado à desfusão? Usar o nome próprio para a mente. Aprender a agir mesmo que [nome] se preocupe.	O que pode ajudar o paciente a aceitar? O que daria utilidade ou significado à aceitação? Nomear ou listar os medos. Ficar um pouco com a lista.	O que poderia promover paixão intrínseca, vitalidade ou significado? As filhas podem ser a chave. Na próxima sessão, observar uma fotografia de suas filhas por 10 minutos e ver o que surge.	Quais habilidades podem promover ação de compromisso? Procurar pequenas experiências em agir de formas consistentes com os valores que envolvem medo. Compromisso verbal.
O que atrai a atenção – o que no passado ou no futuro é pegajoso? Pensamentos orientados para o futuro de que algo ruim pode acontecer a ela e às suas filhas.	Qual parte da "história sobre o *self*" causa problemas na sessão de terapia? Na vida real? "Eu sou muito preocupada. Ponto."	Com o que o paciente está fusionado? A que regras o paciente tem lealdade? Preciso me preocupar para impedir maus resultados.	O que o paciente está evitando? Teme o momento presente. Qualquer pausa na conversa parece trazer à tona os temores e leva à esquiva.	O que bloqueia a escolha dos valores: fusão, esquiva ou *pliance*? Fusionada com uma preocupação, sente medo, depois se distrai com outra preocupação.	O que impede ação continuada consistente com os valores? O contato com algum temor.
Observações clínicas: Descreveremos este arco para Sandra e trabalharemos em experiências que ajudem suas habilidades. Checar a cada visita.		Observações clínicas: Esta será uma área difícil. Desfusão é crucial para o processo.		Observações clínicas: Pode integrar parte deste trabalho aos outros dois arcos. Acrescentar isto ao trabalho de prevenção de recaída.	

FIGURA 4.5 Uso da Ferramenta de Planejamento Psy-Flex para ajudar a formular o caso e planejar o tratamento para Sandra. Copyright Patricia Robinson, PhD. Usada com permissão.

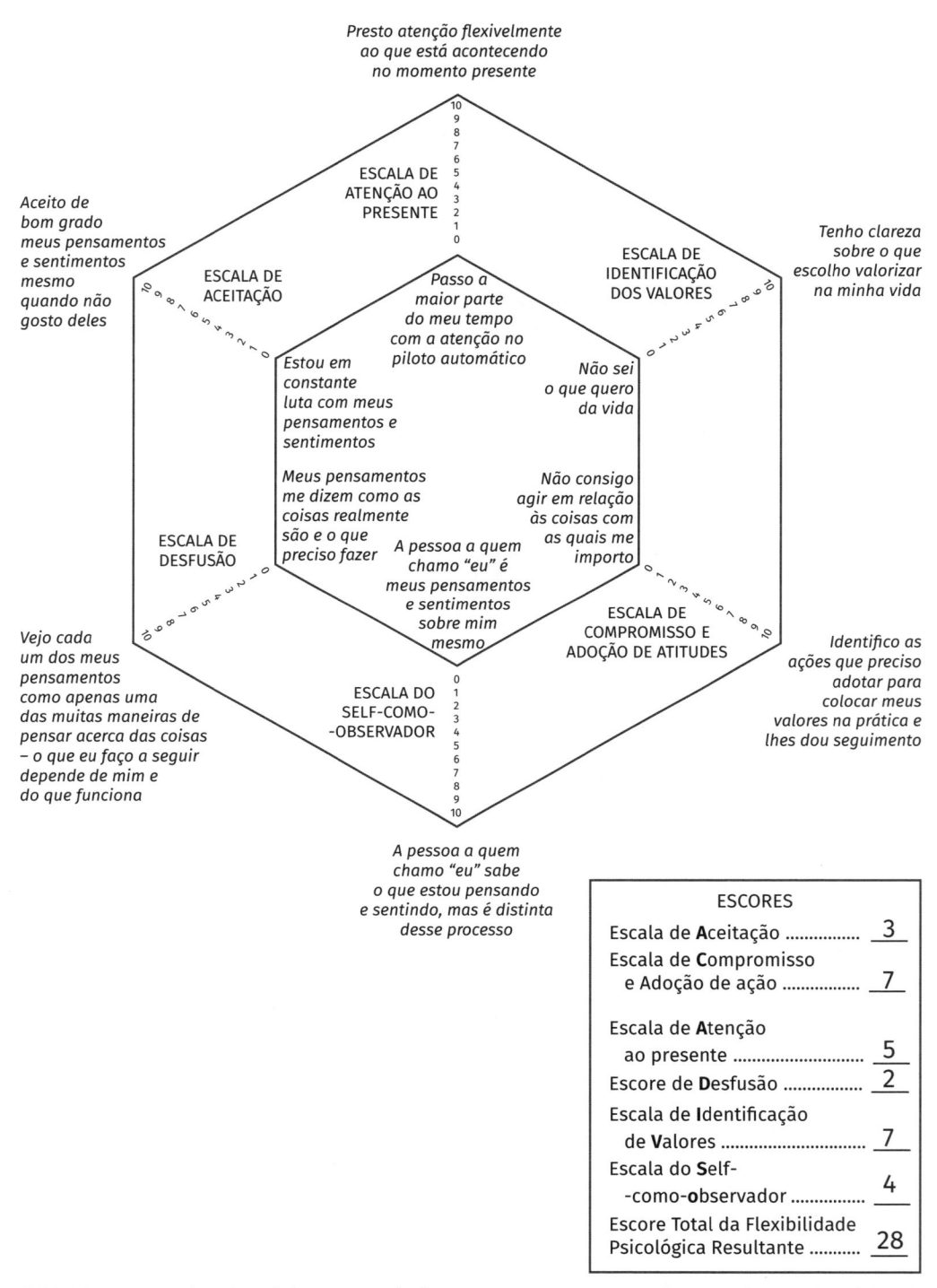

ESCALA DE ATENÇÃO AO PRESENTE
Presto atenção flexivelmente ao que está acontecendo no momento presente

Passo a maior parte do meu tempo com a atenção no piloto automático

ESCALA DE ACEITAÇÃO
Aceito de bom grado meus pensamentos e sentimentos mesmo quando não gosto deles

Estou em constante luta com meus pensamentos e sentimentos

ESCALA DE IDENTIFICAÇÃO DOS VALORES
Tenho clareza sobre o que escolho valorizar na minha vida

Não sei o que quero da vida

ESCALA DE DESFUSÃO
Vejo cada um dos meus pensamentos como apenas uma das muitas maneiras de pensar acerca das coisas – o que eu faço a seguir depende de mim e do que funciona

Meus pensamentos me dizem como as coisas realmente são e o que preciso fazer

ESCALA DE COMPROMISSO E ADOÇÃO DE ATITUDES
Identifico as ações que preciso adotar para colocar meus valores na prática e lhes dou seguimento

Não consigo agir em relação às coisas com as quais me importo

ESCALA DO SELF-COMO-OBSERVADOR

A pessoa a quem chamo "eu" é meus pensamentos e sentimentos sobre mim mesmo

A pessoa a quem chamo "eu" sabe o que estou pensando e sentindo, mas é distinta desse processo

ESCORES

Escala de **A**ceitação	3
Escala de **C**ompromisso e Adoção de ação	7
Escala de **A**tenção ao presente	5
Escore de **D**esfusão	2
Escala de **I**dentificação de **V**alores	7
Escala do **S**elf-como-**o**bservador	4
Escore Total da Flexibilidade Psicológica Resultante	28

FIGURA 4.6 Uso do ACT Advisor para ajudar a rastrear os pontos fortes e fracos de Michael. Copyright David Chantry. Usada com permissão.

Exemplo de caso: Michael

Michael, um homem branco, casado, de 27 anos, foi admitido no setor de emergência depois de ter sofrido lesões múltiplas durante uma briga com um estranho na saída de um bar. Michael informa que trabalha como escritor *freelancer*. Ele evitou o contato visual com o entrevistador, repetidamente checando o relógio e olhando para o chão. Sua postura sugeria tensão física, e sacudia a perna quase todo o tempo. Michael falava em curtas explosões de fala rápida. O tom de sua voz soava aborrecido e mudou muito pouco durante toda a entrevista. O discurso de Michael era pesadamente associado a avaliações de si mesmo como bom *versus* mau. Por exemplo, ele insistia que "não era uma má pessoa" e que não havia se comportado como "um homem" quando iniciou uma briga física com outro homem que disse alguma coisa desrespeitosa sobre ele. Esse padrão de agressão já havia ocorrido em seu casamento, e ele informou que tinham ocorrido alguns episódios de violência conjugal. Sua esposa ficou ao seu lado até o momento presente, mas ele se sente envergonhado por seu comportamento em relação a ela e se preocupa com a possibilidade de isso afastá-la.

Michael indicou que ser insultado e sentir vergonha para ele eram situações difíceis de aceitar, e ele responde a esses sentimentos exigindo ou forçando respeito por parte da pessoa que ele acha que o magoou. Posteriormente, a altercação o deixa envergonhado por ter que exigir respeito em vez de merecê-lo. Descreveu essas categorias de respeito-desrespeito como tendo propriedades absolutas e exibiu pouca habilidade para imaginar os pensamentos ou sentimentos da outra pessoa em uma situação como essa. Sua crença claramente declarada é a de que "as pessoas estão a meu favor ou contra mim – simples assim".

Michael gosta profundamente do seu trabalho como escritor; conta que escrever é a paixão da sua vida. Ele escreve livros terapêuticos de autoajuda positiva, sendo que ironicamente seu objetivo é ajudar outras pessoas que não têm autoconfiança e direção na vida. Seu tom de voz, postura e afeto mudaram ligeiramente quando descreveu seu trabalho mais recente e suas expectativas sobre o quanto o livro poderia afetar as pessoas de modo favorável. Resistiu em reconhecer qualquer dificuldade no que diz respeito ao seu trabalho, mas deixou subentendido que havia tido alguns problemas com rejeição ao seu trabalho no passado. Conseguiu descrever diversas estratégias que havia usado no passado para controlar seus impulsos agressivos, incluindo fazer longas caminhadas, ler as escrituras e afastar-se fisicamente de situações potencialmente problemáticas.

O terapeuta apresentou as classificações do ACT Advisor vistas no canto inferior direito da Figura 4.6. Fusão parece ser o ponto fraco geral proeminente para esse cliente. Seu conteúdo fusionado inclui avaliações rígidas, do tipo preto e branco, certo e errado de como ele deveria ser tratado. Essa perspectiva é mais obscurecida por um pensamento adicional fusionado de que ter que forçar as pessoas a respeitá-lo implica em não ser merecedor de respeito. Seu baixo escore de aceitação está baseado em sua rejeição do sentimento de vergonha que ocorre quando ele faz contato com sua "falta de valor". Ele responde ao mensageiro desse insulto psicológico com agressão, independentemente de quem é o mensageiro (seja sua esposa, seja um estranho em um bar). No lado positivo da equação, seus valores em relação a ajudar outras pessoas e querer ser um marido melhor são pontos fortes que podem ser usados para ajudá-lo a trabalhar na desfusão das suas concepções atuais e ser mais receptivo a avaliações mais positivas. Ele também parece ter algum senso de perspectiva acerca de seus problemas com "ser respeitado", mas essa perspectiva rapidamente se desfaz sempre que ele é confrontado com seu conteúdo mais evocativo. As estratégias de desfusão da ACT precisarão focar na natureza absoluta do seu conteúdo fusionado referente a respeito-desrespeito e seu sentimento subjacente de ser indigno. Ele pode se beneficiar com estratégias de consciência no momento presente concebidas para ajudá-lo a "manter a cabeça" na presença de conteúdo potencialmente evocativo.

CONSIDERAÇÕES FINAIS

O modelo de flexibilidade psicológica é uma psicologia dimensional do normal (Hayes et al., 1996). Todos nós compartilhamos os processos que estamos discutindo devido ao fato de sermos seres humanos verbais. O objetivo não é "consertar" as pessoas, mas fortalecê-las. O que o modelo de flexibilidade psicológica proporciona é uma caracterização das principais características que podem ser mudadas, mas ele não especifica como associar a história a essas características, nem precisamente como intervir passo a passo. Boa parte do restante deste livro aborda em detalhes essas características técnicas da ACT usando exemplos de casos, exercícios e discussões guiadas. Nosso objetivo neste capítulo foi dar ao terapeuta uma ideia das mil facetas que esse pequeno número de processos centrais pode apresentar. Se os processos puderem ser experimentados no momento, durante a condução da terapia, os clientes ensinarão aos terapeutas o que fazer ao longo do tempo.

A ACT usa os processos de aceitação e *mindfulness* e os processos de compromisso e mudança do comportamento para produzir flexibilidade psicológica. A abordagem é usar as forças do cliente dentro de um processo para atingir as fraquezas dentro de outro; usar os valores do cliente para dar sentido e foco na terapia; e usar a relação terapêutica para servir de modelo, instigar e apoiar processos consistentes com a ACT. À medida que esses processos se desenvolvem com o tempo, um grau maior de flexibilidade psicológica é criado e transportado para uma mudança de comportamento significativa. Quando o cliente consegue atingir uma mudança significativa sozinho, a terapia estará encerrada, e a própria vida se torna terapeuta do cliente. No próximo capítulo, exploramos como usar a relação terapêutica para servir de modelo, instigar e apoiar processos psicologicamente mais flexíveis.

5

A relação terapêutica na ACT

Neste capítulo, você aprenderá...

◊ Por que uma relação terapêutica forte requer flexibilidade psicológica tanto por parte do terapeuta quanto por parte do cliente.
◊ Como servir de modelo para os processos centrais da flexibilidade psicológica dentro da relação terapêutica.
◊ Como identificar e usar pontos positivos na conversa terapêutica para desenvolver maior flexibilidade psicológica no cliente.
◊ Como evitar pontos de alavancagem negativos que podem minar a relação terapêutica.

À primeira vista, alguns podem presumir que a ACT é uma forma de terapia altamente mecânica e intelectual apenas porque está associada a princípios comportamentais e é uma abordagem baseada em evidências. Efetivamente, é exatamente o contrário. A ACT, por sua própria natureza, tende a ser uma forma de psicoterapia intensiva e experiencial. Observadores das sessões de ACT com frequência comentam sobre o quanto as sessões são profundamente tocantes, notando com alguma surpresa o forte senso de conexão interpessoal que existe entre o terapeuta e o cliente quando questões difíceis surgem e são abordadas.

O que explica esse profundo senso de conexão entre o terapeuta e o cliente? Ele deriva do equilíbrio da relação entre o cliente e o terapeuta da ACT, o qual, por sua vez, emana do modelo de flexibilidade psicológica. A ACT está baseada na psicologia da normalidade. Cliente e terapeuta se defrontam com muitos dos mesmos dilemas durante o curso de suas vidas. As mesmas armadilhas da linguagem que capturam o cliente também confrontam o terapeuta, não apenas no seu papel profissional em seu contato com o cliente, mas também na sua vida pessoal. A ACT intencionalmente capitaliza as preocupações comuns entre o cliente e o terapeuta para ajudar a fazer os clientes, e mesmo os terapeutas, avançarem em suas vidas.

O estabelecimento de uma relação verdadeiramente terapêutica há muito tempo é visto como um componente importante no sucesso da terapia e, de fato, é um mediador significativo dos resultados positivos. O mesmo pode ser dito também da ACT. Entretanto, diferentemente de muitas formas de terapia, a ACT contém um modelo bem elaborado da relação terapêutica que se correlaciona intimamente com os processos centrais que ela visa. Neste capítulo, discutimos como o modelo de flexibilidade psicológica é aplicado diretamente à relação terapêutica. Também examinamos como a relação terapêutica pode ser usada para abordar os pontos de alavancagem positivos e negativos que ficam evidentes durante a implantação das intervenções da ACT.

A FORÇA DA RELAÇÃO TERAPÊUTICA

Nem todos os problemas do cliente são especificamente sociais, mas todos os processos centrais que sustentam a flexibilidade (ou inflexibilidade) psicológica têm uma dimensão social. Fusão e esquiva são, em parte, socialmente adquiridas e mantidas; o senso de *self* na tomada de perspectiva não é apenas "eu", mas "eu-você"; os valores estão baseados em parte na socialização; e as intervenções psicológicas em geral são administradas em um formato social chamado "terapia". Essa conexão direta entre a natureza social das áreas-problema e o processo da psicoterapia confere aos clínicos uma tremenda vantagem porque alguns dos problemas da pessoa e as oportunidades para crescimento provavelmente irão aparecer no próprio consultório, onde eles podem ser trabalhados diretamente. Esse aspecto social é uma das lições mais úteis da psicoterapia analítica funcional (FAP; Kohlenberg & Tsai, 1991), uma tecnologia irmã que evoluiu juntamente com a ACT durante a metade da década de 1980. Na verdade, usamos alguns princípios básicos da FAP em nossa discussão da natureza e do papel da relação terapêutica na ACT.

Algumas das habilidades que produzem flexibilidade psicológica não podem ser aprendidas por meio de regras literais diretas, porque precisam ser aprendidas pela experiência. Os psicólogos comportamentais chamam esse tipo de aprendizagem de "modelagem por contingências", e no consultório eles veem as ações e as reações dos terapeutas como as fontes principais de instigação e apoio para a aprendizagem modelada por contingências. O modelo de flexibilidade simplifica grandemente a tarefa do clínico ao enquadrar áreas-problema específicas como aspectos da inflexibilidade e ao favorecer processos que aumentam a flexibilidade. Para um cliente, a esquiva da intimidade pode ser um foco principal e, para outro, pode ser a fusão com autojulgamento – mas as questões básicas são as mesmas.

Muitos métodos de intervenção da ACT são um tipo de incitação: eles são concebidos para desestabilizar padrões de resposta que dão origem a repertórios inflexíveis e limitados e para estabelecer repertórios alternativos que possam ser mantidos por consequências valorizadas pelo cliente. A relação terapêutica proporciona uma base potente para esse tipo de mudança evolucionária baseada na variação e na retenção seletiva de novos comportamentos sociais. Experimentar coisas novas em um relacionamento pode produzir ansiedade, mesmo para clientes altamente funcionais. A mente demanda previsibilidade, e, no entanto, ceder ao impulso de transformar tudo em uma regra verbalmente acessível bem formulada não é um caminho confiável na direção do crescimento e da conexão. O consultório proporciona um ambiente seguro e acolhedor em que as ansiedades do cliente podem ser incorporadas e usadas para ajudar a modelar maior flexibilidade associada aos padrões valorizados. A terapia é um tipo de placa de Petri, em que pequenos "experimentos" podem semear e manter processos que podem levar a grandes transformações pessoais. Na essência desse processo encontra-se a relação compartilhada pelo cliente e o terapeuta.

Relações poderosas são inerentemente flexíveis psicologicamente

Pense em uma relação real na sua vida que seja poderosa, edificante, tocante, apoiadora ou talvez até mesmo transformacional. Como é esse relacionamento? Você se sente constantemente coisificado e julgado, ou existe uma percepção de que você é aceito do jeito que é? Essa pessoa tenta constantemente estar certa e lhe mostrar como você está errado, ou suas ideias e pensamentos são contemplados com um senso de abertura e curiosidade? A pessoa está física ou psicologicamente "ali" com você, ou afastada em seu próprio mundo, incapaz de ser alcançada? Essa pessoa consegue perceber como o mundo é segundo a perspectiva que você tem? Existe a sensação de que você é conhecido em profundidade, ou você sente como se a sua perspectiva fosse invisível ou sem importância? Seus valores centrais são reconhecidos e apoiados, ou a relação parece desconectada das questões mais profundas do que é significativo para você? A relação está repleta de ações grandes e pequenas que são significativas, ou ela é marcada por uma sensação de repetição, automaticidade, passividade crônica ou impulsividade constante?

Acabamos de perguntar sobre os seis processos de flexibilidade psicológica, e, se você é como a maioria das pessoas, suas respostas como um todo tenderão a se parecer com uma afirmação do próprio modelo de flexibilidade psicológica. Esse tipo de resposta não é surpreendente porque a flexibilidade psicológica é relevante para todas as formas de ação e mudança humanas. Relações poderosas, edificantes, tocantes, apoiadoras e transformacionais são aquelas relações que são acolhedoras, desfusionadas, atentas ao presente, conscientes, baseadas em valores e flexivelmente ativas – ou seja, são características da flexibilidade psicológica. Quando se aplica à relação terapêutica, essa caracterização significa que o modelo de flexibilidade psicológica pode ser um guia para a criação de relações profunda e intimamente transformadoras. Com algumas variações menos importantes, o mesmo pode ser dito dos grupos sociais, das organizações e das comunidades.

Essa concepção da relação terapêutica é retratada graficamente na Figura 5.1. Qualquer interação entre dois seres humanos envolve processos de flexibilidade de cada participante. Na relação terapêutica, tal interação significa que os processos de flexibilidade não são unicamente o *alvo* da intervenção, mas também são o *contexto* principal para a terapia efetiva para o terapeuta. Além disso, a figura salienta que interações efetivas em tera-

Psicologia do terapeuta

Psicologia do cliente

Interações na terapia

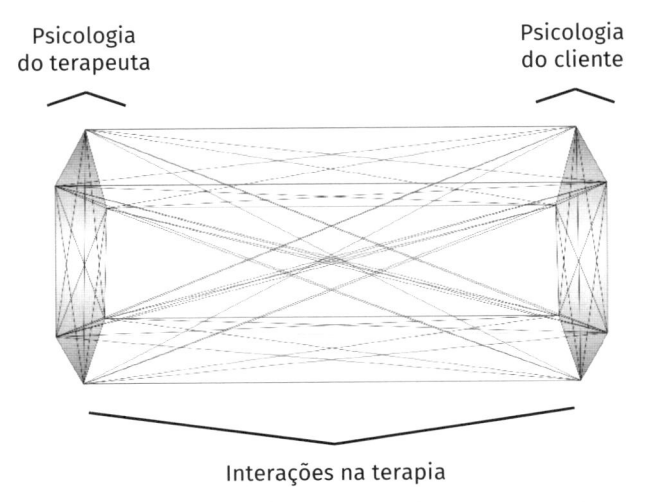

FIGURA 5.1 Um modelo da relação terapêutica moldado em termos dos processos de flexibilidade psicológica refletidos no profissional, no cliente e em suas interações. Copyright Steven C. Hayes. Usada com permissão.

pia exemplificam processos de flexibilidade. Por exemplo, uma interação pode ser acolhedora, desfusionada, baseada em valores e uma variedade de outras coisas – ou seu oposto. Explorar essa ideia é o propósito principal deste capítulo.

Um terapeuta da ACT como modelo

Considere um cliente que aborda uma área de dificuldade que é dolorosa não só para ele mesmo, mas também para o terapeuta. Talvez o cliente esteja lidando com um profundo sentimento de vergonha pelo abuso sexual que experimentou quando criança. Esse tópico também pode ser difícil para o terapeuta de inúmeras formas. O terapeuta pode ter experimentado ou testemunhado eventos similares em sua própria família. Ele pode não ter essa história, mas simplesmente ficar desconfortável com pensamentos críticos em relação aos perpetradores ou sobreviventes ou, então, pode não ser capaz de se identificar com o profundo sentimento de vergonha do cliente. O terapeuta pode temer por seus filhos e, portanto, ser menos capaz de lidar de modo objetivo com essas questões. Nenhuma dessas reações é inerentemente prejudicial, mas podem ocorrer problemas se o terapeuta responder a tais questões de forma descuidada, evitativa, fusionada ou psicologicamente inflexível. Se a dor for afastada ou evitada, se o terapeuta se fusionar com autojulgamentos, ou se os temores se emaranharem, o cliente começa a se afastar, e momentos terapêuticos importantes são perdidos ou respondidos de forma menos flexível do que o necessário ou aconselhável.

Nesse cenário, o cliente irá perceber que o terapeuta está tendo dificuldades, "foi embora" ou está sendo crítico. O cliente irá se sentir abandonado e desamparado porque o terapeuta não consegue ser acolhedor, desfusionado, atento ao presente, consciente, baseado em valores e, portanto, não consegue agir efetivamente na presença de conteúdo angustiante. Além disso, o que o terapeuta está demonstrando é contraindicado pela ACT; ou seja, como o modelo é importante na aprendizagem influenciada por contingências, o tratamento irá sofrer. Não só o cliente irá aprender a ser inflexível a partir dessas interações, mas também poderá ser motivado a resgatar o terapeuta dos problemas que o cliente levantou – até mesmo possivelmente a custo do sucesso do tratamento do cliente. Além disso, a carga do trabalho para o terapeuta é mais alta quando as habilidades de flexibilidade estão ausentes. Com o tempo, o terapeuta que responde ao conteúdo difícil da terapia de forma descuidada, evitativa, fusionada e psicologicamente inflexível ficará mais estressado e vulnerável ao esgotamento (Hayes, Bissett et al., 2004; Vilardaga et al., 2011).

Por todas essas razões, é importante que o terapeuta não só *mire* os processos de flexibilidade psicológica no cliente, mas também *demonstre* essas habilidades. Isso não quer dizer que os terapeutas da ACT devam ser ícones da flexibilidade para que sejam efetivos. Na verdade, mesmo que o terapeuta esteja enfrentando dificuldades, saber o quanto é difícil fazer esse trabalho coloca o terapeuta no mesmo lugar do cliente e tende a equilibrar as interações entre os dois. Essa noção de paridade oferece oportunidades de aumentar a empatia e reduzir nossa inclinação de nos gabarmos sobre estarmos "certos" acerca da ACT. O essencial é que o terapeuta incorpore ativamente a importância das habilidades de flexibilidade e se dedique a trabalhar por elas tanto pessoalmente quanto profissionalmente. Esse compromisso pode transformar quaisquer dificuldades pessoais em uma aliança terapêutica ainda mais poderosa.

Suponha, por exemplo, que um terapeuta da ACT fique confuso durante uma sessão. O cliente pode ter dito alguma coisa que "fisgou" o terapeuta no nível do conteúdo literal. O terapeuta começa a se sentir ansioso imediatamente. Existe uma sensação de perigo na sala. O terapeuta está tentando pensar no que fazer a seguir e procura alguma metáfora, exercício ou resposta consistente com a ACT. Segundo uma perspectiva da ACT, o terapeuta está experimentando algumas emoções que não são 100% bem-vindas (p. ex., confusão, ansiedade, medo de parecer incompetente). As verbalizações do cliente estão sendo interpretadas literalmente. As próprias avaliações do terapeuta (p. ex., "Estou estragando tudo!") estão sendo tomadas literalmente. Em consequência, a direção e o fluxo da sessão são rompidos. O terapeuta está representando para o cliente – tentando parecer competente. Os dois já não estão mais no mesmo nível do terreno.

Ficar fisgado assim não é uma coisa ruim. Não é alguma coisa que "bons terapeutas da ACT nunca fazem". De fato, tomar uma atitude tão irrealista é, por si só, um exemplo de ser capturado por um pensamento. Ficar fisgado assim é algo que *todas* as pessoas fazem, incluindo as pessoas chamadas de "clientes" e as pessoas chamadas de "terapeutas". A questão não é se o terapeuta ocasionalmente é apanhado de surpresa. Isso inevitavelmente acontece. Em vez disso, a questão é o que acontece a seguir. Assim, por exemplo, o terapeuta da ACT pode se aquietar por algum tempo, observando suas avaliações. Depois de algum tempo em silêncio, ele pode dizer algo como (ou centenas de coisas similares):

- "Estou tendo um interessante diálogo interno sobre essa questão – na verdade, por que simplesmente não nos aquietamos por um minuto ou dois e observamos o que nossas mentes fazem em resposta a isso?"
- "Cara, fui fisgado por isso! Isso também o fisgou?"
- "Estou me sentindo ansioso, confuso e incompetente neste momento. Não quero que você me resgate – eu tenho espaço para isso –, mas é interessante como isso me impele a tentar fazer alguma coisa para fazer com que desapareça. Mas sei que isso não irá levar a lugar algum – então talvez possamos apenas ficar ansiosos por um momento e ver como é."
- "Sinto-me impotente quando acato meus pensamentos sobre isso – como se eu tivesse que fazer alguma coisa, mas não sei o que fazer. O que lhe vem à mente quando você acata seus pensamentos sobre isso?"
- "Apenas para obtermos alguma perspectiva sobre isso, por que não resumimos o que você disse a uma palavra ou duas e dizemos rapidamente em voz alta várias vezes – digamos, 30 vezes? Eu vou dizer junto com você, e podemos nos sentir um pouco tolos juntos. Então veremos o que acontece. Você toparia?"
- "Essa coisa é pesada. Também para mim. Eu gostaria que fizéssemos um pequeno exercício. Será um tipo de coisa com os olhos fechados. Iremos colocar esse pensamento na mesa, e eu vou guiá-lo em notar o que o seu corpo faz, o que suas emoções fazem e o que a sua mente faz quando esse pensamento surge. Topa?"

Essa lista poderia continuar indefinidamente. Quase qualquer técnica imaginável poderia se adequar a esse momento, se o terapeuta estiver abordando o momento de maneira consistente com a ACT. De forma alternativa, "técnicas da ACT" podem ser empregadas de modo fundamentalmente inconsistente com o modelo de tratamento. Por exemplo, o terapeuta pode lutar com a ansiedade, deixá-la de lado e forçar as palavras "Obrigado, mente, por esse pensamento" em um tom de voz desdenhoso que sutilmente comunica que o cliente estava errado ao ter dito o que disse. O terapeuta pode apresentar para o cliente ou usar uma metáfora ou exercício de ACT para evitar o desconforto do momento e se esconder por trás do papel de terapeuta. Por fim, pode intelectualizar a questão ou, então, tentar ofuscar e confundir o cliente com conversa fiada psicológica para "ficar em vantagem".

Quando os terapeutas são confrontados com material doloroso, eles estão na mesma situação que seus clientes. Essa situação apresenta uma oportunidade para os terapeutas crescerem – assim como, da mesma forma, representa uma oportunidade para os clientes crescerem. Ao abordarem o conteúdo doloroso com uma atitude que sugere abertura e aceitação, os terapeutas têm menos probabilidade, durante esse momento, de fazer julgamentos sobre os clientes ou de transformar a terapia em mero aconselhamento ou alguma coisa sobre a qual estar "certo". Os clientes irão valorizar o quanto é difícil avançar para um material emocionalmente carregado. É improvável que esses benefícios aumentem se os terapeutas parecerem fusionados e evitativos. Os terapeutas não precisam estar totalmente livres de "problemas"; a motivação para tentar melhorar é suficientemente boa para manter a ACT no caminho certo. Evidências de pesquisas confirmam esse ponto. Em um estudo de terapeutas iniciantes, Lappalainen e colaboradores (2007) identificaram que aqueles com apenas 12 horas de treinamento ou menos eram significativamente menos confiantes em executar a ACT do que a TCC tradicional; além disso, mesmo que as preocupações dos profissionais inexperientes diminuíssem menos com o tempo na ACT do que na TCC, os pacientes tratados com ACT tiveram melhores resultados. Sentir-se desconfortável em realizar a ACT não significa necessariamente ser ineficiente nela; de fato, a ACT pode humanizar ou até mesmo fortalecer o trabalho.

Não é apenas importante ter como alvo, digamos, a aceitação a partir de uma posição de aceitação; também pode ser especialmente poderoso fazer isso de forma receptiva – de forma que abra espaço para metáforas atabalhoadas e falhas de comunicação. Assim, o modelo de flexibilidade psicológica não só fornece um roteiro funcional para a detecção de áreas de dificuldade e crescimento: ele também é um roteiro funcional para a evocação de interações sociais poderosas no consultório e, consequentemente, para a promoção de novas habilidades de flexibilidade.

Considere uma pessoa que foi criada por pais emocionalmente evitativos e críticos. Suponha que a pessoa tenha se adaptado a esse tratamento ao longo da vida, tornando-se muito autocrítica e até mesmo evitando todos os sentimentos ou sinais de intimidade e conexão por temer que a consequência seja a rejeição. Fusão continuada ou esquiva provavelmente seriam as origens da inflexibilidade. Suponha que esse cliente agora comece a mostrar maior abertura emocional na sessão. É importante que esses primeiros passos adiante sejam reforçados e apoiados, mas, em um sentido evolucionário, é importante que os critérios de seleção para o sucesso também evitem becos sem saída ("picos adaptativos"). O modelo de flexibilidade psicológica oferece orientação em todas essas áreas. Por exemplo, suponha que o terapeuta discuta as próximas férias e que o cliente responda expressando que se sente incomodado. Levando em conta a história do cliente, essa resposta pode ser um avanço positivo apesar do seu tom emocional negativo; ela pode mostrar maior disposição para sentir-se emocionalmente conectado, mesmo ao custo de estresse e possível rejeição. Um terapeuta sensato reagiria com aceitação, por exemplo, dizendo "Estou tocado pela sua disponibilidade em me deixar ver que você está incomodado com a minha saída. É preciso coragem para fazer isso, e me permite saber que esta relação é importante para você. Ela é importante para mim também". Respostas flexíveis oportunas por parte do terapeuta provavelmente reforçarão ações flexíveis do cliente, de modo que esses processos de mudança possam crescer e ser mantidos.

Se habilidades de flexibilidade psicológica sustentam relações terapêuticas poderosas, as medidas da aliança terapêutica devem ser particularmente altas em estudos da ACT, e até o momento as evidências são consistentes com essa perspectiva (p. ex., Karlin & Walser, 2010; Twohig et al., 2010). Além disso, as medidas da flexibilidade psicológica devem refletir esses processos, o que também parece ser verdadeiro. Por exemplo, quando se permite que as medidas da flexibilidade do cliente compitam com as medidas da aliança terapêutica como preditores dos resultados na ACT, as mudanças nas habilidades de flexibilidade representam boa parte da variância que de outra forma seria atribuída à relação terapêutica (p. ex., Gifford et al., no prelo). Isso se dá não porque a relação não seja importante na ACT, mas porque a relação é o meio pelo qual as habilidades de flexibilidade são transmitidas para o cliente. A melhor medida das relações que são de aceitação, desfusionadas, presentes, conscientes, baseadas em valores e flexivelmente ativas em um sentido funcional podem ser as mudanças que essas relações produzem na flexibilidade psicológica do cliente. Até o momento, essa ideia ainda não foi examinada fora da ACT. Seria um teste poderoso de um modelo de flexibilidade psicológica da relação terapêutica avaliar se ele também se aplica a outras formas de intervenção.

Consideramos muitos aspectos da relação terapêutica: seus fundamentos para instigar mudança, seu papel como modelo e seu papel na indução e no reforçamento dos passos. Esses vários pontos acerca da relação terapêutica na ACT podem ser resumidos em um simples acrônimo: **I'm RFT With it**. O acrônimo representa Instigar (*Instigate*), Modelar (*Model*) e Reforçar (*Reinforce*) – Desde (*From*), Para (*Toward*) e Com (*With it*). Conforme mostra a Figura 5.1, cada interação entre o profissional e o cliente, desde o começo da terapia, é uma oportunidade de apoiar a flexibilidade psicológica. A melhor maneira de implementar tal flexibilidade é incorporá-la não como um especialista, mas como uma pessoa humana semelhante, e criar uma relação que também a incorpore.

Se implementada apropriadamente, uma boa relação terapêutica proporciona uma dimensão humanizada às sessões de terapia. O terapeuta passa a considerar o cliente não como um rótulo diagnóstico, mas como um ser humano que enfrenta muitos dos mesmos problemas que ele próprio enfrenta. Essa abordagem possibilita que o terapeuta dê um passo atrás no debate verbal que ocorre durante a psicoterapia e veja as palavras meramente como palavras (até mesmo palavras sobre a teoria da ACT!) e os sentimentos como sentimentos e testemunhe o comportamento ocorrendo durante a sessão da posição estratégica de um observador.

Há muitas formas pelas quais o terapeuta pode desenvolver construtivamente um vínculo genuíno com o cliente. Em contrapartida, há muitas formas pelas quais o terapeuta pode frustrar esse processo de ligação devido à falta de disponibilidade de abordar os problemas que o cliente está sendo convidado a abordar. No restante deste capítulo, examinamos os mais críticos desses pontos de alavancagem positivos e negativos para o terapeuta da ACT.

PONTOS DE ALAVANCAGEM POSITIVOS NA ACT

É sua sensibilidade relativa ao comportamento contínuo do cliente na conversa terapêutica que diferencia os terapeutas de ACT eficazes dos não eficazes. Esse processo não consiste de uma simples aplicação mecânica de metáforas, exercícios e conceitos. Quando os terapeutas são expostos pela primeira vez às metodologias ou técnicas da ACT, costumam responder muito fortemente às intervenções específicas. Com frequência eles são atraídos para as metáforas, os exercícios experienciais, as tarefas de casa e o sentimento iconoclasta de desafiar a comunidade verbal tradicional. Entretanto, o processo da ACT vai muito além dessas intervenções e estratégias. Os fundamentos teóricos surgem de modo mais lento, especificamente para aqueles sem treinamento analítico-comportamental funcional. Os pressupostos filosóficos, a disposição para abandonar alegações ontológicas e o foco na operacionalidade são com frequência difíceis, mas o trabalho pessoal é talvez o mais desafiador de todos. Para essas intervenções funcionarem da forma como se pretende que funcionem, o terapeuta precisa estar disposto a entrar em uma relação com o cliente que seja aberta, acolhedora, coerente e consistente com os princípios da ACT. O terapeuta não pode estar com "um pé fora" da ACT e ao mesmo tempo fazer ACT com integridade; o que ele aporta para o trabalho e para a relação em si é essencial.

Uma característica definidora do terapeuta eficaz de ACT é a perspectiva que tanto encapsule quanto informe seu trabalho. Essa perspectiva é difícil de ser descrita em palavras, e por uma razão simples: é um ponto de vista caracterizado pela desliteralização e desfusão da linguagem e pela autoaceitação, disponibilidade e compromisso do terapeuta de "estar à disposição" do cliente independentemente de os "botões" do terapeuta serem pressionados ou não. Como as questões abordadas pela ACT impactam o terapeuta de forma igualmente forte, simplesmente não é possível ser sensível ao cliente segundo uma perspectiva da ACT sem aplicar essas mesmas perspectivas a si mesmo.

Perspectiva de observador

O terapeuta da ACT desenvolve um desinteresse quase intuitivo pelo processo de racionalização, explicação e justificação por meio do comportamento verbal, preferindo, em vez disso, uma abordagem atenta e experiencialmente aberta de todos os eventos privados. Em suma, o terapeuta adota uma perspectiva de observador. Ele não questiona o conteúdo que o cliente está levantando a partir de uma atitude defensiva ou condescendência. Em vez disso, ele observa o que está presente e considera como funciona. Essa abordagem, é claro, se assemelha muito ao que o terapeuta está tentando ensinar o cliente a fazer em meio às suas dificuldades. Intuitivamente, faz sentido que, se o terapeuta não é capaz de servir como modelo para essa habilidade de assumir uma perspectiva de observador dos processos cognitivos e verbais, seja improvável que a mesma habilidade seja facilmente transferida para o cliente. Uma forma especialmente útil de modelação ocorre quando o cliente pode ver que o terapeuta está arriscando alguma coisa e permitindo que a vulnerabilidade pessoal entre na sala quando a esquiva seria uma alternativa fácil.

O conhecimento é obtido por aproximação, não por esquiva

Uma característica adicional da relação terapêutica efetiva na ACT é a habilidade de encarar o compromisso com os valores escolhidos e os objetivos resultantes como algo mais do que um exercício na busca de resultados positivos na vida. Com frequência, a própria experiência pessoal do terapeuta com falhas pessoais desalentadoras ou reveses pessoais na vida deve ser invocada. O terapeuta da ACT aborda os obstáculos, as barreiras e os reveses pessoais como formas legítimas de crescimento e experiência. Compromisso envolve entrar em contato com essas barreiras e seguir em frente – não passando por cima delas ou contornando-as, mas aceitando-as e abrindo caminho através delas ou com elas.

Se a vida atual do terapeuta é caracterizada pela esquiva de conteúdo estressante, então será muito mais difícil servir como modelo para uma resposta saudável. E, mais uma vez, o sucesso da terapia se resume à questão de se o cliente (e o terapeuta) está disposto a abordar e ultrapassar os obstáculos desagradáveis em nome da causa de atingir um resultado valorizado. Os terapeutas que aprenderam que a superação dos obstáculos pessoais cria um senso de saúde e vitalidade têm probabilidade muito maior de ser capazes de transmitir essa convicção aos seus clientes.

Contradição e incerteza

Uma característica definidora do "campo de jogo" da ACT é a disposição de descansar na presença de paradoxo, confusão e contradição sem se sentir impelido a usar o comportamento verbal ou o raciocínio verbal para resolver as diferenças. A vida é cheia de contradições, ironias e coisas que não podem ser inteiramente explicadas pelo raciocínio dedutivo. De fato, a armadilha enfrentada pela maioria das pessoas remonta à verdade primária de que construir uma vida essencial nem sempre é uma empreitada lógica. Se o terapeuta ACT testemunhou essa verdade experiencial em sua própria vida, haverá muito menos tendência a incitar o cliente a começar a determinar quais contradições precisam ser eliminadas para que possa prosseguir. Em outras palavras, o terapeuta irá experiencialmente se conectar com o fato de que, embora essas contradições reconhecidamente existam, elas não precisam ser resolvidas para seguir em frente.

Na área da incerteza, o terapeuta ACT está pedindo que o cliente se comprometa com uma empreitada que acarreta riscos significativos de resultados negativos. Isso se chama "vida". O terapeuta não pode garantir que se mover em uma nova direção irá produzir determinados resultados para o cliente. O terapeuta ACT não tenta "salvar" o cliente do fato de que não existem resultados garantidos na vida. O processo de viver é como fazer uma longa viagem de carro. O destino pode ser importante, mas a jornada experimentada dia a dia, semana a semana, é o que realmente importa.

Estamos juntos nessa

Muitas orientações terapêuticas enfatizam a necessidade de que o terapeuta seja separado e diferente do cliente (p. ex., mais sábio, profissional, experiente, equilibrado, processando mais a força do ego, etc.). Essas abordagens enfatizam que bons terapeutas devem estabelecer boas "fronteiras", acreditando que, quanto melhor forem definidas as fronteiras como parte do processo terapêutico, mais o cliente se beneficiará. Essa atitude pode facilmente se transformar no terapeuta assumindo uma posição "superior" ao cliente – em que o terapeuta pressupõe que sabe como viver uma vida saudável e o cliente precisa assumir o papel de aprender com o professor. Se essa fronteira for ultrapassada, e o terapeuta se tornar meramente uma pessoa "por trás da cortina", o terapeuta falhou em algum aspecto muito fundamental.

O terapeuta da ACT tem uma alternativa pronta: tanto o cliente quanto o terapeuta devem abrir espaço para a experiência privada e fazer o que funciona melhor em cada situação determinada. A atitude de sucesso do terapeuta da ACT é clara: "Estamos juntos nessa. Fomos pegos nas mesmas armadilhas. Com um pequeno capricho do destino, eu poderia estar sentado na sua posição, e você poderia estar sentado na minha – nós dois em papéis opostos. Seus problemas representam uma oportunidade especial para você aprender e para que eu também aprenda. Nós não somos tão diferentes assim, somos farinha do *mesmo* saco". O fato de assumir esse tipo de atitude resulta em dois efeitos marcantes no comportamento do terapeuta e na relação terapêutica resultante.

Efeito 1. Uma atitude de reasseguramento gentil e empática. Quando o terapeuta se identifica com as dificuldades do cliente, problemas que o cliente encara como únicos à sua própria vida se tornam questões muito mais universais. Quando o cliente se sente oprimido pela convicção de que está sozinho com esse problema, o terapeuta é capaz de responder com uma posição genuína de "reasseguramento gentil". O reasseguramento normal pode ser humilhante quando implica "eu sou forte, e você é fraco. Eu vou ajudá-lo". Esse tipo de atitude é inerentemente inconsistente com a ACT. O reasseguramento gentil, por sua vez, é o apoio que decorre quando uma pessoa está disposta a fazer contato com o sentimento de dor emocional do outro e, então, validá-lo e normalizá-lo, sem se desesperar, querer salvar, embarcar ou fugir desse sentimento. Exatamente as mesmas armadilhas emocionais, cognitivas e comportamentais se apresentam não só a outras pessoas, mas também ao terapeuta especificamente. Uma perspectiva compassiva e empática diante das dificuldades do cliente é um atributo fundamental do terapeuta eficaz da ACT. Essa perspectiva não pode ser comunicada meramente por meio de metáforas, exercícios experienciais e jogos verbais e não pode ser simulada facilmente. Sempre que esse ponto de vista prevalecer, os exercícios, as metáforas e outras atividades da ACT têm um poder e qualidade que de outra forma não apresentam.

Efeito 2. Disposição para autorrevelação seletiva. Um segundo efeito de identificar-se intimamente com o cliente é a disposição do terapeuta para se expor sempre que isso for útil. A autorrevelação é um aspecto essencial do desenvolvimento de relações humanas poderosas – incluindo, em nossa opinião, as relações terapêuticas. Isso não significa que o terapeuta deva passar mais tempo expondo a si mesmo do que o próprio cliente. Ao contrário, a autorrevelação flui como um processo natural e humano concebido para servir ao cliente. Depois que o cliente percebe plenamente que o terapeuta já teve as mesmas dificuldades que ele está tendo no momento, geralmente se desenvolve um vínculo forte e um senso de camaradagem. Essa camaradagem é tranquilizadora para o cliente e, ao mesmo tempo, faz do terapeuta um modelo mais crível de aceitação e compromisso. Além disso, muitos dos temores do cliente sobre ser diferente ou anormal são dissipados quando o agente de controle social (i.e., o terapeuta) reconhece também ter enfrentado problemas similares.

Abertura à espiritualidade

A espiritualidade pode ser uma questão surpreendentemente difícil para clínicos empiricamente orientados. Muitos evitam o tópico de forma completa – como se ele inerentemente não inspirasse confiança ou estivesse além dos domínios do trabalho terapêutico. O terapeuta ACT que está disposto a levar em conta o lado espiritual tem mais espaço para trabalhar e mais movimentos a serem feitos para apoiar o processo de aceitação e mudança do cliente. Muitos terapeutas expostos à ACT que também têm alguma história pessoal anterior com religiões orientais ou outras formas de crescimento pessoal baseadas em *mindfulness* percebem nítidas semelhanças entre esses tipos de atividades experienciais e alguns dos processos que ocorrem na ACT. Em geral, terapeutas com esse tipo de histórico espiritual têm mais facilidade para se adaptar ao espaço em que a ACT é realizada – contanto que eles saibam o que é distinto acerca da ACT em termos de seus atributos científicos e clínicos, em vez de descaracterizá-la como meramente uma forma de budismo ou coisa parecida.

A espiritualidade como um modo de intervenção é altamente valorizada na ACT. Espiritualidade não implica necessariamente o uso da religião organizada ou mesmo crenças teístas, mas uma visão do mundo que reconheça uma qualidade transcendente à experiência humana, que reconheça os aspectos universais da condição humana e respeite os valores e as escolhas do cliente. Por meio da desliteralização da linguagem e da adoção de uma perspectiva de observador, a ACT recua dos aspectos pessoais das dificuldades e as examina de forma aberta, e não defensiva. É um processo inerentemente espiritual no sentido de que esse tipo de tomada de perspectiva não pode ser unicamente o produto da lógica, mas deve também estar baseado na experiência e fazer contato com um senso de *self* transcendente.

No entanto, o terapeuta ACT não deve passar a se basear em dogmas espirituais ou religiosos. Na verdade, espiritualidade e religião, como tais, são discutidas somente quando o cliente traz essas questões para a sessão de terapia. Entretanto, a ACT tem uma qualidade inerente e inominavelmente espiritual. O terapeuta da ACT precisa superar a resistência inicial que alguns têm ao serem levantadas questões como "Quem *é* você?" e "O que você quer que a sua vida signifique?". Além disso, se o cliente deseja falar sobre essas questões em termos espirituais ou religiosos, não há razão para resistir a esse processo se ele for um caminho para conexão com os principais passos na ACT. A maioria dos conceitos da ACT tem paralelos nas principais tradições religiosas, e, portanto, uma ligação translacional entre as crenças religiosas e os conceitos da ACT não é de todo problemática. Assim, por exemplo, um cristão que entende o conceito de fé pode ser incentivado a fazer exercícios de compromisso como um "ato de fé".

Respeito radical

Um dos atributos mais importantes de um terapeuta ACT é sua postura de respeito radical, em que a habilidade básica do indivíduo para buscar fins valorizados está protegida. Em essência, a ACT é inerentemente centrada no cliente.

Há muita influência social implícita depositada na terapia. Influência social aproveitada para os objetivos do cliente é uma coisa, enquanto influência social como um substituto para os valores e as escolhas do cliente é inteiramente outra coisa. Muitos terapeutas que usam palavras como *escolha* e *valores* sutilmente direcionam o cliente para resultados que eles acreditam que irão beneficiar o cliente. Essa tendência com frequência ocorre de forma explícita quando os terapeutas estão trabalhando com clientes engajados em comportamentos socialmente inaceitáveis, tais como agressão doméstica, intoxicação crônica ou coisa semelhante. Com frequência, o objetivo do terapeuta com tais clientes é eliminar o comportamento, independentemente dos objetivos que o cliente traga para o tratamento. O terapeuta, em resposta a um novo episódio de beber compulsivo de um cliente, pode dizer: "Bem, se a sua escolha é sair e beber novamente, espero que você esteja disposto a aguentar as consequências que com certeza virão". Aqui, o terapeuta está basicamente dizendo: "Sua escolha não é a escolha certa – sua escolha deve ser parar de beber. Você merece o que vai acontecer a seguir porque fez a escolha errada!". Usar *escolha* dessa forma pode envergonhar o cliente para que temporariamente atinja o objetivo da sobriedade, mas, na realidade, esta é uma forma de controle social coercitivo, não uma "escolha" baseada em valores que emana espontaneamente do cliente. Uma situação similar e igualmente perversa surge com clientes de grupos culturais diferentes (ou identidades sexuais, religiões, etc.). Usar a linguagem da escolha para coagir um cliente por qualquer razão está fundamentalmente em discordância com a relação terapêutica que é preconizada na ACT.

A fim de direcionar o cliente para o que verdadeiramente funciona para ele, o terapeuta ACT deve estar disposto a assumir uma posição que foque na real experiência do paciente, e não nas ideias preconcebidas do terapeuta. O terapeuta ACT eficaz deve chegar à interação terapêutica de "mãos limpas" – caso contrário, cliente e terapeuta terão uma relação desigual e sutilmente desonesta. Por exemplo, a ACT para agorafobia não envolve a presunção automática de que o cliente precisa começar a sair de casa imediatamente. Afinal de contas, o terapeuta ACT não está jogando um jogo mental com o cliente; ele está engajado em uma busca compassiva por alternativas baseadas na experiência de vida e no respeito radical do terapeuta pelo cliente. Não existe nenhuma lei contra ficar trancado em casa. A questão importante é se isso serve melhor aos objetivos de vida e aos valores do cliente.

Essa verdade experiencial em geral envolve entender que a fórmula para uma vida de sucesso é única para cada indivíduo. Não existe uma maneira certa ou errada de viver a vida. Existem apenas consequências que decorrem de comportamentos humanos específicos. Essa posição é terrivelmente difícil de manter para terapeutas novos na ACT na presença de comportamentos socialmente indesejáveis. Assumir essa posição, no entanto, não significa que o terapeuta ACT concorda com o cliente que afirma que alguma coisa está funcionando quando, de fato, não está. Por exemplo, se um indivíduo com dependência de drogas está perdendo o parceiro como resultado do seu uso de drogas – mas valoriza muito esse relacionamento –, o terapeuta ACT não tem obrigação de fingir que essa adição a drogas tem pouco efeito no fim valorizado pelo cliente. Por trás do indivíduo com dependência mais inveterado reside um espírito humano que está tentando fazer algo positivo acontecer na sua vida. Ao reconhecer a vitalidade desse espírito e enfatizar que a vida é sobre fazer escolhas, o terapeuta é capaz de estabelecer uma aliança honesta. Se um cliente valoriza resultados na vida com os quais o terapeuta não consegue trabalhar, então o terapeuta deve se retirar da terapia e encaminhar o cliente para outro lugar. No entanto, isso raramente acontece porque objetivos desviantes que são apresentados inicialmente como valores escolhidos na terapia com frequência não são valores verdadeiramente escolhidos. Um cliente pode *dizer* algo como "Eu só quero ficar bêbado", mas, quando essa resposta é mais explorada, o que acontece, em geral, é que este é apenas um meio, não um fim. Não é papel dos terapeutas suprir valores, mas é papel dos terapeutas testar os meios, com base em seu conhecimento e habilidades técnicas e científicas. Assim, 99% dos supostos conflitos de valores acabam se revelando conflitos apenas quanto aos meios, e ali o terapeuta tem muito a oferecer na forma de alternativas – baseado na teoria e em evidências – em virtude do papel que o cliente solicitou que ele assumisse.

Honrando a diversidade e a comunidade

O terapeuta ACT também respeita e nutre a diversidade humana e responde de forma personalizada ao contexto social apresentado pelos diferentes indivíduos. O cliente está olhando para o mundo a partir de um contexto social, e é importante levar algum tempo para ver o mundo através dos olhos do cliente de forma humilde e aberta. Talvez isso não seja diferente do que ocorre em outras formas de terapia, porém o modelo unificado dá a essa ideia uma força especial nas áreas dos valores e do senso transcendente de *self*. Examinaremos brevemente esta última questão.

O cliente, em sua mente, compartilha a consciência com o terapeuta, ou seja, não é possível aceitarmos nossa própria dor e rejeitarmos a dor dos outros sem violentarmos o modelo. Da mesma forma, devido à moldura dêitica subjacente à consciência, "agora" está inextricavelmente relacionado a "depois", e "aqui", a "lá". Não é possível nos preocuparmos com o mundo agora e não nos preocuparmos com o mundo que deixaremos para nossos filhos. Não é possível nos preocuparmos com a comunidade aqui sem estarmos psicologicamente conectados com o sofrimento de outros que estão distantes.

Estamos defendendo que, como uma questão de processos básicos, a flexibilidade psicológica inclui preocupar-se com a diversidade e a pró-sociabilidade. Sexismo, racismo, degradação ambiental, injustiça econômica e social – esses problemas circundam a comunidade humana e, em pequena escala, se juntam a nós a cada sessão de terapia. Tentar ver o mundo através dos olhos do cliente significa que cada grama de preocupação que podemos trazer para questões de diversidade e comunidade é relevante para o trabalho de terapia que realizamos.

Muito resta a ser aprendido sobre como adaptar a ACT a diferentes populações, mas não é por acaso que pesquisadores da ACT têm estado na vanguarda do uso de métodos psicológicos para aumentar a pró-sociabilidade e reduzir o preconceito e injustiça em áreas como o viés racial (Lillis & Hayes, 2008), a orientação sexual (Yadavaia & Hayes, no prelo), o preconceito contra aqueles com problemas mentais ou comportamentais (Hayes, Bissett et al, 2004; Masuda et al., 2007) e inúmeras outras causas similares. Isso não quer dizer que a ACT esteja desvinculada da cultura ou de valores; ao contrário, ela fornece um método de incorporação de adaptações culturais focado em processos (veja Masuda, no prelo, para um tratamento extenso desse tópico).

Humor e irreverência

Como o terapeuta da ACT já experimentou muitas das mesmas dificuldades que o cliente, há uma oportunidade de capitalizar as experiências compartilhadas assumindo uma visão um tanto irreverente e irônica da situação do cliente. Irreverência não é a mesma coisa que ser condescendente com o cliente. A irreverência do terapeuta deriva da apreciação da loucura e dos emaranhados verbais que envolvem todos os seres humanos.

Muitos conceitos, técnicas ou declarações da ACT são inerentemente irreverentes. Por exemplo, um terapeuta da ACT poderia dizer: "O problema aqui não é que você tenha problemas... é que eles continuam a ser os *mesmos* problemas. Você precisa de problemas *novos*!". Se os outros aspectos da postura do terapeuta da ACT estiverem bem estabelecidos, esse comentário não será visto como crítico ou pejorativo. O terapeuta está fazendo graça com o sistema que oprime *todos nós*, não apenas o cliente. Ao usar humor negro ou ironia e tratar os problemas com um pouco de irreverência, o terapeuta da ACT geralmente consegue que o cliente questione se não está levando seus problemas muito a sério. A provável culpada é a fusão com a crença de que a vida é cheia de perigos, ameaças e incertezas e, portanto, deve ser abordada como uma proposição muito séria. O humor oportuno é inerentemente desfusionante. Talvez essa observação também ajude a explicar por que os métodos de desfusão na ACT com frequência são bem-humorados.

Monitorando diferentes níveis do contexto do cliente

O modelo de flexibilidade psicológica pode ser aplicado a experiências terapêuticas em três níveis: o conteúdo e a função da questão específica que o cliente levanta; a questão como uma amostra do comportamento social do cliente fora da terapia; e a questão como uma declaração em relação ao terapeuta. Se um cliente levanta uma questão sobre um problema em casa, é importante examiná-lo como uma questão em casa, ou seja, tomar os relatos verbais do cliente como acerca de alguma coisa e lidar com seu conteúdo e função. Também é importante observar que a questão pode ser um exemplo do comportamento social do cliente de modo mais geral ou que a questão pode surgir em um momento específico da sessão com o terapeuta e pode ter uma função especial nesse contexto. O terapeuta eficaz da ACT invariavelmente monitora o conteúdo do cliente nesses múltiplos níveis, sempre focando nos níveis que são de maior importância. Por exemplo, se um cliente está falando sobre a dor de um namoro que terminou e se sentindo abandonado, o terapeuta também precisa monitorar a possibilidade de que contar uma história como essa pode acontecer em outros contextos sociais e considerar quais funções isso pode ter. Por exemplo, isso pode se encaixar em uma visão mais geral de que o mundo é injusto e não se pode confiar nas pessoas. A história também pode ser uma declaração indireta sobre a relação terapêutica, na medida em que o cliente pode estar expressando temores de que o terapeuta o abandone ou pode estar alertando o terapeuta das consequências desastrosas, caso isso ocorra. A utilidade clínica orienta qual nível ou níveis são escolhidos para serem focados em determinado momento, mas, a menos que todos os níveis sejam monitorados e considerados dentro do modelo de flexibilidade psicológica, importantes fontes de informação podem ser perdidas.

PONTOS DE ALAVANCAGEM NEGATIVOS NA ACT

A ACT frequentemente envolve uma exploração aprofundada dos mais íntimos pensamentos, sentimentos, valores ou visões de *self* e, ainda, a formação de um forte vínculo emocional e terapêutico com o cliente. Devido a essas considerações, o terapeuta deve estar ciente das armadilhas mais comuns que levam ao mau uso das estratégias da ACT.

A ACT não é meramente um exercício intelectual

A ACT incorpora um conjunto complexo de filosofias, estratégias e técnicas. Embora a terapia procure enfraquecer formas contraproducentes de controle verbal, a maioria dos princípios e das técnicas da ACT precisa inicialmente ser comunicada verbalmente. As ideias filosóficas, as pesquisas teóricas básicas, as declarações inteligentes, as metáforas e os exercícios abrangidos pela ACT têm apelo intelectual para muitos terapeutas. É crucial que esse apelo não seja convertido em uma visão da ACT como única ou predominantemente um exercício intelectual com o cliente. Quando o conteúdo verbal é enfatizado de forma excessiva, o resultado é que o terapeuta se engaja em técnicas de persuasão verbal para fazer o cliente concordar que o terapeuta está certo e que o cliente estava errado o tempo todo. Esse tipo de interação é a antítese de uma relação efetiva na ACT em que essencialmente é reforçada a ideia de que existe uma formulação verbal "correta" de como viver e que o cliente simplesmente adotou a errada – como se o cliente estivesse "danificado" e o terapeuta fosse "oh, tão inteligente".

Não é função do terapeuta ACT convencer o cliente a acreditar nos princípios da ACT. Se um terapeuta ACT diz "Não acredite em uma palavra do que estou dizendo", isso deve ser sincero (em outras palavras, até mesmo essa própria invocação não deve ser acreditada) e deve se aplicar igualmente ao terapeuta, não só ao cliente.

Quando os terapeutas começam a intelectualizar excessivamente a ACT, isso se manifesta nas sessões como uma quantidade excessiva de verbalizações do terapeuta (dado o propósito da sessão), passividade relativa do cliente e ausência de exercícios experienciais não verbais que poderiam cortar os emaranhados verbais. O terapeuta ACT que intelectualiza excessivamente costuma reagir com frustração quando o cliente indica que não está acompanhando o que ele está tentando dizer ou atingir. Então, para piorar ainda mais as coisas, o terapeuta recorre a moralizar, a repreender e a dar mais explicações.

Esse problema é uma das questões mais comuns tratadas em supervisão na ACT. As próprias palavras do terapeuta frequentemente revelam a verdadeira origem do problema. Na supervisão, os terapeutas que intelectualizam em excesso costumam dizer coisas como: "Nós *falamos sobre* aceitação" ou "*Nós discutimos* o conceito de compromisso" ou "Eu *levantei* a questão da esquiva dele" ou "Eu estava *tentando mostrar* ao cliente que...". As palavras em itálico são sugestivas de intelectualização; a ACT não é sobre a adoção de conceitos – em vez disso, é trabalho no aqui e agora. Sim, a ACT envolve questões e usa palavras – mas apenas como ferramentas para entrar em contato com alguma coisa que é diretamente relevante experiencialmente para o cliente.

Se uma vida empoderada pudesse ser rapidamente entendida intelectualmente, não há dúvida de que o cliente já estaria vendo a vida na forma "correta". A dolorosa ironia é que intelectualizar a perspectiva da ACT – e então idealizá-la na terapia – é a forma mais provável de impedir que o cliente a desenvolva em um sentido funcional. Quando o cliente obviamente não entende ou se sente confuso, é inútil e contraproducente para o terapeuta perder tempo racionalizando premissas lógicas ou intimidando o cliente.

A intelectualização pode ser um processo difícil de corrigir depois que começa com determinação porque o cliente costuma se colocar tacitamente na posição de tentar agradar ao terapeuta adotando as respostas "corretas" da ACT. Enquanto isso, o senso de vitalidade do cliente e sua conexão com a terapia se dissipam. Enquanto a ACT, na sua aplicação apropriada, é compassivamente confrontacional, sua versão intelectualizada tende a ser acusatória e irônica.

A correção habitual é reduzir o domínio verbal que o terapeuta tem do tempo da sessão. Como uma regra de ouro curativa para corrigir a situação, não mais de 20% da sessão deve envolver os princípios e conceitos da ACT em um sentido nitidamente verbal (e mesmo essa porcentagem pode ser excessiva). Em vez disso, o terapeuta deve usar metáforas, exercícios e processos no momento presente – todos eles associados a eventos na vida real de relevância direta para o cliente. Se ficar preso à intelectualização, o terapeuta deve obter supervisão adicional e ter um colega clínico observando uma sessão ou duas. Quando as coisas retomam seu rumo, essas instruções podem ser suspensas, e a terapia pode prosseguir mais espontaneamente.

Pode ocorrer um problema similar quando o compromisso com técnicas da ACT está atrapalhando a realização da terapia. Respostas simples, genuínas e naturais têm um lugar na terapia, tanto quanto as metáforas e os exercícios. É perfeitamente possível realizar uma sessão de ACT sem qualquer metáfora ou exercício, baseada em interações naturais que englobam os processos da ACT (p. ex., um terapeuta servindo de modelo para a disponibilidade de estar presente com o cliente enquanto um evento traumático é recontado). A função triunfa sobre a forma em todas as áreas, e ter a flexibilidade de monitorar e buscar mudanças funcionais é o traço de um bom terapeuta ACT.

Dando um modelo de inflexibilidade psicológica

A modelação* da inflexibilidade psicológica ocorre mais frequentemente com os clientes mais perturbados, que podem assustar ou preocupar os terapeutas com seus comportamentos de alto risco, tais como suicidalidade, automutilação, comportamentos bizarros e outros mais. Se o terapeuta não consegue aceitar o cliente como um ser humano com dilemas legítimos e honoráveis na vida real, então como o cliente irá aceitar e enfrentar esses dilemas?

Esse problema pode se apresentar de várias maneiras durante o curso da ACT. O terapeuta pode seletivamente reforçar os pensamentos ou os comportamentos do cliente que são socialmente desejáveis, ao mesmo tempo em que ignora ou contesta experiências que são avaliadas de modo negativo. Em outras palavras, o terapeuta está demonstrando a aceitação de eventos positivos e a rejeição de eventos negativos – precisamente o que o cliente por certo já estava fazendo antes do tratamento.

Às vezes, os terapeutas respondem a um conjunto de comportamentos, cognições e sentimentos negativos tentando explorar "onde você aprendeu essa forma de pensar". Perguntar de onde pode ser proveniente esse conjunto particular de pensamentos e sentimentos – como se fosse descobrir como removê-lo – é um sinal certo de problema. O uso clínico das palavras *por que* é quase sempre um

---

* N. de R.T.: Aprendizagem a partir de modelo.

erro. É um convite para apresentar razões ou narrativas e em geral leva cliente e terapeuta a um beco sem saída. Costuma ser mais produtivo pedir que o cliente descreva os eventos internos (incluindo pensamentos sobre a própria história) que aparecem em associação com o material difícil. O plano é ver o que está ali – e não resolver, como se a vida da pessoa fosse um problema.

A forma de abordar essas dificuldades é reconhecê-las, desfusioná-las e retornar à essência do trabalho. O terapeuta deve considerar os valores pessoais que estão envolvidos na terapia e, a partir dessa posição, seguir para a próxima sessão. Sentimentos de medo, repulsa ou frustração sobre o que está se revelando com um cliente não são, por si só, ruins. Tais sentimentos não significam o que eles dizem o que significam. A solução é a mesma tanto para o terapeuta quanto para o cliente. Apropriadamente identificado, esse tipo de dificuldade pode ser uma coisa boa porque significa que o terapeuta pode compreender inteiramente o quanto é difícil fazer o que ele está pedindo que o cliente faça. Trazer esse senso de humildade para o consultório pode tornar a terapia mais efetiva e humana, colocando a relação terapêutica em outro patamar.

Foco excessivo no processamento emocional

Uma falsa concepção comum acerca da ACT é a de que o objetivo central é colocar os clientes "em contato com seus sentimentos", a qual está atrelada a uma ideia cultural muito popular relativa à necessidade de liberar sentimentos reprimidos e frustrações passadas. Um segundo derivado dessa posição é acreditar que todo o sofrimento psicológico do cliente pode ser explicado como uma função da esquiva de certos sentimentos. Portanto, a primeira tática pode ser perguntar ao cliente de forma mais ou menos direta o que ele está evitando. A suposição implícita aqui é a de que, se o cliente entrar em contato com o que está sendo evitado, a vida automaticamente irá assumir uma direção positiva.

A esquiva emocional é uma característica central do trabalho da ACT – mas apenas na medida em que ela bloqueia o cliente, impedindo-o de buscar uma direção comprometida na vida. Os eventos privados nos quais o terapeuta ACT está mais interessado são aqueles que vêm à tona depois que o cliente dá início a ações valorizadas. Quando o cliente avança para o estabelecimento de um processo de vivência vital, sentimentos, pensamentos e lembranças negativos evitados irão de fato vir à tona. Abordar essas experiências não é um exercício esotérico de "entrar em contato com seus sentimentos" simplesmente porque a emoção em si é considerada como inerentemente saudável. Essas experiências são munição para a ACT porque o objetivo é a flexibilidade comportamental e a ação valorizada.

O terapeuta pode ser tentado a rapidamente embarcar no comboio da esquiva emocional poucos minutos depois de iniciar a primeira sessão, mas a linguagem que acompanha essa escolha frequentemente é indistinguível da linguagem de outras psicoterapias populares que enfatizam a descoberta emocional por si só ("Você só precisa sentir seu sentimento!"). De todos os erros que um terapeuta ACT pode cometer, este é provavelmente o mais sedutor porque é consistente com boa parte da literatura contemporânea e algumas vezes pode parecer quase impossível de distinguir do trabalho louvável da ACT. Além disso, é difícil mesmo para terapeutas experientes distinguir confiavelmente e ignorar esse tipo de convite à chafurda emocional como se o progresso clínico pudesse ser medido pelo número de lágrimas por minuto. A solução para esse erro é retornar aos exercícios ativos associados aos valores e à mudança do comportamento. Se o trabalho emocional valer a pena, isso ficará evidente nesse ponto.

Lidando com suas próprias questões

É fácil que o terapeuta fique travado quando ele e o cliente tropeçam em questões que são igualmente salientes para ambos. Essa dificuldade pode surgir sempre que o terapeuta tem crenças morais particularmente fortes acerca de determinado conjunto de comportamentos (i.e., comportamento suicida) ou quando o dilema do cliente reflete uma questão que o terapeuta abordou sem sucesso em sua própria vida. Os erros comuns que resultam são esquivar-se de tópicos emocionalmente carregados, dar conselhos ou basear-se excessivamente na experiência pessoal (p. ex., "Não faça o que eu fiz!").

Mesmo os "bons" terapeutas ACT têm questões pessoais e conteúdo psicológico temido. Eles têm o que costuma ser chamado de "contratransferência", e nenhuma quantidade de terapia ou experiência é capaz de eliminar a questão – porque, afinal de contas, os terapeutas *são* seres humanos. O próprio modelo de flexibilidade psicológica sugere o que deve ser feito: reconhecer a questão (particularmente, a princípio, e então para o cliente, se isso parecer útil); estar mais aberto psicologicamente; e focar nas ações baseadas em valores que podem ser tomadas para o bem do cliente. Às vezes, estão envolvidas questões pessoais que não serão benéficas para ajudar a resolver o dilema do cliente, e, nesse caso, o objetivo é simplesmente a autoaceitação. Ao seguir esse curso, o terapeuta ACT modela exatamente o que o cliente está sendo solicitado a fazer, ou seja, persistir em levar adiante os passos valorizados, não importando os sentimentos que possam surgir. Em outros momentos, também nossa conexão pessoal com uma questão sugere formas adicionais de seguir em frente.

CONSIDERAÇÕES FINAIS

Na ACT, as relações terapêuticas são fortes, abertas, acolhedoras, mútuas, respeitosas e carinhosas. Em suma, a relação ideal na ACT é o epítome da flexibilidade psicológica. Ao mesmo tempo, a relação terapêutica *per se* não é vista como um objetivo final da terapia. Em vez disso, ela é um veículo poderoso para a mudança. Existem outros "sistemas de entrega" poderosos. De fato, evidências empíricas sugerem que o modelo da ACT pode funcionar mesmo quando não é requerido nenhum relacionamento, por exemplo, via livros de autoajuda (Muto, Hayes, & Jeffcoat, 2011) ou usando tratamento assistido por computador. Entretanto, em geral os tamanhos do efeito dessas intervenções são um pouco menores, já que as relações são um poderoso aliado da mudança.

O trabalho da ACT é pessoalmente desafiador. Essa é a própria natureza do trabalho para qualquer cliente e, assim, é inevitável para o terapeuta honesto. A ACT pode ser uma intervenção poderosa, porém ela é intrusiva pela sua própria natureza, levantando questões básicas de valores, significado e identidade própria. A distinção entre a ACT topograficamente definida e a ACT funcionalmente definida tem a ver com a natureza e o propósito do trabalho do terapeuta. Quando desenvolvidas apropriadamente, as relações na ACT são intensas, pessoais e significativas. As fronteiras da relação terapêutica são naturais, não arbitrárias e associadas à operacionalidade. Quando feita apropriadamente, essa relação serve como modelo aos propósitos e à natureza do próprio modelo da ACT.

6

Criando um contexto para mudança
Mente *versus* experiência

Neste capítulo, você aprenderá...

◊ Por que o ato de entrar em terapia é uma extensão da intenção de mudança do cliente.
◊ Como usar a definição do cliente de *melhor* para informar a intenção de mudança subjacente.
◊ Como usar o conceito de operacionalidade para avaliar os esforços passados de mudança do cliente e os custos emocionais correspondentes.
◊ Como abordar as principais diferenças entre o que a mente do cliente diz que deve funcionar *versus* os resultados que o cliente realmente está obtendo.
◊ Como estimular um senso criativo de desesperança, de modo que o cliente esteja disposto a começar a confiar na sua própria experiência em vez de se culpar por eventuais limitações.
◊ Como usar as informações derivadas durante as primeiras sessões para decidir em qual processo central da ACT mirar primeiro.

UMA PERGUNTA DE ABERTURA: POR QUE AGORA?

Os terapeutas clínicos experientes sabem que a importante pergunta "Por que agora?" deve estar passando pelas suas mentes ao se encontrarem com o cliente pela primeira vez. Por que o cliente está buscando ajuda hoje, e não uma semana, um mês ou um ano atrás? O que mudou na vida do cliente para que tenha sido tomada a decisão de procurar ajuda?

Os clínicos precisam refletir sobre a importância de vir consultar um terapeuta, dado o estigma cultural associado à busca de tratamento para saúde mental ou dependência química. Em geral, alguma coisa significativa aconteceu para fazer o cliente querer transpor essa barreira.

Normalmente, o cliente já trabalhou, lutou, considerou, planejou, avaliou, contemplou e lidou com o problema por algum tempo. Em geral, já foram experimentadas muitas soluções diferentes sem muito sucesso. O cliente pode já ter falado com amigos, discutido a situação com um familiar ou parceiro, pode ter rezado, lido um livro ou dois de autoajuda, conversado com um rabino, padre ou pastor e, sim, pode até já ter consultado outros terapeutas. O cliente também já pode ter experimentado algumas soluções não tão úteis, como evitar os amigos e a família, recusar-se a dirigir seu carro, beber, usar drogas, comer em excesso, praticar automutilação ou coisas afins.

Rotularíamos algumas dessas respostas como "positivas" e outras como "negativas", se consideradas individualmente. Consideradas como uma classe, no entanto, essas estratégias são "farinha do mesmo saco" porque se originam dentro da mesma intenção culturalmente moldada que o cliente está seguindo para resolver o problema. Normalmente, o objetivo de tais estratégias é controlar ou eliminar o sofrimento psicológico. Basicamente, o cliente está tentando encontrar uma forma de se sentir melhor. Da mesma forma que retirar a mão do queimador incandescente faz você se sentir melhor, os clientes transportam essa mesma definição de *melhor* para o seu mundo psicológico. *Melhor* é estar livre da emoção, do pensamento, da lembrança ou da sensação ativamente dolorosa que o cliente está experimentando.

Essas respostas são altamente organizadas; não são aleatórias. Se fossem aleatórias, o cliente estaria muito melhor porque soluções inviáveis seriam abandonadas rapidamente, e abordagens viáveis seriam descobertas por tentativa e erro. Assim como a evolução biológica não pode funcionar sem variabilidade e seleção, a evolução comportamental saudável é melhorada pela flexibilidade psicológica e por um foco na operacionalidade. De forma paradoxal, a ACT visa ajudar o cliente a recuperar a habilidade de ser mais variável, ouvir os resultados e ser incansavelmente experimental na abordagem. Essa progressão não poderá acontecer enquanto o cliente estiver absorvido e fixado na aplicação de um modo verbal de solução de problemas que enfatize a importância de atingir um resultado inatingível.

Na maioria dos casos, os clientes vêm para a terapia com uma sensação de que estão "emperrados" – incapazes de produzir ou manter um dinamismo positivo direcionado para o controle ou a eliminação do sofrimento emocional. O cliente costuma procurar terapia com a convicção de que o terapeuta fornecerá um *insight* ou uma estratégia prática que possibilitará que a intenção existente seja cumprida. Os terapeutas experientes sabem que o simples fato de o cliente procurar ajuda não significa que ele esteja disposto a se engajar em uma mudança comportamental real. Esses clientes com frequência são descritos como "resistentes", mas, na verdade, praticamente todos os clientes são resistentes de um modo particular.

RESISTÊNCIA MOLDADA CULTURALMENTE

Se uma pessoa empregou muito esforço para reduzir o sofrimento emocional e ainda assim está procurando ajuda, uma das duas coisas se aplica: ou (1) a pessoa não encontrou a maneira certa de solucionar o problema ou (2) o "resultado desejado" se originou em uma abordagem falha ou inviável da situação-problema. Quase sem exceção, os clientes acreditam que é a primeira circunstância que se aplica ao seu caso. Eles costumam se culpar por não encontrarem a fórmula certa e buscam o terapeuta para validar a intenção básica e lhes revelar o passo que falta para que essa abordagem funcione. A expectativa é a de que a direção que o terapeuta toma ratifique a intenção de mudança culturalmente modelada ou leve a discussão para alguma direção inesperada. Esta é a encruzilhada que cada terapeuta deve enfrentar.

Entretanto, a perspectiva da ACT é a de que o resultado conceitualizado, ou seja, a suposta solução, com frequência é o próprio problema. A maioria dos clientes são pessoas inteligentes, sensíveis, preocupadas, que, se tivessem uma oportunidade razoável, provavelmente encontrariam uma solução efetiva. O problema é que seu treinamento cultural não lhes dá uma chance objetiva de sucesso. Em vez disso, os esforços dos clientes para a resolução de problemas são orientados por regras culturalmente sancionadas que descrevem como os problemas devem ser identificados, analisados e resolvidos. Essas diretrizes mentais e pressupostos culturais especificam quais resultados psicológicos e vitais são importantes e como atingi-los. Anteriormente mencionamos as características essenciais dessa intenção de mudança falha:

- Problemas psicológicos podem ser definidos como a presença de sentimentos, pensamentos, lembranças, sensações corporais desagradáveis, entre outros.
- Essas experiências indesejáveis são vistas como "sinais" de que algo está errado com o cliente e de que alguma coisa precisa mudar.
- Uma vida saudável não pode ocorrer até que essas experiências negativas sejam eliminadas.
- O cliente precisa se livrar das experiências negativas corrigindo os déficits que as estão causando (p. ex., falta de confiança, desconfiança nas relações).
- A melhor forma de obter isso é entendendo e modificando os fatores que são as causas das dificuldades (p. ex., baixa autoconfiança resultante de pais excessivamente críticos; desconfiança causada por abuso sexual).

A observância dessa abordagem para resolução de problemas cria resultados tóxicos para muitos clientes; no entanto, esses clientes prontamente defendem a validade dessa abordagem. Eles com frequência olham para o terapeuta com incredulidade quando se coloca em questão diretamente a utilidade dessa abordagem. Eles querem que o terapeuta lhes dê a solução mágica que tornará bem-sucedida outra rodada de esforços de controle e eliminação.

O ELEFANTE NA SALA

O modelo de saúde pessoal culturalmente promovido e de como alcançá-lo está na essência das dificuldades que enfrentamos quando tentamos ajudar um cliente que está sofrendo. Esse modelo essencialmente sugere que eventos internos incontroláveis – como sentimentos dolorosos, pensamentos angustiantes, lembranças assustadoras, imagens desagradáveis ou sensações físicas desconfortáveis – precisam ser controlados ou eliminados para que seja possível atingir a saúde pessoal. Em vez de encarar as experiências internas indesejadas como sinais que devem receber atenção e ser usados para motivar uma ação efetiva (a raiz em latim de *emoção* significa "movimento"), a instrução cultural é matar o mensageiro emocional. Em vez de reconhecer que as emoções quase nunca são "erradas" em um sentido *funcional*, o cliente tradicionalmente aprendeu que emoções negativas são "tóxicas" e, portanto, são o problema a ser resolvido ou eliminado. Essa instrução simples, porém letal, cria um efeito dominó de esforços mal conduzidos para a resolução de problemas cujo resultado frequentemente é o cliente acabar bloqueado. Enquanto for permitido que esses esforços para resolução de problemas predominem sobre a experiência direta, o cliente continuará a sofrer. Como essas regras culturais tradicionais estão inseridas na própria linguagem, elas não saltam naturalmente aos olhos dos clientes ou terapeutas.

O problema básico que o terapeuta precisa enfrentar de algum modo no começo é que o cliente está fusionado, ou excessivamente identificado, com a ideia de que saúde é a ausência de sofrimento emocional e que, portanto, esforços deliberados de controle serão bem-sucedidos para atingi-la. O cliente não vê "o elefante na sala", e simplesmente apontar que existe um elefante ali não vai dissuadi-lo de agir segundo a intenção existente. Como é o caso com tantos aspectos da ACT, o terapeuta precisa usar as palavras de formas altamente estratégicas para ajudar o cliente a se mover centímetro por centímetro em direção ao reconhecimento da armadilha verbal que foi montada.

Como conseguimos que o cliente mude sua atenção das explicações autocríticas e reforçadoras desse propósito para o motivo dos esforços de mudança terem falhado (p. ex., "Não tenho força de vontade suficiente"; "Não tenho a confiança necessária"; "Minha história de abuso me impede de me autoafirmar"; "Este é apenas outro exemplo de como eu perco coisas que são importantes para mim")? Como conseguimos que os clientes comecem a questionar a legitimidade do modelo tradicional de mudança (p. ex., "Talvez o objetivo não seja controlar como eu me sinto ou penso ou do que me recordo"; "Talvez meu objetivo seja defender meus valores nesta situação e tomar uma atitude, mesmo que esteja angustiado"; "Talvez esta seja a forma de promover minha sensação de saúde e bem-estar")? Se tivéssemos uma solução mágica que pudesse ajudar o indivíduo que sofre a sair completamente de seu condicionamento cultural, este livro não seria nada mais do que uma fração de seu tamanho. Porém, como ocorre com muitas lições importantes na vida, o cliente precisa aprender isso por um caminho difícil.

No âmbito comportamental, o ato de ingressar na terapia é um reconhecimento de que – não importa com que diligência o cliente tenha seguido o "propósito de mudança através de controle e eliminação" – os resultados esperados não estão se materializando. Essa falta de progresso nos dá, como clínicos, uma vantagem distinta na interação. Se continuarmos voltando aos resultados que o cliente está experimentando *versus* os resultados que o modelo de mudança cultural promete, temos uma ferramenta motivacional incorporada. Normalmente, o cliente não vai nem mesmo reconhecer que regras mentais inviáveis estão sendo seguidas. Estabelecer essa questão diretamente em uma interação verbal pode funcionar bem com alguns clientes de funcionamento superior. E, se a descrição do problema for minuciosa, o estágio do contrato terapêutico pode ser alcançado quase imediatamente. No entanto, a maioria dos clientes – mesmo aqueles com considerável *insight* e motivação para mudança – irá defender vigorosamente a ideia de que saberão que são saudáveis quando não mais experimentarem dor pessoal significativa. Por essa razão, a exploração mente *versus* experiência é com frequência a primeira ordem do dia.

O que vem a seguir, neste capítulo, é uma descrição do que normalmente precede o desenvolvimento de um contrato terapêutico. Às vezes, com clientes particularmente receptivos, podemos avançar rapidamente em alguns desses passos, mas em geral não de forma plena. O ritmo e a sequência exatos dependerão de quão próximo o cliente estiver durante a fase de descrição do problema e da rapidez com que o terapeuta deve enfrentar o sistema que até o momento enredou o cliente.

O QUE VOCÊ JÁ TENTOU? COMO FUNCIONOU? O QUE ISSO LHE CUSTOU?

No começo da terapia, os objetivos imediatos são neutralizar a fixação do cliente em seguir as regras culturais tradicionais e começar a semear dúvida sobre a eficácia da abordagem básica que ele vinha usando. A melhor maneira de lidar com esse sistema é focar continuamente em uma discussão sobre o que está funcionando e o que não está. O contraste entre o que as regras culturais dizem que deve acontecer e o que na verdade está acontecendo é o elemento fundamental para a criação de um contexto diferente para mudança.

Tipicamente, o terapeuta ACT inicia esse processo identificando o sistema que o cliente vem seguindo, o que envolve focar o diálogo em quatro perguntas principais:

1. O que o cliente deseja como resultado ideal?
2. Que estratégia (ou estratégias) o cliente já tentou?
3. Como isso funcionou?

4. Qual foi o custo pessoal de seguir essa estratégia (ou estratégias)?

A justificativa teórica para essa abordagem é importante. O cliente está operando sob a influência de um "caminho" geral que diz o seguinte: identifique o problema ("maus" pensamentos, sentimentos, etc.), elimine o problema (eliminar "maus" pensamentos, sentimentos, etc.), e então a vida vai melhorar (p. ex., "Vou ter um trabalho, casamento, ... gratificante").

O objetivo de identificar com o cliente as várias estratégias que estão sendo empregadas é ajudá-lo a reconhecer seu propósito e fazer contato direto com os custos pessoais de segui-lo. O objetivo é colocar o cliente em contato com sua experiência da operacionalidade dessa abordagem, de modo que seja criada uma abertura para alternativas. Também queremos que o cliente comece a ver as semelhanças entre as várias estratégias de enfrentamento para que a discussão possa mudar para a questão geral de tentar controlar ou eliminar experiências privadas. Incluir muitos exemplos em uma classe maior é recomendável porque torna mais provável que visar a extinção de algum deles leve ao enfraquecimento da classe inteira (Dougher, Auguston, Markham, & Greenway, 1994; Dymond & Roche, 2009). Em essência, o terapeuta ACT está tentando agrupar a maioria das "soluções" prévias do cliente, se não todas, em uma classe do tipo "controle da experiência privada é igual a uma vida de sucesso" de modo que a validade da classe inteira de "soluções" possa finalmente ser examinada e desbancada. Elas não estão funcionando.

Quando o cliente faz contato com a natureza inviável da intenção de "controle e eliminação" focada no mundo interno, ele com frequência não sabe o que fazer a seguir; chamamos essa fase do desenvolvimento de "desesperança criativa". Durante esse período de transição, estratégias inteiramente novas podem se desenvolver sem que sejam sobrecarregadas por sistemas de regras prévios. Segundo uma perspectiva motivacional, também é importante que o cliente compreenda inteiramente os custos consideráveis de continuar a seguir uma intenção de mudança inviável. As estratégias de controle e eliminação não são de forma alguma inofensivas – elas pioram materialmente a situação do cliente. O cliente não apenas está produzindo de forma inadvertida mais dor psicológica, como também a persistência das estratégias de controle quase inevitavelmente penetra no mundo externo. Isso se dá porque a estratégia principal de esquiva experiencial é a esquiva situacional, ou comportamental. Sempre que o cliente começa a se engajar em esquiva situacional, inevitavelmente decorrem consequências no mundo real. A relação conjugal sofre, o desempenho profissional se deteriora, e comportamentos protetivos da saúde (como comer bem, dormir bem, fazer exercícios) declinam. Assim, o cliente se defronta com uma dupla situação negativa: o estresse psicológico crescentemente incontrolável e as consequências negativas do comportamento evitativo no mundo real. Pode ser suficiente para alguns clientes simplesmente ver a natureza inviável de suas estratégias de enfrentamento em sua mente, porém é mais útil fazer contato com os custos dessas estratégias no mundo material. Ver o que não está funcionando é o que motiva o cliente a procurar novas soluções.

O que é "melhor"?

O cliente tem-se esforçado intencionalmente, não aleatoriamente. A melhor maneira de ter acesso aos seus objetivos é obter uma noção de como seria a situação se o problema subjacente fosse resolvido. Na ACT, o cliente pode ser questionado: "O que lhe indicaria que sua vida estaria funcionando melhor? O que você estaria fazendo de diferente?" ou "Se acontecesse um milagre, e essa situação fosse resolvida, o que você notaria e que seria indicativo de que as coisas estão indo melhor?". Essas perguntas permitem que o terapeuta obtenha a definição do cliente da "solução" do problema que está presente. Ouvir com "ouvidos da ACT" é muito importante aqui. Normalmente, o cliente descreve um *objetivo de processo* – remover algum evento privado indesejado que aparentemente está impedindo que ele siga bem sua vida ("Eu acordaria e não me sentiria deprimido"; "Eu poderia ter relações íntimas com meu namorado sem experimentar *flashbacks*"; "Eu não me sentiria sem valor quando alguém me criticasse"; "Eu poderia passar o dia sem sentir urgência de beber"). Essas respostas tendem a destacar as experiências privadas que o cliente está tentando suprimir, controlar ou evitar. Elas também fornecem um ponto de entrada para uma discussão sobre a esquiva comportamental, ou seja, as tentativas do cliente de evitar a estimulação de experiências internas indesejadas, evitando situações, eventos ou interações que as desencadeiam. Como, por definição, esses obstáculos emocionais permanecem como preocupações atuais (é por isso que o cliente está buscando a sua ajuda), o terapeuta pode inverter a pergunta e dizer algo como:

Terapeuta: Então, acordar e se sentir deprimida é um problema em que você não conseguiu progresso – isso está correto? O que acontece a seguir quando você acorda e percebe que está deprimida?

Cliente: Bem, eu tenho que decidir se vou para o trabalho ou não. Se eu estiver muito deprimida, apenas alego que estou doente e volto para a cama e tento sumir.

Terapeuta: Então, uma estratégia que você usa para controlar sua depressão é deixar de ir para o trabalho para economizar suas energias – correto?

Esse tipo de interação breve começa a dar ao terapeuta um "retrato" dos vários obstáculos emocionais que a cliente está tentando ultrapassar.

O segundo objetivo desse conjunto de perguntas é rapidamente engajar a cliente em uma discussão acerca dos valores pessoais e do que ela gostaria de obter da vida. Essas visões de uma vida melhor são os *objetivos de resultado*. Como discutiremos posteriormente, alguns objetivos de resultados são objetivos verdadeiros, e outros provavelmente funcionam mais como valores. Essa interação inicial não é uma avaliação integral de valores nem o planejamento de objetivos que pode ocorrer posteriormente ao longo da terapia. É apenas uma tentativa de abordar o que o cliente gostaria de ver acontecendo.

Terapeuta: O que você estaria fazendo diferentemente se não experimentasse *flashbacks* e ataques de ansiedade quando você e seu namorado estão a ponto de ter intimidade?

Paciente: Eu poderia relaxar, curtir o momento de intimidade e ser receptiva às necessidades dele. Eu conseguiria compartilhar com ele o quanto o amo.

Terapeuta: Parece que você tem investido muito para transformar essa relação em um reflexo do que você quer ser como uma parceira na vida. Isso é muito bom. Parece que o impacto de ter *flashbacks* e ansiedade é que eles estão tentando bloqueá-la e impedi-la de realizar seus sonhos para esse relacionamento.

Nesse caso, o terapeuta está simplesmente reconhecendo os valores da cliente e apontando para o fato de que existe um conflito entre o que ela quer e com o que ela tem que lidar na forma de obstáculos emocionais. Essa estratégia é um tipo de "identificação". O terapeuta simplesmente observa esse valor importante e os obstáculos associados e os afixa no quadro de avisos para serem abordados posteriormente na terapia.

O sistema que costuma estar sufocando o cliente envolve o fato de que ele erroneamente associa objetivos de resultado e objetivos de processo. Raramente atingir um objetivo de processo garante que um objetivo de resultado associado será realizado, mas a intenção de mudança tradicional está baseada nesse pressuposto. O terapeuta deve estar atento a declarações que expressem conexão direta entre atingir um objetivo de processo e realizar um objetivo de resultado. Por exemplo, no diálogo a seguir, a cliente está deprimida, ansiosa e em meio a um divórcio prolongado e desagradável a que ela deu início somente depois de sofrer durante muitos anos com um relacionamento infeliz.

Terapeuta: O que você quer da terapia?

Cliente: Preciso me sentir melhor comigo mesma. Algumas vezes acho que eu quase me odeio. Sou insegura a maior parte do tempo. Isso acontece desde que consigo me lembrar – mesmo quando era criança, me recordo de pensar que eu era má e nunca iria conseguir melhorar. Acho que na verdade eu nunca cresci e assumi responsabilidade pelo que está acontecendo comigo. Meu casamento na verdade é uma farsa, meus filhos não querem estar comigo – eu estraguei tudo. Durante anos, eu lidei com isso bebendo, mas é claro que isso só piorou as coisas. Mas agora que eu parei de beber, consigo perceber o quanto me sinto mal na maior parte do tempo – acho que se eu soubesse como seria difícil, nunca teria conseguido parar de beber.

Essa resposta apresenta uma mescla confusa de objetivos de resultado e de processo e não deixa claro se a cliente consegue distinguir entre uma coisa e outra. Os objetivos de resultado incluem assumir o controle de sua vida, ter um relacionamento que seja válido e íntimo e ter um bom relacionamento com seus filhos. Esses resultados estão bloqueados por vários obstáculos psicológicos: autoaversão, sentir-se insegura, sentir-se mal e pensar "Estou mal". Ao fazer essa pergunta inocente, o terapeuta expôs o sistema inviável central da cliente: quando a insegurança e os maus sentimentos desaparecerem, a cliente será capaz de viver uma vida mais intensa e significativa. Mudar os maus sentimentos é um objetivo de processo. Viver bem é um objetivo de resultado. A resposta também revela alguns dos esforços que foram empregados para tentar fazer esse sistema funcionar: a cliente se "sentia melhor" quando bebia, mas sentir-se melhor não levou a uma vida melhor; na verdade, beber tornou sua vida muito menos tolerável. Atingir o objetivo de processo (sentir-se melhor) estava, na verdade, negativamente relacionado com o objetivo de resultado (viver uma vida gratificante).

O que você já tentou?

A maioria dos clientes está trabalhando dentro de um sistema em que as experiências privadas indesejadas são vistas como barreiras para uma existência vital. O terapeuta deve empregar algum esforço (até mesmo muito esforço, caso seja necessário) para tentar enumerar todos os vários métodos que já foram usados e os resultados que eles produziram. Enquanto coleta essas informações, o terapeuta deve assumir uma postura objetiva e não crítica em relação aos vários esforços do cliente para a resolução dos problemas. O terapeuta ACT deve fazer o cliente descrever em detalhes cada estratégia de enfrentamento e, então, associá-la com a intenção de mudança do cliente. Por exemplo, o trecho a seguir é uma interação com um preocupado crônico:

Terapeuta: O que mais você já tentou fazer?

Cliente: Bem, algumas vezes eu tento dizer a mim mesmo para sair dessa. Eu digo: "Isso é um absurdo – você está fazendo tempestade em copo d'água".

Terapeuta: Em outras palavras, você se critica e se castiga. E o propósito dessa crítica...?

Cliente: Me fazer parar com isso.

Terapeuta: Para fazer uma mudança – parar de se preocupar.

Cliente: É... As coisas com que me preocupo são absurdas. Quer dizer, algumas coisas que vêm à minha mente são maluquices.

Terapeuta: E a ideia é que, se você conseguisse se livrar dessas preocupações – esses pensamentos –, então a ansiedade seria menor e você conseguiria enfrentar melhor suas situações cotidianas.

Cliente: Certo, mas é muito difícil conseguir me convencer de parar com isso. Então, algumas vezes funciona, mas outras vezes não.

Terapeuta: Então, se você conseguisse se convencer de que não precisa se preocupar, isso daria certo e as coisas começariam a andar. OK. Até agora temos crítica, castigo e tentativas de se convencer a parar. O que mais você já tentou?

Nesse exemplo, o terapeuta está funcionando como um espelho com algumas rachaduras, refletindo a essência do que o cliente está dizendo, mas com uma pequena distorção. Ao reenquadrar as soluções em termos do resultado desejado do cliente, o terapeuta está começando a ajudá-lo a reconhecer que (1) inúmeras soluções já foram tentadas; (2) geralmente visam atingir os objetivos de processo, com uma presumida ligação com os objetivos de resultado; e (3) compartilham uma estratégia comum que está ligada ao controle ou à eliminação da experiência privada indesejada.

Uma boa ideia é incluir o contexto da terapia nesse tipo de exploração. O cliente pode ser convidado a revelar como o fato de entrar em terapia é, por si só, outro esforço de mudança. Essa sugestão pode ser útil porque mostra que o terapeuta não está defensivo em relação à ideia de simplesmente ser outra parte da intenção de mudanças do cliente.

Este é um exemplo de uma sessão com aquela cliente deprimida que está em meio a um divórcio:

Terapeuta: E esta sua vinda aqui – também faz parte desse esforço para mudar o quanto você se sente mal?

Cliente: É claro. Na verdade, não tenho certeza do que vou conseguir com isso, mas, se ao menos eu conseguisse me sentir um pouco melhor comigo mesma, já valeria a pena.

Terapeuta: Então você espera remover alguns dos maus sentimentos e ter mais bons sentimentos porque aí seria capaz de seguir em frente.

Cliente: (*Faz uma pausa.*) Acho que sim.

Terapeuta: Então esta é outra coisa a ser tentada. Muito bem. Vamos acrescentar esta terapia à lista. Esta é outra coisa que você já fez para se sentir melhor.

Cliente: Já tentei quase tudo que eu conheço para me sentir melhor.

Terapeuta: Estou certo que sim. Você tentou, mesmo, e esta – a terapia – é ainda outra tentativa.

Cliente: Você diz isso como se houvesse uma alternativa.

Terapeuta: Bem, eu não sei. Neste momento só quero esclarecer o que você já tentou e como funcionou.

Como funcionou?

O terapeuta constitui uma vantagem diferente devido a este princípio fundamental: se as coisas estivessem funcionando "conforme o anunciado", o cliente não estaria sentado à sua frente neste momento. Alguma coisa está errada, e o objetivo é ajudar o cliente a ver qual é o problema básico. Na ACT, o terapeuta está engajando o cliente em um tipo de competição entre dois jogadores principais. De um lado está a mente do cliente. Do outro lado está o conhecimento da experiência direta do cliente. O cliente experimentou diretamente certos resultados. Quando os clientes sofrem, isso ocorre porque a mente e a experiência direta estão em conflito fundamental. A mente diz que seguir determinada estratégia de processo (p. ex., melhorar a autoconfiança) irá produzir um objetivo de resultado desejado (p. ex., conseguir que as pessoas gostem de você), mas o sistema não está produzindo resultados. Em vez de questionarem o sistema, os clientes aceitam as explicações da mente do motivo pelo qual a estratégia não funcionou (p. ex., você não tentou com suficiente afinco para obter autoconfiança – você deve ser muito fraco para ter sucesso). Devido à relação confortável que temos com nossa mente, é muito difícil para a maioria dos clientes reconhecer o jogo que está sendo jogado. Trazer à tona repetidamente a questão da operacionalidade é a única maneira de criar dúvida inicial na maioria dos clientes sobre o quanto é inteligente seguir o que diz a sua mente. A situação é esta: por mais que tentem, os clientes não estão tendo bons resultados quando seguem o conselho da sua mente. É por isso que acabam vindo para a terapia. O desafio, para o terapeuta, é expor essas falhas de uma forma que não leve o cliente a uma postura de resistência defensiva. O diálogo a seguir com o preocupado crônico, citado anteriormente, demonstra como avaliar o quanto o sistema de regras está funcionando:

Terapeuta: OK. Deixe-me perguntar uma coisa. A sua mente diz que, quando você se convencer de que as suas preocupações são absurdas, você vai parar de ter essas preocupações, vai ficar menos ansioso e então vai se sair melhor – certo?

Cliente: Certo.

Terapeuta: OK. E o quanto isso funciona? O que sua experiência lhe diz?

Cliente: Algumas vezes funciona. Mas nem sempre consigo dizer a mim mesmo para me desligar delas.

Terapeuta: E mesmo quando funciona, se ampliarmos um pouco o período de tempo, você diria que com o tempo, à medida que seguiu as regras que sua mente estabeleceu para você, suas preocupações, de modo geral, diminuíram ou aumentaram?

Cliente: ...De modo geral, aumentaram.

Terapeuta: Isso parece um paradoxo, não é? Quero dizer, você faz o que a sua mente diz, algumas vezes até parece funcionar, e então, de alguma forma, é como se as preocupações estivessem aumentando em vez de diminuírem.

Cliente: Então, o que eu devo fazer?

Terapeuta: O que a sua mente lhe diz para fazer?

Cliente: Esforçar-me mais.

Terapeuta: Interessante. E você se esforçou mais?

Cliente: Cada vez mais.

Terapeuta: E como *isso* funcionou? Foi vantajoso no longo prazo ou de uma forma fundamental, de modo que fazendo isso você transformou a situação e isso já não é mais um problema? Ou você, inacreditavelmente, está afundando ainda mais enquanto tenta se esforçar mais?

Cliente: ...Estou afundando cada vez mais.

Terapeuta: Se tivéssemos um consultor de investimentos com esse histórico, nós o teríamos demitido há muito tempo. Mas aqui a sua mente continua lhe levando a esforços que na verdade fundamentalmente não compensam, mas ela continua o perseguindo com esse blá-blá-blá, e fica difícil não lhe dar mais uma oportunidade. Quero dizer, o que mais você pode fazer, a não ser o que a sua mente lhe diz para fazer? Mas talvez estejamos chegando a um ponto em que a pergunta será "A quem você irá seguir – sua mente ou sua experiência?". Até agora, a resposta tem sido "sua mente", mas quero que você também observe o que sua experiência lhe diz sobre o quanto isso funcionou.

Focar em como o sistema está funcionando tem duas funções. Primeiro, implicitamente encoraja o cliente a recuar e "testemunhar" os resultados da identificação excessiva com a mente; em essência, esta é a forma mais simples de desfusão. Quando o terapeuta usa a linguagem da "sua mente", o cliente está sendo orientado a olhar *para* a atividade mental em vez de olhar para o mundo *a partir* da perspectiva da mente. É mais fácil se separar da conversa intrapessoal quando ela é tratada como um evento semelhante a um objeto porque o treinamento da linguagem enfatiza a separação dos papéis do falante e do ouvinte. Mesmo que os clientes expressem curiosidade sobre o que entendemos por *mente* e possam não entender a resposta imediatamente, eles implicitamente entendem o processo de falar e ouvir. Segundo, discutir os resultados dessa maneira objetiva e não avaliativa é demonstrar um tipo de aceitação para o paciente. Este é um espaço poderoso de onde trabalhar porque, independentemente do quanto o cliente está se defendendo, o fato de estar em terapia é, por si só, evidência inegável de que alguma coisa não está funcionando. A dor do fracasso é nossa maior aliada na terapia. Ela muda a moldura de referência do cliente e com frequência é uma precondição para buscar soluções "fora da caixa".

Embora estejamos focando agora na primeira ou na segunda sessão com um cliente novo, o princípio da viabilidade (i.e., "Como isso está funcionando para você?") é uma estratégia básica para evitar interações que levem a um impasse durante a terapia. Sempre que um terapeuta em ACT é arrebatado por uma história de vida fascinante – mas contraproducente – do cliente, a operacionalidade fornece uma forma confiável de trazer a atenção de volta para as questões contextuais que são realmente mais importantes. Por exemplo, se um cliente "explica" logicamente por que as coisas são como são, o terapeuta pode interromper e dizer: "E como essa abordagem de explicação lógica de por que as coisas nunca vão mudar funcionou para você? O que sua experiência lhe diz? Ela lhe mostrou um ângulo desse problema que lhe proporciona algum espaço para se movimentar?".

O que isso lhe custou?

O elemento final da discussão inicial da situação do cliente é avaliar mutuamente o custo de seguir as recomendações da mente. Conforme observado antes, estratégias de controle e esquiva produzem um impacto nada benigno, mas a maioria dos clientes encara essas consequências adversas como um "efeito colateral" necessário em sua busca do controle de eventos privados estressantes e indesejados. Segundo sua perspectiva, meios extremos são justificados para controlá-los. Nessa discussão inicial, o terapeuta está tentando mudar o rótulo de "efeito colateral" para "resultado principal". A intenção de controle e eliminação não só falha em neutralizar o conteúdo estressante como também causa estragos no espaço psicológico do cliente e no mundo externo. Ao ajudar o cliente a chegar a um acordo com esse custo muito real, o terapeuta está lhe fornecendo o combustível motivacional necessário para procurar alternativas. Como já foi observado, essa discussão inicial aborda os valores do cliente apenas em um nível superficial, principalmente porque a discrepância entre os sonhos pessoais do cliente e o que realmente está ocorrendo cria muita ansiedade. A interação a seguir com a sobrevivente de abuso sexual, apresentada anteriormente, destaca alguns princípios fundamentais:

Terapeuta: Estou curioso. Você mencionou que a sua ansiedade chega ao auge quando seu parceiro começa a se aproximar enquanto você se arruma para ir para a cama à noite. Você também sente medo e começa a se lembrar do que seu tio fez com você. Aquela deve ter sido uma situação muito assustadora e dolorosa para você. Então, o que você faz para lidar com isso?

Cliente: A única maneira que consigo de manter a ansiedade sob controle é sair e dar uma volta ou ir para a sala da TV e me afastar.

Terapeuta: Isso deve ser muito difícil para você. Quero dizer, você é basicamente forçada a se afastar do seu parceiro, e ele é uma pessoa por quem você obviamente tem sentimentos muito fortes. Fico imaginando como isso está afetando vocês dois.

Cliente: Você não tem ideia do quanto isso é difícil para mim! Eu fico tremendo como vara verde depois disso. Simplesmente não sei o que fazer! Também me sinto mal porque meu namorado está ficando muito frustrado comigo. Ele até sugeriu que dormíssemos em quartos separados e também está falando em ficar na casa dele mais noites por semana.

Terapeuta: Uau, más notícias! Acho que outra maneira de dizer isso é que você compra alívio para a ansiedade desistindo de alguns dos seus sonhos para esse relacionamento – é isso?

Cliente: Sim, por mais triste que pareça... deixo meus problemas destruírem esse relacionamento.

Terapeuta: Bem, não parece que os seus problemas estão fazendo o trabalho sujo aqui. É o que você está fazendo quando seus problemas aparecem que está causando o estrago. Para diminuir sua ansiedade, você sai do quarto. Devido ao custo que você está pagando, controlar sua ansiedade deve ser a tarefa nº 1.

Cliente: Se eu ficasse no quarto e deixasse de lado a minha ansiedade, tenho medo de que perderia a cabeça.

Terapeuta: Exatamente, sua mente está ocupada em lhe dizer que coisas ainda piores vão acontecer se você não sair de lá imediatamente. O engraçado é que sair do quarto produz consequências ainda piores, não é? O que sua mente tem a dizer sobre você perder esse relacionamento e os sonhos que teve para ele?

Cliente: Não sei como responder a essa pergunta.

Terapeuta: Você quer dizer que a sua mente não tem uma resposta? Deixe que eu lhe pergunte: O que é mais importante para você aqui – não ter ansiedade no seu quarto ou manter seu relacionamento com o homem dos seus sonhos? A sua mente está dizendo que a ansiedade é a coisa mais importante na sua vida, mas eu gostaria de saber o que *você* acha mais importante.

Cliente: Meu relacionamento.

Terapeuta: E se você continuar seguindo os conselhos da sua mente sobre essa situação, o que acha que vai acontecer?

Cliente: Ele vai se cansar e me deixar. Não sei o que fazer!

Terapeuta: Bom... não saber é um bom lugar para estar.

Nessa interação, o terapeuta está enfraquecendo a noção de que perder o relacionamento é simplesmente um efeito colateral justificável mantido a serviço do objetivo muito mais importante de controlar a ansiedade e o medo. O custo real será uma consequência irreversível para toda a vida. Não se deve permitir que discussões como essa sobre o custo do controle e da esquiva se transformem em crítica do cliente. O terapeuta deve manter seu foco em identificar as consequências ocultas, simultaneamente olhando para o cliente com um olhar mais "delicado".

CRIANDO UM ACORDO DE TRATAMENTO

As questões envolvidas no consentimento informado e na criação de um acordo de tratamento variam entre os contextos da prática: psicoterapia ambulatorial, cuidados primários, programas no ambiente de trabalho, etc., têm limitações práticas diferentes. Em geral, existe uma descrição dos princípios e dos processos em operação; a natureza e a disponibilidade de formas alternativas de terapia e evidências para esses cursos de ação também são tópicos importantes.

Como a ACT pode levantar questões pessoais fundamentais e dolorosas, é aconselhável fazer o cliente se comprometer com um curso de tratamento específico e combinar não medir o progresso de forma prematura. Essa abordagem em geral envolve combinar de se encontrar certo número de vezes com o cliente e, então, revisar os resultados antes de prosseguir com sessões adicionais. Deve ser dito ao cliente para esperar altos e baixos e entender que o sucesso não deve ser definido como a ausência de dor pessoal.

Um conhecido autor e treinador em ACT, Russ Harris, desenvolveu uma forma acelerada de chegar a um acordo terapêutico na ACT. Ela envolve moldar o problema do cliente em termos relativamente objetivos, validando o estresse causado pela lacuna entre o que está ocorrendo e o que é desejado e tomando conhecimento das dificuldades do cliente com seus pensamentos e sentimentos e a relativa ausência de comportamento baseado em valores. Conclui com um acordo de buscar uma alternativa fundamentalmente diferente associada à diminuição do impacto de pensamentos e sentimentos difíceis e à busca de ações valorizadas. Esta última exigência é essencial porque, a menos que seja atingido um acordo firme que seja apoiador da ACT, as ideias culturalmente apoiadas que estão em oposição à ACT podem rapidamente se inserir de forma implícita no acordo, caso em que provavelmente haverá confusão e discórdia desnecessárias.

Externalizando o problema

A formulação original do problema do cliente contém não só os fins – os quais são determinados pelo cliente –, mas também os meios ou processos – que não são. "Estou deprimido" normalmente implica que a depressão do cliente *tem* que desaparecer. No entanto, um exame mais aprofundado revela que essa exigência é um meio ou processo, não um fim. Se a depressão do cliente *realmente* desaparecesse, o que ele estaria fazendo que indicaria que a vida estava mais no rumo certo? A resposta a essa pergunta revela que se livrar da depressão *per se* não é o resultado de maior importância para o cliente.

Ao expressar o problema em termos mais comportamentais, o terapeuta consegue evitar essa armadilha particular. Uma estratégia útil é expressar os problemas do cliente como uma questão de barreiras e desafios que são uma questão de história e circunstâncias. Por exemplo, um terapeuta pode dizer: "Então, deixe-me ver se entendi isso corretamente. Você enfrentou uma série de desafios difíceis: primeiro, perdeu o emprego, depois, seu pai morreu, e, agora, você desenvolveu problemas de saúde. Tem sido cada vez mais difícil seguir em frente na sua vida. Agora, você também está tendo dificuldades de relacionamento em casa". O artifício é expressar o problema do cliente integralmente – mas sem aderir à formulação de causa e efeito do cliente. No resumo do problema é importante *não* incluir rótulos diagnósticos ou o papel dos pensamentos ou sentimentos estressantes, uma vez que o cliente provavelmente já os incorporou a uma explicação de causa e efeito de como o problema se desenvolveu – *e essa formulação é em grande parte o que precisa mudar*. Alguns comportamentos podem ser incluídos no resumo do problema, porém o foco primário deve estar na história única do cliente e nas circunstâncias, já que, afinal de contas, estas são as características contextuais que mais afetam nosso comportamento.

Essa abordagem não equivale a substituir os objetivos do cliente pelos do clínico. Os terapeutas trabalham *para* os clientes – eles são "mão de obra contratada". Eles têm maior conhecimento sobre quais meios conduzem melhor a quais fins. Suponha que alguém tenha chamado um encanador porque havia um vazamento, e essa pessoa estava erroneamente convencida de que o vaso sanitário estava vazando. O encanador pôde rapidamente ver que foi um cano que se rompeu. Seria antiético se o encanador trabalhasse no vaso só porque o cliente formulou o problema incorretamente. O problema é o vazamento, e o encanador tem uma responsabilidade profissional de procurar a causa do vazamento. Igualmente, os psicoterapeutas têm uma obrigação profissional de trabalhar nos meios efetivos, e não nos ineficazes presumidos pelo cliente ou pela cultura como os principais processos de mudança. O cliente tem um problema particular na vida; o terapeuta tem uma responsabilidade profissional de analisar a fonte e a resolução do problema.

Valide a defasagem

O sofrimento do paciente e o sentimento de que a vida não está correndo bem devem ser validados pelo terapeuta. Essa validação da experiência do cliente ajuda a normalizar emoções e pensamentos dolorosos.

> "Quando você olha para como quer que sua vida seja, comparando com como ela realmente é, você se sente angustiado. Você se sente deprimido e se torna autocrítico. Porém, muito disso parece muito natural, levando em conta a grande defasagem que existe entre como as coisas são agora e o tipo de vida que você quer para si."

Reconheça as dificuldades do cliente com pensamentos e sentimentos

Pode ser útil criar uma metáfora abrangente para fusão, esquiva e atenção inflexível e resumir a situação de uma forma que estabeleça um foco útil para intervenção.

> "É como se a sua mente estivesse sempre o fazendo lembrar-se do quanto sua

vida está indo mal. Você se sente triste. Sua mente começa a julgá-lo. [Acrescente alguma outra coisa que o cliente esteja fazendo, como ruminar ou sentir-se ansioso.] É quase como se você tivesse sido atraído para dentro de uma "guerra interna". À medida que você foi sendo capturado por sentimentos e pensamentos difíceis, eles se tornaram cada vez mais centrais na sua consciência. Com frequência você esteve ativamente lutando contra sentimentos depressivos e pensamentos autocríticos; outras vezes, eles simplesmente o arrastaram. Não tem graça nenhuma tentar viver dentro de uma zona de guerra!"

Saliente os custos

Depois de reconhecer as dificuldades atuais do cliente, esclareça suas implicações e consequências:

"E quando você é capturado por esses pensamentos e sentimentos, é como se a vida ficasse em compasso de espera. Você acaba fazendo coisas que não ajudam muito ou que na verdade drenam a sua vitalidade ou até mesmo deixam as coisas piores com o tempo. Você dorme. Você evita. [Acrescente alguma outra coisa que o cliente esteja fazendo.] E, na verdade, essas coisas realmente lhe proporcionam algum alívio por um curto período de tempo. Mas, em longo prazo, o tipo de vida que você deseja se afastou ainda mais. Coisas que você valoriza foram afetadas. Por exemplo, você já não passa muito tempo com os amigos. Você desistiu de cantar no coro da igreja. E, como isso torna as coisas ainda mais dolorosas, a defasagem entre onde você está e onde você quer estar aumenta cada vez mais, os sentimentos negativos se tornam ainda mais intensos, e a batalha se torna mais intensa. Alguma coisa não está funcionando, mas não está claro o que você deve fazer. E então você veio me ver. Estou entendendo corretamente?"

Crie um acordo de tratamento

Depois de revisar na totalidade o dilema do cliente, procure chegar a um acordo de tratamento:

"Então, parece que temos duas coisas a fazer. Primeiro, precisamos encontrar outra maneira de lidar com esses pensamentos e sentimentos difíceis para que eles não o maltratem. Segundo, precisamos trabalhar para melhorar sua vida nessas áreas principais [liste os valores e ações necessários] para que [liste os obstáculos] não consigam governar a sua vida ou o afastar do que você valoriza. Então, e se pudéssemos trabalhar juntos em alguma coisa verdadeiramente diferente nessas duas áreas? Em vez de se engajar nessa guerra interna, talvez possamos trabalhar para sair dela, de modo que esses pensamentos autocríticos e sentimentos de tristeza não atrapalhem tanto e possamos nos encaminhar para o que realmente é importante para você. Valeria a pena explorar uma abordagem verdadeiramente diferente?"

Caso cheguem a um acordo, deve ser dito ao cliente que alguns aspectos do tratamento podem ser confusos ou parecer contraditórios com o que ele aprendeu sobre como lidar com estresse pessoal, já que, afinal de contas, esta pretende ser uma nova abordagem. Lembre-o de que não é incomum que os clientes questionem seu compromisso. O terapeuta deve enfatizar bem que esse tipo de temor é normal, e o cliente deve se sentir à vontade para trazer suas dúvidas ou temores para a sessão. Se o cliente exibir evitação ou rigidez, esses sinais devem ser tomados como uma oportunidade de experimentar alguma coisa diferente. Por exemplo:

"Também sabemos, pela testagem preliminar, que, quando você fica angustiado, tem a tendência a evitar – então provavelmente isso também irá ocorrer aqui.

Se você começar a se sentir ansioso, por exemplo, poderá querer faltar às sessões ou abandonar o tratamento – mas este pode ser um sinal de que está na hora de fazer exatamente o contrário. Pode ser um sinal de que estamos chegando a algum lugar e que você precisa trazer essa ansiedade para esta sala a fim de que possamos trabalhar nela."

Também é recomendável lembrar o cliente de que não será aplicada nenhuma pressão para fazê-lo se engajar em ações para as quais não esteja pronto. O cliente mantém controle sobre a terapia a cada passo.

CONTROLE É O PROBLEMA, NÃO A SOLUÇÃO

Neste estágio, é importante "dar um nome ao plano" que está sufocando o cliente. Mesmo na primeira ou na segunda sessão, os clientes costumam expressar um vago reconhecimento de que alguma coisa que estão fazendo está contribuindo para seu sofrimento, mas em geral não têm certeza do que é. Cada um dos passos anteriores fornece uma plataforma essencial para deixar de tratar individualmente cada solução inviável e começar a tratá-las como uma classe de respostas. Um princípio fundamental da abordagem da ACT é que as tentativas de controlar e eliminar experiências privadas indesejadas são guiadas por regras culturais que especificam saúde como ausência de experiências privadas indesejadas ou estressantes. A maioria dos clientes traz para a terapia quatro pressupostos que parecem apoiar o controle deliberado com a estratégia de enfrentamento preferida no domínio dos eventos privados:

1. "O controle deliberado funciona bem para mim no mundo externo."
2. "Fui ensinado que isso deveria funcionar com experiências pessoais" (p. ex., "Não tenha medo...").
3. "Parece funcionar para outras pessoas à minha volta" (p. ex., "Papai nunca parecia assustado...").
4. "Até parece funcionar com certas experiências com as quais tenho dificuldade" (p. ex., "A esquiva funciona por algum tempo para reduzir meus sintomas de ansiedade").

O mundo externo funciona de acordo com regras construídas verbalmente que afirmam que "se maus eventos são removidos, então maus resultados podem ser evitados". Por uma perspectiva cultural, a resolução de problemas orientada para o controle é inegavelmente uma parte importante da adaptação bem-sucedida. A dificuldade é que essa abordagem básica funciona mal no mundo das experiências privadas. Lamentavelmente, a maioria dos clientes começa com uma fé inquestionável na legitimidade e na acurácia dessa regra verbal. Embora as estratégias de mudança orientadas para o controle pareçam razoáveis, quando são aplicadas aos alvos errados, tendem a gerar ou intensificar as próprias experiências que o cliente está tentando evitar. Os eventos privados não são meros objetos a ser manipulados – ao contrário, eles são históricos, automáticos e não receptivos às tentativas de supressão, esquiva ou remoção. Os custos associados a colocar essas experiências "dentro do armário" (ou seja, esquiva, fuga e embotamento emocional) são maiores do que o dano causado quando as experiências são desobstruídas ou não reprimidas. No caso da sobrevivente de abuso sexual, o terapeuta aborda este fato:

Terapeuta: Então, você está na proverbial "encruzilhada do caminho" na sua vida. Uma bifurcação está marcada por um sinal que diz "controle sua ansiedade", e a outra, por um sinal proclamando "viva o relacionamento dos seus sonhos!". Agora, nós sabemos que a sua

Cliente:

Terapeuta:

Cliente:

Terapeuta:

Cliente:

Terapeuta:

mente quer que você siga pelo primeiro caminho, e você tentou essa estrada de forma muito corajosa e persistiu nela mesmo esgotando seu parceiro até o ponto de ele falar em se afastar de você. Estou me perguntando... Você acha que está mais no controle do seu medo, ansiedade e *flashbacks* do que antes, digamos, 6 meses atrás?

Não – bem, acho que isso depende do que você quer dizer por "controlar sua ansiedade".

Nós sabemos que, no curto prazo, sair do quarto a ajuda a aliviar sua ansiedade. Sabemos que evitar situações sociais a ajuda a se sentir mais segura. Sabemos que, quando você fica em casa, não tem tanta probabilidade de desencadear essas ansiedades. O que estou perguntando é: quando você pensa no papel da ansiedade, do medo e dos *flashbacks* em sua vida, esse papel está ficando maior ou menor?

Tenho mais ansiedade e medo, e está acontecendo em mais situações do que costumava ser.

Então, o que você está dizendo é que suas estratégias para aliviar seu medo e ansiedade na verdade estão criando mais ansiedade. É possível que você esteja em um estranho ciclo em que, quanto mais tenta controlar sua ansiedade, mais descontrolável ela se torna?

Bem, tudo o que sei é que está ficando pior, não melhor, e pode até ser que eu esteja tornando pior.

Uau, isso é estranho! Sua mente lhe diz que a forma de lidar com a ansiedade é evitar situações que a desencadeiam. Mas você está me dizendo que o resultado real é que você tem mais ansiedade para lidar em mais situações.

Aqui, o terapeuta está simplesmente expandindo os resultados da avaliação "O que você já tentou, como funcionou e o que lhe custou?" e introduzindo a ideia de que há um problema geral com os vários tipos de respostas – talvez como uma categoria inteira – que o cliente tem usado. Com muitos clientes com funcionamento superior, apontar esse resultado paradoxal é suficiente para provocar algumas mudanças imediatas. Para aumentar o impacto clínico dessa discussão, o terapeuta deve se basear não somente no raciocínio verbal, mas também em metáforas e analogias. As metáforas podem ser ferramentas poderosas para falar da questão do controle – como, por exemplo, com a metáfora do Polígrafo:*

"Suponha que eu conectei você ao melhor polígrafo que já foi construído. É uma máquina perfeita, a mais sensível já fabricada. Quando você está conectado a ela, não há como ficar emocionalmente ativado ou ansioso sem que o aparelho detecte. Então eu lhe digo que você tem uma tarefa muito simples aqui, ou seja, tudo o que você tem que fazer é ficar relaxado. No entanto, se você ficar um pouquinho nervoso, eu vou saber. Sei que você quer se esforçar, mas quero lhe dar um incentivo extra – eu também tenho uma pistola Magnum 44 que vou manter na sua cabeça. Se você ficar relaxado, não vou estourar seus miolos, mas, se você ficar nervoso (e eu saberei, porque você está conectado a este aparelho perfeito), vou ter que matá-lo. Portanto, apenas relaxe!... O que você acha que iria acontecer?... Adivinhe o que acontece?... Mesmo uma ínfima quantidade de ansiedade seria aterrorizante! Você natu-

---

* N. de R.T.: Detector de mentiras.

ralmente iria dizer 'Oh, meu Deus! Estou ficando nervoso! Aí vem!' Bum! Como poderia ser de outra forma?"

Essa metáfora pode ser usada para identificar vários aspectos paradoxais do sistema de controle e esquiva quando se aplica a emoções negativas. Modificar a linguagem dentro da metáfora mantém intacto o impacto do exercício, ao mesmo tempo em que permite que as várias dificuldades do cliente sejam abordadas, como sugere o roteiro a seguir.

1. **Contraste o comportamento que pode ser controlado com o comportamento que não é regulado com sucesso por regras verbais.**
   "Pense nisto. Se eu lhe dissesse 'Passe o aspirador no piso, ou vou matá-lo', você imediatamente começaria a aspirar o piso. Se eu dissesse 'Pinte a casa, ou vou matá-lo', você imediatamente estaria pintando. É assim que o mundo exterior funciona. Mas se eu simplesmente disser 'Relaxe, ou vou matá-lo', a diretiva não só *não* funcionaria como também teria o efeito oposto. O simples fato de eu lhe pedir isso deixaria você extremamente nervoso!"
2. **Aplique a metáfora às dificuldades do cliente com o controle de experiências privadas estressantes.**
   "Agora, você tem o polígrafo perfeito já conectado a você: é o seu sistema nervoso! Ele é melhor do que qualquer máquina já feita pelo homem. Na verdade, você não pode sentir qualquer coisa sem que esteja em contato com seu sistema nervoso, quase por definição. E você tem uma coisa apontada para si mesmo que é muito mais poderosa do que qualquer arma – sua autoestima, seu amor próprio, a operacionalidade da sua vida. Assim, na verdade, você está em uma situação muito parecida com esta. Você está segurando a arma na sua cabeça e dizendo 'Relaxe! Então adivinhe o que acontece? Bum!"
3. **Mesmo as tentativas aparentemente bem-sucedidas de usar estratégias de controle e esquiva na verdade não funcionam no longo prazo.**
   "Então, veja se isto não é verdade: o que você fez é que você achou que se afastar [ou o que o cliente está fazendo: álcool, esquiva, negação, etc.], pelo menos por algum tempo, então poderá manipular como se sente. Mas isso se desgasta e não funciona mais. Em vez de ver o jogo todo como uma empreitada sem esperança e inútil – o que ele é –, você tem tentado vencê-lo – e quase se matando durante o processo!"

A regra dos eventos mentais

Como demonstra a metáfora do *Polígrafo*, tentativas deliberadas de controlar ou eliminar respostas privadas indesejadas tendem a sair pela culatra. Até esse ponto, o terapeuta revelou como as tentativas de controle e esquiva não funcionam em termos do que é prometido pela mente do cliente. No entanto, é importante que o cliente também entenda que essas estratégias, na verdade, pioram as coisas porque as tentativas deliberadas de suprimir ou controlar emoções, pensamentos, lembranças, imagens ou sensações acabam criando o efeito oposto. Em essência, quanto mais o cliente tenta forçar o afastamento de pensamentos privados indesejados, mais intrusivos e dominantes eles se tornam.

Há outra vertente nesta discussão que também é digna de nota para discussões futuras. Ela tem a ver com a atitude do cliente em relação ao conteúdo privado ameaçador ou estressante. Sem entrar em muitos detalhes, o terapeuta pode falar sobre uma postura geral de disposição ou de rejeição em relação a experiências privadas indesejadas, mas incontroláveis. O diálogo a seguir mostra como esse tópico é abordado de forma geral.

Para focar nas intervenções da ACT, alguns dos diálogos a seguir serão um pouco pesados no tempo de fala do terapeuta (para uma transcrição integral, veja Twohig & Hayes, 2008).

Terapeuta: OK, acho que entendo o que você tem feito. Você tentou outras estratégias para lidar com essas experiências estressantes quando elas surgem?

Cliente: Não. Só isso.

Terapeuta: OK. Na verdade, provavelmente há inúmeras outras que irão surgir enquanto prosseguirmos, mas não é importante, neste momento, conhecermos cada uma. Precisamos apenas ter uma noção da gama de coisas envolvidas. O que eu gostaria de fazer hoje é tentar ter uma noção mais clara desse conjunto de coisas – gostaria que tivéssemos uma ideia mais clara sobre qual plano você tem seguido. E quero dar um nome a ele – não para entendê-lo intelectualmente, apenas para ter uma forma de falar sobre ele aqui.

Cliente: Você quer que tenhamos um nome para o tema.

Terapeuta: Isso. Acredito que muito do que você tem feito é bastante lógico, sensato e razoável, pelo menos de acordo com a sua mente e a minha mente. O resultado não é o que você esperava que fosse, mas realmente me parece que o que você fez é bem normal. Você se esforçou e lutou uma boa briga. Todos esses movimentos que você listou não são o tipo de coisas que as pessoas fazem?

Cliente: Talvez não as pessoas normais, mas pessoas como eu com certeza fazem. É como aquele grupo de apoio que eu frequento. É quase risível. Cada pessoa ali tem a mesma história. Quero dizer, você pode saber mesmo antes de abrirem a boca qual será a história.

Terapeuta: Exatamente. Porque todos nós sabemos como o sistema funciona. Considere isso como uma possibilidade. A história de todos é parecida (e parecida à sua) porque o que você está fazendo é o que todos nós somos treinados para fazer. A linguagem humana nos deu uma tremenda vantagem como espécie porque nos permite dividir as coisas em partes, formular planos, construir futuros que nunca experimentamos. E isso funciona muito bem. Se olharmos apenas para o que acontece externamente, funciona muito bem. Olhe à sua volta nesta sala. Quase tudo o que vemos não estaria aqui sem a linguagem humana e a racionalidade humana – a cadeira de plástico, as luzes, o duto de aquecimento, nossas roupas, aquele computador. Nós estamos aquecidos, não vai chover em nós, temos luz. Se você der todas essas coisas a um cachorro ou um gato – aquecimento, abrigo, alimento, estimulação social –, eles ficarão muito felizes. Mas sem os humanos eles estão lá fora no frio. Então nós resolvemos os problemas que as criaturas não verbais enfrentam. No entanto, podemos estar infelizes quando elas estariam felizes. E se houver uma relação entre essas duas coisas? Existe uma regra operando para as coisas externas: se você não gosta de alguma coisa, descubra como se livrar dela e livre-se dela.

E essa regra funciona muito bem na maioria das áreas da nossa vida. E o mundo dentro da sua cabeça é muito importante porque é ali que reside a satisfação com a vida. Na sua experiência, não na sua mente lógica, olhe para o que tem acontecido com você e veja se não é assim. No mundo interno, a regra na verdade é: se você não está disposto a ter, você vai ter.

Cliente: Se eu não estou disposta a ter, vou ter... (*Faz uma pausa*).

Terapeuta: Apenas veja isso. Por exemplo, você vem lutando contra a ansiedade, *flashbacks*, o medo e tremendo por dentro.

Cliente: Oh, sim.

Terapeuta: Você não está disposta a se sentir assim.

Cliente: De jeito nenhum.

Terapeuta: Mas se for muito, muito importante, não ter sintomas de ansiedade, então se você começar a ficar ansiosa, isso vai deixá-la ansiosa.

Cliente: Se eu não estiver disposta a ter, vou ter...

Terapeuta: Apenas para dar um nome a isso, deixe-me dizer desta maneira: no mundo externo, a fascinação da nossa mente por previsão e controle funciona muito bem. Descubra como se livrar de alguma coisa, dê à sua mente a tarefa e observe acontecer! Mas, quando se trata de pensamentos, sentimentos, lembranças ou sensações físicas desagradáveis, o controle consciente, deliberado e intencional pode ter outros efeitos.

Cliente: Você quer dizer que, se eu não for tão rígida quanto a ficar ansiosa, vou ficar menos ansiosa?

Terapeuta: Mas observe que há um paradoxo aqui. Suponha que realmente seja verdade que "se você não estiver disposta a ter, você vai ter". O que você poderia fazer com tal conhecimento? Se está disposta a ter para se livrar dele, bem, então... você não está disposta a ter e vai ter novamente. Então você não pode se enganar com isso...

Muito frequentemente os clientes irão escolher a palavra *controle* de maneiras úteis: por exemplo, "Sempre tive um problema quando não estava no controle" ou "Meu marido diz que eu sou controladora" ou "Sou uma pessoa muito controladora". Se isso acontecer, o terapeuta em ACT pode aproveitar essas questões para os objetivos terapêuticos. Por exemplo, ele pode responder: "*Todos* nós somos controladores – temos mentes que simplesmente não conseguem abandonar a ideia de que controle é a solução para tudo!".

Com frequência é importante mostrar o resultado paradoxal dos esforços de controle mental por meio de exercícios experienciais ou metáforas, como a tarefa do *Bolo de Chocolate*:

> "Suponha que eu lhe diga neste momento que quero que não pense em nada. Vou lhe dizer isso muito em breve. E, quando o fizer, não pense em nada nem mesmo por um segundo. Aí vai. Lembre-se, não pense em nada. Não pense em... bolo de chocolate quente! Você sabe como é o cheiro quando ele acabou de sair do forno... não pense nisso! O gosto da cobertura de chocolate quando você dá a primeira mordida na fatia quente... não pense nisso! Quando a fatia quente e úmida se desmancha e as migalhas caem no prato... não pense nisso! É muito importante – não pense em nada disso!"

A maioria dos clientes entende imediatamente, e pode rir desconfortavelmente, concordar com um aceno de cabeça ou sorrir. Outros podem responder insistindo que não pensaram em nada. Conforme é ilustrado no próximo diálogo, o terapeuta em ACT pode usar esse exercício para ressaltar mais a inutilidade das estratégias de controle mental ou supressão do pensamento.

Terapeuta: Então, você conseguiu fazer isso?
Cliente: Com certeza.
Terapeuta: E como fez isso?
Cliente: Apenas pensei em outra coisa.
Terapeuta: OK. E como você sabe que fez isso?
Cliente: O que você quer dizer?
Terapeuta: A tarefa era não pensar em bolo de chocolate. Então, no que você pensou?
Cliente: Em dirigir um carro de corrida.
Terapeuta: Ótimo. E como você sabia que pensar em um carro de corrida lhe permitiria ter sucesso na tarefa que eu lhe dei?
Cliente: Bem, eu estava dizendo: "Ótimo, estou pensando numa corrida de carro..." (*Pausa.*)
Terapeuta: Sim. Continue. Estou pensando numa corrida de carro e não estou pensando em...
Cliente: Bolo de chocolate.
Terapeuta: Certo. Mesmo quando funciona, não funciona.
Cliente: É verdade. Eu realmente pensei em bolo de chocolate, mas afastei tão rápido que quase não pensei nele.
Terapeuta: E isso não é parecido com o que você fez com seus sintomas de ansiedade?
Cliente: Eu tento afastá-los da minha mente.
Terapeuta: Mas veja o problema. Parece que tudo o que você está fazendo é acrescentar corridas de carro ao bolo de chocolate. Você não pode subtrair 100% do bolo de chocolate deliberadamente porque, para fazer isso deliberadamente, você tem que formular a regra, e lá está você porque a regra contém o bolo. Se você não está disposta a ter...
Cliente: Vai ter...
Terapeuta: Isso se parece com a sua experiência?
Cliente: É bem a história da minha vida...
Terapeuta: E veja o que começa a acontecer. O que vem à sua mente quando eu digo "corrida de carro"?
Cliente: Argh!... Bolo de chocolate.

A questão também pode ser colocada relacionando-a com reações físicas. Podemos dizer ao cliente algo como "Não salive quando eu lhe pedir para se imaginar mordendo um pedaço de limão. Não salive quando imaginar o gosto do suco em seus lábios, na língua e nos dentes". Esses exercícios ajudam o cliente a fazer contato direto com a inutilidade de tentar impor controle intencional consciente nesses domínios.

Minando a confiança em regras programadas

Um exercício que pode ser útil é observar o quanto é fácil condicionar uma resposta privada irrelevante e não funcional. Observar como ocorre o condicionamento é importante porque mina a credibilidade do conteúdo como um meio para a saúde psicológica. Há algo de absurdo na definição da autovalorização com base em sentimentos, pensamentos, atitudes particulares e afins quando essas reações costumam ser estabelecidas por meio de circunstâncias acidentais e caprichosas que estão totalmente fora do controle do indivíduo. O exercício *Quais são os Números?* é uma intervenção em ACT concebida para demonstrar a natureza arbitrária da história pessoal.

Terapeuta: Suponha que eu me aproxime de você e diga: "Vou lhe dar três números para se lembrar. É muito importante que você se lembre deles porque daqui a vários anos vou bater no seu ombro e perguntar 'Quais são os números?'. Se você conseguir responder corretamente, vou lhe dar 1 milhão de dólares. Portanto, lembre-se, isso é importante. Você não pode se esquecer dessas coisas. Elas valem 1 milhão de dólares! OK. Aqui estão os números: pronto? ...um... dois... três". Quais são os números?

Cliente: Um, dois, três.

Terapeuta: Bom. Agora, não se esqueça deles. Caso se esqueça, isso vai lhe custar muito. Quais são eles?

Cliente: (*Ri*.) Ainda um, dois, três.

Terapeuta: Muito bom. Você acha que vai conseguir se lembrar deles?

Cliente: Suponho que sim. Se eu realmente acreditasse em você, me lembraria.

Terapeuta: Então acredite em mim. Um milhão de dólares. Quais são os números?

Cliente: Um, dois, três.

Terapeuta: Certo. Na verdade, eu blefei. Não há nenhum milhão. Você ainda sabe quais são os números, não sabe?

Cliente: Com certeza.

Terapeuta: E na semana que vem?

Cliente: Certamente.

Terapeuta: Até possivelmente no ano que vem?

Cliente: Possivelmente.

Terapeuta: Mas isso não é ridículo? Quero dizer, só porque um analista quer realçar um ponto aqui, você pode ficar às voltas com "um, dois, três" por meses, anos ou pelo resto da sua vida. Por nenhuma razão que tenha alguma coisa a ver com você. Apenas um acidente, na realidade. Fruto do acaso. Você me tem com terapeuta, e a coisa seguinte que você sabe é que tem números rodando na sua cabeça, só Deus sabe por quanto tempo. Quais são os números?

Cliente: Um, dois, três.

Terapeuta: Certo. E, depois que eles estão na sua cabeça, não vão embora. Nosso sistema nervoso trabalha por adição, não por subtração. Depois que a coisa entra, fica lá dentro. Verifique isso. E se eu lhe disser: é muito importante que você tenha a experiência de que os números não são um, dois, três. OK? Então, eu vou lhe perguntar sobre os números e quero que você responda de uma forma que não tenha absolutamente nada a ver com um, dois, três – OK? Agora, quais são os números?

Cliente: Quatro, cinco, seis.

Terapeuta: E você fez o que eu lhe pedi?

Cliente: Eu pensei "quatro, cinco, seis" e então disse.

Terapeuta: E isso atingiu o objetivo que eu defini? Deixe-me perguntar assim: Como você sabe que quatro, cinco, seis é uma boa resposta?

Cliente: (*Dá uma risadinha.*) Porque eles não são um, dois, três.

Terapeuta: Exatamente! Então quatro, cinco, seis ainda têm a ver com um, dois, três, e eu lhe pedi para não fazer isso. Então vamos fazer de novo: pense em qualquer coisa, exceto um, dois, três – certifique-se de que a sua resposta esteja abso-

Cliente: Não consigo fazer isso.

Terapeuta: Nem eu. O sistema nervoso funciona somente por adição – a não ser que você faça uma lobotomia ou algo parecido. Quatro, cinco, seis é apenas *adicionar* a um, dois, três. Quando você tiver 80 anos, eu poderia me aproximar de você e dizer: "Quais são os números?", e você poderia realmente dizer "um, dois, três" simplesmente porque algum tolo lhe disse para se lembrar deles! Mas não é apenas um, dois, três. Você tem todos os tipos de pessoas lhe dizendo todos os tipos de coisas. Sua mente foi programada por todos os tipos de experiências. [O terapeuta pode acrescentar algumas possibilidades relevantes para o cliente, tais como "Então você pensa 'Eu sou uma má pessoa' ou pensa 'Eu não me encaixo'".] Mas como você sabe que este não é apenas outro exemplo de um, dois, três? Você algumas vezes não percebe que esses pensamentos estão na voz dos seus pais ou estão conectados a coisas que as pessoas lhe disseram? Se você for nada mais do que as suas reações, está com problemas. Porque você não escolheu quais elas seriam, não consegue controlar o que surge e tem todos os tipos de reações que são tolas, preconceituosas, mesquinhas, abomináveis, assustadoras, etc. Você nunca vai conseguir vencer nesse jogo.

Ver que as reações são programadas enfraquece a credibilidade de sempre vencer em uma luta contra um conteúdo psicológico indesejável (porque essas reações são respostas automaticamente condicionadas). Além disso, mina a necessidade de existir essa luta, já que os pensamentos privados não necessariamente significam o que eles dizem que significam. O pensamento "Eu sou uma má pessoa" não é inerentemente mais significativo do que "um, dois, três".

OPERACIONALIDADE E DESESPERANÇA CRIATIVA

De todos os conceitos centrais da ACT, "desesperança" é um dos menos entendidos e até mesmo mais controversos. Na linguagem cotidiana comum, desesperança não é um estado aceitável da mente. Em muitos modelos clínicos, ela é vista como um estado disfuncional da mente que prediz comportamentos de alto risco, como tentativas de suicídio ou suicídios concluídos com sucesso. Esse tipo de desesperança envolve não ser capaz de ver um futuro significativo para si mesmo, junto com a crença de que o sofrimento vai continuar interminavelmente. Os terapeutas costumam trabalhar de forma árdua para combater esse tipo de desesperança e incutir otimismo sobre o futuro no cliente.

Desesperança criativa é muito semelhante ao livro popular de Paul Watzlawick sobre terapia estratégica *A situação é desesperadora, mas não grave* (1993). Se o cliente consegue renunciar ao que *não está* funcionando, talvez haja mais alguma coisa a fazer. Assim, estamos tentando ajudar os clientes a confiar na própria experiência e a começar a se abrir para uma alternativa transformacional. O objetivo não é despertar um *sentimento* de desesperança ou uma *crença* na desesperança; em vez disso, o objetivo é abrir mão de estratégias *quando a própria experiência do cliente diz que elas não funcionam*, mesmo que o que venha a seguir ainda não seja conhecido. É um ato generativo e de autoafirmação, e o estado de sentimento que o acompanha é frequentemente um tipo de esperança paradoxal ou uma antecipação de novas possibilidades.

Uma forma de confrontar uma situação inviável é descrevê-la como tal. O terapeuta já coletou uma longa lista de coisas que o cliente experimentou para controlar ou eliminar: inquietação emocional, pensamentos perturbadores e/ou outras experiências psicológicas. O terapeuta conhece as principais estratégias que o cliente já tentou no passado. As várias formas como o cliente tentou manipular pensamentos e sentimentos (p. ex., drogas, álcool, esquiva aberta, sexo, atacar outras pessoas, afastar-se, retraimento social, etc.) foram listadas e examinadas de modo detalhado. A inviabilidade definitiva dessas estratégias foi gentil e diretamente examinada. O que ainda não foi confrontado é a possibilidade de que a própria intenção seja falha. O diálogo a seguir com a sobrevivente de abuso sexual, citada anteriormente, ilustra como a questão da desesperança criativa é introduzida.

Terapeuta: Então, vamos nos sentar aqui e pensar sobre o dilema que você enfrenta. Você já tentou praticamente tudo que estava à sua disposição para controlar sua ansiedade, medo e *flashbacks*. Refletiu longa e profundamente sobre como fazer isso e se esforçou muito para adquirir controle sobre isso. E o resultado que você parece estar tendo é que sua ansiedade está pior do que nunca. E não só isso, pois você está perdendo terreno no trabalho, com seus amigos e no seu relacionamento amoroso. Eu gostaria de saber o que você vê acontecendo aqui quando olha para o futuro.

Cliente: Mais do mesmo. Embora eu não esteja ajudando minha ansiedade, não sei mais o que fazer.

Terapeuta: Isso é mais ou menos como tratar uma dor de cabeça batendo em sua cabeça com um martelo. Alguém lhe diz que essa estratégia pode não ser muito boa para tratar uma dor de cabeça, e você diz: "Mas é o único tratamento que eu conheço – então vou continuar".

Cliente: (*Ri.*) Espero que não seja tão ruim assim. Só estou dizendo que estou no meu limite quanto ao que fazer aqui.

Terapeuta: O que você acha que vai acontecer se continuar usando as mesmas estratégias para controlar sua ansiedade e medo?

Cliente: As coisas provavelmente vão continuar a piorar.

Terapeuta: Talvez você esteja sendo enganada aqui. Você foi levada a crer que o caminho para a felicidade é controlar sua ansiedade, medos e lembranças, e então será capaz de funcionar no trabalho, com seus amigos e com seu parceiro. E se isso for um condicionamento?

Cliente: Um condicionamento? Para que estou sendo condicionada?

Terapeuta: Escute a sua experiência aqui, não a sua mente. A cada dia que você tenta controlar e evitar suas ansiedades, essas ansiedades pioram, e sua vida se deteriora. E se a questão não for que você não esteja se esforçando o suficiente ou que tenha deixado de usar alguma estratégia que acabaria lhe permitindo ter sucesso? Você é uma pessoa brilhante, sensível e carinhosa. Se essa abordagem fosse funcionar, acho que você seria a pessoa indicada para fazê-la funcionar. E se a vida estiver lhe dizendo algo assim: esta estratégia jamais vai funcionar porque não pode funcionar. Não é que você tenha feito errado.

Cliente: O que eu devo fazer, então?

Terapeuta: Bem, acho que isso faz parte do que estamos aqui para aprender, mas vamos começar com seu conhecimento arduamente adquirido. Você *sabe* alguma coisa. Sabe o que *não deve* fazer. Pagou caro por esse conhecimento, mas ele é precioso se você estiver disposta a ser guiada por ele.

Usar esse tipo de abordagem afrouxa a rigidez de uma intenção de controle. Para clientes profundamente travados, essa questão pode levar uma sessão ou mais e poderá precisar ser revisada repetidamente durante o curso da terapia. Para clientes mais jovens e menos travados, ou em contextos de prevenção, a aparência pode ser mais como uma intervenção psicoeducacional direta.

As metáforas com frequência esclarecem o ponto sem provocar tanta resistência porque oferecem um exemplo de senso comum que está mais relacionado à experiência do cliente do que à instrução normal direta. Pesquisas mostraram que metáforas adequadas provêm de pelo menos duas fontes. O alvo da metáfora e o veículo metafórico têm que compartilhar uma característica dominante, e o veículo metafórico tem que conter fortes funções específicas que sejam relevantes para os elementos ou as funções ausentes na situação-alvo que o terapeuta está tentando mudar. Uma boa metáfora pega o que você já sabe, sente ou faz e mapeia em um domínio em que funções comportamentais adaptativas estão ausentes. De certo modo, uma metáfora é usada para contornar a linguagem analítica normal em favor de uma aprendizagem mais experiencial. Essa qualidade permite que o cliente responda mais às contingências diretas (*tracking*) do que ao que agradaria o terapeuta ou seja visto pelo terapeuta como certo (*pliance*).

Você pode usar esses *insights* da RFT para criar metáforas para a ACT rapidamente (para um exemplo ampliado, veja Hildebrandt, Fletcher, & Hayes, 2007), mas esse é um tópico que está além do nosso escopo presente. Outra maneira de usá-los é aumentar as qualidades experienciais das metáforas. A metáfora da *Pessoa no Buraco* é uma intervenção central da ACT para usar durante as primeiras fases da terapia. Apresentamos aqui um exemplo em sua forma experiencial, o qual é projetado para tornar as características da metáfora mais concretas e evocativas. Qualquer uma das outras metáforas didáticas neste livro ou em outro lugar podem ser apresentadas nessa forma mais experiencial depois que você entender os princípios básicos, os quais colocamos entre colchetes na próxima interação clínica com um cliente que sofre de ansiedade.

Terapeuta: Eu gostaria de engajá-lo em um exercício de pensamento para que possamos entender melhor a sua situação. Imagine que você está posicionado em um campo, usando uma venda nos olhos, e recebe um pequeno saco de ferramentas. Então lhe é dito que a sua tarefa é correr em volta desse campo, vendado. E é assim que você deve viver a vida. E então você faz o que lhe dizem. Agora, sem que seja do seu conhecimento, nesse campo há inúmeros buracos muito profundos e bem espaçados. Você não sabe disso inicialmente – você é ingênuo. Então você começa a correr e, mais cedo ou mais tarde, acaba caindo em um grande buraco. Você apalpa à sua volta e com certeza não vai conseguir escalar. Ele é lamacento e escorregadio, e não há rotas de escape que você possa encontrar. Você consegue retratar isso na sua mente? Como se sente em tal situação? [O terapeuta está usando o tempo presente para fazer a situação parecer mais imediata.

Essa estratégia possibilita que o cliente responda mais prontamente aos aspectos concretos da situação em vez de ter que lidar com uma abstração.]

Cliente: Eu provavelmente ficaria chocado, muito perturbado. [Com frequência, quando o cliente começa respondendo no tempo condicional, o terapeuta pode sutilmente trazê-lo até o presente.]

Terapeuta: Sim, posso imaginar que você se sente perturbado por cair nesse buraco. Eu também ficaria. [O terapeuta valida a reação do cliente e transmite a mensagem de que esta é uma resposta natural.] Então, imagine que você está lá. O que você faz?

Cliente: Bem, acho que eu quero sair desse buraco, encontrar uma maneira de sair dele.

Terapeuta: Você tem o saco de ferramentas que lhe deram; então talvez queira descobrir o que tem ali dentro? Talvez tenha alguma coisa que você possa usar para sair do buraco. Você está vendado, mas pode apalpar o saco. Há uma ferramenta nesse saco, mas o que lhe deram é uma pá. Aparentemente isso é tudo o que você tem.

Cliente: Esta não é a ferramenta mais útil para sair de um buraco...

Terapeuta: Mas suponha que você queira desesperadamente sair do buraco, que você tentou durante horas escalar a parede lamacenta sem sucesso... O que você pensaria quando encontrasse a pá?

Cliente: Que eu poderia tentar cavar. Talvez cavar alguns degraus.

Terapeuta: OK, então você faz isso. Você cava e cava. A terra acumulada continua escorregando. Você continua tentando tirá-la do caminho. Tenta fazer alguns pequenos degraus. Mas é escorregadio, e, quando você começa a subir, os degraus literalmente desaparecem sob seus pés, e então você tem que cavar de novo. Você está ficando exausto. Está suado, cansado, respirando com dificuldade. E, depois de toda aquela escavação, de alguma forma agora você está ainda mais fundo no buraco. Dê um tempo e sinta como isso seria. [Ao enfatizar qualidades sensoriais que são similares à ansiedade, o terapeuta está tornando a conexão mais experiencial.] O que você está sentindo?

Cliente: Estou me sentindo desesperado. Isso não vai me levar a lugar nenhum.

Terapeuta: Parece que isso está levando você ainda mais fundo... Todo esse esforço e todo esse trabalho e o buraco foi ficando cada vez maior. Não há saída. E não é essa a sua experiência? Será que você veio até mim pensando "Talvez ele tenha uma pá muito grande – uma escavadeira dourada"? Bem, eu não tenho. E, mesmo que tivesse, não a usaria porque cavar não é uma forma de sair do buraco – cavar é o que faz buracos. Então talvez todo o propósito de controle da ansiedade seja inútil – ele é uma fraude. Você não pode cavar para conseguir sair; isso só faz você afundar mais. [O terapeuta intencionalmente mistura os termos da metáfora e da situação real vivida pelo cliente de modo a sublinhar implicitamente a equivalência entre as duas situações.]

Essa metáfora é extremamente flexível. Ela pode ser usada para lidar com muitas questões iniciais. Na interação com o cliente, o terapeuta pode ampliar a metáfora para abordar as questões específicas que o cliente levanta ou que o terapeuta acha pertinentes. Também é útil tentar integrar essas respostas do cliente à metáfora existente, como demonstrado por algumas das transcrições a seguir:

1. **Talvez eu devesse aguentar isso.**
   "Você já tentou outras coisas. Tentou tolerar viver em um buraco. Você se senta e cruza os braços e espera que alguma coisa aconteça. Mas notou que isso não funciona, e, além do mais, não é divertido viver sua vida em um buraco. Então, quando você diz 'aguentar' ou 'desistir', o que eu escuto é que você está realmente permanecendo com a mesma intenção (cavando a sua saída), mas não tentando mais porque isso não funciona. Eu estou sugerindo outra coisa. Estou sugerindo mudar o plano."

2. **Preciso entender o meu passado.**
   "Outra tendência que você pode ter seria tentar entender como entrou no buraco. Você pode dizer a si mesmo: 'Puxa, eu fui para a esquerda, passei por um pequeno monte e então caí'. E é claro que isso aconteceu; você está nesse buraco porque andou exatamente dessa maneira. Sua história exata o trouxe até aqui. Mas observe outra coisa. Saber cada passo que você deu não faz nenhuma diferença para que consiga sair. Além disso – lembre--se, você está vendado –, mesmo que você não andasse exatamente daquela maneira e, em vez disso, tivesse ido a outro lugar, poderia ter caído em outro buraco, porque há muitos buracos no terreno. Assim, você encontrou ansiedade, outra pessoa encontrou abuso de drogas, mais alguém encontrou maus relacionamentos, outra encontrou depressão. Não estou dizendo que o seu passado não seja importante e não estou dizendo que não iremos trabalhar em questões que têm a ver com o passado. O passado é importante, mas não porque ao entendê-lo você escapa da dor emocional. Somente quando o passado surge aqui e agora é que precisamos trabalhar nele. E ele vai surgir no contexto de você seguir adiante com sua vida. Quando isso acontecer, trabalharemos com ele. Mas lidar com o passado, o passado morto, não é uma forma de sair do buraco."

3. **Eu sou responsável por esses problemas?**
   "Observe que, nessa metáfora, você é responsável. Responsabilidade é reconhecer a relação entre o que fazemos e o que obtemos. Você sabia que originalmente a palavra *responsável (responsible)* era escrita '*response able*'? Ser responsável é simplesmente ser capaz de responder. Então, sim, você é capaz de responder. E, sim, suas ações o colocam no buraco e podem tirá-lo de lá. Capacidade de resposta é reconhecer que você é *capaz de responder*, e, se você fizesse isso, o resultado seria diferente. Se você tenta evitar a responsabilidade, o custo é doloroso: você não pode responder, então nada irá funcionar verdadeiramente. Estou dizendo que cavar é inútil, não que 'você é inútil'. Então não fuja da responsabilidade – se você tem habilidade para responder, então há coisas que pode fazer. Sua vida pode funcionar."

4. **Eu devo me culpar?**
   "Culpar é o que fazemos quando estamos tentando motivar as pessoas a fazer alguma coisa – mudar ou fazer a coisa certa. Mas você me parece muito motivado. Você precisa de mais mo-

tivação? Você precisa embarcar nessa ideia de 'Eu sou culpado'? Culpar é como ficar na beira do buraco e jogar terra na cabeça da pessoa e dizer 'Cave aí! Cave aí!'. O problema com culpar-se, nessa situação, é que isso é inútil. Se o homem no buraco tem terra atirada sobre a sua cabeça, isso não vai facilitar a sua saída do buraco. Isso não ajuda. Quando sua mente começa a acusá-lo, embarcar no que ela está dizendo o fortalece ou o enfraquece? O que sua experiência lhe diz? Portanto, se você comprar a culpa da sua mente, vá em frente, mas então seja capaz de responder por isso. Se você comprar isso, estará fazendo alguma coisa que a sua experiência lhe diz que não funciona."

5. **Qual é a saída?**
"Não sei, mas vamos começar com o que não está funcionando. Olhe, se você ainda tem um plano que diz 'Cave até morrer', o que aconteceria se você realmente recebesse uma ajuda para sair? Suponha que alguém coloque uma escada de metal lá dentro. Se primeiramente você não parar de cavar conforme o propósito, apenas tentará cavar com ela. E as escadas são péssimas pás – se você quiser uma pá, já tem uma muito boa."

6. **A necessidade de primeiro abrir mão.**
"Até que você deixe de lado a pá, não terá espaço para fazer qualquer outra coisa. Suas mãos não podem segurar outra coisa até que a pá não esteja mais em suas mãos. Você tem que abrir mão dela. Abra mão!"

7. **Um ato de fé.**
"Note que você não pode saber se tem alguma opção até que abra mão da pá; portanto, este é um ato de fé. É abrir mão de uma coisa não sabendo se existe outra coisa. Nessa metáfora, você está vendado, afinal de contas – você só vai saber o que mais há para ser tocado, e só poderá fazer alguma outra coisa quando a pá não estiver em suas mãos. Seu maior aliado aqui é sua própria dor. Ela é sua amiga e aliada aqui. Somente porque essa estratégia atual não está funcionando é que você pensou em fazer alguma coisa tão maluca quanto deixar de lado a única ferramenta que você tem."

8. **A oportunidade apresentada pelo sofrimento.**
"Você tem a oportunidade de aprender alguma coisa que a maioria das pessoas nunca terá – como sair de buracos. Você nunca teria tido uma razão para aprender se não tivesse caído nesse buraco. Apenas faz a coisa racional e tenta se virar. Mas, se você puder ficar com isso, poderá aprender alguma coisa que vai mudar sua vida. Você vai aprender a se desvencilhar da sua mente. Se pudesse ter evitado isso – mais ou menos –, nunca teria aprendido."

Metáforas como *A Pessoa no Buraco* rompem a tendência do cliente para a resolução de problemas e construção de significados ("Eu devo merecer sofrer"; "Não tenho a autoconfiança de que preciso para ter sucesso", etc.). Estes são repertórios poderosos e úteis – eles não podem ser eliminados inteiramente ou por muito tempo. Eles prevalecem sobre a experiência do cliente dos resultados negativos da intenção de controle e eliminação. Repetidamente, durante as discussões iniciais com o cliente, o terapeuta ACT se engaja na aparente contradição entre a intenção de mudança do cliente e os resultados na vida real. No entanto, o contato direto, mesmo que momentâneo, com contingências no mundo real proporciona uma força que pode ser usada para romper a problemática ligação entre o controle dos eventos privados e o controle da vida dos objetivos de processo e de resultados.

Por onde começar?

No Capítulo 4, descrevemos uma abordagem relativamente simples e direta para conceituação de caso e planejamento do tratamento com base no modelo unificado de flexibilidade psicológica. No nível macro, temos os três estilos de resposta básicos para estabelecer: estar aberto, centrado e engajado. No nível micro, há seis processos centrais que definem esses principais estilos de resposta.

Terapeutas novos na ACT algumas vezes presumem que devem seguir uma sequência de intervenções independentemente dos pontos fortes e fracos específicos do cliente. A realidade é que muitos clientes têm um "calcanhar de Aquiles" específico e responderão rapidamente a uma intervenção específica nessa área. Por exemplo, clientes de funcionamento superior com problemas de saúde mental ou uso de substâncias, ou clientes com questões relativas a mudança no estilo de vida (i.e., tabagismo, autogerenciamento do diabetes, controle do peso, forma física), podem apenas requerer um trabalho breve de ACT focado em um único estilo de resposta, talvez somente com um processo central. O terapeuta não deve presumir que todos os processos centrais precisam ser direcionados com cada cliente.

As discussões iniciais com o cliente devem ajudar a levar o terapeuta para uma direção específica, usando um ou mais dos métodos de formulação de caso que discutimos no Capítulo 4. Veja o exemplo da sobrevivente de abuso sexual que apresentamos anteriormente neste capítulo. Nós a avaliaríamos como relativamente forte na dimensão *engajamento* porque ela claramente tem valores muito bem desenvolvidos sobre o que quer em termos de relacionamentos. O que lhe falta nessa dimensão são atos de intimidade comprometidos, em que ela permaneça com seu parceiro mesmo quando estiver com medo. Ao mesmo tempo, ela está consciente de que esta é a atitude que gostaria de tomar em um mundo ideal. Em termos da dimensão *centrada*, ela é bem autoconsciente e consegue se manter presente na entrevista. O problema nessa área é que ela não consegue se manter presente quando experiências privadas provocativas aparecem e, em vez disso, age impulsivamente. Seu calcanhar de Aquiles está na dimensão *aberta*. Ela está fusionada com avaliações sobre a natureza tóxica das suas ansiedades, *flashbacks* e temores, de tal forma que não está disposta a aceitá-los pelo que eles são. Em vez disso, ela tenta controlar seu aparecimento evitando ações que irão desencadeá-los. A principal tarefa do terapeuta, nesse caso, é ajudá-la a se desfusionar de suas avaliações tóxicas e, em vez disso, usar aceitação não crítica. Como é o caso da maioria das intervenções na ACT, focar um processo terá ramificações para os outros processos. Se ela aprender a aceitar a presença de *flashbacks*, ansiedade e medo, então será capaz de se manter no momento presente e focar sua energia nas ações de compromisso que promovem a intimidade que tanto valoriza.

Em capítulos posteriores, usaremos as seguintes convenções na descrição de estratégias clínicas que focam em um ou mais processos centrais. Essas convenções seguem a configuração espacial do diagrama hexaflex em que a dimensão "consciente" (incluindo a consciência do momento presente e o self-como-perspectiva) é o centro e o ponto de partida:

- Vá para a esquerda: foco no aumento da aceitação (no alto à esquerda) ou na diminuição da desfusão (abaixo à esquerda)
- Vá para a direita: foco na conexão com os valores escolhidos (no alto à direita) ou na ativação comportamental e no compromisso (abaixo à direita)
- Vá para o centro: foco em estar flexivelmente presente (no alto ao centro) e na tomada de perspectiva (abaixo ao centro)

Nos próximos capítulos, examinaremos esses estilos de resposta e processos específicos em mais detalhes. Dada a natureza de um livro, fazemos isso em uma sequência linear, mas, na terapia real, o processo de ir para a esquerda ou para a direita ou voltar para o centro é mais como uma dança. Damos o melhor de nós para capturar essa qualidade no que vem a seguir.

CONSIDERAÇÕES FINAIS

Neste capítulo, discutimos vários princípios de intervenção importantes e estratégias planejadas para ajudar os clientes a fazerem contato direto com os resultados negativos de tentar controlar ou eliminar experiências privadas estressantes. Para a maioria dos clientes, esse tipo de reconhecimento é necessário antes que eles estejam abertos a alternativas, tais como disponibilidade e aceitação. Essas intervenções podem ser aplicadas flexivelmente para se adequarem às necessidades particulares de cada cliente; alguns irão precisar de mais intervenções do que outros. Seu propósito é começar a enfraquecer processos que restringem o repertório de modo que novas ações e novas consequências possam começar a movimentar o cliente. Depois de criado um contexto para mudança, chega a hora de pôr mãos à obra e começar a trabalhar com processos centrais específicos. A seguir, demonstraremos como aplicar intervenções da ACT concebidas para fortalecer cada processo central. Examinaremos como intervenções em uma área de processo central poderiam interagir com outros processos centrais. Por fim, ofereceremos algumas dicas práticas sobre o que fazer e o que evitar quando trabalhamos em cada processo central.

PARTE III
Processos clínicos centrais

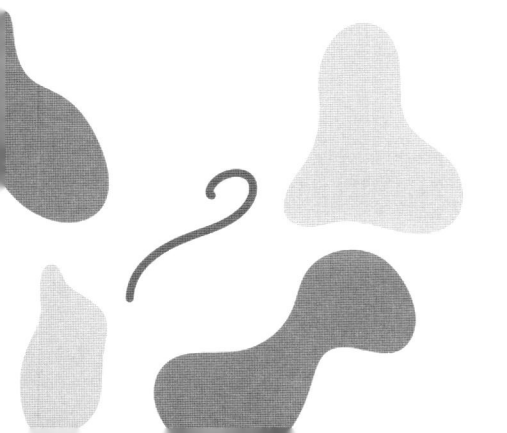

7

Consciência do momento presente

com Emily K. Sandoz

...ela sentiu a punhalada do tempo como nunca havia sentido antes. Mesmo que ela não o abandonasse, ainda assim aquilo iria acabar a esmagando – tanto que não houve uma noite em que não sentisse a mesma melancolia, um tipo de nostalgia pelo presente, escorrendo como água na sarjeta.

ROBINSON (2000, p. 91-92)

Neste capítulo, você aprenderá...

◊ As habilidades básicas que possibilitam a consciência do momento presente.
◊ Como abordar e tratar falhas dos processos do momento presente que interferem no viver efetivo.
◊ Como promover o contato com o momento presente durante as sessões.
◊ Como ler o progresso do cliente em processos relacionados ao momento presente.

VISÃO GERAL PRÁTICA

Em um sentido básico, todos os processos centrais da ACT estão ligados ao momento presente. Para se beneficiarem com o tratamento, os clientes têm que estar presentes – não apenas fisicamente, mas também mentalmente. Para que aprendam e sejam moldados pelos eventos na vida, é necessária sua "presença" integral. Este capítulo examina o papel da consciência do momento presente e como desenvolvê-la com intervenções de ACT. Primeiro, uma advertência: nenhum dos processos centrais da ACT é "superior" aos outros. O fato de o primeiro capítulo nesta seção ser sobre processos do momento presente não significa que este deva ser necessariamente o primeiro processo em que você deve focar ao começar a terapia com um cliente. A decisão de por onde começar é sempre tomada caso a caso. Escolhemos começar com "o agora", em parte, porque este é um processo que é relevante durante todo o tratamento. O agora é onde a aceitação e a desfusão são possíveis, e o agora é onde a valorização e a ação de compromisso têm sua maior relevância.

Os processos do momento presente são sobre viver flexivelmente no aqui e agora. Eles não se referem a "presente" em oposição a "passado" ou "futuro". "Passado" e "futuro" são simplesmente formas como falamos sobre mudança – são apenas um artifício da linguagem que faz parecer como se o tempo fosse uma coisa, como o fio de um colar de contas. "Isso aconteceu no passado" ou "vai acontecer mais tarde" soa muito como "isso é uma cadeira" ou "isso é uma bola de praia", como se o tempo contivesse o passado e o futuro, assim como o espaço pode conter a bola ou a cadeira. Os praticantes da ACT, no entanto, presumem que o passado se foi para sempre e o futuro ainda não está aqui. Nessa perspectiva, tempo não é uma coisa – é apenas uma medida de mudança. Existe o agora e o agora e o agora. O resto da experiência humana consiste de histórias ou lembranças do passado e construções sobre o futuro. As lembranças, as histórias e as construções estão no presente – o passado e o futuro nunca poderão estar.

A dificuldade com problemas como preocupação e ruminação não é que o cliente esteja vivendo no passado ou no futuro; o que ocorre é que as histórias do passado e do futuro atraem tanta atenção que o cliente perde coisas que estão acontecendo à sua volta. Como a epigrama que inicia este capítulo, o momento presente vai por água abaixo. Essas histórias do passado e do futuro são como a "outra mão" do mágico. Quando um mágico está realizando um truque, uma mão tipicamente trabalha o tempo todo para atrair a atenção do público. Enquanto essa mão está nos distraindo, a outra faz as coisas realmente importantes acontecerem. Enquanto os clientes estão fixados no seu passado e no futuro, ocupando-se deles repetidamente, a vida escapa. Acontecem coisas importantes que são perdidas.

Como não existe passado nem futuro, os processos do momento presente são, na verdade, sobre a alocação intencional da atenção. No sentido mais geral, a habilidade de alocar nossa atenção com foco e flexibilidade nos dá a melhor oportunidade de sermos modelados – e modelar – pelo mundo à nossa volta. A mera exposição física aos eventos geralmente não é suficiente. A reatividade ativa e engajada momento a momento é o que é necessário!

Há duas categorias comuns de falhas sobrepostas em processos do momento presente. As falhas na primeira categoria são o resultado de déficits na habilidade de atenção focada. Esse déficit pode ser especialmente comum com clientes mais jovens ou com outros que simplesmente não tiveram as experiências na vida que naturalmente desenvolveriam um repertório de respostas ativo. Por exemplo, indivíduos com deficiências no desenvolvimento (incluindo autismo e síndrome de Asperger) com frequência não têm as habilidades necessárias para se manterem focados no presente. O segundo e mais comum tipo de falha é resultante do controle atencional rígido. Nesse caso, o indivíduo tem a habilidade de ingressar no presente, mas não consegue mantê-lo, geralmente porque alguma outra coisa distrai seu foco atencional (Stahl & Pry, 2005). Por exemplo, pacientes deprimidos que ruminam excessivamente sobre reveses do passado podem ter vislumbres do momento presente, mas sua atenção é, então, rapidamente atraída de volta para focar no passado. Da mesma forma, pacientes ansiosos experimentam a mesma coisa enquanto ficam à deriva ruminando sobre alguma catástrofe futura. Ambos os tipos de falhas no processo do momento presente requerem intervenções que promovam a habilidade de retornar para o agora. Essas intervenções, seja qual for a sua forma, podem ser chamadas adequadamente de *estratégias de mindfulness*, embora os desenvolvedores da ACT originalmente evitassem o termo (pelo fato de que, na verdade, estávamos engajados em ensinar as pessoas a como *sair* das suas mentes e entrar no agora).

PROCESSOS DO MOMENTO PRESENTE E SUA RELAÇÃO COM INTERVENÇÕES BASEADAS EM *MINDFULNESS*

A ACT faz parte de um grupo mais amplo de terapias baseadas em aceitação e *mindfulness*, frequentemente referidas como "TCC contextual" (Hayes, Villatte, Levin, & Hildebrandt, 2011), que utilizam uma variedade de métodos para cultivar melhor controle atencional e consciência do momento presente. À medida que elas se desenvolvem, esperamos ver inovação adicional e fertilização cruzada. A terapia metacognitiva (MCT) está focada no desenvolvimento de flexibilidade atencional e mudanças nas crenças metacognitivas (Wells, 2000), por exemplo, e todos os métodos de treinamento atencional em MCT podem ser usados como parte da ACT sem modificações marcantes.

Os processos do momento presente, entre todos os componentes do modelo da ACT, se conectam mais intimamente com essas outras intervenções emergentes baseadas em *mindfulness*. No entanto, segundo uma perspectiva da ACT, todos os processos no lado esquerdo do hexaflex estão envolvidos em *mindfulness* (Fletcher & Hayes, 2005; Wilson & DuFrene, 2009). A definição de Jon Kabat-Zinn de *mindfulness* em seu livro de referência *Viver a catástrofe total* (1990) proporciona um sólido ponto de partida para ver sua conexão com o corpo de trabalho maior: "Prestar atenção de uma forma particular: intencionalmente, no momento presente, sem julgamentos" (p. 4). Processos do momento presente, aceitação e processos de desfusão estão todos clara e diretamente implicados na definição de Kabat-Zinn.

Não na definição, mas certamente entre os ensinamentos de *Vivendo a catástrofe total*, encontra-se o tema de observar a agitação da mente – notando nossa tendência a julgar, apegar-se a preocupações do passado e recusar-se a entrar no momento presente. Os processos de avaliação e previsão, que organizam o comportamento e nos retiram do momento presente, são mais bem capturados pelos aspectos de fusão do modelo da ACT. Parte da fusão que encontramos envolve histórias sobre nós mesmos – o que está errado conosco, como devemos ser diferentes, melhores, mais inteligentes, mais gentis e coisas semelhantes. Assumir uma postura aberta, de aceitação e focada no momento presente e permitir que pensamentos, emoções, lembranças e sensações corporais venham e vão sem termos que fazer nada sobre eles leva à emergência de um senso de *self* que é distinto dos conteúdos da consciência – o self-como-contexto ou um senso de *self* transcendente.

Sabemos que tratamentos como a terapia metacognitiva, a redução do estresse baseada em *mindfulness* (Kabat-Zinn, 1990) e a terapia cognitiva baseada em *mindfulness* (Segal et al., 2002), que incorporam a prática contemplativa, podem ter um impacto importante na saúde mental. Uma metanálise recente de 39 estudos envolvendo tratamentos que apresentavam práticas de *mindfulness* formais encontrou tamanhos de efeito na variação moderada para os participantes em geral em sintomas de ansiedade (Hedges $g = 0,63$) e de humor ($g = 0,59$) e grandes efeitos para ansiedade ($g = 0,97$) e humor ($g = 0,95$) entre aqueles diagnosticados com transtornos de ansiedade e do humor (Hofmann, Sawyer, Witt, & Oh, 2010).

A maioria dos protocolos da ACT não inclui prática de meditação formal, mas está repleta de exercícios experienciais, metáforas e outras intervenções que promovem *mindfulness*. À medida que nosso entendimento científico do lugar dos processos de *mindfulness* na ACT foi crescendo teórica e praticamente (Hayes, Follette, & Linehan, 2004), inúmeros protocolos mais recentes da ACT incluíram a prática contemplativa (veja Forsythe & Eifert,

2007; Hayes & Plumb, 2007; Hayes & Wilson, 2003; Wilson & DuFrene, 2009).

APLICAÇÕES CLÍNICAS

Neste capítulo, focamos nas especificidades dos processos do momento presente e nos voltamos para tópicos do *self*, da aceitação e da desfusão em capítulos posteriores. Examinamos, em alguns detalhes, as qualidades da atenção que desejamos cultivar em nossos clientes. Depois, exploramos dois tipos comuns de falhas dos processos do momento presente e descrevemos alguns métodos para tratá-los. Também abordamos brevemente o que fazer e o que não fazer ao trabalhar com processos do momento presente, incluindo práticas contemplativas formais dentro da ACT.

Déficits de habilidades nos processos do momento presente

Ocorre algum grau de treinamento dos processos do momento presente no ambiente social da maioria dos humanos. As crianças requerem alguma quantidade de atenção focada flexível para funcionarem bem na escola e em casa. Correção e modelagem ocorrem de várias formas. Perguntamos às crianças "O que você ouve? Você ouve o papai?" e, então, ouvimos atentamente. "O que você vê?" Alguma modelagem envolve correção na forma de reprimendas ou outros *feedbacks*. O objetivo é treinar a criança para observar não só o que está acontecendo (focando a atenção), mas também *o que mais* está acontecendo (abrangência da atenção) e, então, adaptar a abrangência e o foco da sua atenção apropriadamente à situação (atenção flexivelmente alocada). Em certos casos, essas instruções e *feedback* são específicos ("Stevie, ouça sua mãe!"), mas uma habilidade atencional mais geral é aprendida pela exposição a uma variedade de circunstâncias, o que ajuda a tornar um estímulo específico mais ou menos saliente. É fácil dar como certa a habilidade geral da atenção, já que a maioria de nós raramente se depara com treinamentos que foquem na atenção *per se*. No entanto, as habilidades atencionais se espalham por todo o espectro de possibilidades, e as populações mais normais variam enormemente em seus pontos fortes e déficits nessa área.

Déficits significativos em habilidades atencionais básicas muito provavelmente ocorrem em crianças, indivíduos com deficiências desenvolvimentais ou pessoas com transtornos comportamentais severos. Déficits severos também podem resultar de um ambiente inadequado de modelagem contínua. Entre as crianças, o subdesenvolvimento de habilidades atencionais pode simplesmente refletir o fato de não terem vivido tempo suficiente para terem experimentado o treinamento e a modelagem social necessários. Também podem ocorrer déficits severos porque os indivíduos têm comportamentos-problema (i.e., alucinações, mania, paranoia) que impedem os tipos de interações que ajudam a manter a atenção efetiva ao momento; comportamentos-problema também podem focar no ambiente social ou no manejo comportamental em vez de no desenvolvimento de habilidades atencionais flexíveis e focadas. Déficits mais moderados costumam ocorrer porque o treinamento atencional *per se* raramente faz parte da experiência normal, a menos que o indivíduo realize práticas de *mindfulness* ou outros métodos de treinamento atencional.

Fontes de rigidez atencional

Conforme observado nos Capítulos 3 e 4, os processos atencionais ideais são flexíveis, fluidos e voluntários. Eles não podem ser acessados ou monitorados unicamente com base no conteúdo das verbalizações do cliente. Por exemplo, um cliente pode estar focado inteiramente no presente em um sentido formal (p. ex., observando constantemente as sensações corporais ou perguntando sobre as reações do terapeuta) e não ter um bom repertório de processos do momento presente no sentido que pretendemos aqui. Sinais denunciadores de falha em processos do momento presente incluem restrição não saudável da atenção, como ficar fixado a um tópico particular, dificuldades para mudar a atenção para um tópico diferente ou pular persistentemente de um tópico para outro. Outros sinais incluem fala rápida e automática, embotamento emocional e comportamentos não verbais, como evitar o contato visual ou olhar para longe ou para baixo. Esses sinais indicam que o cliente está "partindo" (*checking out*) em vez de "chegando" (*checking in*). Como o momento presente é um processo dinâmico e contínuo, o terapeuta também precisa estar constantemente "chegando" e prestando muita atenção aos comportamentos verbais e não verbais do cliente.

Se existem processos do momento presente em alguns contextos e não em outros, sua falha em aparecer pode estar relacionada a outras fontes de rigidez psicológica. Fusão e esquiva, em particular, restringem a operação de processos do momento presente. Fusão com uma história do passado ou do futuro (preocupação e sua gêmea que olha para o passado, a ruminação) e esquiva experiencial conectada a essa fusão podem facilmente induzir rigidez atencional, mesmo em uma pessoa com habilidades atencionais normais. Preocupação e ruminação carregam uma promessa funcional (Wilson & DuFrene, 2009) na medida em que a preocupação promete preparar para o futuro a pessoa preocupada, enquanto a ruminação promete que erros passados não serão repetidos. Entretanto, essas promessas não são mantidas; na verdade, é exatamente o contrário (Borkovec, Alcaine, & Behar, 2004). Preocupação e ruminação aumentadas são previsores negativos de boa adaptação psicológica.

APLICAÇÕES CLÍNICAS

Apresentando a justificativa para o trabalho do momento presente

Antes de qualquer treinamento atencional, os clientes precisam saber por que é importante desenvolver controle atencional flexível. Pode ser útil perguntar se eles conseguem pensar em momentos nas suas vidas em que estavam tão ocupados ou preocupados que perderam coisas importantes.

Os terapeutas também podem começar com o conselho frequentemente usado "Pare e sinta o perfume das rosas", que é muito conhecido, mas amplamente ignorado. Parece sempre haver uma razão para não perder tempo contemplando e usufruindo do momento presente, para deixar para depois. Lamentavelmente, "o depois" nunca parece chegar. Se deixarmos por conta da vida encontrar tempo para pararmos, ficaremos profundamente desapontados. A maioria dos clientes entenderá e aceitará essa justificativa para trabalhar na melhoria dos seus processos do momento presente. Depois de apresentar a justificativa, o terapeuta pode informar o paciente um pouco mais sobre o que esperar. Apresentar aos clientes os modos da mente de "solução de problemas" e "pôr do sol" toca em aspectos importantes e facilmente compreensíveis da experiência (Wilson & DuFrene, 2009).

> "Uma das coisas que iremos praticar aqui é parar e observar o que estamos experimentando. Às vezes, há muitas coisas acontecendo ao nosso redor, mas que passam despercebidas. Portanto, iremos especificamente *praticar a observação* porque esta é uma habilidade que todos nós podemos desenvolver. Nunca sabemos exatamente quando haverá outras coisas acontecendo ou onde iremos querer usar essa habilidade e, portanto, iremos apenas praticá-la aqui e ali em nosso trabalho

conjunto. Vou lhe pedir também que você experimente sozinho no mundo exterior. Pense nisso assim: há dois modos da mente que usamos. Um é um modo de *solução de problemas*. Esse modo da mente é superautomático – e isso é muito bom! Quando se trata de evitar carros em alta velocidade ou julgar a validade de um argumento de vendas, ficar alerta é muito útil. Observe como funciona. Dois mais dois é (pausa)? Três menos um é (pausa)? [Estas duas últimas perguntas são ditas rapidamente.] Esse modo da mente nos ajuda a classificar e avaliar as coisas, com frequência tão rapidamente que nem mesmo reconhecemos o que está acontecendo. O problema com um modo de solução de problemas é que ele é tão automático que costuma ser aplicado onde não é útil – ou é aplicado muito rapidamente.

"Há outro modo da mente em que estamos interessados, que pode ser considerado como um *modo pôr do sol*. Quando você vê um problema, você o resolve, mas o que faz quando vê um pôr do sol? Ou uma bela pintura? Ou quando ouve uma linda peça musical? Esse modo da mente sobretudo nota e aprecia. Uma coisa que todos podemos ver em nossas vidas é uma tendência a estarmos tão presos a problemas e no modo de solução de problemas que perdemos muitos pores do sol.

"Vamos praticar o modo pôr do sol na sessão de algumas formas diferentes. Uma coisa que podemos fazer é iniciar uma sessão permanecendo alguns minutos de olhos fechados, apenas nos acomodando. Durante esses momentos, iremos praticar o abandono das preocupações do dia por alguns minutos e observar algo tão simples quanto nossa inspiração e expiração. Algumas vezes encontramos circunstâncias com as quais temos dificuldade para lidar. Isso nos faz querer resolvê-las o mais rápido possível para acabar com o problema. Porém, algumas vezes, a resolução rápida causa mais problemas do que resolve. Então, outra coisa que iremos fazer é ir mais devagar e entrar nesse modo pôr do sol quando surgirem problemas. Isso não significa que não vamos usar a solução de problemas. *Iremos*, mas não vamos fazer isso de um modo *automático*. Iremos resolver o problema com *atenção plena*. Também vamos entrar no modo pôr do sol quando alguma coisa agradável o acompanha. Assim, eu posso ouvir você dizer alguma coisa que é realmente significativa para você – uma parte dos seus valores – e posso pedir que fique parado por alguns minutos para apenas apreciar essa doçura.

"Uma coisa que observei ao longo dos anos em que fiz este trabalho é que, se você for um pouco mais devagar, descobrirá que doce e triste se misturam com muita frequência. É muito difícil encontrar qualquer coisa doce na sua vida que não tenha misturado algo de tristeza. O modo de solução de problemas quer que nos desviemos da tristeza, e algumas vezes, quando fazemos isso, também nos desviamos da doçura. Então, eu o convido a verificar isso comigo enquanto seguimos juntos no nosso trabalho."

Conduzir um breve exercício de *mindfulness* de 1 ou 2 minutos no início das sessões de tratamento (p. ex., monitorando a própria inspiração e expiração; rastreando momentaneamente as próprias sensações corporais; inspirando profundamente por várias vezes; focando em todos os cinco sentidos) apoia o desenvolvimento da atenção ao momento presente, tanto interno quando externo. Essa prática tem o benefício adicional de enfatizar a importância da consciência plena durante as sessões de terapia e pode aumentar enormemente a eficiência do tratamento porque estimula a transição de uma "conversa fútil" para um trabalho terapêutico sério.

Treinamento atencional para déficits de habilidades

Se o objetivo é remediar déficits atencionais, uma variedade de intervenções clínicas pode ser modificada, porque a atenção é um aspecto de todas as formas de observação. Por exemplo, procedimentos padrão da terapia comportamental como relaxamento muscular progressivo, em que a pessoa tensiona e relaxa diferentes grupos musculares, podem proporcionar prática em observação, momento a momento. A chave está em ensinar ao cliente foco, amplitude e flexibilidade. Assim, durante o procedimento, a pessoa pode ser solicitada a ocasionalmente mudar a atenção para observar os pensamentos que estão presentes e, então, gentilmente, mudar a atenção de volta para a parte do corpo que está sendo tensionada e relaxada. Exercícios de *mindfulness*, como uma varredura corporal (*body scan*; Kabat-Zinn, 1990), também podem ser meios excelentes para ensinar esse tipo de regulação atencional. Algumas vezes, essas estratégias são ensinadas com o propósito expresso de ajudar o cliente a "abdicar" da sua necessidade de controlar o estresse, a ansiedade e outros maus sentimentos. Embora exercícios de "momento presente" possam produzir relaxamento, este não é seu propósito principal. O propósito é cultivar a consciência do momento presente, aumentar o foco atencional e criar flexibilidade em como e onde a atenção é direcionada. Tais habilidades não são adquiridas todas de uma vez; elas precisam ser praticadas com o tempo. Os terapeutas devem lembrar que o objetivo é a modelagem, e isso deve começar pequeno, reforçando progressivamente conforme a pessoa se aproxima de comportamentos mais complexos. O terapeuta precisa observar onde o cliente está momento a momento e adaptar a duração de um exercício baseado na resposta do cliente.

Se os clientes parecem não ter habilidades de atenção suficientes, o terapeuta deve observar e distinguir experiências sensoriais específicas (audição, visão, tato, paladar, olfato) e focar em uma e depois em outra. Um conjunto específico de sensações pode ser escolhido, e então a atenção é mudada, restringida e ampliada (p. ex., focando apenas a linha do baixo em uma peça musical, depois mudando a atenção para as trompas, depois ambos ao mesmo tempo). Pode-se pedir que os clientes parem de vez em quando para "apenas notar" ou "apenas assistir". Não é difícil implementar pequenos exercícios de 30 segundos a 1 minuto durante as sessões de psicoterapia. Por exemplo, pode-se pedir que o cliente feche os olhos e apenas perceba seu corpo neste momento, se há alguma tensão, se sua respiração está normal e, então, gentilmente abrir os olhos e voltar ao trabalho que estava sendo feito. Pedir que o cliente pratique esses mesmos métodos fora das sessões de terapia promove o desenvolvimento de uma habilidade que pode ser usada em uma ampla variedade de situações típicas na vida.

O treinamento atencional pode ser incluído em quase todos os protocolos da ACT. O elemento crítico do processo no treinamento é mobilizar o foco dos clientes para perceber o que está presente, depois gentilmente mudar sua atenção e praticar a restrição e a ampliação do seu foco até que os clientes consigam usar suas habilidades atencionais como um instrumento. Clientes adultos ambulatoriais que estão tendo dificuldades com exercícios de *mindfulness* podem se beneficiar começando com coisas como a caminhada atenta, em que praticam a observação das cores, das formas, das pessoas e dos objetos.

Mesmo crianças muito pequenas conseguem responder perguntas sobre o que estão notando dentro e fora de si. Parar, notar e responder pode ser transformado em um jogo. A amplitude do impacto de até mesmo um simples treinamento atencional é digna de nota, mesmo em populações com atraso de desenvolvimento. Não é correto pensar que tais populações não podem se beneficiar com psicoterapia – sobretudo com métodos como a ACT, que inicialmente parecem muito abstratos. Na realidade, a verdade é exatamente o contrário – porque *mindfulness* e entrar no agora *não* são atividades analíticas abstratas. Por exemplo, ensinar pessoas com atraso de desenvolvimento, adolescentes com transtorno da conduta ou pacientes com doença mental crônica a focarem a consciência nas solas dos seus pés impacta positivamente a agressão e outros comportamentos sociais (Singh, Lancioni, Singh Joy et al., 2007; Singh, Lancioni, Winton, Adkins, Singh et al., 2007; Singh, Lancioni, Winton, Adkins, Wahler et al., 2007). A ACT demonstrou funcionar também com outras populações portadoras de deficiência mental (Pankey, 2007). Em um projeto de jardinagem com adultos com atraso de desenvolvimento supervisionados por um de nós (KGW), os clientes foram repetidamente questionados com perguntas que requeriam que parassem e observassem. "Como você sente as solas dos pés e suas mãos neste momento?", "Pare um momento e me conte quais sons você ouve." Com o tempo, essas perguntas pareceram originar muito rapidamente uma flexibilidade atencional notavelmente maior.

Intervenções para rigidez atencional

Conforme observado anteriormente, um cliente pode ter habilidades atencionais, mas ser incapaz de usá-las. Nesses casos, fusão e esquiva podem estar restringindo o repertório de ações do cliente. Exercícios de desfusão e aceitação (veja os Capítulos 9 e 10 para discussões mais detalhadas) podem auxiliar no desenvolvimento de um foco no momento presente. Contudo, pedir a um cliente para focar no modo como o conteúdo é experimentado no momento presente pode ter efeitos de desfusão e aceitação. Por exemplo, um cliente pode estar completamente fusionado com o pensamento "Por que estou tão ansioso?". Você poderia pedir que ele fechasse os olhos para tocar nessa questão e, então, começando por seus pés, tentar observar quaisquer sentimentos de tensão ou ansiedade. Avançando em pequenos incrementos subindo pelo corpo, o cliente pode ser solicitado a observar onde sente ansiedade mais agudamente e menos agudamente e, em particular, os detalhes sensoriais nas margens dessas regiões. Como esse tipo de engajamento detalhado momento a momento provavelmente não costuma ser evocado pelo pensamento "Por que estou tão ansioso?", tal exercício deve desfusionar o pensamento e trazer o cliente mais inteiramente para o momento.

Desacelerar

Os clientes com frequência entram na sessão na esteira de um fluxo de atividade que é rápido e descuidado. O ritmo das vocalizações do terapeuta pode ser uma ferramenta importante na facilitação dos processos do momento presente do cliente. A velocidade é um componente importante de muitos repertórios de habilidades e suas funções automáticas. Mudar a velocidade, particularmente indo mais devagar, pode romper antigos padrões e permitir que suas funções sejam vistas. Por exemplo, se o cliente parece estar acelerado, você pode descobrir o porquê alterando a velocidade. Se você faz os clientes desacelerarem o suficiente, ficará mais claro o que eles estão perseguindo, e o que os estiver perseguindo será encontrado.

O comportamento fusionado e evitativo pode se parecer com uma corrida, em um sentido figurativo. Os clientes estão fugindo do que não pode ser tolerado – assim como correm para acompanhar suas histórias do mundo, do que pode ser tolerado, e o que precisa ser feito para lidar com tudo isso. A velocidade é como uma cola que une os elementos. Com frequência, alterar o ritmo pode perturbar as propriedades funcionais do repertório de forma tal que o que está sendo evitado ou fusionado "alcança" o paciente. Considere o seguinte exemplo clínico:

Cliente: A sensação é a de que o mundo todo está se fechando ao meu redor. Tenho milhares de prazos no trabalho, e simplesmente não tem como eu conseguir pôr em dia. Cada vez que eu acho que estou conseguindo avançar, mais coisas são despejadas sobre mim, e acabo voltando ao ponto de onde comecei. Não sei por quanto tempo mais vou suportar isso!

Terapeuta: Então, as dificuldades são principalmente no trabalho?

Cliente: Não, são em toda parte. Tenho uma pilha de contas não pagas sobre a minha mesa em casa. Não sei o que há de errado comigo. Tenho dinheiro suficiente para pagá-las, mas simplesmente parece que não consigo fazê-lo. Tenho dezenas de mensagens na secretária eletrônica em casa – chamadas que não retornei. Meus amigos devem achar que estou louco. Não consigo cuidar do trabalho nem dos amigos. Não consigo nem mesmo cuidar de mim. Fiz inscrição na academia e nunca vou. Comprei uma bicicleta, e ela está abandonada na garagem. Não sei qual é o problema comigo! Sempre fui assim e não vejo isso mudando. É sempre a mesma coisa.

Terapeuta: Uau! Isso é muita coisa. Fico cansado só de pensar nisso!

Cliente: Desculpe, sim, eu sei.

Terapeuta: Não, não. Tudo bem. Só me parece que estamos indo tão rápido com essa lista que me preocupa que talvez estejamos deixando passar coisas importantes – coisas que são importantes para você. Sinto que não estou conseguindo acompanhar. Tudo bem para você se fôssemos um pouco mais devagar? Quero me assegurar de que realmente o estou ouvindo.

Esta última resposta do terapeuta é dita de uma forma relativamente lenta e deliberada. O terapeuta começa a mudar a velocidade do que parece ser o padrão bem estabelecido, persistente e generalizado do cliente. Existe um ritmo nisso, e a mudança do ritmo possibilita que novas coisas aconteçam.

O terapeuta estabelece o novo ritmo ao falar e fazer pausas suficientemente longas para que ambos possam realmente ouvir cada palavra que é dita. As pausas funcionam como espaço negativo em um trabalho de arte: direcionam a atenção para o que é dito por ambos – o terapeuta e o cliente.

Terapeuta: Tudo bem se voltássemos ao que você disse, só que um pouco mais devagar? Acho que ouvi coisas muito importantes ali que passaram rápido demais para que eu conseguisse absorvê-las.

Cliente: Tudo bem, eu acho.

Terapeuta: Então vamos começar com a primeira coisa que você disse – sobre o trabalho (*pausa*). Conte-me alguma coisa específica que está acontecendo no trabalho, um prazo específico.

Cliente: Não sei. Ha milhões deles.

Terapeuta: Com certeza, mas escolha apenas um, uma coisa em particular. (*Pausa*) Que tal ontem?

Cliente: Um monte de coisas.

Terapeuta: OK, vamos fazer assim. Quando você disse "um monte de coisas", eu pude ouvir um sentimento de desespero. Podemos trazer nossa atenção para essa coisa por um momento?

Cliente: Acho que sim.

Terapeuta: (*falando lentamente com uma pausa de alguns segundos nos intervalos*)

OK, então apenas feche os olhos suavemente e se acomode na sua cadeira... E talvez você consiga começar trazendo sua atenção para sua respiração... Veja se consegue começar a permitir respirações bem profundas. Não forçadas... mas apenas deixando que seu abdome se expanda... e seu peito se eleve suavemente... e, talvez, quando seu peito se elevar, você consiga deixar que seus ombros caiam suavemente e relaxem... e agora pare por um momento e veja se consegue se permitir repousar em sua própria respiração. Você trabalha muito, e me pergunto se você conseguiria se dar o presente da quietude apenas por um momento. (*pausa de 15 a 20 segundos*) Observando suavemente o subir e descer do abdome a cada respiração, e quando perceber que sua atenção se desviou, permita-se retornar tranquilamente à sua respiração. Refresque suas narinas enquanto inspira, aquecendo esses mesmos pontos enquanto expira.

Agora vou repetir as palavras que você acabou de me dizer muito, muito, lentamente. E quero que você escute cada palavra com muita atenção: "Um... monte... de... coisas..." (*pausa de 5 a 10 segundos*) E respire. E veja se consegue perceber o que acontece no seu corpo, alguma mudança sutil, enquanto eu digo as palavras "um monte de coisas" (*dito sem pausas, mas lentamente, deliberadamente, permitindo que o peso das palavras seja expresso na voz e então pausando por 5 a 10 segundos*). Sem abrir os olhos, em poucas palavras, conte-me onde você sentiu o impacto no seu corpo. Aí vão as palavras: "Um monte de coisas".

Cliente: No meu peito.

Terapeuta: Um aperto?

Cliente: Sim.

Terapeuta: Você poderia parar um momento e ver se consegue notar onde sente mais forte essa sensação e suavemente colocar a mão perto deste ponto?

Cliente: (*Coloca a mão sobre o plexo solar.*)

Terapeuta: Agora deixe que sua mão repouse gentilmente neste ponto. Eu gostaria que você observasse se sente o subir e o descer da respiração na sua mão. Veja se consegue notar as sensações nos locais onde sua mão encontra o subir da sua respiração... Veja se consegue sentir o batimento do seu coração... Se perceber que a sua consciência está se desviando, apenas note o som da minha voz, note que eu estou bem aqui, sentado com você... e retorne gentilmente às sensações... Apenas fique com essas sensações por um momento, notando cada uma delas, descansando ali por um momento, e depois notando as outras. Veja se consegue notar essas sensações, resistências, aqueles "nãos" que você guarda em seu corpo, e veja se consegue permitir que suavizem por apenas um momento. Veja se consegue notar como é liberar gentilmente essas resistências mesmo que só por alguns momentos. Veja se consegue se imaginar respirando suavidade nessas resistências. (*pausa de 20 a 30 segundos*) Agora me deixe fazer uma pergunta. Existe um "você" no trabalho que é um ser humano inteiro. E aquele mesmo "você" está bem aqui neste momento e está notando tudo isso. Quero que você imagine que poderia oferecer essa suavidade, essa gentileza, a si mesmo no trabalho... como um presente. O que esse presente significaria para você? Como isso poderia mudar o trabalho para você?... Dentro de instantes, vou lhe pedir para abrir os olhos e quero que você veja se consegue trazer um pouco dessa suavidade e ritmo para a nossa conversa sobre o trabalho... E agora quero convidá-lo a abrir os olhos, e vamos voltar a falar sobre o seu trabalho.

Essa sequência contém muitos elementos do modelo de flexibilidade psicológica e mostra como um foco no momento presente se expande naturalmente para incluir outros processos centrais. Os processos ativados durante essa interação são desfusão, aceitação, *self* e foco no momento presente: o quarteto de *mindfulness* segundo a perspectiva do modelo de flexibilidade psicológica. Será importante examinar cada um desses processos em mais detalhes.

Enfraquecer a fusão

Os padrões do discurso do cliente são indicativos de altos níveis de fusão. No começo da transcrição, o terapeuta repetidamente sonda coisas específicas que estão sobrecarregando o paciente e recebe respostas categóricas, mas inespecíficas: "tudo", "em todos os lugares", "um monte", "sempre" e "para sempre". As expressões de aflição também têm uma qualidade muito desgastada e automática. Se o terapeuta sondasse se o cliente já teve esses pensamentos antes, a resposta seria "sim". Essa fusão opressiva retira o cliente do momento presente. O terapeuta pode atacar essa situação de duas maneiras diferentes. Uma seria continuar insistindo em obter alguma coisa mais específica (p. ex., "Me dê um exemplo de uma coisa que o está incomodando"). A segunda abordagem – que é tomada pelo terapeuta – é pegar uma generalidade, "um monte de coisas", e seguir até uma série de sensações altamente específicas percebidas momento a momento. A atenção do cliente foi direcionada para a respiração, depois para o pensamento "um monte de coisas", então para as reações corporais experimentadas em relação a "um monte de coisas", voltando à voz do terapeuta, e assim por diante. Variar e repetir as palavras ditas, demorar-se nas palavras, engajar-se em respostas imaginadas – tudo isso provavelmente irá reduzir a fusão e aumentar a flexibilidade da atenção no momento presente.

Promover aceitação

A esquiva experiencial frequentemente está conectada à fusão, com ambas induzindo rigidez atencional. A intervenção de *mindfulness* feita anteriormente contém inúmeros elementos orientados para a aceitação. O terapeuta orienta o cliente a suavizar, abandonar a resistência, a metaforicamente se oferecer o presente da quietude. Essas sugestões são todas concebidas para estimular a aceitação do que está presente no contexto do cliente neste exato momento.

Contatar o self

Os elementos do *self* são um pouco menos proeminentes no exercício anterior; no entanto, o terapeuta dá a instrução de notar "o você que está notando". Instruções para notar "o você que está notando" são mais poderosas quando dadas na sequência de diferentes coisas observadas: elementos como observar eu/você, como quando o terapeuta instrui o cliente a observar a voz do terapeuta, notar o terapeuta "aqui com você". Todas essas sugestões facilitam a emergência de um *você observador* ativo.

Contatar os valores

O elemento dos valores é acrescentado ao final do exercício na forma de perguntas que pedem que o cliente considere uma relação mais generosa e gentil com o trabalho. Pelo menos dois elementos dos valores estão sendo ativados pelo terapeuta. Primeiro, há o valor direto do trabalho, e, segundo, há um valor de autocompaixão inserido nas instruções para suavizar e dar a si próprio um presente metafórico.

O trabalho do processo do momento presente reside na ideia relativamente simples de que a aprendizagem acontece quando ocorre no presente e é experimentada diretamente. Se o terapeuta percebe que fusão e esquiva estão em níveis muito altos, mesmo enquanto faz o trabalho com os valores, derrubar os processos do estilo de resposta centrada é uma posição de recuo sólida. O exemplo anterior de uma intervenção do momento presente pode ser usado com qualquer problema trazido por um cliente. Pode durar de 20 ou 30 minutos ou ser mais curto e durar de 4 a 5 minutos. Diferentes elementos do modelo de flexibilidade psicológica – ou diferentes ênfases nos mesmos elementos – podem ser ativados por meio de ligeiras alterações da intervenção. Por exemplo, mais perguntas podem estar focadas na tomada de perspectiva ou nos valores. O elemento constante é o foco nos processos do momento presente. Às vezes, ir mais devagar com um item de conteúdo fusionado como este libera a conversa subsequente.

Se parecer que o cliente "desapareceu" dentro de um estado fusionado e/ou experiencialmente evitativo, o terapeuta deve iniciar algum trabalho breve em processos do momento presente, como as interações descritas anteriormente. Começa-se por um conteúdo benigno, como fazer o cliente ir mais devagar e simplesmente focar na respiração. Depois disso, pode-se pedir que o cliente observe o que está aparecendo na forma de pensamentos, sentimentos, lembranças e sensações físicas. Com efeito, o terapeuta desacelera o cliente e ajuda a redirecionar a atenção para o que está acontecendo dentro da consciência momento a momento.

Criando continuidade entre as sessões

Exercícios curtos e longos focados em processos do momento presente constituem excelentes tarefas para fazer em casa e podem ajudar o cliente a praticá-los em contextos que ocorrem naturalmente na vida. Se um cliente já se engaja em alguma forma de oração, meditação, ioga ou outra prática de *mindfulness*, estas podem ser oportunidades naturais para acrescentar habilidades de observação e foco. Algumas vezes, o cliente pode concordar em praticar em casa um exercício particular da sessão, tal como respiração e observação por 5 minutos, duas vezes por dia. A mensagem para o cliente é a de que os processos do momento presente são habilidades e de que a única maneira de serem desenvolvidas é por meio da prática. Sem prática, é muito difícil direcionar a própria atenção flexivelmente em situações estressantes na vida. O cliente deve ser encorajado a ver essa forma de ser como uma modificação permanente no "estilo de vida" em vez de como uma panaceia que só é usada em situações estressantes na vida.

Para facilidade da prática feita em casa, muitos protocolos da ACT atualmente incluem de forma rotineira exercícios simples de "estar presente" na forma de áudio que podem ser reproduzidos em iPods ou aparelhos similares. Os clientes podem ser encorajados a usar sozinhos pequenos exercícios desse tipo. Por exemplo, pode ser solicitado para ajustarem um alarme algumas vezes por dia para fazer uma pausa, deixar de lado as distrações e observar as sensações de 10 respirações – inspiração e expiração. Os clientes também podem ser orientados a desacelerar e observar suas experiências sensoriais enquanto se engajam em tarefas corriqueiras simples, como lavar os pratos ou passar roupa. Para tornar menos provável que os exercícios sejam colocados a serviço do controle ou da eliminação de maus sentimentos, os clientes devem ser encorajados a fazer exercícios quando estão estressados *e também quando relaxados*. Embora atividades prolongadas do momento presente, como ioga formal, ou atividades de meditação provavelmente sejam benéficas, mesmo pequenas quantidades de exercícios do momento presente e de *mindfulness* podem ser úteis. Na verdade, evidências metanalíticas sobre métodos de *mindfulness* mostram que eles são úteis mesmo em doses muito pequenas e mesmo quando os participantes não os praticam regularmente (Hoffman et al., 2010).

INTERAÇÕES COM OUTROS PROCESSOS CENTRAIS

O trabalho do momento presente pode ser feito na forma de intervenções independentes, mas, como discutimos previamente, a promoção de processos do momento presente com frequência estimula o trabalho em outros processos. As próximas seções revisam brevemente interações adicionais entre processos do momento presente e outros processos.

Processos do momento presente e *self*

Pensamentos fusionados sobre o *self* são um problema comum. Conforme já discutimos, a fusão em geral pode levar uma pessoa a perder o contato com o momento presente. Muitos exercícios do momento presente pedem que o cliente monitore as emoções, os pensamentos e os estados corporais momento a momento e se conecte com um senso de *self* que transcende esses vários conteúdos de consciência. Como é o caso com a fusão de modo mais genérico, os processos do momento presente são um bom antídoto para a fusão com auto-histórias que estão sendo mantidas muito rigidamente pelo cliente.

Processos do momento presente e desfusão

Alguns exercícios de desfusão não têm as qualidades conscientes dos exercícios e intervenções descritos neste capítulo, mas exercícios breves do momento presente podem ser anexados a eles, e, assim, nos capítulos que se seguem, será importante lembrar-se da possível relevância dessas aplicações. Considere, por exemplo, um exercício de repetição de palavras em que é pedido que o cliente repita um pouco do conteúdo fusionado por várias vezes, muito rapidamente, até que as palavras comecem a perder sua capacidade de restringir o comportamento (p. ex., "Eu sou terrível"). Esse método provou ser clinicamente útil em alguns contextos (p. ex., Masuda et al., 2004) e será abordado posteriormente, mas interromper a repetição rápida com breves períodos de quietude e consciência da respiração pode proporcionar uma fantástica noção de contraste e consciência. Em alguns contextos, a transição parece levar a uma postura mais desfusionada em relação ao processo de pensamento sem necessariamente ter que se desfusionar de um conjunto de pensamentos em particular.

Da mesma forma, muitos exercícios da ACT treinam os clientes para entrar em contato com o conteúdo psicológico e simplesmente descrevê-lo sem acrescentar ou subtrair nada. Quando os clientes são solicitados a simplesmente nomear emoções como emoções, pensamentos como pensamentos, etc., eles estão basicamente observando de modo atento o fluxo contínuo da cognição, da emoção e da experiência sensorial. O terapeuta pode alterar a velocidade e o foco da atenção no momento presente para aumentar o impacto da convenção de nomeação.

Processos do momento presente e aceitação

Em certo sentido, sempre há um pouco de aceitação e desfusão incluído em qualquer exercício de *Apenas Notar*. O uso de muito trabalho de momento presente no contexto de pensamentos e emoções difíceis pode facilitar a aceitação e ajudar o cliente a notar *o que mais* está presente mesmo quando fortes emoções são sentidas. Experiências privadas dolorosas tendem a atrair e fixar a atenção – na verdade, esse efeito é provavelmente, em parte, de origem evolucionária. O trabalho do momento presente que transita entre eventos dolorosos e sensações mais benignas, como o subir e descer do abdome na respiração, pode ajudar o cliente a praticar a mudança da atenção. A experiência de mudar a atenção em meio a uma experiência privada indesejada e estressante também ensina os clientes que prestar atenção está inserido em tudo o que fazemos. Da mesma forma, o treinamento feito pelo terapeuta para se abrir e assumir uma postura de maior aceitação pode estimular maior atenção aos próprios valores e ao que é importante no momento. Quando um cliente está sobrecarregado pela perspectiva da aceitação, um momento consciente de quietude em torno de algo como a respiração pode proporcionar suficiente espaço psicológico para iniciar o processo.

Processos do momento presente e valores e compromisso

O desenvolvimento do modelo de flexibilidade psicológica ajudou a lançar luz sobre as inter-relações entre valores, compromisso e outros trabalhos de ativação comportamental, por um lado, e processos de *mindfulness*, por outro. Existe uma interação recíproca entre processos do momento presente e o trabalho com valores e compromisso. Algumas vezes, pequenos componentes de valores podem ser usados para facilitar o trabalho do momento presente. Por exemplo, ao fazer o trabalho focado no momento presente com uma emoção difícil, uma pergunta sobre os valores cuidadosamente enquadrada pode estimular a disposição para se manter presente e conectar-se com o que importa para o cliente.

Cliente: É muito difícil pensar na minha filha. Só lhe dei decepções.

Terapeuta: Se manter a quietude diante dessas coisas difíceis... por apenas um momento... pudesse ajudá-lo a avançar na direção de ser o pai que você deseja ser... você estaria disposto a isso? (*dito lentamente, deliberadamente, com pausas*)

Nessa resposta, o terapeuta invoca a pergunta sobre valores para motivar a disposição para estar presente. Além disso, a velocidade da pergunta provoca a observação momento a momento, e os processos do momento presente são cultivados.

O QUE FAZER E O QUE NÃO FAZER NA TERAPIA

Enfatizar o propósito de estratégias de *mindfulness*

Nada na ACT se opõe a um estado pacífico da mente; no entanto, existe um perigo no momento presente – intervenções focadas sendo vistas unicamente como uma ferramenta para a produção de alívio emocional. *Mindfulness* tem sido assumida pela cultura popular como o caminho real para sentir-se "saudável". Embora meditar sobre a própria respiração e gentilmente liberar os pensamentos e as emoções que surgem provavelmente irá produzir estados positivos de sentimentos, este não é seu propósito nas tradições mais contemplativas; também não é seu propósito na ACT. Os processos do momento presente não são um tônico para "sentir-se bem". Os terapeutas devem caracterizar consistentemente o trabalho do momento presente como planejado para aumentar e ampliar a habilidade do cliente para alocar a atenção flexivelmente. A questão é combater a atenção rígida fixada em certos pensamentos, emoções, lembranças ou sensações. Os processos do momento presente são fontes de saúde não porque eles eliminam um conteúdo negativo indesejado, mas porque criam um "espaço" em que o conteúdo negativo pode ser experimentado sem que ele domine a atenção e o comportamento. Processos do momento presente, bem estabelecidos, permitem que o cliente aja (ou não aja) como "quem quer" em vez de "quem tem que".

Ser sensível a possível viés do cliente contra *"mindfulness"*

Os terapeutas também precisam estar conscientes da pouca adequação entre a linguagem de *mindfulness* e as experiências e os vieses de muitos clientes. Muitos deles seguem tradições religiosas fundamentalistas que são céticas e até mesmo hostis em relação a qualquer coisa que flerte com a espiritualidade oriental ou as ideias da Nova Era. Se isso for um problema, pode ser melhor se referir à prática de *mindfulness* como "treinamento da atenção" ou algo assim. Sugira, por exemplo, que uma vida valorizada algumas vezes requer atenção flexível e focada e que a prática dessas habilidades pode nos preparar para responder quando a vida chamar. Essa abordagem é melhor do que permitir que os clientes achem que estão sendo encorajados a ser budistas ou a viver a vida como um monge. Alguns métodos e ideias da ACT se assemelham aos do budismo (Hayes, 2002; Shenk, Masuda, Bunting, & Hayes, 2006), mas a ACT não é budismo, e muitos clientes temem que a terapia inclua ideias religiosas indesejadas. Assim, o terapeuta deve respeitar a diversidade étnica e cultural de cada cliente e personalizar a linguagem de cada intervenção para se adequar às preferências do cliente.

Demonstrar e aplicar as habilidades à relação terapêutica

Pode ser útil que os terapeutas demonstrem um foco no momento presente, e não devem se esquecer de aplicar essas habilidades à própria relação terapêutica. De todos os principais processos de flexibilidade psicológica, um foco no momento presente é provavelmente o mais difícil de manter durante as sessões de terapia. Os terapeutas também são suscetíveis a "ir embora" (*checking out*) em resposta a um conteúdo emocional doloroso, fadiga, enredamento com solução de problema clínico e uma profusão de outros fatores. Uma boa regra é: "Quando em dúvida, primeiro fique centrado!". Isso ajuda o terapeuta a desacelerar e a fazer contato com as barreiras que tenham surgido, em vez de se engajar em respostas irrefletidas que podem ser contraproducentes. No entanto, permanecer dentro do trabalho do momento presente visando *evitar* ser mais ativo como terapeuta ou evitar conteúdo emocionalmente difícil não é útil. Manter-se centrado é o primeiro passo, não um fim em si.

LENDO OS SINAIS DE PROGRESSO

A habilidade do cliente de se engajar em processos do momento presente deve aumentar com o tempo; assim, os terapeutas precisam aprender a ler os sinais de progresso. Os exercícios iniciais de momento presente podem exigir mais tempo e estruturação do que originalmente previsto pelo terapeuta. À medida que o cliente progride, certas técnicas usadas dentro da sessão, tais como pedir que o cliente foque na respiração, ou fazer solicitações verbais ao cliente para entrar no momento, podem ser gradualmente suprimidas. À medida que cada cliente faz progressos, você pode perceber a maior facilidade que ele encontra para parar, desacelerar ou mudar a direção de uma sessão quando isso parecer útil, ou como ele persiste nos exercícios ou diante de um conteúdo difícil quando é necessário. Tais mudanças normalmente demonstram que está sendo adquirida flexibilidade atencional. A generalização das habilidades é indicada quando o cliente espontaneamente começa a parar, desacelerar ou alterar a direção das sessões de forma deliberada. À medida que a flexibilidade atencional aumenta, o momento presente se torna um fundamento sempre presente e firme para a consciência e a ação.

8

Dimensões do *self*

Forma é apenas vazio; vazio apenas forma.
DITADO ZEN

Neste capítulo, você aprenderá...

◊ Como o modo de solução de problemas da mente afeta a experiência de *self*.
◊ Como os três aspectos de experiência de *self* interagem para promover ou enfraquecer a flexibilidade psicológica.
◊ Como enfraquecer o apego ao *self* conceitualizado.
◊ Como promover o contato com o *self* como tomada de perspectiva.
◊ Como criar uma distinção entre o cliente e sua narrativa de *self*.
◊ Como ler e abordar problemas relacionados ao *self*.

VISÃO GERAL PRÁTICA

A habilidade de se manter centrado por meio de tomada de perspectiva e de se manter presente é a fonte principal da saúde e da flexibilidade psicológicas. Precisamos usar essa habilidade quando as funções regulatórias da mente estiverem excessivamente expandidas. Precisamos ter um lugar de santuário que nos proteja do emaranhado de autoavaliações tóxicas, do seguimento inadvertido de regras e de respostas de enfrentamento socialmente apoiadas, mas autodestrutivas. Esse santuário é a simples experiência de estar consciente de que somos aqueles que contêm e que olham para nossa experiência privada.

A ACT vê o sofrimento humano como o resultado da extrapolação das relações verbais arbitrárias e da relativa fraqueza de um senso de *self* mais amplo que possa conter a desordem mental. Há dois processos centrais que precisam ser abordados para corrigir esse desequilíbrio. Um deles é reduzir a dominância do modo de solução de problemas da mente, o qual está focado principalmente em tentar encontrar um significado, fazer previsões e criar narrativas. Esse modo da mente é inerentemente reativo porque se desenvolveu para responder aos estímulos ambientais de um modo sobreaprendido automático (Strosahl & Robinson, 2008).

A ACT procura promover um modo mental diferente, que está localizado no momento presente e centrado na simples consciência *per se*. A consciência apoia a habilidade de se manter sem julgamentos e simplesmente deixar que os produtos da mente estejam presentes. A flexibilidade atencional que sustenta estar "no agora" é muito mais possível quando existe uma distinção disponível entre os pensamentos e o pensador, as emoções e aquele que as sente, as lembranças e a pessoa que recorda, etc.

Estamos acostumados a selecionar os *inputs* mentais por sua relevância imediata. Esta é uma função que é usada de forma tão generalizada que simplesmente a tomamos como certa, e sem ela os humanos estariam em um constante estado de "sobrecarga de informação". Por exemplo, quando atravessamos um cruzamento movimentado, podemos estar conscientes dos aromas provenientes de um restaurante próximo, mas isso não é tão importante quanto observar a velocidade dos carros que vêm no sentido contrário. No entanto, quando se trata dos elementos subjetivos de atenção – autoavaliações, comparações, previsões do que ainda está por vir, para citar algumas possibilidades –, podemos não perceber a relação contextual entre aquilo do que estamos conscientes e quem está consciente daquilo. Em consequência, perdemos a habilidade de selecionar esses estímulos por sua relevância e muito facilmente ficamos à mercê do conteúdo desses *inputs*. Em essência, estamos no piloto automático.

A ACT pede muito do cliente. Pede que as defesas verbais sejam reduzidas. Pede que os monstros psicológicos sejam enfrentados. Não se pode esperar que alguém enfrente dor psicológica se a autodestruição (mesmo que metafórica) parece ser o resultado provável. Para enfrentar os próprios monstros de frente, é necessário encontrar um lugar a partir do qual isso seja possível. A solução requer que o cliente aprenda a estar no momento presente e a fazer contato com um senso de *self* mais amplo que não seja ameaçado pelo conteúdo. Essa habilidade de se centrar (manter-se presente e assumir uma perspectiva) pode ser pensada como um engrenagem que se associa à habilidade de se manter aberto (desfusionar do conteúdo, aceitar o que está presente) e se engajar na vida (escolhendo valores e se engajando em ações de compromisso).

De forma alternativa, imagine assim: a vida é como dirigir um carro; algumas vezes chove, e o barro respinga no para-brisa. Para que seja possível enxergar adiante, é preciso que o limpador do para-brisa seja ligado. Esquiva experiencial e fusão cognitiva são como ter um limpador de para-brisa que está paralisado pelo gelo – rígido e inflexível. Aceitação e desfusão liberam nossas ações para que possamos participar inteiramente no presente e gravitar em torno de nossos valores e ações de compromisso. O movimento do limpador de para-brisa pode limpar o para-brisa, mas um momento depois, se o temporal for muito forte, o para-brisa pode ficar turvo novamente, e será necessário algo a mais. O ponto-chave desse processo é um senso de *self* transcendente. Os processos de desfusão e aceitação permitem que a energia vital se volte para o presente, onde pode ser transformada em ação vital, mas a consciência permite que tudo isso seja a ação de um ser humano consciente.

Os terapeutas ACT assumem a perspectiva de que vitalidade, propósito e significado ocorrem quando a pessoa voluntária e repetidamente se engaja em um tipo de suicídio conceitual, em que as fronteiras do *self* conceitualizado são abrandadas e ocorre uma abordagem mais aberta das experiências que são nada mais do que ecos da história do próprio indivíduo. A expressão da ACT para isso é "mate-se todos os dias". Quando enfatizamos o contato com a experiência direta por meio de um *self* observador, estamos estimulando processos atencionais mais flexíveis, os quais, por sua vez, permitem a emergência de um processo contínuo de autoconsciência e consciência do ambiente. Nós restituímos aos clientes o que eles já receberam, mas perderam como resultado da dominação da linguagem e do pensamento: a consciência como um lugar para observar sua guerra particular sem estar *dentro* da guerra particular.

Defendendo o *self* conceitualizado

Os clientes com frequência chegam à terapia fortemente fusionados e preparados para defender uma visão de *self* verbalmente construída que está enraizada no modo de solução de problemas da mente. Em alguns casos, os clientes têm tão pouco contato com outras formas de *self* que não sabem o que estão sentindo ou experimentando e não conseguem se separar dos conteúdos da sua atenção. Na ACT, o emaranhado com o *self* conceitualizado é, em grande parte, visto como problemático porque restringe o repertório de ações de modo desnecessário. A fusão com o *self* conceitualizado pode levar à distorção ou à reinterpretação de eventos que são inconsistentes com o *self* conceitualizado. Clinicamente, terapeutas de várias escolas lidam com esse processo quando trabalham com autoconceitos negativos, mas isso pode ser igualmente problemático com autoconceitos positivos. Se uma pessoa se considera gentil, há menos espaço para lidar de forma direta com um comportamento *a priori* chamado de "cruel". Dessa maneira, um *self* conceitualizado pode estimular o autoengano, o que, por sua vez, o torna mais resistente à mudança.

Ironicamente, a maioria das pessoas entra em terapia querendo *defender* sua autoconceitualização particular, mesmo que ela seja abominável, prejudicial ou a razão aparente para procurar tratamento. Ideias familiares repetidas sobre si mesmo – tanto positivas quanto negativas – são tratadas como coisas sobre as quais estar certo. No início, a maioria dos clientes está tão integralmente capturada nessa prisão conceitual que não sabe – e não vai acreditar – que está aprisionada. O mundo conceitual em que eles vivem é um fato, e dentro desse mundo certos pensamentos são racionais e outros são irracionais; certas emoções são boas e outras são ruins; certas crenças demonstram alta autoestima, enquanto outras demonstram baixa autoestima, e assim por diante. Esse tipo de categorização é bem familiar para nossos clientes. É o que eles têm feito sua vida toda (os terapeutas também!). Em vez de ajudá-los com essa guerra conceitual – como a maioria das terapias tenta fazer –, os terapeutas ACT trabalham para ajudar os clientes a se distinguirem do seu conteúdo conceitualizado, seja ele bom ou mau. Essa abordagem apoia variação comportamental saudável e flexibilidade – a história do *self* é inerentemente mais rígida do que nosso repertório real precisa ser. Por uma perspectiva evolucionária, os repertórios se desenvolvem pela estimulação da variação e, então, seletivamente se mantendo aqueles que trabalham na direção de padrões valorizados. A ACT ajuda que isso ocorra – permitindo que os padrões comportamentais se desenvolvam em uma direção positiva baseada na própria vida.

Promovendo a autoconsciência contínua: o self-como-processo

Embora a ACT pressuponha que é inerentemente restritivo associar a identidade do indivíduo a um conteúdo conceitualizado de qualquer tipo, ela também pressupõe que uma vida saudável requer conhecimento verbal contínuo flexível do momento presente. As intervenções da ACT procuram desenvolver atenção flexível e autoconsciência imediata. Avaliações de conteúdo privado no momento não são importantes; isso é competência de um modo de solução de problemas da mente e suas infindáveis tentativas de categorizar, avaliar e prever. A questão não é se um pensamento, sensação ou lembrança é bom ou ruim. Em vez disso, o clínico da ACT encoraja os clientes *a ver que eles veem como eles veem*, sem desnecessariamente julgar ou justificar o que está presente. Essa abordagem ajuda a identificar e enfraquecer as contingências sociais que levam ao autoengano a serviço da preservação de uma versão conceitualizada do *self* ("Eu nunca fico irritado com as pessoas – portanto, essa emoção não pode ser raiva"). A ironia é que, quando o conteúdo avaliado da autoconsciência não mais está em questão, uma autoconsciência fluida e útil tem mais probabilidade de ser estimulada ("Estou me sentindo irritado agora em resposta ao comentário que ela fez"). Os clínicos da ACT oferecem um modelo desse senso de *self* – que foi denominado "self-como-processo". Quando isso é útil, eles estão prontos para descrever o que está acontecendo na terapia, nos clientes ou neles mesmos – diretamente e sem críticas. Eles são capazes de instigar e apoiar esse senso de *self* fazendo perguntas ao cliente em momentos-chave e mantendo uma postura de abertura ao que é observado. Muitos exercícios de ACT treinam os clientes a contatar o conteúdo psicológico e simplesmente descrevê-lo sem acrescentar ou subtrair nada.

Promovendo um senso de *self* de tomada de perspectiva: o self-como-contexto

No Capítulo 3, examinamos algumas das evidências da RFT de que um senso de perspectiva emerge não somente do "eu", mas também de outras perspectivas, como "você", e que as relações dêiticas de aqui-lá e agora-depois são a chave para a tomada de perspectiva. No sentido mais básico, ver a partir do "eu-aqui-agora" é uma *ação* de tomada de perspectiva porque não há uma posição mental estática a partir da qual a perspectiva é garantida. Este é um processo fluido contínuo; a construção do "eu" (*"I-ing"*) pode ser uma descrição mais acurada desse processo, embora mais complexa. Uma pessoa com uma história rica de questionamentos sobre pessoa, tempo e lugar irá mais prontamente abstrair o que é invariante nas respostas, ou seja, a própria tomada de perspectiva. Uma pessoa com uma história empobrecida terá mais dificuldades para entrar em contato com esse senso de *self*. Assim, a ACT, como outras tradições experienciais, encoraja o uso de declarações do tipo "eu" e estimula essas declarações em uma ampla variedade de contextos. É importante não falar apenas sobre problemas, mas também sobre aspirações – não só porque existe uma pessoa inteira na sala, mas também porque fazer isso estabelece uma tomada de perspectiva mais flexível.

Histórias de aprendizagem distorcidas podem dar vez a incontáveis tipos de problemas de tomada de perspectiva. Por exemplo, um cliente que quando criança era constantemente forçado a descrever desejos, estados e aspirações com base no que os outros queriam ouvir rapidamente aprende que "eu" é menos "a partir daqui" do que "a partir de lá". Certos tipos de condições clínicas mostram tal fenômeno. A pessoa cujo senso de integridade ou pessoalidade se desintegra quando seu terapeuta sai de férias – ou quando o parceiro não está mais presente – está evidenciando perda do senso de *self* que sempre esteve muito atrelado às perspectivas dos outros. A criança criada em uma família violenta, abusiva e disfuncional com frequência vai aprender a dissociar vários aspectos da autoconsciência para conseguir sobreviver à turbulência mental que ela não tem habilidade para processar e integrar simbolicamente. Esse senso de autoconsciência fragmentado pode, mais tarde, levar a estados dissociativos diante de condições de excitação emocional negativa.

O profundo *insight* que a RFT proporciona é o de que "eu" aparece no momento em que "você" aparece, e a flexibilidade resultante na tomada de perspectiva é essencial. Muitos exercícios de ACT requerem que o cliente adote diferentes perspectivas por essa própria razão. Por exemplo, os clientes podem ser convidados a irem até um futuro "mais sábio" e, olhando para trás, verem a si mesmos agora, talvez até mesmo escrevendo uma carta para si mesmos sobre como se engajarem na situação atual de forma saudável. Pode ser solicitado ao cliente que se sente em uma cadeira vazia e fale consigo mesmo segundo a perspectiva de outra pessoa. Depois de ouvir uma parte nova do material clínico, o cliente pode ser questionado sobre o que ele supõe que você, o terapeuta, possa estar pensando.

Não é difícil ajudar os clientes a reconhecerem a conexão essencial entre a pessoa que são hoje e a pessoa que eram no verão passado, a pessoa que já foi adolescente e a pessoa que já teve 4 anos de idade. As pessoas com frequência conseguem se colocar na sua pele naquela época e conseguem contatar aquela "pessoa" mesmo agora. O contato com esse senso de *self* que toma perspectiva é essencial para o trabalho de aceitação porque fornece um refúgio no qual não existe ameaça existencial por entrar na dor e nas dificuldades da vida. Essa perspectiva possibilita que a pessoa saiba de forma verdadeiramente experiencial que, não importa o que surgir, o "eu" não é ameaçado. Isso não se dá porque o "eu" é permanente, mas porque o "eu" não é uma coisa. Em vez disso, ele é a perspectiva a partir da qual a atividade verbal é observada. Tomando emprestada uma metáfora de Baba Ram Dass, por trás da nuvem da linguagem se encontra um pequeno pedaço de céu azul. Não há razão para que os humanos afastem as nuvens a cada momento para serem reassegurados de que existe um céu azul. Ele envolve e contém as próprias nuvens. Contatar esse aspecto do *self* é, assim, entrar em contato com um senso de integração pessoal, de transcendência, interconectividade e presença.

A relação terapêutica na ACT é com frequência intensa, e existe uma noção de valores e vulnerabilidades compartilhados entre o terapeuta e o cliente (veja o Capítulo 5). A autorrevelação é comum; o terapeuta serve como modelo de abertura para a abordagem das dificuldades inerentes à tomada de perspectiva na presença do modo de solução de problemas excessivamente dominante (p. ex., "Quando eu me magoo, como você, acho difícil recuar e deixar a mágoa ali e, em vez disso, a vejo como parte de mim"). Isso faz sentido por muitas razões dentro do modelo da ACT, porém, nesse contexto, é importante observar que uma das formas pelas quais uma pessoa aprende sobre a tomada de perspectiva do "eu-aqui-agora" é aprender sobre as perspectivas dos outros, incluindo o clínico.

APLICAÇÕES CLÍNICAS

Há três objetivos clínicos principais a serem buscados quando trabalhamos com esse processo central. Um é enfraquecer o apego do cliente ao *self* conceitualizado. O segundo é ajudar o cliente a desenvolver e/ou melhorar a habilidade de notar o fluxo contínuo da experiência. O terceiro é ajudar o cliente a aumentar a disponibilidade e a flexibilidade de tomar perspectiva.

Os sinais de que o trabalho com o *self* é necessário são um senso de ausência de vida ou presunção e uma qualidade apressada ou automática na existência diária, ambos os quais refletem um senso de apego ao *self* conceitualizado. Resistência e desconforto surgirão algumas vezes em uma sessão quando as questões forem contatadas fora da narrativa de *self* habitual. O conteúdo das experiências dos clientes pode parecer quase ameaçador à vida, como se não houvesse nada mais para eles do que suas auto-histórias. Pode haver falta de sensibilidade à perspectiva dos outros, incluindo o terapeuta ou outras pessoas no ambiente. Uma preocupação hiperatenta às perspectivas dos outros ou um sentimento de anomia quando deixado sozinho pode indicar problemas com o *self* como "sendo eu". Falta de senso de espiritualidade ou conectividade com os outros, desconforto com ambiguidade, rigidez pessoal, senso de vazio interno e/ou problemas com dissociação podem ser indicadores da necessidade de desenvolver a habilidade de fazer contato com um senso de *self* maior.

Enfraquecendo o apego ao *self* conceitualizado

Assim como vale para qualquer processo na ACT, alguns clientes estão prontos para começar a enfrentar questões espinhosas relacionadas ao *self*, enquanto outros não estão. Às vezes, os clientes já trabalharam nessas questões por algum tempo ou conseguem entender rapidamente a questão do *self* e imediatamente conseguem avançar. A orientação da ACT para o *self* e o sofrimento também explica por que essa abordagem pode funcionar com uma ampla variedade de problemas clínicos. Em certo sentido, a luta entre conteúdo e contexto é atemporal e inextricavelmente associada à "condição humana" – é uma batalha de milhares de anos. O terapeuta e o cliente estão juntos nesse caldeirão da linguagem, e um intenso laço terapêutico se desenvolve entre eles devido a esse fato.

O primeiro trabalho que é concebido para enfraquecer o apego a um *self* conceitualizado pode ser muito simples. Os clientes costumam acreditar que a terapia irá ajudá-los a eliminar crenças pessoais más e limitantes e imediatamente criar autoconfiança pura e inalterada. Eles esperam que o terapeuta faça os reparos necessários, como um encanador que conserta um vazamento ou canos enferrujados. O terapeuta ACT introduz a ideia de que a bondade ou maldade das crenças pode não ser um problema *per se*, mas que o problema pode consistir do *apego* do indivíduo às crenças.

Para iniciar o processo de desvinculação, o terapeuta pode apresentar ao cliente vários exemplos das formas pelas quais o apego mesmo a crenças muito positivas pode cegar uma pessoa. Por exemplo, uma pessoa que é apegada à ideia de que o mundo é um lugar cheio de bondade tem maior probabilidade de se tornar presa de uma pessoa inescrupulosa. Uma pessoa comprometida com a ideia de que é um bom pai ou mãe pode ficar cega para as formas pelas quais na verdade está prejudicando os filhos. O terapeuta pode pedir que o cliente examine algumas experiências pessoais relevantes e tente encontrar situações em que o apego tanto a ideias positivas quanto negativas foi prejudicial.

O exercício *Inteiro, Completo, Perfeito* é um excelente exercício experiencial para abordar o apego. O cliente com frequência não reconhece as poderosas propriedades dialéticas da linguagem e a forma arbitrária como essa característica pode afetar as autoconceituações. A tarefa do cliente nesse exercício é observar que qualquer declaração de identidade positiva automaticamente atrai seu oposto e (se você optar por estender o exercício) que declarações de identidade extremamente negativas também automaticamente atraem seu oposto. A questão é que paz de espírito é difícil no nível do conteúdo, e, assim, o apego a um conteúdo de pensamento privado avaliativo imediatamente produz uma sensação de desconforto e ameaça. Nesse exercício com os olhos fechados, primeiramente faça um breve exercício de centralização, como este a seguir:

"Antes de começarmos, tudo bem se ocuparmos um momento para você ficar centrado e ajudá-lo a ficar presente na sala? Bom. OK, vamos nos acomodar e largar tudo. Respire profundamente e observe como é inspirar... [*pausa*]... e, quando estiver pronto, faça mais uma vez [*pausa*]... E agora faça de novo, mas, no auge da respiração, quero que observe que você não inspira nem expira – há um tipo de platô antes de expirar. Veja se consegue notar isso e observe onde começa e onde termina... [*pausa*]... [Podem ser acrescentadas aqui outras coisas às quais prestar atenção, tais como atenção a sons, sensações, etc.]"

A seguir, peça que o cliente observe o que surge em sua mente enquanto você diz algumas palavras. Então, diga apenas quatro palavras lentamente:

"Sou inteiro... completo... perfeito."

Depois de alguns minutos, termine o exercício e comece uma discussão da experiência do cliente com ele. Pergunte o que veio à mente, qual palavra foi mais difícil, etc. Em geral, quanto mais positiva a palavra, mais negativa a experiência do cliente – por exemplo, "Eu posso ser inteiro, mas não sou perfeito!". Você pode acrescentar um conjunto similar de palavras mais negativas, e o cliente com frequência irá começar a argumentar silenciosamente também com as extremamente negativas. Mais uma vez, a questão é que não há paz de espírito no nível do conteúdo porque um extremo atrai seu oposto. A paz de espírito deve ser encontrada em outro lugar.

Diga-se de passagem, pode ser importante contar ao cliente sobre a etimologia de *perfeito*. A primeira parte da palavra (*per*) provém de um termo que significa "completamente". *Feito* provém da mesma raiz que *fábrica* e significa "feito". No seu emprego contemporâneo, "totalidade" e "perfeição" parecem ser questões de avaliação; no entanto, se ser perfeito é ser completamente feito, talvez perfeição seja mais uma questão de presença ou totalidade. Nenhum segundo contém mais vida do que qualquer outro segundo. Todo momento é sempre absolutamente inteiro, mesmo um momento em que surge o pensamento de que "Estou perdendo alguma coisa".

Também é importante notar outra coisa. Quase ninguém que faz esse exercício nota a palavra *Sou*. Nesse exercício, o terapeuta não diz "Veja como é acreditar nestas palavras sobre você: Sou inteiro, completo, perfeito". Não há nenhuma instrução para aplicar esses atributos a si mesmo. No entanto, 99% daqueles que fazem esse exercício irão aplicar as quatro palavras dessa maneira, e quase ninguém irá notar inicialmente que não precisava ter feito isso. Vale a pena observar – geralmente depois de desvendar a maior parte do processo – como isso pode ser outro exemplo do quão sedutor e automático pode ser o controle pelos pensamentos.

Outra intervenção comum é usar o exercício escrito *Enredo*. Esse exercício pede que os clientes descrevam por escrito os principais eventos históricos que moldaram suas vidas e os transformaram no que eles são hoje. Depois de escrita cerca de uma página, peça

que os clientes sublinhem todos os fatos objetivos (p. ex., "Tive um ataque de pânico durante minha festa de formatura") e circulem todas as reações psicológicas (pensamentos, sentimentos, lembranças, sensações, impulsos, disposições, etc. – tais como "Eu achei que ia morrer"). Depois, peça que escrevam a história novamente com todo o conteúdo sublinhado e circulado, mas com um tema e um final diferentes.

Ao examinar a nova história, assegure-se de que todos os elementos estejam colocados e de que o final e o tema sejam diferentes. Não há necessidade de "comparar" a nova história com a antiga em termos de qual é melhor ou mais acurada. O clínico deve enfatizar que o propósito não é mostrar que a história original está errada ou encontrar uma história melhor, mas apenas observar como a mente funciona, mesmo quando não estamos observando. Depois de concluir essa conversa, peça que a pessoa escreva ainda outra história usando apenas os eventos sublinhados (i.e., os fatos objetivos) e, desta vez, aplicando algum tipo de reação psicológica ou avaliações/julgamentos diferentes. Mais uma vez, a conversa está mais focada na experiência do cliente ao fazer o exercício do que no que diz o conteúdo da nova história. O cliente pode dizer algo como: "Eu tentei pensar em outra maneira de descrever o quanto foi horrível". Em resposta, o terapeuta pode dizer: "Interessante. Vamos trabalhar juntos agora para ver se conseguimos encontrar um adjetivo ou descrição diferente. Vamos ver se conseguimos que sua mente faça isso". De modo geral, o exercício do *Enredo* promove um tipo de processo de desfusão que ajuda a enfraquecer o apego à auto-história conceitualizada e que torna mais explícito e distinguível o processo contínuo de fazer julgamentos. Se o cliente e o terapeuta conseguirem tolerar isso, milhares de histórias podem ser escritas acerca do mesmo conjunto de eventos objetivos, e já trabalhamos pessoalmente com clientes fazendo várias rodadas desse exercício. É importante não dar uma aula expositiva ou dar ao cliente a "moral da história" ao fazer esse exercício. O significado que queremos que o cliente extraia está implícito na tarefa. Por exemplo, se o cliente diz algo como "Então, o que você está tentando me dizer é que a minha história de vida é apenas uma história e que não devo acreditar nela, certo?", o terapeuta pode responder: "Esta é apenas uma oportunidade para ver como nossas mentes atribuem significado às coisas e que tipos de coisas entram numa história pessoal. Também é uma oportunidade de notar como nos apegamos e investimos em certos aspectos de uma história de vida quando de fato existem muitas maneiras de pensar nas coisas. Isso não é nem bom, nem ruim, apenas algo de que queremos estar cientes". A propósito, esse exercício clássico da ACT mostra que a ACT *não* se opõe à reavaliação cognitiva como uma forma de flexibilidade cognitiva, mas é resistente à ideia de que o conteúdo do pensamento seja necessariamente a chave e, assim, de que a ênfase principal deva sempre estar na remoção do conteúdo ruim e na sua substituição por um conteúdo bom. Essa ideia se aplica a algumas situações limitadas (p. ex., ignorância), mas é em grande parte exagerada e é menos útil do que modificar as funções dos pensamentos e a relação da pessoa com os processos cognitivos.

O self-como-processo--contínuo: fortalecendo a autoconsciência contínua

Discutir o *self* como conteúdo conceitualizado em um nível intelectual pode ser útil para alguns clientes com funcionamento superior, porém, na maior parte do tempo, o terapeuta precisa ajudar o cliente a fazer contato experiencial com o "eu/aqui/agora" como uma perspectiva a partir da qual a consciência surge. Uma forma importante como isso é feito é formulando perguntas que exijam uma resposta do tipo "eu". Se o self-como-contexto é um tipo de abstração em múltiplos exemplares e precisa ser distinguido do *self* conceitualizado, é importante que as perguntas sejam amplas e flexíveis. Não fazer perguntas que atravessem as dimensões pode confundir conteúdo com contexto. Por exemplo, perguntar apenas sobre problemas pode fomentar uma identificação que o cliente pode ter com esses problemas específicos. Criar artificialmente "autoestima" falando apenas de coisas positivas pode criar outro apego – desta vez ao conteúdo "positivo" – e, assim, ser um convite para mais dificuldades.

Uma vantagem da abordagem da ACT é que ela fortalece o self-como-processo – a consciência contínua, flexível e voluntária do mundo interno. Por exemplo, uma pessoa que luta contra um pensamento difícil pode ser questionada sobre como sente seu corpo, quantos anos ela sente ter; colocar na forma postural o impulso que ela tem quando esse pensamento surge; ou ver se ela consegue abrir os olhos e entrar no presente mesmo notando esse pensamento. Em outras palavras, o controle atencional flexível é fundamental para o desenvolvimento da simples consciência, que é uma característica essencial da tomada de perspectiva. Algumas vezes, a ACT pode se assemelhar a terapias existenciais ou humanistas, com seu intenso interesse na experiência imediata da pessoa. Essa semelhança não é o mesmo que um interesse no conteúdo avaliativo da história da pessoa. Há um senso de abertura e vulnerabilidade que provém de declarações do tipo "eu" que são honestas, presentes e flexíveis. É isso que está sendo buscado.

Se o senso de *self* da pessoa se tornou excessivamente externalizado de um modo não saudável, o clínico poderá precisar retornar com frequência às experiências imediatas do cliente, efetivamente desacelerando-as para que elas possam ser mais exploradas. Uma pessoa pode subjugar "eu" a "você" tão profundamente que a relação "eu-você" não é uma relação de forma nenhuma. Essa tendência é tão corrosiva para o desenvolvimento de um senso de *self* transcendente quanto não conseguir fazer perguntas do tipo "eu". Assim como uma pessoa com treinamento dêitico empobrecido pode não saber "se eu fosse você e você fosse eu, o que você estaria sentindo?", então também uma pessoa com externalização excessiva do *self* pode falhar no mesmo teste.

O self-como-contexto: fortalecendo o contato com a tomada de perspectiva

Uma vez que "eu" é relacional, ele pode ser usado para modificar perspectivas. Esse tipo de modificação é obtido pela exploração das perspectivas de outras pessoas na vida do cliente ou por meio de autorrevelações oportunas do terapeuta (para benefício do cliente, não do terapeuta), mas também pode ser explorado dentro do próprio senso de perspectiva da pessoa. Este é um exemplo de um breve exercício de *mindfulness* que pode ser usado no começo de uma sessão para ajudar a promover a tomada de perspectiva. A sessão começa com um breve exercício de centralização semelhante ao exercício inicial *Inteiro, Completo, Perfeito*, descrito anteriormente. Solicita-se ao cliente que observe várias sensações, como sua respiração ou os sons do ambiente. O exercício continua da seguinte forma:

> "Agora, enquanto você observa essas coisas, eu quero que *note* que está observando essas coisas. Você está aqui agora, consciente do que está consciente. Se não tiver certeza, apenas aguarde algum tempo para notar uma sensação ou imagem...
>
> "E note que você está notando... Não tente segurar essa parte e olhar para ela – você estaria olhando a partir de outro lugar. Apenas toque essa consciência levemente e note que você está aqui, consciente, neste momento da sua vida... Agora, quero que você pense em todas as coisas que podem acontecer na nossa sessão de hoje – podemos examinar o que tem acontecido; o que é difícil ou prazeroso; o que você teme ou o que espera; sua dor e seus valores. Não fique emaranhado neles agora – apenas note que essas questões estão aqui e dê-lhes um momento para borbulharem à sua volta... E, então, quero que você se imagine daqui a muitos anos olhando para este momento. Você consegue se ver sentado nesta cadeira, consciente de todas as dores e medos e esperanças e aspirações. Imagine que você fez progresso e agora está mais sábio. Não pense demais nisso, mas veja se consegue entrar em contato com esse senso de consciência – de olhar para trás para si mesmo agora. Tente deixar de lado qualquer julgamento e apenas foque nessa pessoa que você vê de uma forma bondosa na sua consciência. Caso isso realmente pudesse acontecer, que conselho você daria a si mesmo sobre como se engajar nesta sessão que estamos para começar? Não responda rapidamente... apenas se coloque dentro dessa pergunta por alguns momentos... Veja se existe alguma coisa que você poderia dizer a si mesmo se isso realmente pudesse ocorrer. Se houver, apenas note o que é. Veja se consegue se conectar com um *self* carinhoso e autocompassivo. Você tem alguma coisa a dizer? Faça conexão com essa mensagem, quase como se você estivesse a ponto de expressá-la em voz alta. Agora, retorne para dentro do seu corpo... Imagine onde eu estou. E, quando estiver pronto para começar, apenas abra os olhos e use os minutos seguintes para escrever a mensagem que veio à sua mente."

Um exercício indutivo como este pode ser usado para estabelecer um contexto de consciência para o trabalho clínico. As habilidades de olhar através do tempo, do espaço e da pessoa podem ajudar a estabelecer maior tomada de perspectiva. Os muitos exercícios que estão sendo desenvolvidos na TCC contextual para aumentar a compaixão em relação aos outros e a si mesmo podem facilmente se encaixar nessa parte da ACT (p. ex., veja a "terapia focada na compaixão" de Gilbert [2009]).

As metáforas são particularmente úteis para destacar as diferenças entre contexto e conteúdo da consciência. A intervenção clássica da ACT é a metáfora do *Tabuleiro de Xadrez*.

"É como se existisse um tabuleiro de xadrez que se estende infinitamente em todas as direções. Ele está coberto por peças de cores diferentes, peças pretas e peças brancas. Elas trabalham juntas como equipes, como no jogo de xadrez – as peças brancas se opondo às peças pretas. Você pode pensar em seus pensamentos, sentimentos e crenças como sendo essas peças; eles andam juntos em equipes também. Por exemplo, os 'maus' sentimentos (como ansiedade, depressão, ressentimento) andam juntos com os 'maus' pensamentos e as 'más' lembranças. O mesmo acontece com os 'bons'. Então, parece que a forma como o jogo é jogado é que escolhemos qual dos lados queremos que vença. Colocamos as peças 'boas' (como pensamentos que são autoconfiantes, sentimentos de estar no controle, etc.) de um lado e as peças 'más' no outro. Então, ficamos atrás da rainha branca e comandamos a batalha, lutando para vencer a guerra contra a ansiedade, a depressão, os pensamentos sobre o uso de drogas, o que quer que seja. Este é um jogo de guerra. Mas há um problema lógico aqui: por causa dessa postura, partes enormes de você são seu próprio inimigo. Em outras palavras, se você precisa estar nessa guerra, há algo de errado com você. E, como parece que você está no mesmo nível que essas peças, elas podem ser tão grandes ou até maiores que você – embora essas peças estejam *dentro* de você. Então, de alguma maneira – mesmo que não seja lógico –, quanto mais você luta, maiores elas ficam. Caso seja verdade que 'se você não está disposto a ter, você tem', então, quando você luta contra elas, elas se tornam mais centrais na sua vida, mais habituais, mais dominantes e mais associadas a cada área da vida. A ideia lógica é que você vai eliminar uma parte suficiente delas para finalmente dominá-las – a não ser que sua experiência lhe diga que o que acontece é exatamente o oposto. Aparentemente, as peças pretas não podem ser deliberadamente eliminadas do tabuleiro! Então a batalha prossegue. Você se sente sem esperança, tem a sensação de que não pode vencer e, no entanto, não consegue parar de lutar. Você está montado naquele cavalo branco; lutar é a única opção que você tem porque as peças pretas parecem ameaçadoras. No entanto, viver em uma zona de guerra não é uma forma de viver."

Quando o cliente se conecta com essa metáfora, ela pode ser transformada na questão do *self*.

Terapeuta: Agora, vou lhe pedir que reflita sobre isso atentamente. Nessa metáfora, suponha que você não seja as peças do xadrez. Quem você é?

Cliente: Eu sou o jogador?

Terapeuta: Isso pode ser o que você vem tentando ser. Observe, no entanto, que um jogador faz um grande investimento na forma como essa guerra acontece. Além disso, contra quem você está lutando? Algum outro jogador? Então suponha que você também não seja um jogador.

Cliente: ...Eu sou o tabuleiro?

Terapeuta: Poderia ser útil olhar dessa forma. Sem um tabuleiro, essas peças não têm lugar para estar. O tabuleiro as contém. O que aconteceria aos seus pensamentos se você não estivesse ali para estar consciente de que você os pensou? As peças precisam de você. Elas não podem existir sem você, mas *você* as contém, elas não contêm *você*. Note que, se você for as peças, o jogo é muito importante; você tem que vencer, sua vida depende disso! Mas, se você for o tabuleiro, não importa se a guerra para ou não. O jogo pode continuar, mas isso não faz nenhuma diferença para o tabuleiro. Como tabuleiro, você pode ver todas as peças, pode contê-las, você está em contato íntimo com elas e pode observar a guerra sendo travada na sua consciência, mas isso não importa. Isso não exige esforço.

A metáfora do *Tabuleiro de Xadrez* com frequência é encenada na terapia. Por exemplo, um pedaço de cartolina é colocado no chão, e várias coisas atraentes e outras feias são colocadas em cima dela (p. ex., guimbas de cigarro, figuras). O cliente é convidado a observar que o tabuleiro não despende nenhum esforço para conter as peças – uma metáfora para a ausência de esforço necessário para entrar em contato com a simples consciência, com o ato físico do tabuleiro mantendo as coisas como uma metáfora para a disposição de se engajar no conteúdo temido e aceitá-lo. Pode ser pedido ao cliente que observe que no nível do tabuleiro apenas duas coisas podem ser feitas: manter as peças e deslocá-las. Não podemos mover peças específicas sem abandonar o nível do tabuleiro. Embora a tarefa do tabuleiro não exija esforço, as peças estão engajadas em uma guerra total. Além disso, o tabuleiro está em contato mais direto com as peças do que as peças estão entre si – portanto, simples consciência não é sobre desapego ou dissociação. Em vez disso, quando o cliente fica apegado a um pensamento ou tem dificuldades com uma emoção, outras peças, embora pareça assustador, não estão sendo genuinamente tocadas. Em um trabalho em grupo, o tabuleiro de xadrez pode ser encenado pelo grupo inteiro.

Se o cliente se conectar com a metáfora, será útil reforçá-la periodicamente apenas lhe perguntando: "Você está no nível da peça ou no nível do tabuleiro neste momento?". Todos os argumentos, razões, etc., que o cliente apresenta são exemplos de peças, e, assim, essa metáfora pode ajudar a desfusionar o cliente de tais reações. A noção de nível do tabuleiro pode ser usada frequentemente para conotar uma posição em que o cliente está olhando *para* o conteúdo psicológico em vez de olhando *através* do conteúdo psicológico. Você, o clínico, pode juntar as palmas das mãos viradas para cima enquanto fala sobre consciência como um tipo de metáfora física para o que está sendo discutido.

Os clínicos precisam aprender a ouvir as metáforas e construir exercícios que se adaptem à experiência do cliente. Um cliente pode falar sobre como as ondas se movimentam pelo oceano, mas elas não movimentam o oceano. Outro pode falar sobre como os barcos navegam atravessando um lago, mas o lago permanece. Tais "etiquetas de palavras" geradas espontaneamente podem, então, ser usadas para reintroduzir a noção de tomada de perspectiva durante momentos clínicos difíceis. As metáforas funcionam quando são ricas, sensoriais e adequadas. É melhor usar aquelas que emergem da experiência, da linguagem e do imaginário dos clientes, e, quando isso ocorrer, elas podem substituir as metáforas "engessadas" da ACT.

O clínico da ACT é sensível ao fato de que discussões sobre autoconceito e consciência podem se tornar excessivamente intelectuais com rapidez. As metáforas que acabamos de descrever apontam para os problemas envolvidos, mas na verdade não criam essa distinção experiencialmente. Portanto, se o cliente perguntar "O que eu deveria fazer diferente, então? Como posso ficar no nível do tabuleiro?", é melhor não responder diretamente à pergunta. Uma boa resposta é: "Iremos ajudar com isso à medida que avançarmos. Mas, neste momento, apenas note que é impossível não ter dificuldades com pensamentos e sentimentos se você os trata como definidores de quem você é". Precisamos ajudar o cliente a fazer contato direto com a experiência da consciência simples como o contexto definidor para o conteúdo psicológico.

O exercício *Observador* (uma variante do "exercício de autoidentificação" desenvolvido por Assagioli, 1971, p. 211-217) é projetado para começar a estabelecer um senso de *self* que existe no presente e proporciona um contexto para desfusão cognitiva. O exercício é geralmente realizado com os olhos fechados (os clientes que ficam desconfortáveis com isso podem cobrir os olhos ou apenas olhar para baixo para um ponto particular no chão). O terapeuta induz um estado de foco relaxado e gradualmente dirige a atenção do cliente para diferentes domínios com os quais as pessoas podem se identificar. Cada um é examinado por vez, e, em momentos-chave, o terapeuta foca a atenção no conteúdo com a instrução para notar que alguém está notando esse conteúdo. Tais instruções podem criar um estado psicológico breve, mas poderoso, em que existe um senso de transcendência e continuidade: um *self* que está consciente do conteúdo, mas não é definido por esse conteúdo.

"Vamos fazer um exercício agora que é uma forma de começar a tentar experimentar esse lugar onde você não é a sua programação. Não há como você falhar no exercício; só estaremos olhando para o que você está sentindo ou pensando – portanto, o que quer que surja, estará bem! Feche os olhos, caso se sinta confortável, acomode-se na cadeira e acompanhe a minha voz. Se perceber que está se dispersando, apenas volte suavemente para o som da minha voz. Por um momento, agora, volte sua atenção para você mesmo nesta sala. Imagine a sala. Imagine-se nesta sala e exatamente onde você está. Agora, comece a entrar na sua pele e entre em contato com seu corpo. Note que você está sentado na cadeira. Veja se consegue notar exatamente o desenho que se forma e as partes da sua pele que tocam a cadeira. Note as sensações corporais que estão aí. Enquanto você vê cada uma, apenas reconheça esse sentimento e permita que a sua consciência avance. (*pausa*) Agora, note as emoções que você está tendo e, se tiver alguma, apenas a reconheça. (*pausa*) Agora, entre em contato com seus pensamentos e, silenciosamente, observe-os por alguns momentos. (*pausa*) Agora, quero que você observe que, enquanto notava essas coisas, uma parte de você as notava. Você notou essas sensações... essas emoções... esses pensamentos. E essa parte de você vamos chamar de o 'você observador'. Há uma pessoa aqui dentro, por trás desses olhos, que está consciente do que eu estou dizendo neste momento. E é a mesma pessoa que você tem sido sua vida inteira. Em um sentido mais profundo, esse você observador é o você que você chama de 'você'.

"Quero que você se lembre de alguma coisa que aconteceu no verão passado. Levante o dedo quando tiver uma imagem na mente. Bom. Agora, apenas olhe à sua volta. Lembre-se de todas as coisas que estavam acontecendo naquele momento. Lembre-se das imagens... sons... seus sentimentos... e, enquanto faz isso, veja se consegue notar que você estava lá notando o que estava notando. Veja se consegue captar a pessoa por trás dos seus olhos que viu, e ouviu, e sentiu. Você estava lá naquele momento e você está aqui agora. Não estou lhe pedindo para acreditar nisso. Não estou fazendo uma observação lógica. Só estou pedindo que note a experiência de estar consciente e veja se, em um sentido mais profundo, o você que está aqui agora estava lá naquele momento. A pessoa consciente do que você está consciente está aqui agora e estava lá naquele momento. Veja se você consegue notar a continuidade essencial – em um sentido mais profundo no nível da experiência, não no nível da crença. Você tem sido você a sua vida toda.

"Quero que se lembre de alguma coisa que aconteceu quando você era adolescente. Levante o dedo quanto tiver uma imagem na mente. Bom. Agora, apenas olhe à sua volta. Lembre-se de todas as coisas que estavam acontecendo naquele momento. Lembre-se das imagens... sons... seus sentimentos... Leve o tempo que precisar. E, quando tiver clareza sobre o que havia lá, veja se apenas por um segundo você capta que havia uma pessoa por trás dos seus olhos que via, ouvia e sentia tudo isso. Você estava lá naquele momento também, e veja se não é verdade – como um fato experimentado, não uma crença – que existe uma continuidade essencial entre a pessoa consciente do que você está consciente agora e a pessoa que estava consciente do que você estava consciente quando era adolescente naquela situação específica. Você tem sido você a sua vida toda.

"Por fim, lembre-se de alguma coisa que aconteceu quando você era uma criança pequena, digamos, por volta dos 6 ou 7 anos. Levante o dedo quanto tiver uma imagem na mente. Bom. Agora, apenas olhe à sua volta. Veja o que está acontecendo. Veja as imagens... escute os sons... sinta seus sentimentos... e, então, entenda o fato de que você estava lá vendo, ouvindo e sentindo. Note que você estava lá por trás dos seus olhos. Você estava lá naquele momento e você está aqui agora. Veja se, em um sentido mais profundo, o 'você' que está aqui agora estava lá naquele momento. A pessoa consciente do que você está consciente está aqui agora e estava lá naquele momento.

"Você tem sido você a sua vida toda. Onde quer que tenha estado, você estava lá notando. Isso é o que eu quero dizer quando me refiro ao 'você observador'. E, por essa perspectiva ou ponto de vista, quero que você olhe para algumas áreas da vida. Vamos começar com o seu corpo. Note como seu corpo está constantemente mudando. Algumas vezes ele está doente e algumas vezes está bem. Ele pode estar descansado ou cansado. Pode estar forte ou fraco. Você já foi um bebê pequeno, mas seu corpo cresceu e foi mudando continuamente à medida que você foi envelhecendo. Pode ser até que você tenha tido partes do seu corpo removidas, como em uma cirurgia. (Suas células morrem e são renovadas constantemente; em média, elas têm de 7 a 10 anos de idade.) Suas sensações corporais vêm e vão. Mesmo enquanto falamos, elas estão mudando. Portanto, tudo isso está mudando, e, no entanto, você esteve aí a sua vida inteira. Isso deve significar que, embora tenha um corpo, você não se experimenta apenas como seu corpo. Isso é uma questão de experiência, não de crença. Apenas note seu corpo agora por alguns momentos e, enquanto faz isso, de tempos em tempos note que você é aquele que está notando. [*Dê tempo ao cliente para fazer isso.*]

"Agora, vamos para outra área: seus papéis. Note quantos papéis você tem ou teve. Algumas vezes eu estou no papel de um [adapte isso ao cliente, p. ex., 'mãe... ou um amigo... ou uma filha... ou uma esposa... algumas vezes sou um trabalhador respeitado... outras vezes sou um líder... ou um seguidor'... etc.]. No mundo da forma, estou em algum papel o tempo todo. Se eu fosse tentar não estar, então estaria representando o papel de não representar um papel. Mesmo agora, parte de mim está desempenhando um papel... o papel de cliente. No entanto, durante o tempo todo, note que você também está presente. A parte de você que você chama de 'você'... está observando e consciente do que você está consciente. E, em um sentido mais profundo, esse 'você' nunca muda. Portanto, se os seus papéis estão constantemente mudando e, no entanto, o você que você chama de 'você' estava aí a sua vida inteira, deve ser porque, embora você tenha papéis, você não se experimenta como sendo seus papéis. Isso não é uma questão de crença. Apenas olhe e note a distinção entre o que você está olhando e o você que está olhando.

"Agora, vamos para outra área, as emoções. Note como suas emoções estão constantemente mudando. Algumas vezes você sente amor e algumas vezes se sente irritado, calmo e, então, tenso, alegre-triste, feliz-infeliz. Mesmo agora você pode estar experimentando emoções... interesse, tédio, relaxamento. Pense em coisas de que você gostou e não gosta mais, em medos que já teve e que agora estão resolvidos. A única coisa com que você pode contar em relação às emoções é que elas irão mudar. Embora ocorra uma onda de emoções, ela vai passar com o tempo. Mas, enquanto essas emoções vêm e vão, note que, em um sentido mais profundo, esse 'você' não muda. Portanto, embora tenha emoções, você não se experimenta como se fosse *apenas* suas emoções. Permita-se perceber que esta é uma experiência, não uma crença. De algum modo muito importante e profundo, você se experimenta como uma *constante*. Você é você em meio a tudo isso. Portanto, apenas observe suas emoções por um momento e também observe que você as está observando. [*Faça um breve período de silêncio.*]

"Agora, vamos nos voltar para a área mais difícil – seus pensamentos. Os pensamentos são difíceis porque eles tendem a nos fisgar e nos atrair para eles. Se isso acontecer, apenas retorne para o som da minha voz. Note como seus pensamentos estão em constante mudança. Primeiramente, você era ignorante – então foi para a escola e aprendeu novas formas de pensar. Você adquiriu novas ideias e novos conhecimentos. Algumas vezes você pensa sobre as coisas de uma maneira e algumas vezes de outra. Algumas vezes seus pensamentos fazem pouco sentido. Algumas vezes eles aparentemente surgem de forma automática, do nada. Eles estão mudando constantemente. Olhe para seus pensamentos desde que você chegou aqui hoje e note quantos pensamentos diferentes você teve. E, no entanto, em um aspecto mais profundo, o você que está consciente do que você pensa não está mudando. Portanto, isso deve significar que, embora você tenha pensamentos, você não se experimenta como se fosse apenas seus pensamentos. Não acredite nisso, apenas note isso. E, mesmo quando perceber isso, note que o fluxo do seu pensamento continua. E você pode ser aprisionado por eles. Porém, no instante em que você percebe isso, também percebe que uma parte de você está recuando, observando tudo isso. Então, agora observe seus pensamentos por alguns momentos – e, enquanto faz isso, note também que você os está notando. [*Faça um breve período de silêncio.*]

"Então, em se tratando de experiência, e não de crença, você não é apenas seu corpo... seus papéis... suas emoções... seus pensamentos. Essas coisas são o conteúdo da sua vida, enquanto *você* é a arena... o contexto... o espaço em que elas se revelam. Note que as coisas contra as quais você está lutando e tentando mudar não são você. Não importa a evolução dessa guerra, você estará aí, *imutável*. Veja se consegue aproveitar essa conexão para relaxar um pouco, ancorado no conhecimento de que você tem sido você o tempo todo e de que não precisa de tal investimento em todo esse conteúdo psicológico como uma medida da sua vida. Apenas note as experiências que surgem em todos os domínios e, enquanto faz isso, note que você ainda está aí, estando consciente do que você está consciente. [*Faça um breve período de silêncio.*]

"Agora, mais uma vez, imagine-se nesta sala. E agora imagine a sala. Imagine... [*Descreva a sala*]. E, quando estiver pronto para voltar para a sala, abra os olhos."

Depois desse exercício, a experiência do cliente é examinada, mas sem análise e interpretação. Será útil ver se houve alguma qualidade particular da experiência de conexão com o "você". Não é incomum que os clientes relatem uma sensação de paz ou tranquilidade. As experiências da vida invocadas nesse exercício, muitas das quais são ameaçadoras ou causam ansiedade, podem ser recebidas de forma pacífica e calma (i.e., aceitas com uma postura de abertura psicológica) quando são vistas como pequenas partes do autoconteúdo, não como definidoras do *self per se*.

Entretanto, uma minoria dos clientes ficará perturbada com o trabalho do self-como--contexto, temendo que possam desaparecer em um buraco negro se entrarem diretamente em contato com a consciência simples por conta de sua aparente falta de limites discerníveis. Com frequência, esses clientes enfraqueceram a continuidade da consciência como um método de esquiva experiencial; portanto, com efeito, o exercício está desafiando uma forma básica de autoproteção. Nesses casos, uma ênfase na tomada de perspectiva simples e na consciência no momento presente (além do trabalho para reduzir a fusão e a esquiva) pode permitir que o autotrabalho siga de modo produtivo.

Em geral, vale a pena abordar as implicações ativas dessa experiência, mesmo que brevemente. O terapeuta pode relacionar o cliente com as experiências da metáfora do *Tabuleiro de Xadrez*. Por exemplo:

"Há outra coisa que o tabuleiro de xadrez, como tabuleiro, pode fazer além de conter as peças. Ele pode tomar uma direção e se mover independentemente do que as peças estão fazendo no momento. Eu posso ver o que está ali, sentir o que está ali, e ainda assim dizer 'Aqui vamos nós!'"

Depois que é abordado um senso de *self* na tomada de perspectiva, ele pode ser trazido de volta para a sala rapidamente. Praticamente todos os exercícios de abertura ou método de *mindfulness* podem incluir uma solicitação para "notar que está notando". Entretanto, em geral é melhor não interpretar excessivamente ou intelectualizar esse senso de *self* – pelo menos não até que o cliente tenha entrado em contato com ele e saiba "sobre" o que está sendo falado. Esse senso de *self* não irá gerar exame e análise porque é metaforicamente *a partir* de onde olhamos, não *para* o que olhamos. Os clientes podem ficar completamente confusos na tentativa de rotular ou entender essa versão do *self* por meios verbais. Esse sentimento de confusão com frequência significa que o cliente está tentando reconciliar o processo da simples consciência com o *self* conceitualizado – por exemplo, "Meu problema é que não sei como tomar perspectiva das coisas". Se ocorrer essa situação, um método para combater isso é levar o cliente à tagarelice interna 'meu problema é' e, então, apenas perguntar: "E quem está notando isso?". Em outras palavras, tentar deixar esse senso de *self* no nível da experiência em vez de contar uma longa história sobre ele ou "entendê-lo" como o ponto principal. O terapeuta ACT está ajudando o cliente a desenvolver um conhecimento sem palavras de que existe em nós algo a mais além de nossas verbalizações.

INTERAÇÕES COM OUTROS PROCESSOS CENTRAIS

A tomada de perspectiva pode ser acrescentada a outros processos centrais meramente mencionando-a (p. ex., "E note quem está notando"). Todavia, existem outras relações entre os processos centrais que merecem ser exploradas.

O *self* e processos do momento presente

O autotrabalho está inerentemente focado em ajudar o cliente a desenvolver processos atencionais flexíveis aplicados ao momento presente, e algumas vezes é difícil distinguir entre o trabalho no momento presente e o trabalho do self-como-contexto. Esta é uma razão por que eles estão organizados em um único estilo de resposta dentro do modelo de flexibilidade psicológica. Para simplificar, pense na tomada de perspectiva como o espaço psicológico em que "emerge" a simples consciência; pense na consciência no momento presente como a mudança voluntária da atenção que permite entrarmos em contato com a vida segundo a segundo. O self-como-processo é um tipo de consciência do momento presente, mas o alvo é a experiência contínua. A tomada de perspectiva facilita essas distinções e a habilidade de se movimentar flexivelmente entre elas.

O *self* e desfusão e aceitação

Esse mesmo método pode ser usado para impulsionar o progresso com a tomada de perspectiva em áreas que requerem desfusão ou aceitação. Por exemplo, se o clínico estiver usando exercícios de consciência contínua e de tomada de perspectiva, pode ser trazido um conteúdo que normalmente causaria esquiva ou fusão, e é muito mais provável que esses resultados não ocorram. Por exemplo:

"E apenas note essas sensações corporais e esteja consciente por um breve momento de que você está consciente delas – elas não estão conscientes delas. E, enquanto faz isso, forme um pensamento na sua mente e imagine que o esteja vendo ao longe, do outro lado da sala, escrito em um pedaço de papel. Você quase não consegue lê-lo. Está escrito: 'Eu sou uma má pessoa'. Apenas deixe ali e observe que a pessoa consciente desse pensamento e as palavras no papel não são a mesma coisa."

Se for útil, a pessoa pode ser estimulada a se imaginar circulando pelo ambiente e olhando para o papel e, então, se afastando novamente – tudo isso com um diálogo que ajudaria a manter um senso de tomada de perspectiva. O inverso também é verdadeiro. Fusão ou esquiva, algumas vezes, podem ser um gatilho para passar para um estilo de resposta centrada, especialmente quando o cliente não está conseguindo fazer progresso. A regra "Quando em dúvida, volte para o centro" é boa para que terapeutas iniciantes na ACT aprendam a fazer a dança terapêutica chamada ACT.

O *self* e valores ou ação de compromisso

Valores e ação de compromisso acabam levando o cliente a entrar em contato com barreiras psicológicas. Com frequência, isso requer uma mudança para estratégias de abertura, mas, algumas vezes, apenas um breve contato com processos de centralização é suficiente para manter o equilíbrio e o dinamismo.

Com a mesma frequência, o trabalho com o *self* naturalmente estimula o trabalho com valores e ação. Não é por acaso que muitas tradições espirituais e religiosas sustentam que uma postura de consciência naturalmente leva a um estado de compaixão por si mesmo e pelos outros e a uma profunda valorização da interconectividade de todas as coisas. Essa observação pode ser verdadeira porque o apego ao *self* conceitualizado afasta a pessoa do contato com o meio circundante. Os humanos são criaturas naturalmente sociais, porém, a direção que assume a visão social de uma pessoa é fortemente influenciada pelo condicionamento social e pelas práticas culturais.

Em um estado de apego ao *self* conceitualizado, o cliente em geral está seguindo tendências socialmente inculcadas e, portanto, não faz contato com valores intimamente cultivados. Fazer contato repetidamente com a simples consciência costuma abrir uma porta para um mundo diferente onde o cliente é livre para seguir motivações benevolentes em relação a ele e aos outros. Essa escolha não pode ser forçada, mas, quando ocorre, pode ser transformacional. Não é incomum que trabalhar com o *self* leve a descobertas muito básicas sobre a importância de dar e receber amor. Se o cliente mantiver sua consciência em suspenso – talvez por medo de agir sobre ela –, o que emerge durante o trabalho com o *self* conduz naturalmente a escolhas de valores e suas implicações na ação. Essa mudança normalmente envolve esclarecer os valores da pessoa sobre casamento, intimidade, parentalidade e ser amigo e identificar ações específicas que a pessoa pode tomar para realizar essas conexões.

O QUE FAZER E O QUE NÃO FAZER NA TERAPIA

Reforçar o problema

Uma tentação principal com a qual se defronta o terapeuta é o impulso de se juntar ao sistema de linguagem do cliente e inadvertidamente começar a reforçar o *self* conceitualizado. Essa tendência em geral se mostra no desenvolvimento de uma quantidade excessiva de conversa lógica e racional sobre o motivo pelo qual os clientes não conseguem confiar em seus pensamentos, falta de autoconfiança, etc. Ou, então, os clínicos ou clientes podem ficar apegados a histórias sobre despertares espirituais ou consciência do "agora" e acabar "comprando" um senso de *self* sutilmente comparativo ou fusionado (um tipo de apego orgulhoso a quão dedicados eles são ao estarem conscientes, "ao contrário dos outros").

Uma forma de combater essa tentação é focar em processos mais experienciais e na sua ligação com a mudança real do comportamento. No entanto, o cliente também pode interpretar esse processo erroneamente e presumir que a mensagem do terapeuta é a de que a felicidade emerge depois que o cliente deixar de se importar com uma versão particular do *self* conceitualizado. É importante reafirmar para os clientes e também para os terapeutas que não há uma fórmula secreta que forneça felicidade de alguma forma consistente. O objetivo é estar presente com o que a vida nos dá em determinado ponto no tempo e seguir na direção de um comportamento valorizado. Os clientes com frequência se voltam para si mesmos em sua linguagem e começam a avaliar "o quão bem estão se mantendo no nível do tabuleiro" – como se isso fosse alguma coisa que pudesse ser atingida e nunca perdida. Em outras palavras, experiências com o sentido mais amplo de *self* proporcionam novas oportunidades para que o modo de solução de problemas da mente envolva o cliente em uma espiral de autoavaliações fusionadas (geralmente negativas, mas algumas vezes positivas). O clínico em ACT deve estar atento a esses processos sutis de autoavaliação, os quais funcionam somente para fornecer mais conteúdo para o *self* conceitualizado.

Usar a espiritualidade, não promovê-la

Durante décadas, a comunidade psicoterápica baniu a prática espiritual do âmbito do consultório do terapeuta. A discussão dessas questões era equivalente a uma violação das fronteiras pessoais do cliente. Felizmente, essa atitude está dando vez à percepção de que a espiritualidade, em todas as suas muitas formas, é um elemento essencial da existência vital. Embora nem sempre seja o caso, a espiritualidade geralmente requer, ou possibilita, alguma forma de tomada de perspectiva. Existem muitos textos religiosos em diferentes culturas que lidam com os problemas da autoconceitualização e da recomendação de procurar uma forma mais profunda de significado pessoal. A religião chegou lá primeiro na tentativa de desfazer alguns dos danos de "comer da árvore do conhecimento". Reconhecemos que alguns clientes ou terapeutas podem se encantar com os aspectos de governança verbal da doutrina religiosa, e essa tendência pode torná-los mais rígidos. Ao mesmo tempo, não devemos "jogar fora o bebê junto com água do banho" e automaticamente pressupor que a prática religiosa ou espiritual é algo que nunca devemos alinhar com nossas práticas.

Com esses alertas em mente, é importante que o clínico evite defender qualquer visão religiosa *per se*. A ACT não é sobre mudar crenças espirituais, mas sobre iniciar um processo de identificação *do que funciona para o cliente*. Embora muitas filosofias da ACT possam ser consistentes com as mensagens de diferentes religiões, o clínico precisa focar e enfatizar o conceito de operacionalidade para o cliente, e não um sistema de crenças particular.

É perfeitamente aceitável usar histórias baseadas na religião ou termos que o cliente já associa quando trabalha em questões do *self* transcendente. Por exemplo, aceitação é muito semelhante a graça em um contexto religioso cristão, e essa conexão pode ser usada para mostrar como a aceitação é uma escolha livre, não merecida, amorosa, e não algo que é auferido por um bom conteúdo. Essa conexão pode ser feita facilmente, já que *graça* provém do latim *gratis*, ou *livre*. Igualmente, *confiança* provém da mesma raiz que *fé* e significa "fidelidade a si mesmo" ou "fé em si mesmo". Para alguns clientes, pode ser útil encorajá-los a tomar medidas de "fé em si mesmo" em vez de esperar que surjam sentimentos "confiantes" (a coisa de menos "fé em si mesmo" que podemos fazer).

Cliente multiproblemas e auto-obliteração

Clientes mais gravemente disfuncionais algumas vezes se engajam em um tipo de autofragmentação em uma tentativa de se adaptar a trauma pessoal avassalador ou a estresse ambiental negativo crônico. Tais clientes são vítimas de processos baseados na linguagem concebidos para filtrar as consequências dolorosas de traumas ou estresse crônico. Os efeitos destrutivos do trauma residem menos no evento *per se* do que nas manobras de escape e evitação que emergem para defendê-lo dos traumas de impacto emocional. A forma mais destrutiva de esquiva emocional que um indivíduo pode experimentar é uma fragmentação do *self* como um processo contínuo, que ocorre por meio da dissociação, supressão ou negação. Em casos extremos, esses fragmentos se prendem a versões do *self* como conteúdo conceitualizado, e – *voilà* – de repente aparecem padrões comportamentais aparentemente diferentes e pervasivos. Esses clientes com frequência têm um *self* conceitualizado que evoca ansiedade ou temor quando exposto à experiência do momento presente. Clientes cronicamente disfuncionais também podem se queixar de entorpecimento, tédio, sensação de vazio ou um sentimento de obscuridade ou autodestruição iminente. O cliente pode comunicar um temor de que, quando solicitado a estar presente com pensamentos ou sentimentos, ocorra alguma forma de morte psicológica. Em termos metafóricos, o cliente teme cair em um buraco negro e nunca retornar. Uma vez que o self-como-perspectiva não é como uma coisa, ele pode parecer ser um nada ou destruição literal. De certa forma, o cliente está certo, porque o *self* observador realmente aniquila o apego a um *self* conceitualizado. Conforme mencionado anteriormente, os terapeutas ACT com frequência sugerem que os clientes "se matem todos os dias", mas é o *self* conceitualizado, e não o self-como-perspectiva, que precisa ser constantemente morto (para depois reemergir e ser morto novamente).

Na ACT, não há um pressuposto de que os clientes não tenham habilidade para desenvolver tomada de perspectiva ou de que sejam incapazes de desenvolver uma autoconsciência coesa. Em transtornos dissociativos, por exemplo, existe apenas uma pessoa na sala. O comportamento do cliente está sendo afetado por conteúdo fragmentado sobre vários *selves* conceitualizados, perturbando sua autoconsciência contínua do conteúdo privado perturbador. O que os clientes têm em comum é a ocorrência indiscriminada de estratégias de esquiva emocional, independentemente de elas funcionarem nas suas vidas ou não. O terapeuta pode observar atentamente as palavras e as ações do cliente e trabalhar para trazê-lo "para dentro da sala" quando *rapport* e segurança estiverem bem estabelecidos. Encorajamos o uso de exercícios experienciais e metafóricos que enfraqueçam processos dissociativos (i.e., evitativos). Essas intervenções podem enfraquecer o uso da fragmentação como uma estratégia de esquiva emocional e ajudar o cliente a construir o "eu" e um senso coeso de autoconsciência.

LENDO OS SINAIS DE PROGRESSO

Normalmente, o trabalho com o *self* observador está progredindo bem quando o cliente relata um senso de observação das experiências privadas (em vez de ser capturado por elas). Os clientes, em tais casos, usam uma linguagem que sugere que eles se veem como separados de sua mente. Esse desenvolvimento é particularmente perceptível quando ocorre de forma espontânea, indicando que resulta da experiência do cliente em vez de imitar algo que o terapeuta havia dito. Outro sinal crítico nesse estágio é a capacidade de rir de si mesmo verdadeiramente. No zen budismo, essa capacidade é conhecida como "o sorriso que tudo sabe". Na verdade, ela reflete o senso de diversão do cliente de quão sedutores são os processos relacionados ao *self* – mas a partir de um ponto de onde seja possível rir disso como um elemento perdoável da natureza humana. Uma grande fonte de sofrimento humano é a tendência a nos levarmos muito a sério, e não nos levarmos tão a sério pela utilização do humor, da ironia e do paradoxo geralmente é um sinal de vida saudável. Por fim, esses desenvolvimentos são os mais promissores depois que o cliente começa a usar espontaneamente esses processos de centralização em sua vida diária.

9
Desfusão

DANIA, Fla., 16 de junho (AP) – Uma menina de 6 anos morreu hoje quando se colocou na frente de um trem, dizendo aos dois irmãos e a um primo que ela "queria virar um anjo e ser como sua mãe". [...] As autoridades disseram [...] que sua mãe [...] tinha uma doença terminal.

New York Times, 17 de junho de 1993.

Neste capítulo, você aprenderá...

◊ Como a fusão com o conteúdo verbal pode levar ao sofrimento.
◊ Como tornar os clientes conscientes das limitações da linguagem.
◊ Como focar na linguagem avaliativa que interfere na capacidade de experienciar diretamente.
◊ Como usar exercícios não verbais e experienciais para promover desfusão.

VISÃO GERAL PRÁTICA

Como mostra o trecho citado, mesmo uma criança de 6 anos é capaz de imaginar que entraria em um mundo melhor depois de ficar parada na frente de um trem. "Por causa de X, se eu fizer Y, irei produzir Z, o que é bom." Uma criança de 6 anos pode preencher essas lacunas. Fazer isso é necessário para a resolução de problemas verbais, mas o modo de solução de problemas não sabe quando parar. Ele pode rapidamente transformar uma vida humana em um problema a ser resolvido, em vez de em um processo a ser vivido, mesmo que o resultado seja matar a pessoa!

O desafio fundamental de ser humano envolve aprender quando seguir o que a sua mente diz e quando simplesmente estar consciente da sua mente enquanto presta atenção ao aqui e agora. Quando ficamos muito "mentais", os processos analíticos verbais contínuos nos carregam ao que eles estão relacionados em vez de ao que eles *são*. Interagimos com os pensamentos como representações do mundo interno e externo, perdendo contato com o pensamento como uma ação contínua e, dessa forma, perdendo contato com as muitas outras fontes de estimulação presentes. Esse aspecto da experiência humana é, para nós, uma realidade 24 horas por dia, 7 dias por semana. Todos nós temos "mentes" que praticamente nunca se calam e estão continuamente avaliando, comparando, prevendo e planejando. A máquina de palavras entoando em nossas cabeças é uma ferramenta poderosa e útil, mas também é destrutiva quando, sem nenhum cuidado, nos leva para longe.

Conforme discutimos no Capítulo 3, fusão é a junção de processos verbais/cognitivos com a experiência direta de modo que o indivíduo não consegue discriminar entre os dois. Devido à sua natureza, a fusão restringe nosso repertório de respostas em certos domínios. Quando fusionados, formulamos uma situação simbolicamente e então organizamos nosso comportamento para se adequar às demandas das regras que estamos programados para seguir. Essas regras são socialmente inculcadas em nós e, assim, parecem ser "a coisa normal e racional a ser feita". O problema é que seguir as regras sobrecarrega o contato com os antecedentes e as consequências diretos do comportamento. Em um estado fusionado, uma pessoa pode seguir a mesma regra repetidamente e nunca realmente reconhecer que os resultados desejados não estão ocorrendo porque cada falha em atingir esses resultados evoca ainda mais o seguimento da regra. Uma vez que as regras verbais são muito úteis em tantos domínios, elas são socialmente apoiadas e selecionadas como nosso modo de operação preferido na maioria dos aspectos da vida diária. Isso cria uma tendência para que as pessoas habitual e automaticamente se fusionem com sua máquina de palavras. Se o processo fosse voluntário e tivesse que ser "desejado", poderíamos eleger fusionar ou não, dependendo do quanto fazer isso fosse útil. Lamentavelmente – até que aprendamos a fazer da fusão uma escolha consciente –, o processo é não só automático e habitual como também invisível. Em geral, não recebemos um "alerta" do nosso sistema de linguagem que nos diga que estamos muito enredados com ele.

Quando a fusão está presente, o pensamento regula o comportamento sem qualquer contribuição adicional. Quando a situação envolve experiências privadas estressantes e indesejadas, a fusão quase automaticamente leva à esquiva experiencial porque, em um estado fusionado, a pessoa invariavelmente segue regras que sugerem que essas experiências "não são saudáveis" e precisam ser controladas ou eliminadas. A fusão torna impossível que a pessoa simplesmente testemunhe a presença de pensamentos, sentimentos, lembranças ou sensações indesejados. Se deixada como um processo automático, a fusão resulta em uma postura que é o oposto da abertura psicológica.

Para manter a fusão sob controle contextual, a ACT ensina aos clientes como separar o processo cognitivo contínuo dos seus produtos cognitivos. Metaforicamente, equivale a afastar o "humano" (o ouvinte) da "mente" (o falante). Essa tática de intervenção é denominada "desfusão" – um neologismo da ACT que significa fazer contato mais íntimo com eventos verbais como eles realmente são, não meramente com o que eles dizem que são. Desfusão não elimina o significado verbal – apenas reduz seu efeito automático no comportamento de modo que outras fontes de regulação comportamental possam melhor participar no momento. O objetivo é colocar a linguagem em seu devido lugar – não tornando sua forma diferente, mas mudando suas funções e colocando-as sob mais controle contextual voluntário. Dito de outra forma, o objetivo da desfusão é aprender a adotar uma postura de flexibilidade cognitiva voluntária. Quando a fusão é segura e desejável, a pessoa pode voluntariamente se engajar nela sem interrupções desnecessárias. Quando a fusão não é útil, como quando lidamos com um fluxo habitual de autocrítica, a pessoa pode recuar voluntariamente, separar-se da mente, observar seus processos contínuos ("Estou consciente de pensar X") e não ficar aprisionada em seus produtos ("Sou uma má pessoa"). Adquirir a habilidade de desfusionar requer prática, e essa prática só pode começar fora do modo da mente avaliativa normal. O comentário cômico vai direto ao ponto: "Eu achava que a minha mente era meu órgão mais importante – até que notei qual órgão estava me dizendo isso".

O trabalho da ACT é feito quase inteiramente em um espaço psicológico desfusionado. Por exemplo, durante os primeiros momentos da sessão inicial quando um cliente está falando sobre dificuldades com pensamento negativo, os terapeutas podem dizer: "Então, é como se a sua mente estivesse dizendo que...". Esse tipo de construção verbal promove desfusão sem um grande anúncio do seu propósito porque pede que o cliente olhe para seus próprios pensamentos como se eles fossem as declarações verbais de outras pessoas. A essência do trabalho é simplesmente afastar-se do significado dos processos verbais e começar a testemunhá-los segundo o ponto de vista de um observador. O terapeuta serve de modelo dessa postura repetidamente usando uma conversa consistente com a ACT. Por exemplo, o terapeuta pode perguntar o que mais surge, ou o que mais está "rolando" aí dentro, ou o que mais a mente do cliente tem a dizer, ou qual a idade desse pensamento, ou onde esse sentimento aparece no corpo da pessoa. Estas são interações desfusionantes. Elas sutilmente mudam as regras das interações verbais normais. Metáforas e exercícios também são usados. Os terapeutas ACT podem pedir que os clientes observem seus pensamentos flutuarem como folhas em uma correnteza; pensamentos problemáticos podem ser cantados em voz alta como em uma ópera; podem ser ditos muito lentamente ou na voz do Pato Donald ou ser imaginariamente colocados no chão e receber uma cor, tamanho, forma, temperatura e textura. Técnicas de *mindfulness* podem ser usadas para permitir que os pensamentos sejam notados sem julgamentos e no momento. Pode ocorrer desfusão por meio de metáforas, como quando os pensamentos são discutidos como se fossem lentes de óculos coloridas ou balões de histórias em quadrinhos acima da cabeça da pessoa, ou declarações estampadas em nossas camisetas. Pode ocorrer desfusão apenas falando sobre os pensamentos como pensamentos, perguntando ao cliente se está tudo bem ter um pensamento difícil ou providenciando para que a relação entre pensamentos e comportamento seja enfraquecida por meio de exercícios comportamentais.

A fusão é mantida pelos contextos relacionais estabelecidos dentro de uma comunidade social ou verbal: a demanda por encontrar uma razão e uma narrativa, a demanda por encontrar um significado, consistência e coerência e a demanda por planejamento, raciocínio e solução de problemas. Na ACT, a função do terapeuta é enfraquecer esses contextos falando e agindo de formas inesperadas e não literais. Depois que ajudamos o cliente a estabelecer algumas habilidades de desfusão, podemos fortalecer o processo de recuo da mente quando for útil fazê-lo. A fusão propriamente dita não é o inimigo – ela é apenas uma função da linguagem e é incrivelmente útil nas circunstâncias certas. Igualmente, a desfusão não é um fim em si – é apenas uma habilidade útil em certos momentos em certas situações. A ACT pode ajudar a ensinar o cliente a usar essa habilidade e a distinguir quando a fusão é útil e quando não é.

APLICAÇÕES CLÍNICAS

Uma boa maneira de enfraquecer a confiança do cliente na linguagem é demonstrando seus limites. A linguagem é uma ferramenta na caixa de ferramentas humanas que parece ser boa para todas as tarefas. O objetivo do terapeuta é expor isso como uma simplificação excessiva. Linguagem e pensamento são úteis principalmente na solução de problemas no mundo externo; a natureza representacional subjetiva do conhecimento verbal o transforma em uma força muito perigosa no "mundo entre as orelhas". A linguagem tem uma capacidade muito limitada para apreender e decifrar a experiência pessoal; no entanto, somos ensinados desde a infância que ela é a grande ferramenta para o desenvolvimento da autocompreensão. Há muitos exercícios de ACT que revelam as limitações do comportamento verbal privado ("mental"). Antes de iniciá-los, é importante discutir a questão da atenção com o cliente de um modo a desenvolver um novo enquadramento para essas experiências. A vinheta a seguir exemplifica como essa tarefa pode ser realizada.

"Você provavelmente já deve ter adivinhado agora que eu não sou um grande fã da mente. Não é que eu não ache que a mente seja útil, apenas acho que você não pode realmente viver sua vida efetivamente dentro de sua cabeça. A mente evoluiu para dar aos humanos uma forma poderosa de detectar ameaças à nossa sobrevivência; portanto, não é de causar surpresa que uma grande porcentagem do conteúdo mental seja negativa, crítica ou de alerta a perigos. Sua mente está fazendo o que foi concebida para fazer – mas também está lhe dando pouco espaço para respirar! Portanto, aqui vamos ter que aprender a nos afastarmos da conversa fiada sempre que isso for mais útil. Sua mente não é sua amiga, *e você não pode viver sem ela*. Ela é uma ferramenta a ser utilizada. Precisamos aprender a usá-la, mas, neste momento, ela está usando *você*."

Estar verbalmente informado e verbalmente certo é poderosa e frequentemente reforçado dentro da cultura humana. A arbitrariedade da linguagem humana significa que, depois que é aprendida, ela se torna relativamente independente do apoio ambiental imediato. A combinação desses dois fatores leva à sobrecarga indiscriminada da linguagem, em geral sem que o próprio cliente esteja consciente disso. A metáfora *Encontrando um Lugar para Sentar* ajuda a explicar essa questão experiencialmente.

Terapeuta: É como se você precisasse de um lugar para sentar, e então você começasse a descrever uma cadeira. Ela é cinza, tem estrutura de metal, é coberta por tecido e é uma cadeira muito robusta. OK, agora você pode sentar nessa descrição?

Cliente: Bem, não.

Terapeuta: Hummm. Talvez a descrição não tenha sido suficientemente detalhada. E se eu conseguisse descrever a cadeira inteiramente até o nível atômico? Então você poderia sentar na descrição?

Cliente: Não.

Terapeuta: Esta é a questão, e cheque sua própria experiência: a sua mente não costuma lhe dizer coisas do tipo o mundo é assim e assado, e seu problema é este e aquele? Descrever, descrever. Avaliar, avaliar, avaliar. E, enquanto isso, você vai ficando cansado. Você precisa de um lugar para sentar. E sua mente fica lhe dando descrições ainda mais elaboradas de cadeiras. Então ela lhe diz: "Sente-se". As descrições são ótimas, mas o que estamos procurando aqui é uma experiência, não uma descrição de uma experiência. As mentes não conseguem entregar experiência – elas apenas tagarelam sobre o que acabou de acontecer. Então, vamos deixar a sua mente descrever, e enquanto isso você e eu vamos procurar um lugar para sentar.

Outra estratégia útil é apelar para a experiência do cliente em áreas em que palavras são não apenas insuficientes como até mesmo prejudiciais. Algumas tarefas são muito bem reguladas por regras, tais como encontrar o caminho até o mercado – vá até o primeiro semáforo, dobre à esquerda e siga em frente. No entanto, para algumas outras atividades, as regras não são nada úteis. Essa consciência pode ser desenvolvida experiencialmente pedindo-se que o cliente explique ações motoras durante a terapia. Por exemplo, se o cliente pega uma caneta, o terapeuta pode pedir uma explicação de como isso é feito. Quando é dada a explicação (p. ex., "Estenda sua mão até ela."), o terapeuta pode ver se isso funciona dizendo à sua própria mão para estender até o objeto. Obviamente, a mão não vai ouvir e não vai se estender. O comportamento era não verbal inicialmente e só então se tornou verbalmente governado. No entanto, a própria linguagem alega saber como fazer praticamente tudo, desde alcançar uma caneta até desenvolver um relacionamento. O conhecimento verbal se sobrepõe ao conhecimento não verbal tão completamente que é criada uma ilusão de que todo conhecimento é conhecimento verbal. Se de repente tivéssemos todo conhecimento não verbal removido de nossos repertórios, cairíamos ao chão desamparados!

Desliteralização da linguagem

Depois de feita uma ofensiva inicial aos limites da linguagem como um substituto para a experiência real, o terapeuta precisa possibilitar ao cliente a experiência da linguagem despida de suas funções simbólicas. O exercício *Leite, Leite, Leite* (citado anteriormente, no Capítulo 3) foi usado pela primeira vez por Titchener (1916, p. 425) para tentar explicar sua teoria do significado no contexto. Esta é uma forma divertida de demonstrar que é necessário um contexto literal, sequencial e analítico para que os estímulos da linguagem tenham algum significado literal (i.e., derivado).

Terapeuta: Vamos fazer um pequeno exercício. É um exercício com os olhos abertos. Vou lhe pedir para falar uma palavra. Então você me diz o que vem à sua mente. Quero que você fale a palavra *leite*. Fale uma vez.

Cliente: Leite.

Terapeuta: Bom. O que veio à sua mente quando você disse isso?

Cliente: Eu tenho leite em casa na geladeira.

Terapeuta: OK. O que mais? O que surge quando dizemos "leite"?

Cliente: Eu imagino – branco, um copo.

Terapeuta: Bom. O que mais?

Cliente: Posso sentir o gosto, de certa forma.

Terapeuta: Exatamente. E você consegue sentir como seria beber um copo de leite? Frio. Cremoso. Enche a sua boca. Faz "glub, glub" enquanto o bebe. Certo?

Cliente: Com certeza.

Terapeuta: OK, então vamos ver se isso se encaixa. O que passou pela sua mente são coisas sobre o leite real e a sua experiência com ele. Tudo o que aconteceu aqui é que fizemos um som estranho – "leite" –, e muitas dessas coisas apareceram. Note que não há nenhum leite nesta sala. Absolutamente nada. Mas o leite estava na sala no que diz respeito à sua mente. Você e eu estávamos vendo, saboreando, sentindo – no entanto, apenas uma palavra estava aqui realmente. Agora, aqui vai um pequeno exercício, se você estiver disposto a experimentar. É um pouco bobo, então talvez você se sinta envergonhado em fazê-lo, mas vou fazer o exercício com você, então podemos ser bobos juntos. O que vou lhe pedir para fazer é dizer a palavra *leite* em voz alta, rapidamente, repetidamente, e então notar o que acontece. Você está disposto a tentar?

Cliente: Acho que sim.

Terapeuta: OK. Vamos fazer. Diga "leite" por várias vezes. [O terapeuta e o cliente dizem a palavra durante 1 minuto, com o terapeuta periodicamente encorajando o cliente a continuar falando em voz alta ou a ir mais rápido.]

Terapeuta: OK, agora pare! Onde está o *leite*?

Cliente: Se foi. (*Ri*.)

Terapeuta: Você notou o que aconteceu aos aspectos mentais do leite que estavam aqui alguns minutos atrás?

Cliente: Depois de 40 vezes eles desapareceram. Tudo o que eu pude ouvir foi o som. Soou muito estranho – de fato, tive um sentimento engraçado por alguns momentos de que nem mesmo sabia que palavra eu estava dizendo. Parecia mais com o som de um pássaro do que uma palavra.

Terapeuta: Certo. A coisa cremosa, fria, gosmenta simplesmente se foi. Na primeira vez que você pronunciou, era como se o leite estivesse realmente aqui, na sala. Mas tudo o que realmente aconteceu foi que você disse uma palavra. Na primeira vez que você falou, aquilo era realmente cheio de significado; era quase sólido. Mas, quando você falou repetidamente, começou a perder esse significado, e as palavras começaram a ser apenas sons.

Cliente: Foi isso que aconteceu.

Terapeuta: Bem, quando você diz coisas para si mesmo, também não é verdade que essas palavras são apenas palavras? As palavras são apenas fumaça. Não há nada de sólido nelas.

Esse exercício demonstra muito rapidamente que não é difícil estabelecer contextos em que o significado de processos verbais mesmo familiares pode ser significativamente enfraquecido. Ele também pode ser feito com um pensamento negativo que está perturbando o cliente se o pensamento puder ser reduzido a umas poucas palavras. Por exemplo, a sentença "Eu sou mau" pode ser dita o mais rapidamente possível de forma repetida por pelo menos 45 segundos. Vários estudos demonstraram que esse exercício de repetição de palavras rapidamente reduz a credibilidade de pensamentos autorreferentes negativos e o estresse psicológico associado a eles (p. ex., Masuda et al., 2004, 2010; Masuda, Hayes et al., 2009; Masuda, Price et al., 2009). Os clientes com frequência relatam que a emoção associada a determinada palavra (p. ex., "morte") diminui como um efeito da exposição repetida – porém, a redução da emoção não é o propósito desse exercício. Não pedimos que nossos clientes repitam incansavelmente cada palavra que desencadeia uma emoção difícil. Essa abordagem seria interminável e provavelmente não seria útil, já que a relação verbal entre essas palavras e os eventos dolorosos reais a que se referem nunca desaparece totalmente. Aprender a ver as funções de estímulo diretas de palavras não elimina suas funções derivadas, nem iríamos querer que isso acontecesse. Esse tipo de intervenção *se soma* às funções (p. ex., ouvir os sons das palavras; sentir como é dizê-las) e torna mais fácil observar o *processo* das relações verbais sem se fusionar inteiramente com seus produtos.

Basicamente, a inteligência verbal humana é um sistema interligado de ações relacionais contínuas. Outros modelos de terapia tentam deixar o cliente apropriadamente cético acerca da verdade das palavras (p. ex., ver e questionar pensamentos irracionais). Em termos da RFT, a ênfase é colocada na manipulação do contexto relacional. Lamentavelmente, essa abordagem pode aumentar o contexto funcional também (p. ex., os pensamentos podem se tornar ainda mais importantes). A ACT, ao contrário, revela o processo contínuo de relacionar simbolicamente de modo que os clientes possam vê-lo como ele é. Em termos da RFT, a ênfase é colocada na manipulação do contexto *funcional*. Quando isso ocorre, o pensamento com frequência muda de forma gradual (mudar o contexto funcional gradualmente altera o contexto relacional para a linguagem) – mas sem muito risco negativo.

Pensamentos como passageiros

Outra forma de desfusionar a palavra é coisificá-la, permitindo que os pensamentos se tornem coisas ou pessoas. Metáforas físicas podem ser usadas para atingir essa coisificação com grande sucesso, uma vez que naturalmente vemos objetos externos e outras pessoas como separados de nós.

O exercício *Passageiros no Ônibus* é uma intervenção central da ACT que visa desliteralizar o conteúdo psicológico provocativo por meio da coisificação. Ele contém o modelo de flexibilidade psicológica inteiro.

"É como se houvesse um ônibus, e você fosse o motorista. Nesse ônibus, temos uma aglomeração de passageiros. Os passageiros são pensamentos, sentimentos, estados corporais, lembranças e outros aspectos da experiência. Alguns deles são assustadores e estão vestidos com jaquetas de couro preto e portam canivetes. O que acontece é que você está dirigindo e os passageiros começam a ameaçá-lo, dizendo o que você tem que fazer, aonde você tem que ir. 'Você tem que dobrar à esquerda', 'você tem que ir para a direita', etc. A ameaça que pesa sobre você é que, se não fizer o que eles dizem, eles sairão lá do fundo do ônibus.

"É como se você fizesse negociações com esses passageiros, e o acordo é: 'vocês sentam no fundo do ônibus e se amontoam por lá para que eu não possa vê-los com frequência, e eu vou fazer o que vocês dizem, basicamente'. Agora, e se um dia você ficar cansado disso e disser: 'Eu não gosto disso! Vou jogar essas pessoas para fora do ônibus!'? Você para o ônibus e volta a negociar com os passageiros mal-encarados. Note que a primeira coisa que você teve que fazer foi parar. Observe, agora, que você não está dirigindo para lugar nenhum, você só está negociando com esses passageiros. Além disso, eles são muito fortes. Eles não têm intenção de ir embora, e você luta contra eles, mas isso não resulta em muito sucesso.

"Por fim, você volta a aplacar os passageiros, tenta fazê-los sentarem-se no fundo novamente, onde não possa vê-los. O problema com essa negociação é que você tem que fazer o que eles pedem. Em breve, eles nem mesmo terão que lhe dizer 'Dobre à esquerda' – você sabe que assim que chegar perto de uma curva à esquerda certos passageiros vão rastejar até você. Por fim, você pode ficar tão bom nisso que consegue quase fingir que eles não estão no ônibus. Você apenas diz a si mesmo que a esquerda é a única direção que você quer seguir! No entanto, quando eles por fim aparecem, é com o poder adicional das negociações que você fez com eles no passado.

"O truque em relação a tudo isso é o seguinte. O poder que os passageiros têm sobre você está 100% baseado nisto: 'Se você não fizer o que dizemos, vamos nos aproximar e fazer você olhar para nós'. É isso! É verdade que quando se aproximam parece que eles podem fazer muito mais. Eles têm facas, correntes, etc. Parece que você pode ser destruído. O acordo que você faz é fazer o que eles dizem para que eles não se aproximem e fiquem ao seu lado e façam você olhar para eles. O motorista (você) tem controle do ônibus, mas você negocia e perde o controle nessas negociações secretas com os passageiros. Em outras palavras, ao tentar obter o controle, você na verdade abriu mão dele! Note que, mesmo que seus passageiros aleguem que podem destruí-lo se você não dobrar à esquerda, isso na verdade nunca ocorreu. Esses passageiros não podem obrigá-lo a fazer alguma coisa contra a sua vontade."

O terapeuta pode continuar a fazer alusão à metáfora do ônibus durante a terapia. Perguntas como "Qual passageiro o está ameaçando agora?" podem ajudar a reorientar o cliente que está praticando esquiva emocional durante a sessão.

Em grupos e durante *workshops*, descobrimos que as representações físicas dessa situação difícil são extremamente efetivas. Diversas pessoas podem ser escolhidas para representar diferentes pensamentos, emoções, sensações ou lembranças contra os quais o cliente vem lutando. Os "passageiros" podem ser solicitados a se alinhar atrás do cliente, que, então, é instruído a nomear uma direção valorizada na vida. Essa direção recebe, então, uma forma concreta (p. ex., "Então, aqui é estar com seus filhos, mesmo que você tenha problemas com seu ex"). O cliente é convocado a confrontar os passageiros, um de cada vez, e notar o que eles esperam. Os membros da plateia que fazem o papel do pensamento ou sentimento específico geralmente foram selecionados porque entendem alguma coisa a respeito e são treinados para expressar em voz alta como é isso. Se o motorista quiser discutir com o passageiro, é estruturada uma discussão. Depois de alguns momentos, o líder pode perguntar: "É mais ou menos assim?" e "Como isso está funcionando?" ou mesmo "E quanto aos seus filhos?". Se o motorista diz que os passageiros precisam ir embora, o líder diz "Oh, eles podem... apenas vire nessa direção e não serão vistos" e afasta o motorista do seu destino. Enquanto cada passageiro é confrontado, o motorista pode olhar para trás e ficar ainda mais frustrado. O processo é, então, repetido. Desta vez, o motorista coloca a mão no ombro de cada passageiro (como um símbolo de conexão com sua própria história), ouve cada um e é convidado a chamar um por um para embarcar como uma expressão de disposição ("Há espaço para este passageiro?"). Se essa opção puder ser negociada com cada passageiro, o motorista, então, segura um volante imaginário e começa a dirigir enquanto os "passageiros" começam a ameaçá-lo com obstáculos temidos. O objetivo dos passageiros neste jogo é fazer o cliente abandonar o volante e começar a responder ou discutir com um ou mais deles; é pedido ao motorista que experimente como é dirigir com toda aquela tagarelice e com um olho na estrada em vez de lutar contra a tagarelice.

Ter pensamentos, conter pensamentos, comprar pensamentos

A atividade mental na forma de pensamentos, sentimentos, lembranças, imagens e sensações físicas associados é um aspecto contínuo do fato de estar vivo. A mente nunca para de nos fornecer material. Entretanto, também temos uma habilidade inerente de *prestar atenção seletivamente* a produtos mentais. Se não o fizéssemos, ficaríamos paralisados. Constantemente prestamos atenção a certos produtos e não a outros; isso acontece instantânea e naturalmente. Faz parte do nosso sistema de operação básica. Podemos acessá-lo de modo voluntário, caso seja adequado a um propósito particular, mudando a atenção de um olhar para o mundo *através* das lentes da linguagem (fusão) para um olhar para os próprios processos verbais.

O terapeuta ACT quer ajudar o cliente a aprender a distinguir entre ter um pensamento, conter um pensamento e comprar um pensamento. Ter um pensamento é simplesmente estar consciente da presença de um evento psicológico (principalmente pensamentos, mas também emoções, lembranças, imagens, sensações, etc., já que todos têm funções verbais na perspectiva da RFT). Conter um pensamento é a ação de evitar julgamento e avaliação, sem tentar manipular a forma do produto verbal. Comprar um pensamento é seguir na direção de uma identificação excessiva com o pensamento ou fusionar-se com ele. Na ACT, treinamos o cliente para ter um pensamento e conter um pensamento *sem comprá-lo*. A noção de comprar pensamentos destaca o dilema básico que o cliente precisa enfrentar. O "problema" não é o conteúdo dos eventos privados; a questão não é qual é o sentimento, o que o pensamento diz ou sobre o que é a lembrança. Esses processos verbais são eventos condicionados, arbitrariamente aplicáveis e historicamente determinados. O problema é que a identificação excessiva com o conteúdo do produto cria rigidez comportamental e atenção inflexível. Quando o cliente compra representações do mundo, o processo verbal contínuo fica escondido por trás do conteúdo do pensamento. O cliente mudou a atenção do contexto (consciência de um processo) para o conteúdo (o que a representação diz). Normalmente, o conteúdo privado provocativo é o responsável por essa importante mudança da atenção. O conceito de comprar um pensamento metaforicamente estabelece essa ação como voluntária, muito semelhante a quando compramos uma xícara de café. Quando um cliente parece estar tendo dificuldades com algum evento, situação ou interação, o terapeuta pode evocar vários aspectos do conteúdo privado e perguntar: "Então, o que aconteceu quando você comprou esse pensamento (sentimento, lembrança)?".

Phishing*

Nem todo conteúdo psicológico é criado da mesma maneira, e essa observação explica por que a maioria das pessoas é capaz de mudar sua atenção de minuto a minuto apesar de ser bombardeada por informações provenientes da mente. É importante estabelecer a questão com os clientes de que alguns tópicos psicológicos são "mais quentes" que outros. Se os terapeutas puderem ensinar os clientes a reconhecer os sinais de alerta iniciais de que um conteúdo quente está sendo acenado pela mente, medidas preventivas podem ser tomadas. O processo é muito semelhante à fraude criada por golpistas na internet (Strosahl & Robinson, 2008).

Terapeuta: O estratagema inicial no *phishing* é, na verdade, muito simples: você recebe uma mensagem por *e-mail* que resulta em uma resposta emocional poderosa de sua parte. Por exemplo, você é informado de que alguém parece estar usando seu cartão de crédito de modo ilegal. A mensagem no e-mail pede que você interrompa essa atividade ilegal fornecendo o número do seu CPF, número do cartão de crédito, data de nascimento, número da carteira de habilitação ou coisa parecida. Obviamente, essas informações não serão usadas para capturar o culpado – é só para que o golpista consiga usar seu cartão de crédito ou roubar a sua identidade. No entanto, na emoção negativa do momento, as pessoas agem impulsivamente e só mais tarde se dão conta de que toda a situação era uma encenação. E se a sua mente atuar como esse golpista? Ela pode lhe apresentar uma mensagem perturbadora e fazer você impulsivamente associá-la a um pensamento, sentimento, lembrança ou sensação. A sua mente vai lhe dizer que o que ela tem a dizer é a absoluta verdade e exige uma resposta. Assim como a fraude na internet, a sua mente está atraindo-o com base na ne-

---

* N. de T.: Fraude cibernética aplicada via *e-mail* ou *websites* falsos levando o usuário a revelar dados pessoais e bancários.

gatividade crua da "inteligência" que você está recebendo. Assim que é fisgado, você começa a sofrer!

Cliente: Então como posso evitar ser atraído da forma como você está falando?

Terapeuta: Bem, o que você faria se estivesse sendo fraudado na internet? Acalme-se. Recue. Não mergulhe impulsivamente no que sua mente está lhe oferecendo. E, assim como essas mensagens na internet, veja se consegue perceber as qualidades comuns dessas iscas. Geralmente elas são do tipo preto e branco, negativas, provocativas, urgentes. Elas o encorajam a evitar ou abandonar a sua vida de algum modo. Você com frequência vai receber essas informações falsas na forma de declarações do tipo "eu" que criam a impressão de que elas são pensamentos que você já comprou quando, de fato, é apenas a sua mente falando com você. A mente não é o mesmo que você. Você é o ser humano. Sua mente é uma ferramenta verbal, não o seu mestre. Mas ela é algumas vezes um servo muito barulhento e matreiro com quem temos de lidar.

Não vá dançar

Depois que uma pessoa entra em um estado fusionado, tem início uma "dança". Essa dança com frequência envolve o engajamento dos clientes em processos ruminativos que supostamente irão ajudá-los a "vencer" a batalha contra a mente. É muito parecido com o jogo das crianças "Quem consegue imaginar o número maior?". A mente irá colocar um zero no final de qualquer número que o cliente imaginar. Uma forma de desfusão simples e fácil de entender é aprender a não dar tanta importância. Essa abordagem requer que os clientes contatem sua experiência direta da inutilidade de tais batalhas, de forma muito semelhante ao que ocorre nos estágios iniciais da "desesperança criativa" da ACT (abordados no Capítulo 6).

Terapeuta: O que você me contou até agora é que, quando você realmente evolui com a sua ansiedade, sua mente começa a lhe dar todos os tipos de coisa para ruminar. Mas, quanto mais você rumina, mais enredado você fica. O que sua experiência lhe diz? Você geralmente vence essa competição contra a sua mente?

Cliente: De jeito nenhum! Eu só fico andando em círculos até ficar exausto emocionalmente. Esse é o único momento em que consigo parar.

Terapeuta: Então, fazer essa coisa com a sua mente... lhe deu algum impulso esperado ou *insight* ou uma nova abordagem de como melhorar a sua vida? Ofereceu-lhe alguma coisa útil depois de todos esses meses fazendo isso?

Cliente: A única coisa que ela faz é me deixar louco! Eu realmente comecei a me questionar se tenho algum problema mental que nunca vai passar.

Terapeuta: Então, na verdade, a sua mente está lhe dizendo que você pode ter algum problema mental incurável. Parece que ela quer dançar com você bem aqui, neste momento.

Cliente: Sim, ela apenas desliza aqueles sapatos na minha frente, e lá vou eu!

Terapeuta: Bem, você sabe, a sua mente está muito entediada e quer ir dançar porque – para ela – dançar é divertido. Dançar é um grande problema a ser resolvido. Para você, dançar é o inferno.

Cliente: Sim, inferno é uma boa palavra para como eu me sinto por dentro.

Terapeuta: Então, você já explorou esse jogo inteiro... todo o complexo jogo mental da sua mente com você. Sua experiência é a de que você nunca vence; sua experiência é a de que dançar com a sua mente é como dançar com o demônio. Sua mente o provoca repetidamente para fazer você dançar com ela. Você precisa entrar lá novamente e tentar resolver essa coisa com a sua mente, ou poderia respeitosamente declinar do convite para dançar? Quero dizer, você poderia recuar e não aceitar ir para a pista de dança. É sua vida, não é?

Praticando a observação da mente

Vários exercícios de meditação e *mindfulness* são úteis para ajudar o cliente a adquirir a habilidade de simplesmente observar os pensamentos, sentimentos, lembranças e outros. Esse tipo de prática pode estabelecer habilidades úteis sem aprendê-las dentro do conteúdo provocativo com o qual o cliente está lutando. Aprender a desfusionar é uma habilidade geral; portanto, é perfeitamente adequado praticar primeiro em conteúdo mais inócuo. O exercício *Soldados no Desfile* e suas variantes (i.e., *Folhas na Correnteza, Observando o Trem da Mente*) são concebidos para estabelecer essa habilidade essencial e ajudar os clientes a distinguir entre fusão e desfusão para que eles possam ter uma melhor noção de como é estar fisgado.

Terapeuta: Eu gostaria que fizéssemos um exercício para mostrar quão rapidamente os pensamentos nos afastam da experiência quando nós os compramos. Tudo o que vou lhe pedir para fazer é pensar quaisquer pensamentos e permitir que eles fluam, um pensamento após o outro. O propósito do exercício é notar quando ocorre uma mudança de olhar *para* seus pensamentos para olhar *a partir* dos seus pensamentos. Vou lhe pedir que imagine que há umas pessoas pequenas, soldadinhos, que saem marchando do seu ouvido esquerdo e seguem desfilando à sua frente. Você está de pé em posição de revista observando o desfile passar. Cada soldado está carregando uma placa, e cada pensamento que você tem é uma frase escrita em uma dessas placas. Algumas pessoas têm dificuldade de colocar os pensamentos em palavras e veem os pensamentos como imagens. Se isso se aplicar a você, coloque uma imagem em cada placa carregada pelos soldados. Certas pessoas não gostam da imagem de soldados, e há uma imagem alternativa que eu tenho usado nesse caso: folhas flutuando em uma correnteza. Você pode escolher a imagem que lhe parecer melhor.

Cliente: Os soldados parecem bons.

Terapeuta: OK. Em um minuto, vou lhe pedir para ficar centrado e começar a deixar seus pensamentos surgirem por escrito nas placas carregadas pelos soldados. Esta é a tarefa: simplesmente observar o desfile passar sem interrompê-lo e sem fazer parte dele. Você só deve deixá-lo fluir. No entanto, é muito improvável que você consiga fazer isso sem interrupção. E esta é a parte principal deste exercício. Em algum momento, você terá a sensação de que o desfile parou, ou de que você perdeu o ponto do exercício, ou de que se integrou ao desfile em vez de ficar na posição de revista. Quando isso acontecer, eu gostaria que você recuasse por alguns segundos e visse se consegue identificar o que estava fazendo um pouco antes de o desfile parar. Então siga em frente e coloque seus pensamentos nas placas novamente até que o desfile pare uma segunda vez, e assim por diante. O principal é notar quando ele para por alguma razão e ver se consegue identificar o que aconteceu um pouco antes de parar. OK?

Cliente: OK.

Terapeuta: Mais uma coisa. Se o desfile segue, e você começa a pensar "Isso não está funcionando" ou "Não estou fazendo certo", então deixe que esse pensamento seja escrito em uma placa e mande-o para o desfile. OK? Agora, vamos ficar confortáveis; feche os olhos e fique centrado. (*Leva o cliente por um exercício de centralização por 1 ou 2 minutos.*) Agora, deixe que o desfile comece. Você fica de pé na posição de revista e deixa que o desfile siga. Se ele parar ou você perceber que está fazendo parte dele, note isso, veja se consegue notar o que você estava fazendo logo antes de isso ter acontecido, volte para a posição de revista e deixe o desfile começar a fluir novamente. OK, vamos começar... Tudo o que você pensar, apenas coloque nas placas... (*por cerca de 2 a 3 minutos, permitindo que o cliente trabalhe*).

Certifique-se de proporcionar aos clientes tempo suficiente e use poucas palavras. Tente ler a reação do cliente e observe pistas, acrescentando alguns comentários quando necessário, como: "Apenas deixe o desfile fluir e note quando ele parar". Não dialogue com o cliente. Se os olhos dele se abrirem, peça calmamente que sejam fechados e continue o exercício. Se o cliente começar a falar, sugira gentilmente que esse pensamento seja colocado em um cartaz, dizendo algo como: "Vamos falar mais sobre isso quando o exercício estiver terminado, mas, por enquanto, não há necessidade de falar comigo. Se você pensar em alguma coisa que deseja dizer, deixe que esse pensamento seja anotado e deixe que entre na marcha também".

Terapeuta: OK, agora vamos deixar que os últimos soldados passem e vamos começar a pensar em voltar para esta sala (*ajudando o cliente a se reorientar por 1 ou 2 minutos*). Bem-vindo de volta.

Cliente: Interessante.

Terapeuta: O que você observou?

Cliente: Bem, no começo não foi fácil. Eu estava observando eles passarem. Então de repente notei que eu estava perdido e havia me afastado por uns 15 segundos.

Terapeuta: Como se você estivesse inteiramente fora do palanque.

Cliente: Isso. Todo o exercício parou.

Terapeuta: Você notou o que estava acontecendo logo antes de tudo parar?

Cliente: Bem, eu estava tendo pensamentos sobre como meu corpo estava se sentindo, e eles estavam sendo escritos nos cartazes. E então comecei a pensar sobre a minha

Terapeuta: situação no trabalho e na reunião com o chefe que tenho na sexta-feira. Eu estava pensando sobre como posso ficar ansioso quando lhe contar algumas coisas negativas que estão acontecendo, e, quando me dei conta, já havia passado um tempo, e ainda estava pensando nisso.

Terapeuta: Então, quando o pensamento surgiu pela primeira vez – "Tenho uma reunião com o chefe na próxima sexta" – foi escrito em um cartaz?

Cliente: Inicialmente foi, por uma fração de segundos. Depois não foi.

Terapeuta: Aonde foi em vez disso?

Cliente: A nenhum lugar em particular. Eu só estava pensando o pensamento.

Terapeuta: Ou ele só estava pensando você. Podemos dizer dessa forma? Em algum momento você teve um pensamento que o fisgou. Você o comprou e começou a olhar *para* o mundo *a partir* desse pensamento. Você deixou que ele estruturasse o mundo. Então, você começou, na realidade, a imaginar o que aconteceria, o que você vai fazer, etc., e, nesse momento, o desfile absolutamente parou. Agora não há perspectiva nisso – você não consegue nem mesmo ver o pensamento claramente. Em vez disso, está às voltas com a reunião com seu chefe.

Cliente: Foi assim. Assim mesmo.

Terapeuta: Você colocou aquele pensamento de volta no cartaz?

Cliente: Bem, em algum momento eu me lembrei de que deveria deixar os pensamentos fluírem, então escrevi o pensamento e deixei que um soldado o carregasse. Então as coisas ficaram bem por algum tempo até que comecei a pensar que todo esse exercício é meio bobo.

Terapeuta: E você apenas notou esse pensamento ou ele pensou você?

Cliente: Eu o comprei, eu acho.

Terapeuta: O que aconteceu com o desfile?

Cliente: Parou.

Terapeuta: Certo. E veja se não é assim. Cada vez que o desfile parou, foi porque você comprou um pensamento.

Cliente: É isso mesmo.

Terapeuta: Nunca conheci ninguém que tenha deixado o desfile seguir 100% do tempo. Isso não é realista. A questão é apenas ter uma noção de como é ser fisgado pelos seus pensamentos e como é recuar depois que é fisgado.

É útil fazer os clientes se engajarem em práticas concebidas para fortalecer a postura de ter e conter experiências privadas. Esse tipo de exercício pode incluir fazer o paciente praticar 5 minutos de respiração profunda três ou quatro vezes por dia com o objetivo de simplesmente notar o que surge na mente. O exercício *Soldados no Desfile* pode ser gravado e praticado todas as noites. Os clientes podem fazer classificações diárias do grau em que estavam "observando a mente" e anotar o que notaram, de forma muito semelhante a um observador de pássaros que faz um registro de cada nova espécie observada. Essas classificações ajudarão a estabelecer uma postura de curiosidade desapaixonada – uma das características da desfusão.

Nomeando a mente

Quando o cliente consegue perceber que a mente humana emite um fluxo mais ou menos constante de "tagarelice" avaliativa, podemos começar a confrontar os interesses da mente com os interesses da pessoa. Pode ser útil apenas nomear o modo avaliativo de solução de problemas da mente como se ele fosse uma pessoa. Alguns terapeutas respeitosamente pedem que os clientes atribuam um nome, o qual, então, é usado durante o resto da terapia (p. ex., "O que Bob tem a dizer sobre isso?" ou "Então, Bob tem feito birra desde que você deu esses passos adiante?"). *Tratar a mente quase como se ela fosse uma entidade separada é uma estratégia de desfusão muito poderosa.*

Se nomear a mente não parece se adequar ao estilo pessoal do cliente, ela pode receber um rótulo descritivo, tal como a "mente reativa" (como foi feito em *Mindfulness and Acceptance Workbook for Depression*, de Strosahl & Robinson [2008]). O terapeuta pode, então, dizer coisas como "Então, com o que sua mente reativa o estava intimidando desta vez? Com quem estou falando neste momento – com você ou com sua mente reativa?". Isso ajuda a pessoa a criar uma distância saudável entre o pensamento e o pensador e possibilita recuar dos problemas que ter uma mente cria. O outro benefício de rotular aspectos analíticos e avaliativos da atividade mental é que o terapeuta acabará propondo que existem outros aspectos da mente que são muito mais úteis, e a utilização desses rótulos ajudará o cliente a fazer as distinções necessárias entre os diferentes modos da mente.

O exercício *Leve Sua Mente para uma Caminhada* proporciona uma experiência poderosa do quanto a mente pode ser ocupada, avaliativa e obstrucionista. Nesse exercício, o terapeuta vai caminhar com o cliente. O objetivo é que o cliente simplesmente ande na velocidade e na direção que ele desejar. Não há um destino determinado; este é apenas um exercício de caminhada aleatória. O cliente faz o papel do "humano", e o terapeuta representará "a mente". Enquanto caminham, o terapeuta verbaliza o tipo de falatório avaliativo adivinhatório que o cliente recebe da sua mente diariamente. Com frequência, é importante que o terapeuta use conteúdo provocativo ou temas estressantes que surgiram na terapia. O objetivo, para o cliente, é continuar caminhando apesar desse fluxo constante de falatório negativo. Se o cliente parar ou tentar conversar com a mente, o terapeuta imediatamente diz: "Não se importe com a sua mente!". Este é um sinal de que o cliente foi atraído para o conteúdo estressante e precisa se desfusionar dele e apenas continuar caminhando.

Enfraquecendo as razões

Uma classe de busca de significado particularmente penosa é denominada "dar razões". No nível situacional, as razões são frequentemente usadas pelo cliente para oferecer justificativa social para alguma ação indesejável ou falta de ação (p. ex., "Não fui trabalhar hoje porque estava muito deprimido"). Essas regras autogeradas tendem a se combinar para criar uma "história sobre si mesmo" com um efeito previsivelmente negativo. Razões específicas para a situação costumam criar a impressão de uma ligação causal entre estados da mente privados (p. ex., depressão) e comportamentos observáveis (p. ex., não ir para o trabalho) – perdendo o contexto que estabeleceu essas ligações entre ações psicológicas. As histórias sobre si mesmo funcionam como metarregras e forçam grandes padrões de contexto e comportamento a se encaixarem dentro de uma rede cognitiva autossustentável. Os clientes costumam chegar com descrições elaboradas de coisas que aconteceram em suas vidas que os deixaram de alguma forma destruídos e incapazes de seguir em frente, por exemplo.

É importante sensibilizar o cliente para os efeitos perniciosos de "dar razões" verbalmente. Uma coisa é desliteralizar palavras e jogar jogos interessantes com o sistema operante verbal do cliente, mas outra coisa é recuar das histórias manjadas e valorizadas sobre como a vida retirou todas as oportunidades para o cliente viver uma vida essencial e significativa. Desfusionar "razões" e histórias sobre si mesmo é particularmente importante para clientes que continuamente usam *insight* e compreensão da história passada de formas contraproducentes.

Durante as sessões, os clientes com frequência tentam explicar a causa dos seus problemas ou começam citando a história pessoal como uma razão pela qual as coisas não podem mudar. Não vale a pena questionar diretamente a acurácia da história ou tentar identificar eventos na vida que são contrários à história no esforço de chegar a uma melhor história de vida. Em vez disso, o terapeuta pode enfraquecer esse comportamento focando a atenção na sua utilidade funcional, e não na sua verdade. Pode ser útil fazer perguntas como estas:

- "E essa história está a serviço do quê?"
- "E essa descrição do seu passado o ajuda a seguir em frente?"
- "Isso ajuda ou é só algo que sua mente está fazendo?"
- "Você está encontrando uma solução ou este é apenas o seu jeito de cavar?"
- "Você já disse esse tipo de coisa antes para si mesmo ou para outros? Isso é antigo?"
- "Se já disse isso antes, o que você acha que será diferente agora ao dizê-lo novamente?"
- "Se Deus lhe dissesse que a sua explicação está 100% correta, como isso o ajudaria?"
- "OK, vamos fazer uma votação e votar que você está correto. E agora?"

A seguinte transcrição demonstra como o terapeuta ACT usa várias intervenções para enfraquecer o modo de "dar razões" com um cliente que está tendo dificuldades com o impulso de recair no uso de drogas.

Terapeuta: Então, vamos fazer um exercício. Conte-me por que você usou [drogas] na terça-feira passada.

Cliente: (*pausa*) Bem, eu fiquei maluco com aquilo que aconteceu no trabalho.

Terapeuta: Por que outro motivo?

Cliente: Bem, não sei, acho que não tenho um grupo de apoio. Você sabe, para conversar sobre essas coisas.

Terapeuta: Por que outro motivo? Quer dizer, estas parecem ser realmente razões verdadeiras. Você poderia me dar algumas razões falsas?

Cliente: Como assim?

Terapeuta: Você sabe, invente algumas. Que razões você poderia inventar?

Cliente: Alguém me forçou a fazer isso?

Terapeuta: Por que outro motivo?

Cliente: Tomei os comprimidos acidentalmente achando que era aspirina.

Terapeuta: OK. Você consegue imaginar alguém dando essas razões?

Cliente: Com certeza.

Terapeuta: Provavelmente várias delas em combinação. E, se você perguntasse a várias pessoas – mãe, pai, você sabe –, teria toda uma lista de razões. E algumas até mesmo poderiam contradizer a outra. Humm. Tem alguma coisa suspeita aqui, se as razões estão mesmo fazendo você fazer coisas.

Cliente: O que você quer dizer?

Terapeuta: Bem, e quanto às razões para você ter usado?

Cliente: Por causa do trabalho, você quer dizer?

Terapeuta: Sim. Certo. Mas alguma coisa ruim como essa já aconteceu no trabalho quando você não usou?

Cliente: Bem, sim.

Terapeuta: Mas se a razão causou isso, por que você não usou daquela vez?

Cliente: Bem, havia outras razões para não usar.

Terapeuta: E elas são, de alguma forma, mais fortes do que as outras razões,

Cliente: certo? Mas tem uma parte suspeita aqui: e se eu lhe perguntasse se havia razões para não usar na terça-feira passada? Você conseguiria pensar em alguma?

Cliente: Com certeza, quer dizer, é claro.

Terapeuta: E se fizéssemos aquele exercício novamente, você sabe, boas razões, más razões. As razões da sua mãe, razões do seu pai, razões inteligentes, razões bobas, você sabe... bem, você poderia apresentar longas listas para cada perspectiva?

Cliente: Hummm, bem, isso levaria algum tempo.

Terapeuta: Quem sabe tentamos fazer isso agora. Você poderia me dar uma razão para usar? Quer dizer, com certeza, mas, e se eu lhe pedisse uma razão para não usar, você encontraria também. E você acha que para qualquer razão para usar você também poderia encontrar uma razão para não usar?

Cliente: Bem, certamente.

Terapeuta: E aposto que você já fez isso também. Sentou-se e pensou em listas de razões para usar e não usar... e então usou ou não usou. E para onde foram todas as razões do lado oposto depois que você escolheu uma direção? E se nós tivéssemos esse estoque infinito de razões às quais pudéssemos recorrer para tudo o que fizermos? Seria possível? E é possível que, embora essas coisas estejam muito unidas – fazer e dar razões para fazer –, uma realmente não cause a outra? A minha suposição é a de que você vem tentando gerar razões suficientes – realmente boas razões – para se forçar a não usar. Quero dizer, não é verdade que você teve algumas razões realmente poderosas para parar de usar? Por que outro motivo você estaria fazendo esta terapia dolorosa? Ou seja, você tem ótimas razões! Você poderia imaginar razões mais fortes do que ter seus filhos de volta?

Cliente: Bem, não.

Terapeuta: Então, isso não é suspeito? Você achava que fazia isso e aquilo pelas razões X e Y. Mas acabamos de descobrir duas evidências de que não é assim que funciona! Uma delas é que parece que existe um suprimento ilimitado de razões e, segundo, você já encontrou as mais fortes razões imagináveis para não usar e ainda assim usou!

Alguns desses métodos se parecem superficialmente com os métodos cognitivos tradicionais, porém vale a pena observar como mesmo nessas áreas o terapeuta em ACT continua retornando à função, e não à forma, da cognição. O objetivo de atacar "dar razões" não é eliminá-las, nem o terapeuta deve intimidar o cliente quanto à natureza arbitrária de dar razões e buscar um significado. Como ser humano, o cliente sempre vai desenvolver razões, e algumas vezes elas podem realmente ser úteis. No mundo externo, desenvolver razões para os eventos é a "joia da coroa" do modo de solução de problemas da mente. Vale muito a pena quando aplicado à situação certa. Nessa conjuntura, queremos meramente que o cliente esteja consciente desse processo verbal como um processo e que tenha e contenha a razão, de forma muito semelhante a ter e conter uma avaliação, emoção ou lembrança.

Rompendo práticas de linguagem problemáticas

Inúmeras convenções verbais usadas na ACT são concebidas para romper práticas de linguagem bem formadas e simultaneamente criar alguma distância entre o cliente e sua mente. Essas convenções verbais substituem formas comuns de falar que estimulam problemas de vários tipos. Em termos da RFT, estas são manipulações do contexto relacional focadas em formas cognitivas genéricas que determinam o impacto funcional de cognições específicas.

Estar fora

Um alvo importante a ser atacado nas convenções verbais normais é o uso que o cliente faz da palavra *mas*. *Mas* é comumente usada para especificar exceções, trazendo consigo uma declaração implícita sobre a organização dos eventos psicológicos. Considere a declaração "Eu quero ir, mas estou ansioso". Essa declaração simples transmite uma mensagem profunda sobre o papel dos sentimentos na ação humana e aponta um conflito. Duas coisas estão presentes: o desejo de ir e a ansiedade. Além disso, embora o desejo de ir normalmente levasse à ação, a ansiedade parece anular esse efeito de querer ir. Ir não pode ocorrer com ansiedade.

A etimologia da palavra *mas* revela essa dinâmica muito claramente. A palavra *but* (em português, "mas") provém do inglês antigo *be-utan*, significando "do lado de fora, sem". No inglês antigo, transformou-se em *bouten* e gradualmente foi transformada foneticamente em *buten*, *bute* e, então, *but*. A própria palavra *be-utan* em inglês antigo já é uma combinação de *be* – significando algo como a palavra *be* moderna – e *utan*, que é uma forma de *ut* – uma forma inicial da nossa palavra moderna *out*. Etimologicamente falando, *but* (mas) significa "estar fora". É uma exigência de que o que segue a palavra desapareça ou então ameaçaria o que precede a palavra. Significa que duas reações que coexistem não podem coexistir e ainda ser associadas a uma ação específica. Uma ou outra deve desaparecer. A dificuldade que temos com clientes que estão em grande sintonia com respostas de linguagem do tipo "sim, mas" demonstra bem o quanto essa postura pode ser paralisante. Na ACT, o uso da palavra *mas* é atacado diretamente. O terapeuta deve introduzir uma convenção verbal que substitua a palavra *mas* pela palavra *e* quando *mas* criar artificialmente uma relação de oposição entre emoções ou pensamentos, por um lado, e outras emoções, pensamentos ou mesmo ações, por outro.

Terapeuta: Eu gostaria que tentássemos algo diferente quando estivermos conversando. Vou lhe pedir para usar a palavra *e* em vez da palavra *mas* quando você formar uma frase. Isso pode parecer um pouco estranho inicialmente, e você vai notar que terá que reduzir a velocidade do seu pensamento para se assegurar de que não está escorregando para um *mas*. Não se preocupe se houver algum escorregão – nesse caso, eu vou interrompê-lo e pedir que você troque pela palavra *e*.

Cliente: Por que você vai fazer isso? Parece meio esquisito.

Terapeuta: Na maior parte do tempo, nem sequer pensamos nas palavras que estamos usando. *Mas* é um bom exemplo disso. Nós simplesmente a jogamos na interação sempre que ocorre uma pausa ou quando não sabemos bem se estamos dispostos a ir a algum lugar ou fazer alguma coisa. Estou interessado em ouvir como a mudança de *mas* por *e* afeta o caráter da nossa conversa para você. Em outro nível, acho que poderíamos dizer que vou ajudá-lo a sair dos seus *mas*.

Esta é uma convenção que amplia enormemente a perspectiva verbal e psicológica dentro da qual os clientes e terapeutas podem trabalhar. *E* é um termo descritivo, não prescritivo, e, assim, pode estar associado a muitos cursos de ação. Todas as possibilidades estão abertas. É seguro para o cliente notar e relatar até mesmo as reações mais indesejáveis, já que não há a necessidade de que as ações desejadas de alguma forma as derrotem. "Amo meu marido, *mas* fico muito irritada com ele" pode transformar a raiva em um sentimento muito perigoso para alguém comprometido com um casamento. "Amo meu marido *e* fico irritada com ele" constitui pouca ameaça e, de fato, implica uma aceitação da experiência da raiva dentro da experiência do amor. E também é mais verdadeiro experiencialmente, já que muitos pensamentos e sentimentos podem ocorrer dentro de um indivíduo. E faz sentido sempre que o processo de pensar e sentir está em discussão, uma vez que tudo o que foi observado e notado foi, afinal de contas, observado.

Avaliação *versus* descrição

As avaliações apresentam um problema de fusão especialmente delicado. A distinção entre avaliação e descrição é essencial porque a maioria dos clientes entra em terapia fusionada com avaliações sobre a história pessoal, situações atuais, eventos ou interações. As avaliações mais provocativas, e com as quais os clientes têm maior probabilidade de se fusionar, envolvem quatro polaridades: bom *versus* mau, certo *versus* errado, justo *versus* injusto e responsabilidade *versus* culpa. Muitos pensamentos avaliativos que os clientes exibem em terapia são autorreferenciais. "Sou péssima, inadequada, horrível" ou declarações pejorativas similares são comuns.

Tidas como verdades, essas avaliações se tornam tóxicas para o cliente. Elas não são vistas como avaliações, mas como descrições da essência da situação ou pessoa à qual são aplicadas. Não há como fugir à responsabilidade do que é estabelecido dessa forma. Se você é uma "má pessoa", a única forma de corrigir isso é deixar completamente de ser uma pessoa. Lamentavelmente, alguns dos nossos clientes fazem exatamente isso! Portanto, é importante inserir uma cunha no processo verbal de avaliação de modo que o cliente possa recuar e diferenciar propriedades intrínsecas de propriedades que são injetadas pela mente.

Mesmo uma sondagem superficial frequentemente revela que os clientes estão respondendo às suas autoavaliações como se elas fossem descrições. Nossa linguagem quase não faz distinção entre as propriedades primárias dos eventos e as propriedades secundárias que são injetadas por quem responde. Isso cria um problema significativo. O cliente não só está se fusionando com produtos verbais como também a própria fusão confunde propriedades primárias e propriedades injetadas. A propósito, esse processo, quando estendido ao nível social, torna possível justificar a matança de pessoas de várias origens religiosas porque, por exemplo, elas são "todas terroristas". A metáfora da *Xícara Feia* pode ser empregada para mostrar como as avaliações podem se mascarar como descrições.

> "Há coisas na nossa linguagem que nos atraem para intermináveis batalhas psicológicas, e é importante termos uma noção de como isso acontece para que possamos aprender a evitá-las. Um dos piores truques que a linguagem nos aplica é na área das avaliações. Para que a linguagem funcione, as coisas têm que ser o que elas dizem que são quando estamos engajados no tipo de conversa que envolve nomear e descrever. Caso contrário, não podemos falar uns com os outros. Se descrevemos alguma coisa acuradamente, os rótulos não podem mudar até que a forma desse evento mude. Se eu digo "Isto é uma xícara", não posso então inverter e alegar que isso não é uma xícara, mas um carro de corrida, a não ser que de alguma forma eu mude a xícara. Por exemplo, eu posso triturá-la, transformando-a em material bruto e usá-la como parte de um carro de corrida. No entanto,

sem uma mudança na forma, isso é uma xícara (ou qualquer outra coisa de que convencionemos chamá-la) – o rótulo não deveria mudar a torto e a direito.

"Agora, considere o que acontece com a conversa avaliativa. Suponha que eu diga: 'Esta é uma xícara boa' ou 'Esta é uma xícara bonita'. Parece ser o mesmo que se eu estivesse dizendo: 'Esta é uma xícara de cerâmica' ou 'Esta é uma xícara de 200 g'. Mas é *realmente* a mesma coisa? Suponha que todas as criaturas vivas no planeta morressem amanhã. Essa xícara ainda estaria sobre a mesa. Se ela fosse uma 'xícara de cerâmica' antes de todo o mundo morrer, ainda seria uma xícara de cerâmica. Mas ainda seria uma xícara boa ou uma xícara bonita? Sem ninguém por perto para ter essas opiniões, as opiniões não existem porque "boa" ou "bonita" nunca foi uma parte integrante da xícara. *Bonita* é a palavra produzida na interação entre a pessoa e a xícara. Mas note como a estrutura da linguagem esconde essa diferença. Ela parece a mesma, como se "boa" fosse o mesmo tipo de descrição que "cerâmica". Ambas parecem acrescentar informações sobre a xícara. O problema é que, se você permite que *boa* seja esse tipo de descritor, isso significa que *boa* tem que ser o que a xícara é, da mesma maneira que *cerâmica* é. Esse tipo de descrição não pode mudar até que a forma da xícara mude. E se alguém disser 'Não, essa é uma xícara horrível!'? Se eu digo que ela é boa e você diz que ela é ruim, há uma discordância que aparentemente deve ser resolvida. Uma das partes tem que vencer, e a outra parte tem que perder: não é possível as duas estarem certas. Contudo, se *boa* é apenas uma avaliação ou um julgamento, algo que você está fazendo com a xícara, e não algo que está na xícara, isso faz uma grande diferença. Duas avaliações opostas podem facilmente coexistir. Você pode achar que a xícara é bonita, e eu posso achar que ela é horrível. O fato de termos opiniões diferentes não cria uma situação impossível no mundo – como alegar que a xícara é de cerâmica e metal ao mesmo tempo. Ao contrário, isso reflete o simples fato de que os eventos podem ser avaliados como bons ou maus, dependendo da perspectiva assumida pelas pessoas. E, é claro, é possível que uma pessoa possa ter mais de uma perspectiva. Na segunda-feira, eu achei que a xícara parecia horrível. Na terça-feira, mudei de ideia e a achei bonita. Nenhuma das avaliações é um fato concreto, tampouco precisa triunfar sobre a outra."

Cubbyholing

Às vezes convém interromper o fluxo contínuo de uma conversa para chamar atenção para os vários elementos do sistema verbal em operação quando eles fazem sua aparição. Essa prática tem o efeito de retirar o cliente do mundo do conteúdo e ingressar no mundo do processo verbal. Em *cubbyholing*, o terapeuta rotula o *tipo* de produto verbal que o cliente está produzindo em vez de responder ao conteúdo do produto. Descrições, avaliações, sentimentos, pensamentos, lembranças e outros podem simplesmente ser rotulados como algo à parte, e a conversa pode continuar.

Depois que o processo está bem entendido, o cliente pode ser solicitado a fazer a rotulagem como parte da conversa normal, não como algo à parte. Por exemplo, um cliente pode reformular a frase "Eu sou uma péssima pessoa" como "Eu sou uma pessoa e estou tendo a avaliação de que sou péssima". "Estou ansioso" é reformulado como "Eu estou tendo a emoção chamada ansiedade". "Estou aterrorizado com essa lembrança" é reformulado como "Eu sou uma pessoa que está tendo uma lembrança de ser abusada por meu pai, e a emoção que estou experimentando é medo". Pela sua própria estranheza, essa mudança na linguagem ajuda a separar o processo verbal e o produto verbal correspondente. Estamos literalmente separando o pensamento e o pensador por meio do mesmo sistema operatório que produz a fusão entre pensamento e pensador inicialmente.

Nesta seção, demos alguns exemplos de estratégias de desfusão, mas os terapeutas ACT e seus clientes têm gerado muitas outras centenas no processo do trabalho terapêutico. É fácil obter resultados na rapidamente crescente literatura da ACT, mas eles também são fáceis de gerar depois que você entende os princípios envolvidos. Desacelere o uso automático de produtos da linguagem. Em vez disso, derive métodos não analíticos que possibilitem que o cliente veja a sua forma, aprecie a sua natureza e examine a sua utilidade. Os contextos normais de buscar um significado, literalidade, "dar razões" e solução de problemas podem ser mudados na terapia pela alteração dos seus contextos paralinguísticos (i.e., notando as limitações da linguagem, estabelecendo diferentes tipos de observações e criando paradoxos). Em suma, o terapeuta pode romper as regras do jogo da linguagem e estabelecer novas regras dentro da terapia.

INTERAÇÕES COM OUTROS PROCESSOS CENTRAIS

Desfusão e aceitação

Não é incomum que a desfusão atue de modo a conduzir ao trabalho de aceitação. Essa progressão é mais provável de ocorrer quando o conteúdo privado provocativo está em questão. Por exemplo, o exercício *Leve Sua Mente para uma Caminhada* pode, às vezes, ser perturbador para o cliente se o terapeuta estiver usando material saliente da terapia durante a caminhada. O terapeuta pode gentilmente instruir o cliente a dar espaço para algum pensamento estressante e não tentar avaliar ou mudar os pensamentos durante a caminhada. Se o cliente exibiu previamente baixos níveis de aceitação, uma boa ideia é graduar o nível de provocação. Como a aceitação de conteúdo estressante é medida pela sua qualidade, não pela quantidade, não há problema em praticar desfusão com conteúdo que seja menos evocativo. O terapeuta precisa assumir uma abordagem calculada aqui; caso contrário, a falta de aceitação do cliente também irá inibir sua capacidade para aprender novas habilidades de desfusão.

Desfusão e *self* ou processos do momento presente

Quando a desfusão está sendo praticada com material pessoal altamente provocativo, o terapeuta pode notar que o cliente está se distraindo, está olhando para baixo ou para outro lado, parece emocionalmente não responsivo ou parece "bêbado". Estes são sinais de que o cliente pode estar se afastando do momento presente a serviço de evitar o contato com conteúdo estressante. Se isso acontecer, o terapeuta pode entrar no momento presente ou em um senso do *self* de tomada de perspectiva. Por exemplo, o terapeuta pode perguntar gentilmente: "O que veio à sua mente? Você consegue voltar comigo para a sala por um minuto? Você pode permanecer aqui, neste momento, comigo?". Não há problema nenhum em retardar o processo e esperar que o cliente adquira algum equilíbrio.

Desfusão e valores ou ação de compromisso

Na maior parte do tempo, os problemas com fusão se convertem em várias formas de atividades sem valor e em esquiva comportamental. Conforme mencionado anteriormente, um dos principais impactos da fusão é que ela regula excessivamente a ação engajada e flexível. Quando o objetivo é evitar desencadear ou controlar conteúdo estressante, há um impacto quase inevitável de formas de comportamento expansivas. Assim, fazer o cliente se conectar com os valores pessoais e com as ações desejadas pode funcionar como uma "porta dos fundos" para a desfusão. Conectar-

-se com os valores pessoais e identificar ações específicas a serem tomadas prepara o terreno para a prática na vida real com estratégias de desfusão. Nessas situações, a desfusão não precisa ser entendida intelectualmente – ela é uma forma de afrouxar a adesão ao modo de solução de problemas da mente para que os valores possam ser mais bem empregados –, mas experimentada comportamentalmente. O cliente é exposto a situações e ações valorizadas na vida que desencadeiam conteúdo estressante indesejado. As estratégias de desfusão podem ser praticadas *in vivo*, e, ao fazer isso, o valor delas ficará claro mais rapidamente para o cliente.

O QUE FAZER E O QUE NÃO FAZER NA TERAPIA

Ser literal sobre desfusão

O maior desafio enfrentado pelo terapeuta ao promover desfusão é entrar no sistema de linguagem do cliente ao mesmo tempo em que mantém a consciência dele como um sistema de linguagem, enquanto evita os muitos convites para se fundir com o sistema. Na prática, os terapeutas não podem usar palavras para convencer os clientes a desfusionar; ao mesmo tempo, eles precisam mostrar aos clientes como desfusionar por meio de uma conversa que está baseada em palavras. A expectativa é a de que a experiência direta do cliente com desfusão supere a aparência ilógica desses movimentos. É fácil ficar perdido nesse processo. Um sinal importante de problemas é quando o terapeuta começa a usar excessivamente a lógica com o cliente. É claro que a lógica é uma operação baseada na linguagem, e, portanto, é altamente provável que seu uso só faça alimentar o sistema verbal do cliente. Embora seja necessário usar palavras para conduzir a terapia, em geral gostamos de vê-las incluídas em metáforas e usadas para apoiar exercícios experienciais diretos.

Uma variante dessa questão surge quando os clientes se interessam pela lógica da desfusão. Depois de obtidos ganhos reais com a desfusão, pode ser seguro ter tal conversa; antes disso, será perigoso ser atraído para uma conversa dessas. Histórias fusionadas sobre o que é desfusão e sobre como fazê-la são ainda uma forma de fusão e podem até mesmo desencadear conteúdo negativo. Ações como repetidamente explicar a desfusão para o cliente, tentar convencê-lo da necessidade de desfusionar ou apenas falar *sobre* desfusão em vez de demonstrá-la por meio de exercícios experienciais e metáfora sinalizam perigo.

Abusar das metáforas

Equiparar o uso de metáforas com a condução da ACT é o outro lado do problema precedente. Embora a ACT tenha técnicas e estratégias específicas, o terapeuta deve ser sensível ao contexto de cada sessão e escolher o que tem mais probabilidade de funcionar. Amontoar cinco ou seis metáforas em uma sessão sem um contexto geralmente é tão inútil quanto usar a lógica para convencer o cliente a desfusionar. Com novos terapeutas ACT, é comum ver o terapeuta usar técnicas sem prestar atenção às funções do comportamento verbal do cliente. O cliente não necessariamente se identifica com o que o terapeuta está fazendo sempre que este está divagando com as múltiplas metáforas e exercícios. Feita de modo apropriado, a ACT se baseia em *conectar-se* com o cliente, ver suas formas particulares de fusão e esquiva e adaptar as metáforas e os exercícios para desestabilizar essas formas. Obviamente, sempre será positivo que o terapeuta desenvolva novas metáforas ou exercícios com base na história do cliente, nas dificuldades pessoais, em suas preferências, etc.

Humor em vez de zombaria

A desfusão é contraintuitiva, frequentemente irônica e paradoxal. Por essas razões, muitos exercícios de desfusão usam o humor (p. ex., expressar pensamentos difíceis com vozes ridículas). Embora o humor acrescente força aos métodos de desfusão, é preciso que ele seja oportuno e apresentado de forma que o cliente não se sinta ridicularizado. A questão não é zombar dos pensamentos difíceis ou fazer graça porque o cliente tem esses pensamentos. Trata-se de liberar o cliente das "mãos de ferro" da linguagem e da cognição. Há humor genuíno na incongruência das palavras que capturam os seres humanos, mas a liberação não será encorajada por "humor" crítico e sarcástico. Se o terapeuta estiver inseguro sobre como ser oportuno ou como aplicar uma comunicação bem-humorada, é aconselhável abordar uma questão menos provocativa com a qual o cliente está tendo dificuldades.

Desfusão por desfusão

Conforme observamos anteriormente neste capítulo, a fusão em si não é uma coisa ruim – e nem sempre é uma coisa boa. Essa perspectiva sugere que é importante escolher os alvos certos para desfusão, especialmente durante os estágios iniciais do tratamento. Os métodos de desfusão funcionam melhor no contexto de objetivos ou ações valorizados que estão inibidos devido às barreiras criadas pela extensão excessiva dos processos normais de linguagem. Se um pensamento, sentimento, lembrança ou sensação dolorosa não parecer estar funcionando como barreira, não há razão para ver a fusão como um problema. Por exemplo, se uma vítima de violência doméstica está envolvida em outra relação insegura, a desfusão da palavra *seguro* pode, na verdade, ser prejudicial para a cliente. No entanto, o que funciona como barreira – e, portanto, como um alvo para desfusão – não pode ser determinado apenas com base no conteúdo positivo ou negativo. A desfusão das palavras *Eu sou ótimo* poderia ser tão libertadora quanto as palavras *Eu sou péssimo* se as autoafirmações positivas tiverem uma função de restrição do repertório com um determinado cliente.

LENDO OS SINAIS DE PROGRESSO

Quando o trabalho de desfusão é bem-sucedido, as reações privadas condicionadas são vistas como menos imperiosas. "Vacas sagradas" como a "necessidade de beber", "impulsos suicidas" ou "pensamentos obsessivos" parecem muito menos misteriosas e românticas quando ocorre essa mudança. Em geral, existem dois marcadores distintivos que sugerem que o cliente está adquirindo essas habilidades. Primeiro, o cliente está reconhecendo espontaneamente as reações problemáticas. Ele pode parar no meio de uma interação terapêutica e dizer: "Estou inventando razões neste momento" ou "Acabei de perceber que estava pensando 'eu sou péssimo'". O cliente parece estar notando reações no nível de um observador, e não no nível de uma pessoa fusionada com essas reações. Um segundo marcador de progresso é o "clima na sala". Espaços psicológicos desfusionados parecem mais leves, mais abertos, mais ambíguos, mais relaxados e mais flexíveis. Como essas mudanças emergem com o tempo, persistir no trabalho de desfusão demanda certa quantidade de fé por parte do terapeuta devido à defasagem de tempo entre a intervenção e o impacto observado. Geralmente leva tempo para que os clientes "captem isso", mas, quando eles conseguem fazê-lo, o processo da terapia tende a se acelerar.

10
Aceitação

Não podemos controlar o vento; podemos apenas ajustar as velas.
DITADO POPULAR

Neste capítulo, você aprenderá...

◊ Como a esquiva experiencial resulta em rigidez psicológica e a aceitação promove flexibilidade.
◊ As qualidades da aceitação que a tornam uma poderosa ferramenta clínica.
◊ Como usar metáforas e exercícios para ensinar o cliente a ter mais abertura.*
◊ Como usar exposição dentro da sessão para promover aceitação.
◊ Como fazer a mudança da aceitação dentro da sessão para aceitação no mundo real.

VISÃO GERAL PRÁTICA

Quase todos já leram ou ouviram falar da famosa oração da serenidade comumente usada em programas de 12 passos:

> Senhor, concedei-me a serenidade para aceitar as coisas que não posso mudar, a coragem para mudar o que me for possível e a sabedoria para saber discernir entre as duas.

A razão por que essa oração simples é tão amplamente conhecida é que ela aborda um dilema básico da nossa existência cotidiana. O que fazemos quando a vida nos dá os "ataques e flechadas da fortuna adversa"? Como lidamos com a dor do nascimento, da morte, do divórcio, da rejeição, da doença e de uma miríade de outros eventos na vida sobre os quais não temos controle? Como proceder em face de tal dor é uma questão importante que cada um de nós enfrenta repetidamente

---

* N. de R.T.: No original em inglês, é utilizada a palavra *willingness*, muitas vezes traduzida para o português como disposição. É importante destacar que não se trata de um sentimento (*se sentir disposto*), mas de uma atitude diante da experiência interna (*estar disposto a* se abrir para qualquer experiência interna a serviço de uma vida baseada em valores). É possível se sentir *indisposto* e, ainda assim, dar passos na direção daquilo que mais importa para cada um. Por essa razão, *willingness* foi traduzido como abertura ou disponibilidade, de acordo com o contexto de sua ocorrência neste livro.

no processo de busca de uma existência vital. Essa oração diz que é necessário um tipo de "sabedoria" para viver bem a vida. Precisamos aprender o que pode ser controlado e o que não pode e, então, redirecionar nossa energia de acordo com isso. O fato de que algumas coisas não podem ser controladas é uma pílula difícil de engolir porque, por inferência, temos que "engolir" o impacto privado dessas coisas. É preciso coragem para exercer controle quando possível porque isso também pode criar conteúdo privado estressante. Portanto, é preciso sabedoria e coragem para viver uma existência vital, e nossa cultura oferece pouca orientação sobre como fazer isso.

Como discutimos no capítulo anterior, a fusão "abastece" a esquiva e torna a aceitação difícil, se não impossível. Isso ocorre porque a fusão cria a ilusão de que as experiências são o que elas dizem que são. Nossas emoções, pensamentos, imagens e lembranças se tornam semelhantes a uma coisa e são verbalmente acessíveis. Considere a emoção. De todas as experiências privadas que fazem parte da condição de ser humano, as emoções estão entre as experiências privadas mais fortemente avaliadas que temos. Isso faz sentido porque os termos avaliativos aplicados à emoção ajudam a lhes atribuir funções convencionais com uma valência convencional, permitindo que a conversa emocional expresse nossas necessidades e desejos para os outros. Entre em uma sala cheia de pessoas e declare "Estou com sede" e você provavelmente vai mobilizar apoio social quase imediato para ter acesso a água. As emoções colocam as pessoas em movimento – como a própria etimologia da palavra sugere –, e a avaliação sugere a direção convencional que esse movimento deve tomar. Lamentavelmente, essas avaliações não servem a funções sociais isoladas – elas também encorajam a luta com o mundo interno. Se a ansiedade for "ruim", possivelmente será preciso livrar-se dela.

Quando surge conteúdo estressante, a pessoa tem uma escolha imediata quanto à postura a ser assumida. Algumas formas imediatas de "se sentir melhor" são escapar, evitar ou tentar suprimir um evento privado indesejado. O alívio imediato associado a escapar de uma emoção, situação ou interação aversiva é um reforçador tão poderoso que quase todos os seres humanos são esquivadores experienciais em alguma medida. O comportamento humano é controlado por contingências imediatas, mesmo que os efeitos de longo prazo sejam sombrios. A esquiva experiencial é um exemplo claro precisamente desse tipo de armadilha comportamental.

O impacto da esquiva

Existem três custos evidentes da esquiva experiencial. Primeiro, a diminuição do contato com o modo como o presente se conecta com nossa história diminui a nossa inteligência experiencial. Permanecer em contato com nossa história torna nossas ações mais sensíveis, criando um contexto que nos possibilita ler o que está funcionando e o que não está. Por exemplo, não é *ruim* quando uma pessoa com uma história de abuso sexual ou físico se sente nervosa em circunstâncias que evocam lembranças do abuso. Se adequadamente manejado, esse nervosismo é um meio importante de evitar qualquer abuso adicional e também um meio de se conectar com o quão profundamente a pessoa valoriza a confiança e as relações respeitosas. Naturalmente, tais sentimentos são um desafio. A pessoa pode se sentir ansiosa mesmo com intimidade saudável, por exemplo. No entanto, se tenta remover ou escapar desses sentimentos, ela arrisca entrar em outros relacionamentos abusivos, por um lado, ou ser incapaz de ter relacionamentos significativos, por outro. De forma paradoxal, quando esses sentimentos são enfatizados como conteúdo de modo excessivo, é precisamente este o momento em que não podem mais ser usados sensivelmente para guiar o comportamento.

O segundo custo da esquiva é que podemos nem mesmo estar conscientes de que estamos evitando, o que, por sua vez, significa que não temos a oportunidade de considerar se a esquiva é ou não o que realmente queremos. Clientes com história de trauma severo e estilos de enfrentamento dissociativos são nada mais do que um exemplo do quanto essa disfunção pode se tornar severa. Em consequência, a vida está sob menos controle voluntário – ela se torna um pouco menos livre.

Por fim, a esquiva promove danos colaterais na vida real porque impede a evolução do comportamento do cliente para padrões mais positivos e valorizados. A esquiva de sentimentos leva à evitação de ações e situações particulares – mas crescimento e vida baseada em valores frequentemente requerem essas ações e, portanto, irão produzir essas situações.

Aceitação como uma alternativa à esquiva

Aceitação, segundo nossa acepção, é *a adoção voluntária de uma postura intencionalmente aberta, receptiva, flexível e não crítica com respeito à experiência momento a momento*. A aceitação é apoiada por uma "disponibilidade" para fazer contato com experiências ou situações, eventos ou interações privados estressantes que provavelmente irão desencadeá-los.

A aceitação não deve ser confundida com ficar ensimesmado. Uma postura aberta a experiências psicológicas não é um fim em si. A saúde psicológica não é atingida se não fazemos nada, mas sentindo os sentimentos e percebendo as sensações da manhã à noite. Isso não significa abandonar tudo e lembrar em detalhes cada lembrança que surge na consciência. A aceitação, como entendem os praticantes da ACT, tem uma qualidade *flexível* e *ativa* tal que os eventos psicológicos são notados e vistos – às vezes até aumentados – momento a momento para que estejam disponíveis para participar do comportamento se isso fizer sentido.

A aceitação pode, às vezes, ter uma conotação pouco saudável. De fato, o termo é algumas vezes usado como um tipo de arma contra os outros ("Você só tem que amadurecer e aceitar isso!"). Usada desse modo, *aceitação* significa manter o ânimo, tolerar, resignar-se ou suportar uma situação – uma forma passiva de aceitação não prediz necessariamente possíveis resultados de saúde positivos (Cook & Hayes, 2010). *Aceitação* também não significa querer ou gostar de alguma coisa, desejar que ela estivesse aqui ou julgá-la como justa, certa ou apropriada. Não significa deixar as situações inalteradas – significa aceitar as experiências como elas são, por opção, e no momento. Alguns autores em ACT usaram a palavra *aprofundamento* em vez de *aceitação* para manter o foco nessa qualidade (Harris, 2008). Significa permanecer com seu *self* psicologicamente e aceitar o que está presente no nível da experiência.

Como sugere a oração da serenidade, há circunstâncias em que é possível mudança e, igualmente, aquelas em que as tentativas de mudança serão frustradas. O sofrimento é provável quando as pessoas ficam confusas sem saber diferenciar as circunstâncias e/ou não aprenderam habilidades de aceitação que possam ser aplicadas quando experiências difíceis precisam ser aceitas. O que a oração não diz é que, mesmo quando os eventos *podem* ser mudados, fazer isso produz eventos que *não podem* ser mudados. Por exemplo, mudar comportamentos sempre é possível, mas um novo comportamento com frequência parece desconfortável ou estranho ou pode nos lembrar de vulnerabilidades ou de dores passadas. Como a história pessoal não pode ser mudada – exceto a história que ainda não foi escrita –, e sentimentos espontâneos, pensamentos, lembranças e sensações mudam apenas gradualmente, são necessárias habilidades de aceitação para levar adiante a mudança.

Aceitação é um processo contínuo

Uma característica importante da aceitação é que ela é um processo voluntário contínuo; nunca permanece constante. A aceitação faz parte de uma postura de abertura assumida em relação à vida, mas a postura geral precisa ser vivida momento a momento. Assim, a aceitação inclui a aceitação dos altos e baixos da própria aceitação. Podemos melhorar em relação a isso, mas jamais seremos perfeitos nisso.

Aceitação não é ceder

Uma conotação infeliz da palavra *aceitação* é resignação ou derrota. Na verdade, é exatamente o contrário: a mudança é fortalecida pela aceitação do momento presente e do que irá ocorrer no processo de mudança. Considere uma esposa em uma situação de violência doméstica. Aceitação é muito relevante, mas não significa aceitação do abuso. Em vez disso, pode significar aceitar o fato doloroso de que, se nada for feito, o abuso provavelmente vai continuar. Pode significar o reconhecimento do impacto emocional tóxico do abuso e a defasagem dolorosa entre a intimidade valorizada e o que está presente. Pode significar enfrentar os pensamentos receosos como parte do processo de extinção da situação ou fundamentalmente mudar uma relação inviável. Mas isso não significa ceder.

Aceitação não é fracasso

Aceitação não é admissão de fracasso pessoal; ao contrário, é o reconhecimento de que uma estratégia particular não funcionou ou não pode funcionar. Metaforicamente, *aceitação* significa abandonar o trabalho de cavar como uma forma de sair do buraco. *Aceitação* e *viabilidade* são aliadas muito próximas. Quando a viabilidade na vida é baixa, o abandono de estratégias impraticáveis é um primeiro passo necessário, mas seguir esse curso de ação significa aceitar o que a experiência nos ensinou ao longo do tempo – ou seja, que nossa abordagem atual da vida não está funcionando.

Aceitação não é tolerância

Aceitação não é meramente tolerar o *status quo*. Tolerância é uma postura condicional em que determinada quantidade de estresse é permitida por um período de tempo, geralmente em troca de outra coisa de valor – mas sem abertura real à própria experiência. A maioria de nós pratica esse tipo de tolerância quando vai ao dentista. A aceitação é ativa, não passiva. Ela sugere que existe alguma coisa significativa em sentir o que está ali para ser sentido.

Aceitação é uma função, não uma técnica

Como vale para todos os processos de flexibilidade psicológica, aceitação não é uma técnica, mas um processo funcional. O terapeuta está gentil e persistentemente abrindo a porta para que o cliente possa entrar em contato mais direto com a experiência pessoal. Os métodos importam, mas de onde eles provêm é mais importante. Os terapeutas ACT podem pedir que seus clientes fiquem sentados sem falar por alguns momentos para dar mais espaço para um sentimento; eles podem perguntar o que os clientes se sentem inclinados a fazer; podem pedir que os clientes se mostrem abertos ao que é difícil de encarar; ou podem sorrir e concordar com um aceno quando ainda mais dor entra na sala da sessão. Tais interações provavelmente não funcionarão muito bem como técnicas. Elas funcionam dentro de uma abertura natural que é persistente, transparente e respeitosa. Um cliente com fobia de cobras pode, na verdade, ser ajudado com uma cobra sendo jogada no seu colo! Ao mesmo tempo, o trabalho de aceitação não é sobre eliminar inesperadamente as defesas ou medir o progresso do cliente em lágrimas por minuto. Em vez disso, é um processo de aprendizagem (com frequência muito gradual) sobre tornar mais possível para os clientes experienciar o que está presente de uma forma verdadeiramente aberta.

Aceitação também é relevante para o terapeuta

Assumir uma postura de aceitação é tão importante para o terapeuta quanto para o cliente. Se não, não há como a aceitação ser natural e efetiva. Quando os terapeutas estão aceitando apenas condicionalmente, os clientes irão manter seu conteúdo pessoal mais ameaçador fora de questão. Essa reação pode impedir que o terapeuta experimente dor psicológica, mas reduz o espaço de aceitação no qual o cliente e o terapeuta precisam operar. Essa observação não significa que os terapeutas ACT tenham que ser "os reis e as rainhas" da aceitação. Significa apenas que "eles estão trabalhando nisso" e estão dispostos a avançar para enfrentar seu próprio material se isso promover os interesses dos clientes a quem eles servem.

Aceitação é uma escolha baseada em valores, não indulgência

Aceitação não é uma questão de "ter que". Existem consequências para uma falta de aceitação, mas, como não pode haver garantias, aceitação requer um tipo de salto baseado em valores na direção do que estiver presente, seja lá o que *estiver* presente. Sentir o que estamos sentindo não constitui um fim em si – isso é chafurdar. Ao contrário, os clientes estão sendo convidados pela vida a sentir, pensar, perceber ou lembrar o que surge no processo de viver uma vida valorizada. Isso requer disponibilidade comportamental e habilidades de aceitação, empregadas como uma escolha baseada em valores.

APLICAÇÕES CLÍNICAS

Os clientes exibem uma ampla gama de história prévia com conceitos baseados em aceitação; é importante reunir informações sobre alguma experiência prévia que pode ser canalizada de forma útil para a terapia. Alguns clientes já meditaram anteriormente; alguns leram livros de autoajuda; alguns "entregaram nas mãos de Deus"; alguns participaram de esportes atléticos que requerem foco atencional extremo; e assim por diante. Se um cliente teve sucesso em abandonar o tabagismo cinco anos atrás, vale a pena descobrir o que ele fez para suprimir seu impulso de fumar que possa continuar relevante até hoje. Se o cliente passou por um divórcio doloroso no passado, é importante ouvir o que ele fez para lidar com o sentimento de pesar, perda e abandono que estava presente. Considerações como estas podem dar ao terapeuta pistas importantes do quanto o cliente provavelmente está "pronto para a aceitação". Além disso, o terapeuta pode adquirir algumas "etiquetas de linguagem" do cliente. Elas são metáforas que o cliente usa na descrição dos esforços para aceitar alguma coisa no passado. O terapeuta habilidoso é bom em cooptar as etiquetas para se referir a elementos consistentes com a ACT e adaptá-las aos problemas atuais que o cliente está enfrentando. É mais fácil usar métodos de aceitação que o cliente achou benéficos no passado. Ouvir com os "ouvidos da ACT" dá ao terapeuta uma boa ideia do quanto o conceito de aceitação será familiar ou estranho para o cliente.

Logo no início do trabalho clínico, é recomendável expor os clientes à ideia de que abrir mão de esforços inúteis pode ser uma opção viável. Esse nível de progresso em geral não requer o uso pleno da desesperança criativa; o ponto de partida, na maioria dos casos, é possibilitar ao cliente o contato experiencial com a inviabilidade das suas abordagens prévias e considerar a alternativa de desistir delas. Conforme discutimos no Capítulo 6, ao usarmos a metáfora da *Pessoa no Buraco*, a habilidade de reconhecer que uma estratégia valorizada está destinada ao fracasso é realmente um movimento de aceitação. Outra metáfora de aceitação, *Cabo de Guerra com um Monstro*, foi gerada por uma cliente corajosa com agorafobia. Ela abandonou uma luta de 20 anos contra o pânico e, em vez disso, começou a viver – fazendo todas as coisas que sempre desejou fazer (abrir um negócio, estudar, sair de um casamento destrutivo). Ela conseguiu fazer essas mudanças incluindo a ansiedade como um componente legítimo da sua vida. Ela descreveu sua reviravolta assim:

> "Percebi que estava em um cabo de guerra com um monstro. Ele era grande, feio e muito forte. Entre mim e o monstro havia um abismo, e, até onde eu sabia, não tinha fundo. Eu achava que se perdesse aquele cabo de guerra iria cair nesse abismo e seria destruída. Então eu puxava e puxava, mas parecia que, quanto mais eu puxava, mais o monstro puxava de volta. Eu percebia que estava chegando cada vez mais perto do abismo. E, por meio da terapia, me dei conta de que não era minha função vencer aquele cabo de guerra... minha função era soltar a corda."

"Soltar a corda" é uma metáfora perfeita para como iniciar o processo de aceitação. Algumas vezes, os clientes perguntam "Como eu faço isso?" depois de ouvirem essa metáfora. Como ocorre com a *Pessoa No Buraco*, é melhor não responder diretamente. Em vez disso, o terapeuta pode dizer alguma coisa como: "Bem, não sei exatamente como responder neste momento. Mas o primeiro passo é simplesmente se dar conta de que, enquanto você se agarra a essa corda, não poderá tentar nada mais".

Dependendo de como o cliente reage a esta ou a outras metáforas da aceitação, elas podem ser usadas como uma linguagem nas sessões da ACT. Se um cliente chega com uma nova dificuldade, o terapeuta pode descrevê-la como "cavar". Se um cliente está enfrentando um novo desafio, pode-se falar sobre "uma oportunidade de soltar a corda". Esse uso de metáforas ajuda o cliente a ver as consequências de ações rigidamente mantidas por regras verbais. Se um cliente criar uma metáfora que se ajuste bem, o terapeuta inteligente irá prosseguir com ela e integrá-la ao seu trabalho terapêutico conjunto.

Abertura como uma alternativa para o controle

Os clientes precisam de uma alternativa para sua intenção de controle e eliminação. Abertura e aceitação são essa alternativa. Abrir-se para a experiência é uma escolha baseada em valores de se expor a um pensamento, emoção, lembrança ou sensação desagradável ou a situações temidas ou conteúdo temido. Os clientes se dispõem a fazer essa escolha quando tomam consciência dos seus valores e de como a esquiva bloqueou ações valorizadas. Estar disposto a se abrir para a experiência é um pré-requisito para aceitação. Em outras palavras, a atitude de abertura é o que o coloca frente a frente com a experiência indesejada; aceitação é o que você faz com essa experiência. O diálogo a seguir se passa com a sobrevivente de abuso sexual que conhecemos no Capítulo 6. Ela experimenta ansiedade severa diante da perspectiva de ter intimidade com seu parceiro e a evita saindo do quarto. No diálogo anterior, o terapeuta identificou o possível custo da esquiva da paciente, ao mesmo tempo em que tornou mais claro que ela preferia manter o relacionamento a não ter ansiedade.

Terapeuta: Você me perguntou anteriormente sobre o que poderia fazer em vez de sair do quarto quando começa a entrar em pânico. A estratégia que você tem usado é escapar da situação e obter controle do seu medo e ansiedade. Se fugir da sua ansiedade é uma estratégia, a alternativa deve ser ficar ali com a sua ansiedade.

Cliente: Você quer dizer apenas ficar no quarto e me observar subindo as paredes?

Terapeuta: Agradeça à sua mente por esse pensamento – isso foi especial! Considere isto: você *não* tem experiência direta com o que acontecerá se ficar no quarto quando começa a entrar em pânico, certo? Tudo o que você tem é a sua mente lhe dizendo que você vai entrar em colapso.

Cliente: Não, eu nunca tentei ficar ali. É tudo muito intenso.

Terapeuta: Então, este é o seu dilema: se você não estiver disposta nem mesmo a permanecer no quarto, como é que vai descobrir se existe outra maneira de abordar o seu medo? Tudo o que você está aprendendo quando corre é como correr melhor – como correr em zigue-zague para ganhar mais alguns segundos de alívio da ansiedade. Mas aparentemente você não consegue passar à frente da sua ansiedade e medo por muito tempo. Eles estão perseguindo você.

Cliente: Você está dizendo que a única maneira de me livrar da minha ansiedade e medo é permanecer no quarto?

Terapeuta: Não sei o que vai acontecer com a sua ansiedade, os seus *flashbacks*, seu medo se você ficar ali. Podem até piorar – quem sabe? O objetivo de ficar no quarto é não se livrar dessas coisas; isso é o que você tem tentado fazer quando sai do quarto. Suponho que, se você ficasse no quarto com a intenção de encarar e eliminar sua ansiedade e medo, as coisas não sairiam muito bem.

Cliente: Então, o que eu tenho a ganhar a não ser muita dor?

Terapeuta: Esta é a situação insólita em que estamos. Se você não estiver disposta a ficar com sua ansiedade e medo, não poderá descobrir como é simplesmente ficar com eles. Então eles continuarão a intimidando do mesmo jeito que tem ocorrido todos esses anos. Qual caminho você quer tomar? Ser dominada pela ansiedade e perder as coisas importantes na sua vida ou aproveitar a oportunidade de ficar com a sua ansiedade mesmo que não esteja certa do que vai fazer quando estiver lá?

Cliente: Eu tenho que tentar alguma coisa diferente, embora não queira!

Terapeuta: OK, proponho fazermos um experimento. Na próxima vez em que seu parceiro se aproximar de você no quarto e você notar que a sua ansiedade apareceu, você estaria disposta a aguentar por 2 minutos? Durante esses 2 minutos, quero apenas que você tente ficar parada. Não tente controlar a ansiedade... apenas deixe ela fazer o que for, e quero que você apenas a observe. Tente ver como é realmente. Seja curiosa! Depois de 2 minutos, se precisar, você pode sair correndo do quarto ou pode escolher ficar mais algum tempo na presença da ansiedade.

Cliente: Apenas 2 minutos, é? Não é muito tempo. Eu estou disposta.

Nesse diálogo, a sugestão do terapeuta não visa obter o efeito tradicional da exposição (decréscimo da ansiedade). O propósito aqui é experimentar a emoção, sem a tentativa de controlá-la, e se engajar em uma nova resposta na sua presença (p. ex., curiosidade). Abordaremos essas questões em mais detalhes no Capítulo 12. Não existe uma regra específica sobre a duração de um exercício de aceitação, mas faz sentido começar aos poucos. O ponto principal é ajudar o cliente a ter uma postura de abertura às sensações e aos pensamentos que podem surgir.

Adotar uma atitude de abertura para promover ações que são consistentes com os valores escolhidos é um objetivo central da ACT. Há várias qualidades manifestas de disposição comportamental que a tornam uma forma única de ação escolhida.

Disposição não é querer

Os clientes algumas vezes confundem disposição com querer. Não é incomum que um cliente, em resposta à pergunta sobre disposição, diga: "Não. Eu realmente não quero isso". Essa confusão não é útil. *Querer* significa "sentir falta" (p. ex., "Por falta de comida, ele morreu"), e, sim, ninguém sente falta de pânico, necessidades, depressão, etc. Esta não é a questão, no entanto. Algumas vezes, os clientes são fisgados pela ideia de que, se deixarem de se abrir e evitarem situações por bastante tempo, o conteúdo temido acabará desaparecendo sozinho. Certa vez, um cliente de ACT disse: "Eu costumava me fechar como se a minha vida dependesse disso. Eu imaginava que Deus ou alguém viria me salvar se eu resistisse por tempo suficiente. Era como se a realidade ou alguma força fosse se importar por eu estar sofrendo e viesse para levar embora o sofrimento. Finalmente, vi que apenas uma coisa poderia acontecer se eu estivesse fechado e que muitas coisas poderiam acontecer se eu estivesse mais aberto. Então, agora estou disposto como se a minha vida dependesse disso – porque, na verdade, minha experiência me diz que *ela depende!*".

As metáforas são um meio muito efetivo de demonstrar que o cliente não tem a liberdade de escolher o conteúdo que aparece em determinada situação ou como ela se apresenta. A metáfora *Joe, o Vagabundo* ajuda a esclarecer esse ponto experiencialmente.

"Imagine que você tenha comprado uma casa nova e convidado todos os vizinhos para uma festa de inauguração. Todos na vizinhança estão convidados – você até colocou um cartaz no supermercado. Assim, todos os vizinhos aparecem, a festa está correndo bem, e aí chega Joe, que vive atrás do supermercado no depósito de lixo. Ele está fedorento e malcheiroso, e você pensa: 'Deus, por que *ele* apareceu?!'. Mas você escreveu no cartaz: 'Todos são bem-vindos'. Você consegue ver que é possível recebê-lo bem e verdadeiramente fazer isso sem gostar que ele esteja ali? Você pode recebê-lo bem, mesmo que não pense bem dele. Você não tem que gostar dele. Não tem que gostar de como ele cheira ou do seu estilo de vida ou de suas roupas. Você pode ficar constrangido com a forma como ele está colocando a mão no ponche ou os dedos nos sanduíches. Sua opinião sobre ele, sua avaliação dele, é absolutamente distinta da sua abertura para tê-lo como convidado em sua casa.

"Você também pode decidir que, mesmo que tenha dito que todos eram bem-vindos, na realidade ele *não* é bem-vindo. Mas, assim que fizer isso, a festa muda. Agora você tem que ficar na frente da casa, guardando a porta para que ele não possa entrar de novo. Ou, se você disser 'OK, você é bem-vindo', mas na verdade não quis dizer isso – só quer dizer que ele é bem-vindo contanto que fique na cozinha e não se misture com os outros convidados –, terá que estar constantemente fazendo com que ele faça isso, e a festa inteira girará em torno dessa questão. Enquanto isso, a vida está prosseguindo, a festa continua, e você está fora vigiando Joe. Isso não melhora a vida. Não se parece muito com uma festa. É muito trabalho! E se todos os sentimentos, lembranças e pensamentos de que você não gosta e que aparecem fossem apenas mais vagabundos na sua porta? A questão é: que postura você teria com eles? Eles são bem-vindos? Você pode escolher recebê-los bem mesmo que não goste do fato de terem vindo? Em caso negativo, como vai ser a festa?"

A metáfora revela duas características centrais da fantasia que está subjacente à relutância. Primeiro, se apenas aqueles que foram convidados *e* os convidados desejados viessem à festa, a vida seria ótima. Segundo, escolher não receber bem o convidado indesejado vai, de certa forma, promover a sua paz de espírito. Mas a realidade é o oposto. De fato, a maioria dos clientes já percebeu que, quando se esforçam muito para impedir que uma reação se junte à festa, outras reações indesejáveis ocorrem logo em seguida – o que um terapeuta em ACT chamou de "os amigos do vagabundo".

Estar disposto tem uma qualidade do tipo tudo ou nada

O cliente pode promover a ideia de que a disponibilidade pode ser atingida por meio de passos graduais sequenciais. Embora o tamanho da "abertura" possa variar, sua *qualidade* não muda. Abrir-se para as experiências é um "ato completo", e o exercício *Saltar* esclarece isso.

"Ter uma atitude de abertura à experiência é como saltar. Você pode saltar de muitas coisas. [O terapeuta pega um livro, coloca-o no chão e fica em cima dele, então salta.] Note que a qualidade do salto é você se colocar no espaço e então deixar a gravidade fazer o resto. Você não salta em duas etapas. Você pode colocar o dedo do pé sobre a borda e tocar o chão, mas isso não é saltar! [O terapeuta toca um dedo no chão enquanto está em cima do livro.] Portanto, saltar desse pequeno livro ainda é saltar. E é a mesma ação que saltar de lugares mais altos. [O terapeuta fica de pé sobre a cadeira e salta.] Isso também é saltar, certo? A mesma qualidade? Eu me coloco no espaço, e a gravidade faz o resto. Mas note que daqui eu na verdade não consigo colocar o dedo para baixo muito bem. [O terapeuta tenta desajeitadamente tocar o chão com o dedo do pé depois de voltar a subir na cadeira.] Agora, se eu saltasse do alto deste prédio, seria a mesma coisa. O salto seria idêntico. Apenas o contexto teria mudado. Mas de lá seria impossível tentar descer um degrau. Tem um dito Zen que diz: 'Você não pode atravessar um cânion em dois passos'. A abertura diante de uma experiência é assim: você pode limitá-la limitando o contexto ou a situação. Você consegue escolher a magnitude do seu salto. O que você não pode fazer é limitar a natureza da sua ação e ainda fazê-la funcionar. Alcançar o chão com o dedo do pé é simplesmente não saltar. O que precisamos fazer aqui é aprender a saltar: podemos começar pequeno, mas devemos saltar desde o começo, ou então não estaremos fazendo nada fundamentalmente útil. Portanto, não se trata de aprender a ficar confortável, ou ranger os dentes, ou gradualmente mudar os hábitos. Trata-se de aprender a se abrir."

A abertura é limitada seguramente apenas pelo tamanho da situação

Mesmo com a advertência de que não são necessários passos heroicos para colocar a atitude de abertura em prática, qualquer noção de deixar os "monstros" na sala pode ser assustadora para os clientes. Os clientes não sabem o que vai acontecer se deixarem de lado seus padrões familiares de ação e reação. Eles podem apreciar o valor da abertura, mas mesmo assim querem manter seus riscos limitados. O cliente com agorafobia poderia dizer: "Estou disposto a suportar a aceleração do meu coração, mas, se eu começar a me sentir tonto ou enjoado, vou sair". Existem formas de limitar a abertura com segurança, mas a maioria das ações normais tomadas para limitá-la é destrutiva. O cliente não pode realmente adotar a abertura plenamente mudando a sua qualidade porque, nesse caso, ele não estará simplesmente limitando a abertura, mas destruindo-a. A abertura só pode ser limitada com segurança pelo tempo e situação. No diálogo anteriormente citado com a sobrevivente de abuso sexual, o terapeuta permite que ela limite a quantidade de tempo que passa no quarto ao mesmo tempo em que solicita de modo específico que ela esteja totalmente aberta e curiosa durante o período requerido de 2 minutos. Da mesma forma, um cliente com transtorno de pânico pode começar a praticar abertura e aceitação na loja de conveniência local antes de fazer uma viagem maior até o *shopping center*. O que não pode ser limitado é a qualidade. Estar meio disposto a se abrir é como estar meio grávida: é simplesmente impossível.

Os custos da indisponibilidade: dor limpa e dor suja

Há uma distinção importante a ser feita entre dor que é *limpa* e dor que é *suja*. *Dor limpa é o desconforto original que sentimos em resposta a um problema na vida real.* Pode não ser uma sensação boa necessariamente, mas, em última análise, é uma experiência normal, natural e saudável. Em contraste, *dor suja é a dor que temos quando lutamos desnecessariamente para controlar, eliminar ou evitar a dor limpa.* A maioria das pessoas, se dada a opção, voltaria alegremente a sentir apenas sua dor limpa se pudesse de alguma forma afastar-se da dor suja na qual habitualmente fica enredada. Lamentavelmente, esse desejo contém o processo que levou ao começo da dor suja. No diálogo a seguir, o terapeuta explora essa distinção com a sobrevivente de abuso sexual.

Terapeuta: Eu gostaria de analisar a situação que você está enfrentando de uma maneira diferente para ver se faz sentido para você. Se não fizer sentido, você apenas me diz, e eu paro de tagarelar. Você tem essa história de ter sido vitimizada pelo seu tio. Esta é uma coisa absolutamente desprezível que um adulto faça a uma criança. Ela é horrível e a deixou com algumas cicatrizes. Você se sente muito ansiosa sempre que surge o tema da confiança ou da intimidade com algum homem. Ocorrem *flashbacks* da sua experiência quando você fica ansiosa. Você se sente nervosa em situações sociais ambíguas, como ficaria qualquer outra pessoa sensata com a mesma história que a sua. Embora essas experiências emocionais sejam definitivamente desagradáveis, elas não são nocivas ou prejudiciais para você. Elas são o que são. Portanto, vamos chamar esse grupo de reações como a sua dor limpa. Com isso, pretendo dizer que elas são apenas respostas emocionais normais que os sobreviventes de abuso sexual experimentam. Isso faz sentido para você?

Cliente: Sim... mas aonde você quer chegar?

Terapeuta: Bem, parece que temos dois conjuntos de respostas emocionais para representar. Um dos conjuntos é sua dor limpa; o outro é o que você faz para administrar a dor. Esse grupo de respostas inclui suas avaliações da sua dor. Por exemplo, um pensamento que você tem é o de que sua ansiedade prova que você é muito instável para estar em um relacionamento. Outro pensamento diz que você não pode ter intimidade com seu namorado se tiver um *flashback* durante o sexo. Outro é que controlar sua ansiedade é mais importante do que estar verdadeiramente presente com seu parceiro. Você tem outras avaliações sobre não querer experimentar apreensão em contextos sociais, sobre como a sua ansiedade está arruinando suas amizades, etc. Quando você olha para essas respostas de modo geral, que impacto você acha que elas têm no seu nível global de ansiedade e medo?

Cliente: Elas o tornam muito pior.

Terapeuta: OK, vamos chamar esse grupo de respostas como a sua "dor suja" – porque elas aumentam seu nível de estresse, mas na verdade não fazem parte das reações originais decorrentes do abuso sexual. Em outras palavras, você acrescenta dor suja sobre a dor limpa original. Isso faz sentido?

Cliente: Então você está dizendo que minhas reações à ansiedade também são um problema?

Terapeuta: Bem, vamos ver se elas são um problema ou não. Eu desenhei um grande círculo vazio nesta folha de papel e quero que você faça isto para mim. (*Dá à cliente caneta e papel.*) Presumindo que o círculo vazio representa toda a dor que você está experimentando na sua vida neste momento, quero que você corte uma fatia da torta que mostre o quanto seu sofrimento é proveniente da dor limpa – você pode expressar essa cifra em pontos percentuais, se quiser. Se todo o círculo contém 100 pontos de sofrimento, quantos desses pontos se originam da dor limpa?

Cliente: Estou pesando em aproximadamente 50% porque ter *flashbacks* e pesadelos não é nada divertido, e me sentir insegura em muitas situações é muito difícil emocionalmente.

Terapeuta: OK, então você tem algumas avaliações sobre os *flashbacks* e pesadelos que na verdade podem fazer parte do grupo do sofrimento sujo – mas vamos deixá-las no grupo limpo por enquanto. Se estou acompanhando, você vai atribuir 50% da causa para seu sofrimento no momento à coisa suja, certo?

Cliente: Certo, aproximadamente metade disso é o que eu passo em reação às minhas experiências traumáticas.

Terapeuta: Bom, eu tenho uma proposta para você. E se eu lhe dissesse que poderíamos cortar o nível do seu sofrimento pela metade? Você estaria interessada nisso?

Cliente: Oh, pela metade – nunca pensei nisso dessa maneira.

Terapeuta: A oferta é que, se quiser cortar pela metade, você tem que estar disposta a ter a dor limpa como ela é, não como suas avaliações dizem que ela é. Você não tem controle sobre a dor limpa, mas você controla se vai associá-la à dor suja. É como se você estivesse ajustando um amplificador de som com dois grandes botões. No da esquerda, está escrito "sua história", e ele está fixado em determinado nível. Você não pode mais girá-lo. No da direita, está escrito "abertura para ter sua história como ela é", e esse você pode girar para cima ou para baixo. Quando você gira a sua abertura para o nível inferior, sua dor suja aumenta. No entanto, quando ajusta a abertura no nível alto, sua dor suja diminui. Você tem empregado sua energia em tentar girar o botão da esquerda e, ao fazer isso, esqueceu-se de que há um segundo botão que você *pode* ajustar.

Frequentemente, o terapeuta irá dar seguimento a esse tipo de discussão com algum tipo de tarefa de casa, como o exercício *Abertura-Sofrimento-Vitalidade*. Nesse exercício, o cliente faz classificações diárias dos níveis de abertura, sofrimento e vitalidade. Em geral, é indicado instruir o cliente a fazer anotações sobre ações espontâneas que pareceram disparar altos níveis de abertura. O terapeuta pode, então, começar a incorporar essas ações que produzem abertura (p. ex., ouvir música, pintar, ler uma oração em voz alta, etc.) ao estilo de vida cotidiano do cliente.

Uma forma poderosa de promover abertura e aceitação é trazer um conteúdo inaceitável para a sala durante a terapia. O objetivo é estimular experiências privadas estressantes, fazer o cliente desfusionar-se delas e simplesmente dar espaço para elas. O terapeuta e o cliente podem ir para um ambiente fora do consultório se isso ajudar a estimular desconforto. Por exemplo, um cliente com agorafobia pode se encontrar com o terapeuta em um *shopping center* local. Um cliente com sintomas obsessivo-compulsivos pode se encontrar com o terapeuta em casa e enfrentar o lixo acumulado. Ou então objetos (p. ex., cartas, fotografias) que despertam emoções difíceis podem ser trazidos para a sessão para estimular a exposição direta. Há uma contradição implícita nesse tipo de exercício. Por um lado, o cliente tende a ver as experiências temidas como se surgissem sozinhas e como incontroláveis. Por outro lado, o trabalho na sessão requer que o cliente confronte de forma voluntária o material temido. Isso tacitamente lhe sugere que é possível algum controle no momento – porém não da forma que ele está esperando. O cliente quer estar no comando caso apareçam respostas condicionadas automáticas, mas essa alternativa não é possível. No entanto, é possível ficar com essas respostas difíceis, notá-las pelo que elas são e, ao fazer isso, evitar uma escalada desnecessária ou prolongar tais respostas.

Aceitação não é apenas terapia de exposição

Na ACT, exposição é a *apresentação organizada de estímulos previamente restritivos do repertório em um contexto planejado para assegurar a expansão do repertório*. As intervenções de aceitação são qualitativamente diferentes da terapia de exposição clássica, embora compartilhem algumas semelhanças na forma. Essa distinção pouco entendida pode facilmente levar a certos erros clínicos. Embora permanecer imóvel na presença de ansiedade seja certamente expor o cliente à ansiedade, a exposição clássica é feita com o objetivo de reduzir a ativação (Farmer et al., 2008). Na aceitação, o objetivo não é livrar o cliente da ansiedade. Na verdade, o terapeuta ACT declara explicitamente que não está claro o que irá acontecer a determinado pensamento, sentimento, lembrança ou sensação estressante se o cliente simplesmente permitir que ele esteja totalmente presente. Pode piorar, pode melhorar ou ficar igual.

O propósito dos exercícios de aceitação não é reduzir a ativação emocional, mas aprender a ficar na presença de experiências privadas e, ao mesmo tempo, funcionar de forma mais livre, flexível e baseada nos valores. Esta é a perspectiva que a ACT encoraja, e muitos pesquisadores estão começando a olhar para a exposição dessa maneira, com base em evidências de pesquisas sobre os processos de mudança (p. ex., Arch & Craske, 2008). Se esta for a definição e o propósito entendidos, então a aceitação (e todo o modelo de flexibilidade psicológica) pode de fato ser pensada como uma forma de exposição; justamente por isso, os teóricos em ACT sempre argumentaram que a ACT é um tipo de terapia baseada em exposição (Hayes, 1987). Por exemplo, a desfusão torna possível entrar em contato com um pensamento como ele é, e não com aquilo a que o pensamento se refere; igualmente, a aceitação torna possível o contato com uma emoção como ela é, e não com o que ela evoca historicamente; e assim por diante. Esses processos estimulam a variável principal na exposição, ou seja, a expansão do repertório do cliente na presença de eventos previamente restritivos do repertório. Estamos interessados na exposição em um sentido funcional, não em um sentido procedural.

Aceitação não é um artifício planejado para "aceitar alguma coisa que não existe". Embora os métodos de aceitação tipicamente produzam a redução dos sintomas, seu propósito declarado não é reduzir sintomas. Por meio da aceitação, procuramos mudar a relação contextual entre o cliente e a dor que ele está experimentando de modo a aumentar a flexibilidade psicológica. Paradoxalmente, quando você enfrenta a sua dor e a examina com uma postura de abertura e curiosidade, ela costuma se tornar menos onerosa. Em alguns casos, isso não acontece, mas, em ambos os casos, a vida pode se expandir.

Exercícios de aceitação na sessão

Ao conduzir exercícios de aceitação baseados em exposição, é recomendável rotulá-los de forma um pouco divertida, tal como o exercício *Procurando o Senhor Desconforto*. Pode-se perguntar aos clientes se estão prontos para procurar pelo Senhor (ou Senhora) Desconforto. Se não estiverem dispostos, problemas anteriores precisam ser abordados novamente (p. ex., "OK... e vamos examinar o custo disso" ou "Você certamente pode fazer isso, mas quais são os valores que estarão sendo deixados de lado?"). Ao descrever o propósito dos exercícios de exposição, a cena deve ser preparada cuidadosamente.

"Vamos sair e encontrar o Senhor Desconforto, tentar chamá-lo, conversar com ele e descobrir o que está acontecendo no seu relacionamento com ele. Se o desconforto não aparecer, tudo bem. Nosso objetivo é apenas experimentar se você está disposto a tê-lo aqui. Se ele aparecer, e nesse momento você descobrir que não está disposto a ficar e ver o que acontece, tudo bem, também. Vamos fazer algumas coisas que podem pressionar um pouco seus botões do desconforto. No entanto, não haverá truques, nada para alarmá-lo ou surpreendê-lo; os passos que daremos eu vou sugerir primeiro, e você poderá escolher continuar com eles ou não. Note que este exercício não será limitado pelo tempo; esses botões sensíveis podem ser pressionados a qualquer momento, então não será uma questão de concluir este exercício. A cronometragem não se aplica aqui. Se você vai apenas suportar, você estará cavando. Só iremos parar depois que o trabalho estiver terminado. Quando o Senhor Desconforto aparecer, vamos tentar negociar a sua relação com ele. Vamos tentar chamar os passageiros do fundo do ônibus para ver se podemos examinar e mudar a natureza da relação que você tem com eles. Vamos examinar todas as dimensões dessa relação, com o objetivo de ajudá-lo a deixar de lado o conflito e manter suas mãos no volante."

Na sessão de exposição, peça que o cliente procure desconforto emocional e pensamentos perturbadores. Se ele começar a experimentar desconforto, obtenha uma descrição do que é o desconforto em mais detalhes. Procure componentes específicos: sensações corporais, emoções, lembranças, pensamentos, etc. Para cada elemento, pergunte ao cliente: "Apenas veja se você consegue deixar de lado a luta contra [um pensamento, sentimento, lembrança ou sintoma físico inquietante específico] por um momento, se pode estar disposto a tê-lo exatamente como ele é, não como ele diz que é ou no que está ameaçando se tornar". Se o cliente começar a mergulhar no pânico, na tristeza ou em algum outro estado negativo, sugira que ele direcione a atenção de volta para o ambiente externo. Peça que permaneça consciente das experiências privadas negativas, mas também observe as outras coisas acontecendo no ambiente externo.

O exercício *Fisicalizando* é emprestado da tradição da Gestalt, com o objetivo de converter experiências subjetivas em objetos físicos com propriedades perceptuais. O exercício começa com uma reação perturbadora: uma emoção, um estado corporal, um pensamento obsessivo, uma ânsia por usar drogas ou outra coisa que seja relevante para o caso particular. O terapeuta pede que o cliente imagine o elemento perturbador como se ele fosse um objeto. As características do objeto são, então, exploradas.

Terapeuta: Agora quero que você se imagine colocando essa depressão fora de você, a 1 ou 1,5 metro à sua frente. Mais tarde, vamos deixar que você a pegue de volta; portanto, se ela se opuser a ser colocada do lado de fora, deixe que ela saiba que logo você a pegará de volta. Veja se consegue colocá-la à sua frente no chão nesta sala e me informe quando a tiver colocado lá.

Cliente: OK. Ela já está lá fora.

Terapeuta: Então, se esse sentimento de depressão tivesse um tamanho, que tamanho teria?

Cliente: (*pausa*) Quase o tamanho desta sala.

Terapeuta: E se tivesse uma cor, qual cor seria?

Cliente: Bem preta.

Terapeuta: E se tivesse uma velocidade, o quão rápido andaria?

Cliente: Seria lenta e pesada.

Esse processo continua com perguntas sobre força, textura da superfície, consistência interna, forma, densidade, peso, flexibilidade e outras dimensões físicas que o terapeuta queira escolher. Faça o cliente verbalizar cada resposta, mas não estabeleça uma conversa. Depois de obter uma amostra relativamente grande, volte para alguns itens anteriores e veja se alguma coisa está mudando (p. ex., o que era grande pode agora ser pequeno). Especialmente se a situação psicológica não mudou muito, pergunte ao cliente se ele tem alguma reação a essa coisa que é grande, preta, lenta, etc. Com frequência, o cliente vai relatar que está irritado com isso, com repulsa, não vai querer, vai ter medo, vai odiar ou algo desse tipo. Identifique a reação central forte e então peça que o cliente movimente o primeiro objeto levemente para o lado e coloque essa segunda reação à sua frente, logo ao lado do objeto inicial. Repita todo o exercício *Fisicalizando* com a segunda reação. Agora, dê uma olhada na primeira. Em geral, quando a segunda reação é fisicalizada, a primeira será mais fina, mais leve, menos poderosa, etc. Algumas vezes, esses atributos podem ser ligados e desligados como um interruptor: sempre que a segunda reação for interpretada literalmente e usada como uma perspectiva a partir da qual examinar a primeira reação, a primeira se torna mais poderosa. Quando a segunda reação é desliteralizada ao ser vista como um objeto, a reação inicial diminui de intensidade.

Se os itens não mudarem, o terapeuta pode procurar outra reação central que esteja mantendo o sistema no lugar ou simplesmente parar o exercício. O terapeuta nunca deve sugerir que um resultado particular era esperado caso ele não tenha ocorrido. Apenas comentar sobre uma reação como se ela fosse um objeto físico – sem lutar contra ela – muda as suas qualidades profundamente. Essa simples experiência pode mudar o contexto dessa reação quando ela ocorrer novamente na vida real. Pode ser a mesma reação, mas ela é vista diferentemente, mesmo que o cliente ainda tenha dificuldades com ela. Uma variante popular com terapeutas em ACT é o exercício *Monstro de Lata*. Ele em geral começa com um sentimento, pensamento ou lembrança particularmente dolorosa ou difícil. Neste exemplo, usamos o "pânico".

Terapeuta: Enfrentar nossos problemas é como confrontar um monstro gigante que é feito de lata e cordão. O monstro de 9 metros é quase impossível de enfrentar voluntariamente; no entanto, se desmontamos todas as latas, cordões, fios e gomas de mascar dos quais ele é feito, será mais fácil lidar com cada uma dessas peças, uma de cada vez. Eu gostaria que fizéssemos um pequeno exercício para ver se dessa maneira funciona. Comece fechando os olhos. [O terapeuta acrescenta o treinamento habitual necessário para deixar o cliente centrado, focado e relaxado.] OK. Vamos começar recordando alguma coisa que aconteceu no verão passado. Qualquer coisa que tenha acontecido está ótimo. Quando você tiver alguma coisa, me informe.

Cliente: Eu fui ao lago com minha família. Nós estávamos em um barco.

Terapeuta: Agora quero que você veja tudo o que estava acontecendo naquele momento. Observe onde você está e o que está acontecendo. Veja se consegue ver, ouvir e cheirar como se estivesse naquele momento no passado. Use o tempo que precisar. [O terapeuta pode obter outras respostas verbais para se certificar de que o cliente está acompanhando e pode se basear nessas respostas para encorajá-lo a entrar na lembrança.] E agora quero que você note que você estava lá. Note que havia uma pessoa atrás daqueles olhos e, embora muitas coisas tenham acontecido desde o verão passado, note também que aquela pessoa está aqui agora. Vou chamar essa pessoa de o "você observador". Segundo essa perspectiva ou ponto de vista, quero que você entre em contato com esse sentimento de pânico que aparece no trabalho. Me informe quando tiver conseguido.

Cliente: (*pausa*) Eu consegui.

Terapeuta: Agora, quero que você observe seu corpo e veja o que ele faz. Apenas se mantenha em contato com o sentimento e observe seu corpo e, se notar alguma coisa, me informe.

Cliente: Tenho um aperto no peito.

Terapeuta: Agora, quero que você veja se é possível abandonar a luta contra esse aperto no peito. O objetivo aqui não é que você goste do sentimento, mas que você o experimente apenas como um evento corporal específico. Veja se consegue notar exatamente onde esse sentimento de aperto começa e termina. Imagine que o aperto é um adesivo colorido na sua pele. Veja se consegue notar sua forma. E, enquanto faz isso, deixe de lado qualquer senso de defesa ou luta contra essa simples sensação corporal... Se outros sentimentos se apresentarem, informe-os de que chegaremos a eles mais tarde. Me diga quando você estiver um pouco mais aberto para o aperto.

Cliente: OK.

Terapeuta: Agora, quero que você deixe à parte essa reação. Traga o sentimento de pânico de volta para o centro da sua consciência e, mais uma vez, observe silenciosamente o que seu corpo faz. Veja se há outra reação que se mostra. Enquanto observa, permaneça com aquele "você observador" – a parte de você por trás dos seus olhos – e observe a partir dali. Me informe quando vir uma reação e me diga o que é. [O terapeuta repete isso para duas ou três reações corporais. Se o cliente negar que tem alguma reação, aceite por algum tempo.]

Agora, apenas volte e entre em contato com aquele sentimento de pânico que você sentiu no trabalho e me informe quando estiver em contato com ele.

Cliente: Já estou.

Terapeuta: OK. Então continue a procurar coisas que seu corpo faz, mas desta vez apenas olhe desapaixonadamente para todas as pequenas coisas que acontecem em seu corpo, e vamos apenas tocar cada uma e seguir adiante. Então, com cada reação, apenas a reconheça, assim como você inclinaria a aba do chapéu para uma pessoa na rua. É como se desse um tapinha na cabeça de cada uma, e então procure pela próxima. E em cada uma dessas vezes veja se consegue receber bem essa sensação corporal sem lutar contra ela ou tentar fazê-la ir embora. De certo modo, veja se consegue recebê-la bem, como você receberia uma visita na sua casa.

Depois de terminada essa sequência com as sensações corporais, faça a mesma coisa com algum domínio comportamental de interesse: ações que a pessoa se sente constrangida de tentar, pensamentos, avaliações, emoções, papéis sociais que vêm à mente, etc. Quanto mais estressantes as experiências abrangidas, melhor. Fique com um conjunto de reações específicas de cada vez. Se estiverem trabalhando na predisposição para fugir, por exemplo, não deixe que o cliente também trabalhe em pensamentos, outras ações, emoções, etc. Se você não tiver certeza do que o cliente está fazendo, faça-o explicar, mas não se envolva em uma conversa. Constantemente retorne de maneiras criativas à questão de abrir mão. Em geral, o último domínio são as lembranças, porque elas podem ser especialmente poderosas do ponto de vista emocional. Aqui, um componente metafórico adicional pode ajudar:

"OK, agora, para a última parte, quero que você imagine que tem todas as lembranças da sua vida em pequenos retratos em um álbum de fotografias. Primeiramente, quero que você folheie o álbum até encontrar a lembrança do último verão. E, mais uma vez, veja se consegue relembrar aquela sensação de ser uma pessoa consciente dessa cena. Já tem? Bom. Agora, quero que você se reconecte com aquele sentimento de pânico. Quando estiver bem conectado, volte a folhear o álbum de fotografias. Se perceber que está olhando para uma foto, mesmo que não faça sentido ela estar relacionada com o pânico, me conte o que você vê."

Depois que uma lembrança é contatada, faça ao cliente as seguintes perguntas: "Quem mais está na fotografia? Que idade você tem? Onde você está? O que você estava sentindo e pensando na hora? O que você está fazendo?".

O cliente deve responder resumidamente, mas não entre em uma conversa com ele.

> "Agora, quero que você encontre um lugar nessa lembrança onde você pode ter evitado o que estava presente. Veja se você evitou sua própria experiência de alguma forma. E aproveite essa oportunidade agora para esvaziar qualquer senso de trauma nessa lembrança, vendo se está disposto a ir aonde não iria psicologicamente naquela época. Sejam quais forem suas reações à lembrança, veja apenas se consegue tê-la exatamente como ela é, vivenciar exatamente o que aconteceu a você quando aquilo ocorreu. Isso não significa que você goste dela – mas que está disposto a tê-la. [Repita isso com duas ou três lembranças.] OK, quando estiver pronto, quero que feche o álbum e imagine esta sala como era quando você fechou os olhos e começou o exercício. Quando conseguir imaginá-la e estiver pronto para voltar, apenas abra os olhos e volte ao presente."

Esse exercício é demorado, mas pode ser muito poderoso. Ele permite a exposição prolongada a experiências temidas em um ambiente seguro. O terapeuta deve ajudar o cliente a notar os "anzóis" que reduzem a abertura e a qualidade das reações quando essas experiências forem compradas em comparação com quando elas não forem compradas. Sem interpretações extensas, o terapeuta ACT nota todas as reações, grandes e pequenas, com um senso de interesse no processo e abertura não avaliativa ao conteúdo.

Tenha e avance

À medida que progride o trabalho em abertura e aceitação, o problema em questão muda de permanecer com o conteúdo perturbador no sentido psicológico para aprender a "inspirar" experiências indesejadas e avançar em direções valorizadas. Essa progressão se soma ao propósito original de reforçar a aceitação, ou seja, de que somente assumindo uma postura aberta e de aceitação em relação a um conteúdo estressante é que uma pessoa consegue seguir direções valorizadas na vida. A aceitação permite que o conteúdo estressante esteja presente sem que sirva como uma barreira para a ação valorizada. Dois temas parecem ser particularmente úteis para essa mudança no foco. O primeiro é que a pessoa é "maior que" as experiências internas – que os eventos privados são meramente acessórios que o humano leva consigo ao longo da jornada da vida. A metáfora do *Balão Expansível* é um exemplo excelente dessa mensagem.

> "Pense em si mesmo como um balão expansível. Na base do balão, há uma zona de crescimento em que a mesma pergunta é continuamente formulada: 'Você é suficientemente grande para ter *isso*?'. Não importa o quão grande você seja, sempre poderá ficar maior. Quando um problema se apresenta, a mesma pergunta está sempre sendo feita, e você pode dizer 'sim' ou 'não'. Se você diz 'não', você fica menor. Se diz 'sim', fica maior. Se continuar dizendo 'sim', não significa necessariamente que tudo ficará mais fácil, porque os problemas que surgem podem parecer tão difíceis quanto os anteriores. No entanto, dizer 'sim' se torna mais um hábito, e a sua experiência produz um reservatório de força. Se surge um problema difícil, você pode pensar 'não, eu não quero que esse problema seja o próximo', mas a vida apresenta cada nova questão à medida que a sua situação evolui, e pode não ser possível escolher a sequência dos desafios."

Há muitas outras metáforas disponíveis que podem ajudar o cliente a "reduzir" o conteúdo privado em relação a uma noção maior de *self*. Por exemplo, o terapeuta pode fazer o cliente representar complexos específicos de pensamentos, sentimentos ou lembranças como cadeiras espreguiçadeiras em um imenso navio de cruzeiro e então perguntar: "Nesse panorama, o que é mais importante para a operação deste navio? É como algumas dessas espreguiçadeiras parecem modernas ou é como as máquinas e a linha de transmissão estão funcionando?"

O segundo tema nessa conjuntura é que o cliente não pode deixar a história para trás. O sistema nervoso funciona por adição, não por subtração (como observado anteriormente). Não é possível desaprender uma resposta historicamente condicionada. A única coisa que podemos fazer é acrescentar novas respostas que mudem o significado contextual das respostas antigas. Por exemplo, *observar* a dor em vez de *ser* a dor representa uma mudança contextual. Na ACT, queremos que o cliente leve a dor "para dar uma volta", por assim dizer. A metáfora *Leve Suas Chaves com Você* esclarece isso em termos físicos.

> Pergunte se o cliente carrega chaves e se você pode pegá-las emprestado. Coloque as chaves sobre a mesa e diga: "OK, suponha que elas representem as coisas que você vem evitando. Vê esta chave aqui? Esta é sua ansiedade. Vê esta chave? Esta é a raiva que você tem da sua mãe". [O terapeuta continua associando problemas importantes às chaves do cliente.] As chaves são, então, colocadas na frente do cliente, e é perguntado: "O que você vai fazer com as chaves?". Se o cliente disser "Deixá-las para trás", diga: "Então duas coisas acontecem. Primeiro, você descobre que, em vez de deixá-las para trás, você continua voltando para se certificar de que elas ficaram para trás – portanto, você não pode seguir adiante. E, segundo, é difícil viver sem as suas chaves. Algumas portas não vão abrir sem elas. Portanto, o que você vai fazer com as suas chaves?"
>
> O processo continua, esperando-se que o cliente faça alguma coisa. A maioria dos clientes fica um pouco desconfortável quando pega as chaves. Por um lado, todo o exercício parece um pouco bobo (o que, por si só, é outra "chave"), e, por outro, as chaves são símbolos de coisas "ruins". Nesse contexto, na verdade pegar as chaves é um *passo adiante*, e o terapeuta deve continuar apresentando as chaves até que elas sejam escolhidas sem o encorajamento do terapeuta. Se o cliente disser "Eu me sentiria tolo pegando as chaves", aponte para uma chave e diga: "Esse sentimento? É este aqui! Então, o que você vai fazer com as chaves?". Quando finalmente ele as pegar, diga alguma coisa como "OK. Agora a pergunta é: aonde você vai?". Observe que o cliente pode ir em qualquer direção e mesmo assim ainda ter as chaves. Também faça a observação de que as chaves vão continuar aparecendo – que responder à pergunta afirmativamente não significa que as mesmas perguntas não serão feitas repetidamente por toda a vida. Uma ótima tarefa de casa entre as sessões é que o cliente associe cada uso de uma chave a "abrir mão" da luta contra as experiências privadas estressantes.

Nessa metáfora, as chaves no chaveiro do cliente representam diferentes emoções, lembranças, pensamentos ou reações difíceis. A metáfora destaca dois aspectos importantes dessas "chaves". Primeiro, pegar as chaves e levá-las consigo não impede que o cliente vá a algum lugar. Segundo, carregar essas chaves voluntariamente pode abrir portas que de outra forma estariam trancadas. O velho ditado "Sua dor é sua força" sugere que atravessar a escuridão e emergir no outro lado nos ensina a confiar, a sentir compaixão e a fazer a coisa certa. Realizar esse exercício com as chaves reais que o cliente usa também lhe dá um parâmetro ou um lembrete dos objetivos importantes (para onde ele está indo), dos meios (abertura) e do que ele deve carregar consigo para avançar (sua história e as reações que ela pode produzir). Como usamos nossas chaves muitas vezes por dia, elas servem como um lembrete frequente fora das sessões de terapia.

INTERAÇÕES COM OUTROS PROCESSOS CENTRAIS

Aceitação e desfusão

Aceitação e desfusão funcionam tão intimamente ligadas que algumas vezes parecem ser intercambiáveis durante o tratamento. Nem sempre está claro se o problema principal do cliente é um baixo nível de aceitação ou alta fusão. Na maior parte do tempo, baixa aceitação e baixa abertura sinalizam que o cliente está fusionado com algum material privado inaceitável. Os sinais comuns da necessidade de partir para o trabalho de aceitação incluem senso aumentado de rigidez que emerge quando surge um material emocional particular; as palavras de repente se tornam hesitantes ou aceleradas; o corpo fica tenso; os tópicos mudam inesperadamente; as histórias começam a ser contadas imediatamente depois de estremecimentos nos lábios ou na voz do cliente; ou o ritmo da fala do cliente se acelera. Em tais casos, o terapeuta pode usar uma declaração como "Então, o que sua mente reativa está lhe trazendo agora?", que abre o território a ser explorado.

Aceitação e valorização

O trabalho de aceitação naturalmente alimenta o trabalho com os valores e a ação de compromisso. Quando a prática da aceitação se propaga na vida do cliente, a autocompaixão resultante leva a pensamentos sobre direções de vida mais amplas. Nesse nível de desenvolvimento, o cliente começa a se engajar em apresentações espontâneas de abertura e aceitação em relação a ações valorizadas. Ocorre mudança de foco para a existência vital e sensação de leveza, vitalidade e potencial. Questões antigas que precisam ser abordadas são algumas vezes levantadas espontaneamente. Por exemplo, mágoas passadas da terapia podem ser suscitadas de uma forma flexível que faz avançar a relação terapêutica. É um senso de interesse na vida que marca um repertório comportamental ampliado quando o trabalho de *mindfulness* e aceitação leva as pessoas naturalmente do "laboratório" da terapia para a vida diária.

Aceitação e ação de compromisso

A aceitação é feita a serviço da ação de compromisso e envolve a prática da aceitação na vida real. Cliente e terapeuta trabalham para identificar barreiras potenciais à ação, talvez as ensaiando na sessão ou usando vários exercícios de exposição para reduzir sua valência. O cliente, então, "experimenta" as ações de compromisso que foram combinadas e, depois, na sessão seguinte, faz um balanço para o terapeuta sobre seus sucessos e fracassos em aprimorar os processos de aceitação. Aqui, o terapeuta precisa ter uma abordagem moderada e paciente, porque a aceitação nem sempre será automaticamente o resultado. O cliente pode até recuar em relação aos seus compromissos sempre que um material evocativo precisar ser evitado. Esse retrocesso temporário representa apenas mais "grãos" para o moinho terapêutico, no sentido de que as barreiras reais a uma existência vital estão pelo menos aparecendo, em vez das histórias sobre si mesmo ou de material histórico batido sendo recuperado.

Aceitação e *self* ou processos do momento presente

Aceitação requer que o cliente sempre permaneça presente e não se disperse como parte de uma manobra de esquiva. Assim, muitas intervenções de aceitação começam trazendo o cliente para o momento presente. Isso pode ser feito usando algum tipo de exercício estruturado (p. ex., respiração profunda por

5 minutos) ou de forma espontânea, quando o terapeuta percebe a presença de material evocativo que o cliente está com dificuldades de aceitar ("Notei que você começou a morder o lábio – o que apareceu para você?"). Do mesmo modo, acessar a habilidade do *self* de tomada de perspectiva é imprescindível para manter uma postura de aceitação. Perguntas para o cliente como "Você é suficientemente grande para ter o que está *dentro de você* neste momento?" criam um conjunto instrucional para expandir a consciência e assimilar o que está acontecendo. Há muitas outras intervenções em ACT que pedem que o cliente expanda a consciência e apenas observe o que está presente. Nesse sentido, aceitação e processos relacionados ao *self* interagem continuamente dentro e fora da sessão.

O QUE FAZER E O QUE NÃO FAZER NA TERAPIA

Muita verborreia

A aceitação é moldada pelo contato direto com as contingências. Falar sobre ela não vai ajudar o cliente a adquirir as habilidades de aceitação. Terapeutas novos na abordagem da ACT podem "explicar" a aceitação e, então, têm que "explicá-la" ainda mais uma vez – como se ela pudesse ser totalmente representada de forma verbal. Quando o progresso terapêutico é lento, os terapeutas iniciantes em ACT costumam ficar fortemente tentados a voltar e explicar novamente as proposições básicas da abordagem para o cliente, como se o cliente estivesse falhando porque não entendeu suficientemente as regras da ACT.

Uma abordagem muito melhor é ser mais experiencial. Aceitação não pode ser plenamente descrita em um sentido literal. As metáforas, as analogias e os exercícios experienciais moldam nosso conhecimento e fornecem um veículo para a aquisição de habilidades. É importante procurar oportunidades dentro da sessão para realmente praticar aceitação em vez de meramente falar sobre ela.

Pliance gerada pelo terapeuta

É importante que o terapeuta ACT olhe para as dificuldades do cliente com um olhar abrangente e lembre que a aceitação é uma escolha baseada em valores. Não adianta muito tentar convencer os clientes com lógica de que eles precisam disso. Assim como seria doloroso levar um cavalo desesperadamente sedento até a água para vê-lo se recusando a beber, é doloroso ver falta de aceitação quando a transformação está a poucos centímetros de distância, caso a pessoa estivesse mais aberta. Aceitação não pode ser obtida por meio de coerção ou obediência. Se o cliente tem dificuldades em fazer a escolha, o terapeuta precisa manter a fé no cliente e em si mesmo, o que na prática significa abrir-se para a dor da situação e demonstrar paciência e confiança na capacidade de mudança do cliente. Reasseguramento em geral não é útil, mas é recomendável dar pequenos saltos, desde que sejam realmente saltos. Mesmo um pequeno salto pode mais tarde se transformar em um grande avanço.

Compaixão e sabotagem

O lado negativo de instigar e convencer é que algumas vezes os terapeutas são tentados a proteger os clientes da dura realidade da escolha de estar presente no que quer que seja o presente. Por exemplo, pode haver um impulso de proteger um sobrevivente de trauma das lembranças dolorosas. Por baixo desse impulso está um pensamento comprado – algumas histórias são simplesmente muito dolorosas para se conviver. Com frequência, esse tipo de sabotagem compassiva é um sinal de que algum botão complicado foi acionado no terapeuta. Se o terapeuta nunca aceitou o problema desencadeado, a tentativa será de se certificar de que o cliente também não aceite. A verdadeira compaixão é útil, mas os clientes não precisam ser protegidos da vida – ao contrário, eles precisam ser mais capacitados para vivê-la no presente. A única maneira segura de remover o conteúdo de uma história dolorosa é remover a si mesmo da obsessão em relação ao passado. É preciso coragem por parte do cliente, mas também é necessário coragem por parte do terapeuta.

LENDO OS SINAIS DE PROGRESSO

Embora os clientes certamente variem em seus níveis de aceitação no início do tratamento, em geral eles lutam contra a noção de aceitar o que está ocorrendo internamente e *realmente* lutam contra a ideia da exposição voluntária a eventos, situações ou interações na vida que irão desencadear dor. Isso ficará manifesto tanto na linguagem que os clientes usam (i.e., "Não posso me permitir recordar, é muito doloroso"; "Só quero não sentir nada") como em padrões persistentes de esquiva situacional (i.e., baixa abertura). Quando começa a ocorrer progresso, ele costuma ser notado nessas mesmas duas áreas. Os clientes começam espontaneamente a usar linguagem que sugere que estão adotando uma postura mais aberta e de aceitação em relação ao conteúdo temido (i.e., "Percebo que isso não vai desaparecer e vou ter que lidar com isso, mesmo que não goste"; "Foi doloroso discutir com ele, e eu disse a mim mesma para simplesmente deixar a dor ficar ali e falar o que eu queria"). Eles com frequência irão se engajar espontaneamente em ações de abertura que ainda nem foram discutidas na terapia. Este é um sinal de que o movimento de aceitação está começando a se generalizar para outras situações desafiadoras na vida. Dentro da sessão, a aceitação cria uma atmosfera leve, aberta e casual, ao contrário do tom tenso, autofocado e sério das sessões iniciais. Os clientes começam a "entender"; eles ganham o conhecimento experiencial de que uma postura de aceitação em relação ao mundo externo e interno gera suavidade e compaixão. "Ceder" não mais significa "desistir"; isso abre um conjunto inteiramente novo de possibilidades para si mesmo e outras possibilidades verdadeiramente libertadoras para o cliente experienciar e o terapeuta celebrar!

11

Conexão com os valores

Se não decidimos para onde vamos, estamos sujeitos a acabar indo para onde nos direcionamos.

DITADO CHINÊS

Neste capítulo, você aprenderá...

◊ Como os valores podem ser usados para criar um senso de significado e direção na vida.
◊ Como os valores diferem dos objetivos de vida, mas estão associados a eles.
◊ A distinção entre o ato de escolher e o ato de decidir.
◊ Como apoiar a construção do cliente de direções valorizadas.
◊ Como ajudar os clientes a distinguir entre valorização como comportamento e valorização como sentimento.
◊ Como separar valores de pressões sociais e comunitárias insatisfatórias.

VISÃO GERAL PRÁTICA

A ACT presume que todo cliente já possui tudo o que é necessário para viver uma vida rica e significativa. Para a maioria dos clientes, no entanto, a habilidade de ver e seguir em uma direção valorizada foi prejudicada pela fusão verbal e pela esquiva experiencial. Pensamentos sobre o passado, emoções, estados corporais e outros não estimulam uma ação que enriquece a vida, especialmente quando são vistos no contexto de literalidade, controle e dar razões. Pensamentos e sentimentos com frequência levam a direções contraditórias e convidam a um foco em objetivos de processo irrelevantes (p. ex., livrar-se de certos sentimentos, ter apenas certos pensamentos). Valores escolhidos fornecem uma leitura da bússola muito mais estável. Valores podem motivar o comportamento mesmo em face de adversidades pessoais imensas. Os clientes estão sofrendo, sim... mas sem valores, não. Depois de despertada, a valorização pode se tornar uma parte poderosa de uma existência vital.

Um exemplo dessa ideia simples é encontrado no livro *Em busca de sentido*, de Victor Frankl. Frankl descreve um ponto no tempo próximo ao final da II Guerra Mundial quando descobriu um meio de escapar do campo de concentração onde era prisioneiro. Ele descreve quando fez uma última ronda dos pacientes em seu hospital improvisado. Ele se aproxima de um paciente a quem esperava salvar, mas que estava morrendo. O paciente olhou para Frankl e disse: "Você também está saindo". Frankl descreve ter experimentado uma terrível sensação de agitação. Procurou seu colega, com quem havia planejado fugir, e disse que iria ficar e cuidar dos seus pacientes. Quando voltou ao seu trabalho, Frankl relatou que sentiu uma sensação de paz diferente do que jamais havia experimentado (Frankl, 1992, p. 68).

Se Frankl pôde experimentar um senso de propósito e paz em um dos ambientes mais terríveis imaginados pela humanidade, então nossos clientes, não importa a história que carregam, são capazes de viver uma vida rica e significativa. Quando dizemos rica e significativa, não queremos dizer sem dores. Queremos dizer rica e significativa segundo os padrões dos nossos clientes.

Acreditamos que o sofrimento é universal na condição humana. Se você viver por tempo suficiente, as pessoas que você ama algum dia vão morrer, as carreiras chegarão ao fim, seu corpo vai envelhecer. O que ajuda a dignificar a vida, considerando-se o conhecimento certo de que todos vão sofrer com o tempo? Quando perguntamos aos clientes o que eles fariam se pudessem finalmente aplacar sua dor psicológica, costumamos ouvir coisas sobre família, carreira, engajamento social, autodesenvolvimento e outras. Contudo, o modo de solução de problemas da mente nos diz que não se pode ter essas coisas *até* que a dor psicológica seja dominada. Esse pressuposto naturalmente leva ao foco excessivo nos objetivos do processo (i.e., reduzir a depressão, a ansiedade, os *flashbacks*, o impulso de beber ou se drogar, aumentar a autoconfiança, etc.), com o resultado de mais longo prazo de que os clientes perdem sua conexão com missões mais significativas na vida. Essa desconexão pode se tornar tão generalizada que os clientes literalmente não "sabem" no que acreditam ou o que querem que suas vidas signifiquem. Não é incomum, na prática clínica, perguntar ao cliente algo como "O que você estaria fazendo na sua vida se não tivesse que gastar toda essa energia no controle do seu X (depressão, bebida, etc.)?" e ouvir como resposta: "Não sei". Um objetivo importante da ACT é ajudar os clientes a construir um senso de direção na vida que pode ser perdido em sua luta para acabar com seu sofrimento diário. Eles podem descobrir que mesmo os menores passos em direção à promoção dos próprios valores podem trazer nova vitalidade para uma vida na qual uma mesmice sufocante reina há muito tempo.

APLICAÇÕES CLÍNICAS

Em ACT, valores são consequências livremente escolhidas e verbalmente construídas de padrões de atividade contínuos, dinâmicos e em evolução que estabelecem reforçadores predominantes para essa atividade que são intrínsecos ao engajamento no próprio padrão comportamental valorizado (Wilon & DuFrene, 2009, p. 66). Examinamos os componentes dessa definição no Capítulo 3 e discriminamos seu significado. Talvez as coisas que mais devem ser lembradas no trabalho clínico são, primeiramente, que, mesmo que os valores sejam socializados, eles têm uma qualidade de serem livremente escolhidos em vez de serem forçados por outras pessoas ou por emoções que precisam ser evitadas; e, em segundo lugar, que eles estabelecem consequências apetitivas intrínsecas. Valores não pertencem a um futuro distante. Eles têm uma qualidade apetitiva não evitativa no agora a despeito de sua extensão temporal – é como se o significado no presente se estendesse ao longo do tempo.

De certo modo, esse processo estabelece um novo tipo de contingência da teoria evolucionária multinível dentro da ACT: não só as contingências de reforçamento, mas contingências de significado baseadas no condicionamento relacional e nos processos cognitivos que ele estabelece. Depois que esse novo critério de seleção está estabelecido, os sistemas comportamentais começam a evoluir naturalmente na sua direção. A evolução do comportamento ocorre com qualquer reforçador, porém muitos reforçadores levam a picos adaptativos. Por exemplo, a esquiva experiencial é reforçada, mas não leva a lugar algum. O trabalho com valores permite que os sistemas comportamentais evoluam na direção de qualidades e padrões escolhidos.

Valorização como ação

O terapeuta em ACT faz diversas distinções quando discute a questão dos valores. Entre as mais importantes, encontra-se a distinção entre valores como sentimentos e valorização como ações. Esses dois aspectos com frequência são inteiramente confusos para o cliente. O exemplo de valorizar um relacionamento amoroso com o próprio cônjuge é instrutivo. Sentimentos amorosos podem aumentar e diminuir com o tempo e as situações. Ter um comportamento amoroso (i.e., respeitoso, atencioso, etc.) somente quando temos sentimentos de amor (e nos comportamos da forma oposta quando surgem sentimentos negativos) tem efeitos problemáticos em um casamento. No entanto, esta é precisamente a dificuldade que encontramos quando valores são confundidos com sentimentos, já que os sentimentos não estão completamente sob controle voluntário e tendem a ir e vir.

Esta questão é essencialmente a mesma que discutimos anteriormente no contexto do controle emocional e do raciocínio emocional. O contexto cultural que apoia a associação entre sentimentos de amor e atos de amor é o mesmo contexto cultural que apoia que o cliente com agorafobia permaneça em casa na presença de alta ansiedade e que o alcoolista beba na presença de forte impulso. Se o cliente baseia a vida inteiramente na ausência de obstáculos emocionais ou cognitivos, direções valorizadas não poderão ser perseguidas de forma comprometida, já que mais cedo ou mais tarde algum obstáculo formidável será encontrado. À medida que o cliente segue a trajetória da vida, inevitavelmente surgem obstáculos, e a vida pergunta: "Você vai me receber?". Se a resposta for "Não", então a jornada deve parar. Na área dos valores, isso significa que precisamos aprender a valorizar mesmo quando não gostamos, a amar mesmo quando estamos com raiva e a cuidar mesmo quando estamos aflitos.

Uma maneira útil de distinguir sentimentos de ações é começar com coisas pelas quais o cliente não tem sentimentos fortes. O diálogo a seguir é um exemplo.

Terapeuta: Vamos fazer um pequeno exemplo bobo. Você se preocupa com o número de pessoas que usam meias com estampa de losangos?

Cliente: Não, por que eu deveria?

Terapeuta: OK. Bem, o que eu quero que você faça é que realmente desenvolva uma forte crença de que os universitários devem usar meias com estampa de losangos. Sinta verdadeiramente isso. Realmente se mobilize com isso!

Cliente: Não consigo.

Terapeuta: Bem, tente de verdade. Sinta intensamente isso. Está funcionando?

Cliente: Não.

Terapeuta: OK. Agora, quero que você imagine que, mesmo que não consiga sentir fortemente isso, você vai agir de alguma forma que torne as meias com estampa de losangos importantes para os universitários. Vamos pensar em algumas maneiras. Você poderia, digamos, percorrer os dormitórios que têm baixas porcentagens de usuários de meias com estampa de losangos. O que mais?

Cliente: Eu poderia bater nos universitários que não usam.

Terapeuta: Ótimo! O que mais?

Cliente: Eu poderia oferecer gratuitamente aos universitários as meias com estampa de losangos.

Terapeuta: Ótimo. E note uma coisa: embora essas coisas possam ser ações tolas, você poderia realizá-las com facilidade.

Cliente: E seria lembrado para sempre como aquele cara idiota que perdeu seu tempo se preocupando com meias com estampa de losangos!

Terapeuta: Sim, e, talvez, devido ao seu compromisso com isso, seria lembrado como a pessoa responsável por trazer as meias com estampa de losangos de volta à moda. Mas note isto: se você se comportasse assim, ninguém jamais saberia que você não tem fortes sentimentos em relação a meias com estampa de losangos. Tudo o que eles veriam seriam suas pegadas... suas ações.

Cliente: OK.

Terapeuta: Agora, eis a questão. Se fizesse isso, você estaria de fato tornando as meias com estampa de losangos importantes na sua vida?

Cliente: Com certeza.

Terapeuta: OK. Então, o que se coloca entre você e a ação com base em coisas que você *realmente considera* importantes? Não pode ser os sentimentos, se eles não são críticos nem quando estamos lidando com algo tão trivial.

Aqui, o terapeuta em ACT está focando na valorização da *ação*. Esforços para o controle consciente funcionam na arena do comportamento, mas são um problema na arena das experiências privadas. Faz muito mais sentido focar no que pode ser regulado diretamente (comportamento manifesto) do que em eventos que não podem ser facilmente controlados (eventos privados). Iniciando por uma questão trivial, o cliente pode ver que escolher considerar alguma coisa como importante não é necessariamente uma questão emocional. Essa percepção pode facilitar um pouco a conversa sobre material pessoalmente mais relevante sem associar sentimentos e resultados de valores.

Valorização como escolha

Valores são úteis porque ajudam os humanos a escolher entre as alternativas. Nos humanos, a escolha entre as alternativas quase sempre ocorre na presença do modo de solução de problemas da mente, o que é útil para gerar razões a favor e contra um curso de ação particular. Razões são formulações verbais de causas e efeitos. São tentativas de responder à pergunta: "Por que eu devo ou não X?". Como uma forma mais precisa de falarmos sobre isso, chamamos de *decisões* a seleção entre alternativas baseada em razões. As decisões são explicadas, justificadas, associadas e guiadas por processos verbais de tomada de decisão, tais como prever, comparar, avaliar ou pesar os prós e os contras.

Para que ocorra valorização, é essencial que valores *não* sejam confundidos com decisões e julgamentos – os valores devem ser *escolhas*. Uma escolha é uma seleção entre alternativas que pode ser feita *com* razões (se houver razões disponíveis), mas não *por* razões. As escolhas *não* são explicadas, justificadas, associadas ou guiadas por avaliações verbais e julgamentos. Dizer que uma escolha não é feita por razões não quer dizer que não haja fatos históricos que deem origem a determinada escolha. Significa que as formulações verbais que determinada pessoa constrói em relação a uma escolha não são a causa para que a escolha específica seja feita. Definido dessa forma, os animais podem *escolher*, mas não podem *julgar*. Parece improvável que os humanos, meramente porque acrescentaram o comportamento verbal, não possam fazer o que um animal pode fazer muito naturalmente.

A ACT procura evitar a confusão entre ação escolhida e ação logicamente derivada. O seguinte roteiro sugerido demonstra como o terapeuta em ACT pode abordar a questão do julgamento e escolha:

"Para lidar com essa questão da valorização, vamos fazer distinção entre escolhas e decisões. As duas são confundidas com frequência. Uma decisão é uma seleção entre cursos de ação alternativos feita por uma razão. Uma 'razão' é uma formulação de causa e efeito ou dos prós e contras. Quando eu digo 'por uma razão', pretendo dizer que a ação está ligada à razão, guiada pela razão, explicada pela razão ou justificada pela razão. Assim, por exemplo, você pode decidir investir em ações porque a empresa tem boa administração, um novo produto que você acha que terá sucesso e forte registro de crescimento. Essas razões guiam, explicam e justificam a compra das ações. Escolhas são outra coisa. Uma escolha é uma seleção entre alternativas que não é feita especificamente por determinadas razões, embora em geral seja feita na presença de razões (porque somos seres verbais)."

Para ajudar o cliente a ver a distinção entre escolhas e decisões, o terapeuta pode primeiro explicar a distinção intelectualmente dessa maneira e, então, colocar as duas mãos à frente, cada uma fechada como se estivesse segurando alguma coisa, e dizer: "Rápido, escolha uma". O clínico, então, pergunta: "Por que você escolheu esta mão?". Como a escolha é trivial, a reação mais comum é "por nenhuma razão". (Se é dada uma razão, essa escolha trivial ou variante pode ser repetida ainda mais rapidamente para que o cliente não tenha tempo de gerar razões.) Se o cliente não escolheu por uma razão, o clínico pode, então, perguntar com certo espanto: "Isso é possível? Você consegue apenas *escolher* coisas? E você saiu impune – o céu não *caiu*?".

O terapeuta pode, então, pedir que a pessoa faça exatamente a mesma coisa enquanto pensa em várias razões para escolher a mão esquerda ou a direita. Por exemplo, a pessoa pode ser encorajada a pensar "a direita é melhor" e, então, simplesmente escolher uma ou outra. Se esse obstáculo puder ser transposto, o clínico pode dizer que cada mão representa uma alternativa um pouco mais importante enfrentada pelo cliente (p. ex., a mão esquerda é "Vou comprar aquela mesa", e a direita é "Não vou"), e o cliente deve simplesmente escolher uma ou outra, agora *com* razões (já que qualquer coisa de importância naturalmente incita uma análise das alternativas), mas não *por* razões. Dessa maneira, o nível pode ser elevado gradualmente até uma área de valores, ainda mantendo a ação como escolha, não como julgamento.

Se a pessoa continuar levantando razões para abordar *por que* a escolha está sendo feita, uma estratégia é perguntar por que cada razão é verdadeira. Depois de repetir essa pergunta duas ou três vezes, a resposta habitual é "Eu não sei". Essa resposta pode, então, ocasionar um exame do quanto são "razoáveis" tais julgamentos. O quanto pode ser razoável escolher entre alternativas quando essas razões são apenas superficiais? Por exemplo, suponha que perguntemos a um cliente por que ele bebe Coca-Cola em vez de Pepsi. A resposta geralmente é algo como "Porque eu gosto do gosto". Se, então, perguntamos "Por que você gosta do gosto?", geralmente a pausa precedendo uma resposta crível será muito longa. Por fim, a resposta que obtemos é algo como "Apenas gosto".

Em outra variante, o cliente pode ser solicitado especificamente a fazer uma escolha entre duas alternativas (p. ex., tipos de alimento). O terapeuta pode, então, perguntar: "Por que você escolheu essa?". Tal pergunta é uma artimanha. Se a pessoa responde dando razões, e a ação ocorreu *por* essas razões, então foi uma decisão, e não uma escolha. O terapeuta pode repetidamente se recusar a aceitar a razão da pessoa como uma resposta: "Mas eu não pedi que *suas papilas gustativas* escolhessem – pedi que *você* escolhesse. E, além disso, você poderia ter notado que gostava desse alimento enquanto escolhia o outro, não é verdade?". Depois de o terapeuta continuar a forçar essa linha de raciocínio por algum tempo, os clientes com frequência irão mudar para respostas mais acuradas, tais como "porque sim" ou "por nenhuma razão", indicando que agora entendem a distinção entre escolhas e decisões.

Essa distinção é importante na ACT não apenas porque é a única forma de aprender como os valores funcionam, mas também porque a ACT é sobre mudar a intenção por trás de um comportamento clinicamente significativo que com frequência é razoável, mas ineficaz. Nesse sentido, abertura para a experiência *versus* controle é, em última análise, uma escolha, não uma decisão ou julgamento.

A escolha tem outros benefícios. Por exemplo, ajuda o cliente a evitar paralisia quando a ação fundamentada não funciona. Igualmente, ajuda o terapeuta a evitar ficar emaranhado no conteúdo e na lógica da história de vida do cliente. Acima de tudo, no entanto, a distinção é necessária para que os clientes possam se engajar em seus valores sem precisarem também invocar justificativas e explicações que inevitavelmente os fazem recuar para os mesmos padrões de comportamento sancionados socialmente que levaram ao começo dos seus problemas. As únicas questões restantes são o que fazer e o que acontece como consequência. Usadas corretamente (e não coercitivamente), as escolhas podem ajudar o cliente a ser *response-able* (ter capacidade de resposta).

As escolhas não são "livres" no sentido de não serem afetadas pela história do indivíduo. De fato, a própria escolha é um ato historicamente situado. As escolhas são "livres" no sentido de não haver coerção, não "ter que" direcionar a escolha. Se o comportamento estivesse relacionado a razões em um sentido estritamente mecânico, então a mera presença de certas razões previsíveis constituiria as condições necessárias e suficientes para que o comportamento ocorresse. Essa abordagem determinista da causação é demonstravelmente falsa. Os humanos são capazes de ser amáveis mesmo quando há boas razões para não serem. Por exemplo, podemos considerar a criação de uma comissão de reconciliação na África do Sul como um ato de amor em relação aos agressores e aos opressores no passado, mesmo que haja mais do que amplas razões para demonstrar ódio e buscar retaliação contra seus muitos atos de criminalidade racista.

Propósito está em toda parte

Propósito está sempre presente na vida do cliente. Isso não pode ser evitado, não importa o quanto o cliente seja calado e paralisado. Por que é assim? Porque a maior parte do comportamento é intencional, independentemente de existir um senso de direção experienciado. O relógio da vida está sempre avançando, e ele só vai em uma direção: de um momento de agora até o próximo momento de agora. Qualquer comportamento histórico envolve uma história desses momentos, e qualquer comportamento consciente e intencional envolve também um futuro verbalmente construído. De uma forma muito real, a maior parte do comportamento é intencional – seja experiencialmente, seja verbalmente, ou ambos. Isso é verdadeiro mesmo que o padrão de pensamento dominante do cliente seja: "Na verdade não estou no comando de minha vida. Ela que me comanda. Não posso fazer nada diferente porque estou aprisionado na minha situação".

Embora propósito esteja em toda parte, valores (conforme os definimos) não estão. Os clientes com frequência se sentem coagidos em suas vidas, acreditam que são vítimas da vida ou simplesmente se sentem como se estivessem à deriva. Quando estão vivendo sem contato com o momento presente, eles estão, com efeito, no piloto automático. Nessas circunstâncias, o treinamento social por si só é mais do que capaz de organizar sequências de comportamento altamente complicadas (p. ex., trabalhar todos os dias, lavar roupas, assistir à televisão, ir à igreja, etc.). A questão, portanto, não é o que o cliente está fazendo, mas como está fazendo. Os mesmos comportamentos que são "tediosos" quando estamos no piloto automático podem refletir vastos reservatórios de vitalidade quando executados na busca dos valores pessoais. No diálogo a seguir, o terapeuta em ACT tenta destacar como o comportamento do cliente pode muito bem refletir certos propósitos – mesmo quando o cliente não tem consciência disso. É claro que um propósito não é a mesma coisa que um valor. É necessário um componente adicional, isto é, escolha. Contudo, o reconhecimento de que o comportamento do cliente pode de fato refletir certos propósitos prepara o terreno para essa discussão.

Terapeuta: Acho que o que você está me dizendo é que você não tem consciência das escolhas que está fazendo todos os dias. Portanto, parece-lhe que é como se você não estivesse agindo de acordo com algum propósito porque não tem consciência desses propósitos. Se isso realmente fosse possível, a consequência não seria que cada dia a sua atividade fosse completamente aleatória? Você estaria andando em círculos, se batendo nas paredes, colocando as meias nas mãos, escovando os dentes com a escova sanitária, indo ao lugar errado para trabalhar, etc.? Deixe-me perguntar: a sua vida é realmente esse acaso ou apenas parece que você não está escolhendo as suas ações?

Cliente: Bem, eu não estou assim *tão* fora dela, mas essencialmente parece que não estou no controle do que está acontecendo comigo. Eu não tenho como mudar as coisas.

Terapeuta: E escolhendo acreditar no que a sua mente está lhe dando aqui – que você está aprisionado – você continua a agir como uma pessoa aprisionada, certo?

Cliente: Aham.

Terapeuta: Não estou lhe perguntando se você acredita que está aprisionado. O que estou perguntando é: você é capaz de direcionar seu comportamento? E então eu quero saber: você é capaz de escolher a direção?

É importante não intimidar o cliente quanto a isso, mas gentilmente acabar com a ilusão de que não estão sendo feitas escolhas e de que os propósitos não estão sendo atingidos. A questão é: *quais* propósitos? Quando examinamos as formas como o comportamento funciona, o que ele produz, descobrimos o seu propósito. Com frequência, nossos clientes irão descobrir que os propósitos aos quais estão servindo são relativamente ineficazes e proporcionam, na melhor das hipóteses, apenas alívio de curto prazo de algum tipo de consequência aversiva. Por exemplo, uma cliente envolvida em um casamento insatisfatório pode devidamente fazer "todas as coisas certas" em casa para manter uma relação pacífica, embora distante, com o marido. Esse alívio temporário é comprado a um preço muito alto porque há pouca ou nenhuma chance de que o relacionamento evolua para algo mais gratificante enquanto os problemas mais dolorosos permanecerem confinados. Na ACT, tentamos transformar a discussão na pergunta: se eu pudesse escolher um propósito aqui, qual propósito escolheria?

O que você quer que sua vida signifique?

Um dos exercícios mais poderosos da ACT e que "traçam um horizonte" é chamado *O Que Você Quer Que Sua Vida Signifique?* O diálogo a seguir envolve um cliente com independência financeira que está angustiado com sua falta de objetivo:

Terapeuta: Se você estiver disposto, eu gostaria que fizéssemos um exercício que pode ter alguns resultados muito interessantes e surpreendentes ou que pode simplesmente ajudá-lo a entrar em contato com alguma coisa que você já sabe há muito tempo. Vamos apenas ver o que acontece.

Cliente: OK, estou disposto a experimentar.

Terapeuta: Este exercício eu chamo de *O Que Você Quer Que Sua Vida Signifique?* Quero que você feche os olhos e relaxe por alguns minutos e afaste da sua mente todas as coisas de que temos falado. (*Auxilia o cliente com a relaxação por 2 a 3 minutos.*) Agora, quero que imagine que, por algum capricho do destino, você morreu, mas conseguiu assistir ao seu funeral em espírito. Você está observando e ouvindo o tributo feito pela sua esposa, seus filhos, seus amigos, as pessoas com quem você trabalhava, etc. Imagine apenas que você esteja nessa situação e coloque-se na sala emocionalmente. (*Faz uma pausa.*) OK. Agora, quero que visualize como gostaria que essas pessoas que fizeram parte da sua vida se lembrem de você. O que gostaria que sua esposa dissesse sobre você como marido? Faça-a dizer isso. Realmente seja corajoso aqui! Deixe que ela diga exatamente o que você mais gostaria que ela dissesse se você tivesse escolha totalmente livre sobre o que seria. (*Faz uma pausa e deixa que o cliente fale.*) Agora, como gostaria que seus filhos recordassem de você como pai? Mais uma vez, não se contenha. Se pudesse fazer eles dizerem *alguma coisa*, o que seria? Mesmo que na verdade você não tenha vivido de acordo com aquilo que gostaria, deixe que eles falem como você mais gostaria que fosse. (*Faz uma pausa e deixa que o cliente fale.*) Agora, o que gostaria que seus amigos dissessem sobre você como amigo? Como gostaria de ser lembrado pelos seus amigos? Deixe que eles digam todas essas coisas – e não esconda nada! Faça com que seja dito como você mais quer. E apenas faça uma anotação mental dessas coisas enquanto ouve o que eles dizem. [O terapeuta pode continuar com isso até que esteja bem claro que o cliente entrou no exercício. Então, o terapeuta ajuda o cliente a se reorientar para a sessão, p. ex.: "Apenas imagine como será a sala quando você voltar e, quando estiver pronto, simplesmente abra os olhos".]

Cliente: Isso é esquisito... tentar imaginar estar morto, mas estar lá. Algumas vezes, no passado, eu já pensei sobre morrer de repente. Geralmente imagino o quanto todos ficariam abalados – o quanto seria difícil para Debbie e as crianças!

Terapeuta: Então projetar-se até o momento da sua morte parece ser uma questão séria.

Cliente: Sim, parece que todos os meus problemas meio que ficaram pequenos! Ao mesmo tempo, eu fico muito triste comigo porque parece que a minha vida está sendo desperdiçada.

Terapeuta: Estou curioso... quando você ouviu os elogios, o que se destacou entre as coisas pelas quais você queria ser lembrado?

Cliente: Quando Debbie disse que eu tinha sido um marido carinhoso, fiel e atencioso e um pai que sempre sustentou seus filhos. Chuck, a pessoa que provavelmente eu conheço há mais tempo, disse que eu estive ao seu lado quando ele mais precisou de mim, quando ele parou de beber. Isso, na verdade, aconteceu anos atrás.

Terapeuta: E alguém se levantou e disse: "Eu me lembro de Richard – ele passou a vida inteira tentando provar que não era fruto do acaso"?

Cliente: (*Ri.*) Não.

Terapeuta: Alguém disse: "Aqui jaz Richard – ele ganhou mais de 2 milhões de dólares em sua carreira e, por isso, será eternamente alguém de valor"?

Cliente: (*Ri.*) Não. O que você está tentando me dizer?

Terapeuta: Nada, na verdade... apenas note que muitas coisas a respeito das quais você se critica e contra as quais luta não têm conexão com aquilo pelo que você quer ser lembrado. Parece que você se contraiu impiedosamente em nome de coisas que você nem mesmo valoriza.

Cliente: Isso é muito assustador se for verdade!

Terapeuta: Sim, é, e não tem a ver com o que é verdade! É sobre o que funciona e o que não funciona.

Em uma variação desse exercício, o cliente pode ser solicitado a escrever um pequeno epitáfio em uma lápide imaginária. Com frequência, esse exercício revela amplas discrepâncias entre os valores do cliente e suas ações atuais.

Terapeuta: Quando as pessoas morrem, o que fica para trás não é tanto o que elas tinham, mas o que elas significavam. Por exemplo, você já ouviu falar de Albert Schweitzer?

Cliente: Certamente. Um médico na África, certo?

Terapeuta: Certo. Por que você deveria saber a respeito desse homem? Ele já morreu. Provavelmente a maioria das pessoas que ele tratou está morta. Mas ele significou alguma coisa. Então, dessa mesma forma, imagine que você pode escrever o que quiser na sua lápide que diga o que você significou na sua vida. O que gostaria que o seu epitáfio dissesse, se pudesse ser absolutamente qualquer coisa? Pense nisso por um minuto.

Cliente: "Ele participou na vida e ajudou seus semelhantes."

Terapeuta: Ótimo... agora, deixe-me perguntar: quando você olha para o que a sua vida significa atualmente, ela significa o quê? Você está realmente participando na vida e ajudando seus semelhantes?

Cliente: Não – não tenho certeza se consigo!

Terapeuta: Entendo. Então... você teria um epitáfio como: "Passou sua vida inteira se perguntando se tinha o que era preciso para vivê-la... e morreu sem ter certeza".

Em alguns contextos ou com alguns clientes, a utilização do exercício *Funeral* ou *Lápide* é talvez evocativo demais de questões relacionadas à mortalidade – o que não é o ponto aqui –, mas é fácil elaborar versões menos evocativas. Por exemplo, em intervenções no local de trabalho, o funeral pode ser mudado para uma festa de aposentaria, e o epitáfio na lápide, por uma gravação na parte interna de um relógio presenteado. Existem muitas variantes desse tema na literatura da ACT.

Intervenção "Na mosca" (Bull's Eye*)

Uma intervenção simples, porém elegante, nesse ponto está baseada no exercício *Na mosca*, desenvolvido por Tobias Lundgren e colaboradores (2011). A maioria dos membros da nossa cultura está familiarizada com o conceito do ponto central em um alvo, seja jogando dardos, seja jogando arco e flecha. O objetivo desses esportes é acertar o dardo ou a flecha "na mosca", ou seja, no centro do alvo, onde é concedida a maior parte dos pontos. De modo geral, são concedidos menos pontos quando o dardo ou a flecha se afasta do centro do alvo. O terapeuta desenha rapidamente uma série de 5 a 7 círculos concêntricos em uma folha de papel e, então, inicia a discussão.

Terapeuta: Então, observe que eu desenhei um alvo nesta folha de papel. Você está familiarizado com um alvo como este?

Cliente: Sim, eu jogava dardos quando criança, e utilizávamos um alvo parecido com esse.

---

* N. de R.T.: *"Bull's Eye"* é aquele ponto preto no centro de um alvo para arco e flecha; quando alguém o acerta, costumamos dizer que acertou "na mosca".

Terapeuta: Bem, nós vamos usar o alvo para medir um tipo diferente de marcação aqui – basicamente, o grau em que você está mirando a sua vida na direção em que deseja ir. Você já descobriu que um dos seus principais valores na vida é estar participando na vida e também ajudando pessoas necessitadas. Lembre-se de que o centro do alvo é chamado de "na mosca"; isso é o que você quer atingir quando jogar os dardos, certo?

Cliente: Certo, e isso não acontecia com muita frequência para mim, mas era muito legal quando eu conseguia!

Terapeuta: E os círculos são concêntricos e vão se ampliando, e você recebe menos pontos por acertar o dardo nos círculos mais externos, está lembrado? Neste momento, o que eu quero que você faça é pensar nesse valor que você expressou e colocar uma marca nesse alvo que reflita o grau em que você está vivendo seus valores no momento atual. Uma marca no centro significa que você acertou na mosca; você está participando na sua vida com a maior intensidade possível e está vivendo o valor de ajudar pessoas necessitadas. Uma marca afastada do centro significa que você pode estar vivendo seus valores algumas vezes ou talvez nem um pouco, dependendo de onde colocar a sua marca. Então, agora eu quero que você pense sobre onde se encontra na sua vida neste exato momento e coloque uma marca no alvo para mim. [O terapeuta entrega uma folha de papel ao cliente, e este faz uma marca no

	círculo mais externo e entrega o papel ao terapeuta.] Então, parece que você se marcou bem longe da mosca, o que significa que você acha que no momento não está vivendo de acordo com seus valores – isso está correto?
Cliente:	Sim, isso é muito perturbador porque eu sinto que sou capaz de mais do que isso. Apenas não estou fazendo! Colocar uma marca no alvo é como fazer um registro de que estou falhando.
Terapeuta:	Agradeça à sua mente por esses pensamentos otimistas e cordiais. Há um propósito muito mais importante aqui do que se declarar um vencedor ou perdedor: é descobrir onde você realmente está na sua vida. Você só pode começar a partir de onde está, não de onde gostaria de estar. Portanto, por mais desagradável que possa ser, este é um passo vital no processo de escolha de fazer alguma coisa diferente, se isso for o que você escolher fazer.
Cliente:	OK. Então eu estou aqui fora nesse círculo e quero estar aqui dentro nesse círculo. Como eu chego lá?
Terapeuta:	Talvez você possa pensar nisso como um processo. Você não fica em um círculo para sempre; mesmo que acerte na mosca, você não tem um certificado da vida que diz "Bingo! Você está no centro e não terá que fazer mais nada para ficar aqui!". Então, note apenas que a sua localização no alvo irá flutuar o tempo todo; esta é apenas uma maneira de verificar e ver onde você está; nada mais, nada menos. Se não gostar da sua localização, poderá escolher fazer uma coisa de modo diferente que possa movê-lo para um círculo mais próximo da mosca. É mais ou menos como conduzir um transatlântico: você não pode dar uma guinada rápida, mas pode virar o leme levemente, e, com o tempo, isso fará uma grande diferença na direção do navio.

ESCOLHENDO DIREÇÕES VALORIZADAS: CONFIGURANDO A DIREÇÃO DA BÚSSOLA

O processo de fazer contato experiencial muito próximo com os próprios valores é uma das experiências clínicas mais intensas e íntimas na ACT. As pessoas sabem intuitivamente que aquilo com que se importam mais profundamente também é onde mais podem ser machucadas e, assim, muito raramente podem permitir que essas áreas sejam vistas pelos outros. Depois do trabalho com os valores, o terapeuta provavelmente se torna íntimo de informações que nunca foram compartilhadas com mais ninguém. Usada de forma apropriada, essa mesma intimidade pode servir como base para o árduo trabalho terapêutico de implementar mudança de comportamento baseada em valores.

Na ACT, o processo de avaliação dos valores serve a uma variedade de propósitos de avaliação e intervenção. Primeiramente, o cliente pode tomar consciência de valores suprimidos há muito tempo. Esse processo é motivacional no sentido de que o cliente pode encontrar discrepâncias importantes entre direções valorizadas na vida e comportamentos atuais. Referimo-nos a essa defasagem como a discrepância "valores-comportamento", e ela é com frequência a força estimulante no processo de mudança de comportamento na ACT. Segundo, discussões sobre valores, se manejadas apropriadamente pelo terapeuta, criam um sentimento positivo baseado em potencialidades para a conversa terapêutica. A maioria das pessoas tem motivações altruístas na vida: elas querem ser boas amantes, bons cônjuges, boas amigas, etc. Essas motivações são básicas para a natureza social dos seres humanos. O processo de avaliação dos valores pode ajudar a deslocar a conversa terapêutica do foco em falhas, déficits e problemas para a ênfase das bases perfeitas e intocadas da vida do cliente. Em um mundo repleto de imperfeições, os valores de uma pessoa são perfeitos. Os valores de uma pessoa podem não ser o que outra pessoa acha que deveriam ser, mas eles são sempre perfeitos e completos dentro da própria pessoa. Muitos clientes chegam à terapia com um sentimento de que, em um nível profundo, mais fundamental, eles são, de algum modo, terrivelmente falhos. É difícil imaginar algo mais fundamental do que os valores de uma pessoa, e pode ser empoderador e edificante descobrir que temos uma base sem falhas. Depois de examinar os valores com um cliente, um terapeuta ACT pode perguntar: "Há alguma coisa que está faltando em relação a esses valores? Alguma coisa poderia ser melhorada de alguma maneira?". Se o cliente puder pensar em alguma coisa que possa ser melhorada, a melhora é atingida por essa própria consciência. No sentido básico, tudo o que o cliente cria é perfeito.

Um benefício final da construção de valores é que ele pode desencadear uma percepção de que a vida está acontecendo *agora* – ela não está distante em algum lugar no futuro. O relógio está avançando, mas não de uma forma ruim. Por mais estranho que pareça, existe um apoio social limitado (na melhor das hipóteses) para que pensemos constantemente em nossos valores, em comparação com a forma como estamos vivendo a vida no momento. Somos encorajados a deixar essa questão de lado porque seria uma ameaça inegável à ordem social contemporânea se as massas se mantivessem "ligadas" e come-

çassem a realmente questionar a utilidade de "valores" amplamente promulgados e socialmente construídos. O sabor e o tom incomum do trabalho com os valores na ACT ajudam o cliente a ficar "localizado" no presente, o que com frequência leva a discussões concretas sobre comportamentos específicos que podem ser mudados ou modificados. Na maior parte do tempo, esses comportamentos não serão suscitados pelo meio social circundante, mas virão de dentro.

Os pesquisadores e praticantes da ACT desenvolveram uma ampla gama de ferramentas para trabalhar os valores. Obras inteiras foram dedicadas ao trabalho com valores dentro da perspectiva da ACT (p. ex., Dahl, Plumb, Stewart, & Lundgren, 2009), e diferentes contextos e estilos clínicos permitem diversas abordagens do trabalho com valores. Neste capítulo, descrevemos uma abordagem clínica aplicável mais geral, mas os leitores com necessidades mais específicas devem consultar Dahl e colaboradores (2009) e outras fontes da ACT para abordagens alternativas menos demoradas.

O processo de valores que descrevemos mais detalhadamente é um processo relativamente estruturado que é útil como um tipo de exercício ampliado (para avaliações rápidas, o *Na mosca* é mais útil). As etapas são:

1. O terapeuta descreve o processo de avaliação dos valores para o cliente.
2. O cliente completa a planilha *Avaliação dos Valores* (veja a Figura 11.1), seja durante uma sessão, seja como uma tarefa de casa entre as sessões. Essa forma de avaliação ajuda o cliente a "registrar" os temas que emergiram durante o trabalho na sessão. Os valores enumerados serão mencionados repetidamente durante o restante da ACT; portanto, o terapeuta precisa examinar o trabalho de construção de valores com o cliente para verificar se as principais visões do cliente são registradas de

A seguir, apresentamos as áreas de vida que são valorizadas por algumas pessoas. Nem todas têm os mesmos valores, e esta planilha não é um teste para ver se você tem os valores "corretos". Descreva seus valores como se ninguém jamais fosse ler esta planilha. Enquanto trabalha, pense em cada área em termos dos objetivos concretos que você tem e também em termos das direções de vida mais gerais. Assim, por exemplo, você pode valorizar o casamento como um objetivo concreto e ser um cônjuge carinhoso como uma direção valorizada. O primeiro exemplo, casar, é algo que pode ser concluído. O segundo exemplo, ser um cônjuge carinhoso, não tem fim. Você sempre pode ser um cônjuge mais carinhoso, independentemente do quanto já seja. Você também pode trabalhar para ser um cônjuge carinhoso mesmo que não seja casado ou não esteja em um relacionamento. Por exemplo, pode haver maneiras de se preparar para que um relacionamento íntimo tenha maior probabilidade de sucesso ou tenha sucesso. Trabalhe em cada um dos domínios da vida. Alguns deles se sobrepõem. Você pode ter problemas em separar família de casamento/relações íntimas. Faça o seu melhor para mantê-los separados. Seu terapeuta lhe dará assistência quando vocês discutirem a avaliação dos objetivos e valores.

Numere claramente cada seção e as mantenha separadas umas das outras. Você pode não ter objetivos valorizados em determinadas áreas. Poderá, então, pular essas áreas e discuti-las diretamente com seu terapeuta. Também é importante anotar o que você valorizaria se não houvesse obstáculos em seu caminho. Não estamos perguntando o que você acha que poderia obter realisticamente ou o que você ou outras pessoas acham que você merece. Queremos saber com o que você se importa, em quais questões gostaria de trabalhar, na melhor de todas as situações. Enquanto preenche esta folha de trabalho, finja que ocorreu uma mágica e que tudo é possível.

Nota: No uso clínico, acrescente espaços abaixo de cada uma destas categorias.

1. **Relações familiares (que não sejam casamento ou parentalidade).** Nesta seção, descreva o tipo de irmão/irmã, filho/filha, pai/mãe que você deseja ser. Descreva as qualidades que gostaria de ter nesses relacionamentos. Descreva como trataria essas pessoas se você fosse aquele você ideal nessas várias relações.

2. **Casamento/casais/relações íntimas.** Nesta seção, faça uma descrição da pessoa que você gostaria de ser em um relacionamento íntimo. Escreva o tipo de relacionamento que gostaria de ter. Tente focar no seu papel nessa relação.

3. **Parentalidade.** Que tipo de pai/mãe você gostaria de ser, tanto agora como no futuro?

4. **Amizades/vida social.** Nesta seção, escreva o que significa para você ser um bom amigo. Se pudesse ser o melhor amigo possível, como você se comportaria em relação aos seus amigos? Tente descrever uma amizade ideal.

(Continua)

FIGURA 11.1 Planilha *Avaliação dos Valores.*

(Continuação)

5. **Carreira/emprego.** Nesta seção, descreva o tipo de trabalho que você gostaria de fazer. Essa descrição pode ser muito específica ou muito geral. (Lembre-se, isso se passa em um mundo ideal.) Depois de escrever sobre o tipo de trabalho que gostaria de fazer, escreva por que ele o atrai. A seguir, discuta que tipo de trabalhador você gostaria de ser no que diz respeito ao seu empregador e colegas. Como você gostaria que fossem suas relações no trabalho?

6. **Educação/treinamento/crescimento e desenvolvimento pessoal.** Se você gostaria de buscar uma instrução, formal ou informalmente, ou fazer algum treinamento especializado, escreva sobre isso. Escreva por que esse tipo de treinamento ou instrução o atrai.

7. **Recreação/diversão.** Discuta o tipo de vida recreativa que você gostaria de ter, incluindo *hobbies*, esportes e atividades de lazer.

8. **Espiritualidade.** Não estamos necessariamente nos referindo à religião organizada nesta seção. O que pretendemos dizer com espiritualidade é o que quer que ela signifique para *você*, seja ela tão simples quanto estar em comunhão com a natureza, seja tão formal quanto a participação em um grupo religioso organizado. Independentemente do que espiritualidade significa para você, está bem. Se esta for uma área importante da sua vida, escreva sobre como você gostaria que ela fosse. Como ocorre com todas as outras áreas, se esta não for uma parte importante dos seus valores, pule para a próxima seção.

9. **Vida em comunidade.** Para algumas pessoas, a participação em assuntos da comunidade é uma parte importante da vida. Por exemplo, algumas pessoas acham que é importante serem voluntárias para trabalhar com desabrigados ou idosos, influenciar legisladores governamentais em âmbito federal, estadual ou local, tornar-se membro de um grupo comprometido com a preservação da vida selvagem ou participar na estrutura de atendimento de um grupo de autoajuda, como os Alcoólicos Anônimos. Se esses tipos de atividades orientadas para a comunidade forem importantes para você, escreva sobre a direção que você gostaria de tomar nessa área.

10. **Autocuidados de saúde/físicos.** Nesta seção, inclua seus valores relacionados à manutenção do seu bem-estar físico. Escreva sobre questões relacionadas à saúde, tais como sono, dieta, exercício, tabagismo e afins.

11. **Ambiente/sustentabilidade.** Nesta seção, inclua seus valores relacionados àqueles que você pode ter na área de sustentabilidade e preocupações com o planeta, em especial com o ambiente natural.

12. **Arte/estética.** Nesta seção, inclua seus valores relacionados a ocupações como arte, música, literatura, artesanato ou alguma outra forma de beleza no mundo que seja significativa para você – considerando coisas que você mesmo faz ou coisas que outros fazem e que você aprecia.

FIGURA 11.1 Planilha *Avaliação dos Valores*.

modo acurado. Esse processo de revisão é realizado ao longo das próximas etapas.

3. O terapeuta e o cliente discutem os valores citados em cada domínio e, juntos, geram breves narrativas dos valores para cada domínio que simplifiquem, foquem e incluam as declarações de valores que estão fora do formulário da planilha (veja a Figura 11.2, Formulário para Narrativa dos Valores). Em geral, a principal tarefa do terapeuta é ajudar o cliente a distinguir objetivos de valores e descrever os valores em termos de direções, não meramente fins concretos. Assim, o terapeuta aporta seu conhecimento técnico dos valores a partir de uma perspectiva da ACT para o processo de refinamento das narrativas do cliente para narrativas de valores que satisfaçam às exigências de definição dos valores.

4. Quando as narrativas estiverem terminadas, o cliente gera classificações preenchendo o Questionário da Vida Valorizada-2 (VLQ-2; Wilson et al., 2010), que é apresentado na Figura 11.3. (Pode ser útil para o clínico, como um tipo de exercício, também fazer posteriormente um conjunto de classificações similar.) O propósito dos dois conjuntos de avaliações (clientes e terapeutas) é, em parte, ajudar a identificar áreas em que o clínico e o cliente não estão se comunicando, o que orienta quanto às áreas que podem precisar de esclarecimento adicional por meio da discussão.

5. A planilha de avaliação dos valores do cliente (da etapa 2) é examinada em conjunto pelo terapeuta e o cliente e, então, modificada de forma colaborativa. A função do terapeuta durante esse processo é esclarecer a direção inerente àquilo que podem ser objetivos concretos valorizados.

Abordando *pliance* e *counterpliance*

O terapeuta também deve avaliar constantemente outros fatores que podem influenciar as declarações de valores do cliente, particularmente aquelas envolvendo *pliance* e *counterpliance*. O terapeuta deve estar alerta para, entre outros indicadores, os seguintes sinais de que *pliance* e *counterpliance* podem estar influenciando o processo:

- Declarações de valores controladas pela presença do terapeuta, juntamente com as suposições do cliente sobre o que pode agradar ao terapeuta. Consequências relevantes seriam sinais da aprovação do terapeuta e/ou a ausência da desaprovação de sua parte.
- Declarações de valores controladas pela presença da cultura de modo geral. Indicadores relevantes incluiriam a ausência de sanções culturais e a ampla aprovação social ou prestígio generalizado.
- Declarações de valores controladas por valores declarados ou presumidos dos pais do cliente. Consequências relevantes seriam a aprovação parental – realmente registrada e/ou verbalmente construída.
- Declarações de valores que têm uma qualidade do tipo "tem que" que pode indicar fusão ou esquiva.
- Declarações de valores que são fortemente carregadas com ruminação sobre o passado e/ou preocupação quanto ao futuro.

É difícil imaginar um cliente que tenha valores que não sejam controlados em parte ou, às vezes, por todas essas variáveis. A questão principal é se a remoção da influência relevante afetaria significativamente a potência do valor como uma fonte de direção na vida. A tarefa de avaliação não pode ser concluída

O terapeuta gera uma breve narrativa para cada domínio, com base na discussão da tarefa de casa de avaliação dos valores do cliente. Se nada for aplicável, escreva "nada". Depois de gerar todas as narrativas, leia cada uma para o cliente e as refine ainda mais. Continue esse processo ao mesmo tempo em que fica atento a respostas do tipo *pliance*, até que você e o cliente cheguem a uma breve declaração que o cliente concorda que seja consistente com seus valores em determinado domínio.

Domínio	Narrativa da direção valorizada
Relações familiares (que não sejam casamento ou parentalidade)	
Casamento/casais/relações íntimas	
Parentalidade (maternidade/paternidade)	
Amizades/relações sociais	
Carreira/emprego	
Educação/treinamento/crescimento e desenvolvimento pessoal	
Recreação/diversão	
Espiritualidade	
Vida em comunidade	
Autocuidados de saúde/físicos	
Ambiente/sustentabilidade	
Arte/estética	

FIGURA 11.2 Formulário de Narrativa dos Valores.

A seguir, estão as áreas da vida que são valorizadas por algumas pessoas. Estamos interessados na sua qualidade de vida em cada uma dessas áreas. Há vários aspectos que lhe pedimos para classificar. Faça a si mesmo as seguintes perguntas quando fizer as avaliações em cada área. Nem todos irão valorizar todas essas áreas ou valorizá-las da mesma forma. Classifique cada área de acordo com a sua visão pessoal.

Possibilidade: O quanto é possível que alguma coisa muito significativa aconteça nessa área da sua vida? Classifique o quanto você acha que é possível em uma escala de 1 a 10. 1 significa que não é possível de forma alguma, e 10 significa que é muito possível.

Importância atual: O quanto esta área é importante neste momento na sua vida? Classifique a importância em uma escala de 1 a 10. 1 significa que não é importante de forma alguma, e 10 significa que é muito importante.

Importância geral: O quanto esta área é importante como um todo? Classifique a importância em uma escala de 1 a 10. 1 significa que não é importante de forma alguma, e 10 significa que é muito importante.

Ação: O quanto você atuou a serviço desta área durante a semana passada? Classifique seu nível de ação em uma escala de 1 a 10. 1 significa que você não foi ativo de forma alguma com este valor, e 10 significa que você foi muito ativo.

Satisfeito com o nível de ação: O quanto você está satisfeito com seu nível de ação nesta área durante a semana passada? Classifique sua satisfação neste nível de ação em uma escala de 1 a 10. 1 significa que você não está satisfeito de forma alguma, e 10 significa que você está plenamente satisfeito com seu nível de ação nesta área.

Preocupação: O quanto você está preocupado com a possibilidade de esta área não progredir como você deseja? Classifique seu nível de preocupação em uma escala de 1 a 10. 1 significa que você não está preocupado de forma alguma, e 10 significa que você está muito preocupado.

(Continua)

FIGURA 11.3 Questionário da Vida Valorizada-2. De *Mindfulness for Two*. Copyright 2009 Kelly G. Wilson e Try DuFrene. Reproduzida com permissão de New Harbinger Publications, Inc.

Possibilidade	Importância atual	Importância geral	Ação	Satisfeito com ação	Preocupação
1. Família (que não sejam casamentos ou parentalidade)					
2. Casamento/casais/relação íntima					
3. Parentalidade (maternidade/paternidade)					
4. Amizades/vida social					
5. Trabalho					
6. Educação/treinamento					
7. Recreação/diversão					
8. Espiritualidade					
9. Vida em comunidade					
10. Autocuidados físicos (dieta/exercício/sono)					
11. Ambiente (preocupação com o planeta)					
12. Estética (arte, música, literatura, beleza)					

(*Continuação*)

FIGURA 11.3 Questionário da Vida Valorizada-2. De *Mindfulness for Two*. Copyright 2009 Kelly G. Wilson e Try DuFrene. Reproduzida com permissão de New Harbinger Publications, Inc.

em apenas uma discussão. É provável que a questão da "posse" do valor ressurja constantemente. Algumas dessas questões podem ser mais bem tratadas pedindo-se que o cliente fale sobre o valor enquanto imagina a ausência de uma consequência social relevante.

Para ilustrar, considere um cliente que endossa o valor de ter bom nível de instrução. O terapeuta pode perguntar se o nível de valorização (ou o valor em si) mudaria se tivesse que ser feito anonimamente: "Imagine que você tivesse a oportunidade de melhorar a sua formação, mas não pudesse contar a ninguém sobre os diplomas que obteve. Você ainda se dedicaria a atingir esse valor?" ou "E se sua mãe e seu pai nunca ficassem sabendo que você buscou instrução – isso ainda teria valor para você?". Um rumo diferente também proporcionaria algum *insight* das variáveis de controle. Então, por exemplo, o terapeuta perguntaria: "E se você tivesse que trabalhar duro por um diploma, e sua mãe e seu pai soubessem e tivessem orgulho disso, mas, no dia seguinte, depois de formado, você esquecesse tudo o que aprendeu? Você ainda valorizaria o nível de instrução na mesma medida?". Quando o cliente considera várias consequências imaginadas, pode ficar decepcionado ao descobrir que a aprovação parental é o "grande catalisador". Nesse caso, "tornar-se instruído" não é exatamente um valor, mas um objetivo a serviço de algum outro valor (i.e., "ser amado e amar aqueles que estão na minha vida"). Depois que esse valor é clarificado, ele é anotado como um fim desejado. Não é incomum que alguns valores mudem de valência no curso da terapia ou mesmo em função da avaliação inicial.

Valores ausentes

O VLQ-2 pede que o cliente gere respostas que abrangem muitos domínios de vida separados. Com frequência, os clientes podem chegar com formulários mostrando um ou mais domínios deixados em branco ou não respondidos. Com clientes mais disfuncionais, todos os espaços de resposta aos domínios podem estar vazios ou conter respostas apenas muito superficiais. Aqui, o terapeuta precisa discutir pacientemente cada domínio para obter respostas do cliente. Com frequência, é útil voltar ao início da vida do cliente e procurar exemplos de sonhos, desejos ou esperanças que desapareceram devido a eventos negativos na vida. Outras vezes, o terapeuta pode ter de auxiliar o cliente na identificação de valores ocultos subjacentes aos seus objetivos de vida específicos ou, ao contrário, na geração de objetivos específicos baseados em valores bem descritos, mas infundados.

Não é incomum que os clientes listem objetivos de vida específicos que não podem ser atingidos. Por exemplo, uma mulher pode dizer que gostaria de recuperar a custódia de um filho que entregou para adoção 10 anos antes. Nesses casos, o terapeuta tenta encontrar o valor subjacente e os objetivos que poderiam ser atingidos caso fossem se mover nessa direção. Outra variação desse problema existe quando o cliente foca em objetivos de vida inatingíveis como evidência de que ocorreu um dano irreparável e, no entanto, não há resultados reais significativos disponíveis nesse domínio. Esta última possibilidade é mais difícil de abordar clinicamente porque os valores agora estão sendo empregados a serviço do *status quo*, enquanto a perspectiva do cliente é a de que não é possível nenhuma mudança ou apenas uma mudança superficial. Em tais circunstâncias, geralmente é útil entrar no momento presente e fazer o cliente identificar os sentimentos específicos que aparecem sempre que ele se depara com esse sentimento de perda permanente. O terapeuta pode pedir que o cliente identifique o valor na raiz da dor (p. ex., "Eu queria ser uma boa mãe e achei que meu vício em metanfetamina acabaria prejudicando minha filha; é por isso que a entreguei para adoção"). Algumas vezes, a fonte da dor é um valor intimamente cultivado que o cliente perseguiu com grande custo pessoal. O terapeuta pode ajudar o cliente a "se conectar" com a expressão desse valor sem necessariamente assumir uma postura de Poliana sobre o que aconteceu.

INTERAÇÕES COM OUTROS PROCESSOS CENTRAIS

Em muitos protocolos da ACT, o trabalho com os valores ocorre tardiamente na intervenção, levando alguns a presumir que, depois que o trabalho com aceitação e desfusão já foi feito, podemos avançar para os valores sem dar muita atenção aos processos de *mindfulness*. No entanto, os processos de *mindfulness* na ACT frequentemente removem barreiras experienciais ao trabalho com valores e reforçam o contato com os valores e a habilidade do cliente de evoluir e agir segundo os padrões de ação valorizados.

Valores e desfusão

A atenção à desfusão é praticamente crítica no trabalho com valores. As pessoas com frequência chegam à terapia com histórias batidas sobre seus valores. As variantes comuns incluem conteúdo fusionado como "O mundo não é bem assim" ou "Não importa o que você faça, o mundo vai derrubá-lo" ou "Ninguém emprega pessoas na minha idade". Os clientes citam sua própria história de dificuldades como evidência de que não há sentido em tentar agir de acordo com seus valores, por exemplo, afligindo-se por conta de que "Meus relacionamentos sempre fracassam" ou "Meus filhos nunca vão me dar outra chance". Nós nos referimos a esse conteúdo negativo como "fusão de valores".

Inflexibilidade é o indicador característico da fusão de valores. Essa inflexibilidade pode assumir várias formas, incluindo inação apesar de abraçar fortemente certos valores, negação de que a pessoa até mesmo tem valores e/ou completa recusa a considerar certos domínios como sujeitos a valores. Outra variação da fusão de valores inclui apego rígido a um resultado positivo particular ou forte esquiva de um resultado negativo, provocando a perda da flexibilidade do cliente para avançar no domínio valorizado.

Há vezes no trabalho com valores em que a fusão parece funcionar a serviço dos valores. Essa circunstância pode ser particularmente insidiosa, já que a fusão de valores pode, na verdade, produzir *alguns* bons resultados (p. ex., "Se eu for gentil com todos, então todos serão gentis comigo, e vou me sentir cuidado"). O problema reside na inflexibilidade e na insensibilidade que a fusão produz. A marca de nível máximo no trabalho com valores é a valorização desfusionada. Um valor pode ser sustentado com leveza, mas ainda assim ser buscado vigorosamente. A vantagem do valor desfusionado é a de que o cliente é mais capaz de perceber quando o abandono de um ato valorizado particular é a melhor maneira de servir ao mesmo valor em longo prazo. Algumas vezes, fazer alguma coisa que a princípio é contrária ao valor *serve* funcionalmente ao valor. Permitir que os filhos cometam *alguns* erros pode ser difícil para os pais, mas é vital para a experiência de aprendizagem dos filhos. A adesão inflexível a uma regra sobre proteger seus filhos de danos pode levar à superproteção e sufocar a necessidade das crianças de desenvolver sua própria autonomia.

Os terapeutas podem ser tentados a prosseguir o trabalho com valores como algo que o cliente "deve fazer", especialmente quando existe uma direção claramente valorizada que este último gostaria de tomar. Fazer isso provavelmente gera ainda mais fusão de valores por parte do cliente. Se os clientes *deveriam* estar dispostos a agir, então esse imperativo pode se tornar mais uma coisa para eles se autoflagelarem – mais uma evidência de que "Eu sou inadequado". Em vez de pressionar o trabalho com valores, a emergência de persistência inflexível, inação ou confusão de valores persistente deveria estimular o terapeuta a avaliar e tratar o conteúdo fusionado. Nesse ponto, o trabalho pode retornar aos valores.

Valores e *self*

A obstrução mais comum ao trabalho com valores no domínio do *self* é o apego excessivo à narrativa do *self* conceitualizado, como com afirmações do tipo: "É tarde demais para mim – já cometi muitos erros que não podem ser redimidos" ou "Eu tenho alguma falha que torna impossível conseguir atingir qualquer coisa nesse domínio" (p. ex., "Não sou suficientemente inteligente", "suficientemente bom", "suficientemente entusiasmado" ou "suficientemente agradável"). Algumas vezes, a falha não é conhecida, mas é afirmada com grande certeza: "Não sei o que há de errado comigo, mas veja a minha vida!". A emergência de tais temas deve sugerir que o terapeuta faça um trabalho que envolva fortalecer a consciência no momento presente do paciente e o *self* observador. Com muita frequência, o apego às histórias sobre si mesmo funciona para proteger o cliente de se importar com resultados importantes na vida. As narrativas de "não tentar", "propenso ao fracasso" e "veja o que acontece quando alguma coisa é importante!" devem abrir espaço para discussões sobre os sentimentos que surgem nos exatos momentos em que as histórias aparecem e a capacidade de olhar para as histórias sobre si mesmo como ouvinte, não como participante.

Valores e aceitação

É comum que os indivíduos evidenciem exemplos de esquiva experiencial relacionados a valores. Existe uma interação constante entre valores e vulnerabilidades. Quando estamos conscientes do que alguém valoriza, sabemos como machucá-lo. Se uma pessoa valoriza a sua consideração, o desrespeito direcionado a ela será doloroso. Essa característica da interação perpassa domínios valorizados. Um artista pode evitar pintar um tema ou uma pessoa em particular por causa da dor que surgiria se ele fracassasse em sua expressão artística. O bloqueio de um escritor frequentemente compartilha dessa qualidade. Quando as pessoas passam por um fracasso doloroso no relacionamento e por um consequente divórcio, elas podem evitar situações e atividades que possam levar ao desenvolvimento de outra relação íntima. A esquiva produz algum alívio no curto prazo, mas, com o tempo, deixa a pessoa em descompasso com valores sobre intimidade. Como ocorre com a fusão, o marcador para essa esquiva é a inflexibilidade do cliente durante as discussões dessas questões na sessão e a evitação de situações na vida nas quais poderia agir de forma mais consistente com o valor. Quando o terapeuta vê comportamentos repetitivos, tais como falsos começos repetidos, preocupações e ruminação relacionada à ação sobre um valor, é hora de mudar o foco do trabalho com os valores para um foco em intervenções orientadas para a aceitação. Às vezes, um trabalho mesmo breve de aceitação pode liberar o cliente para agir de formas mais consistentes com seus valores.

Valores e o momento presente

A incapacidade de avançar em uma direção valorizada frequentemente envolve falhas nos processos do momento presente. Com clientes mais difíceis, conversas sobre direções valorizadas se transformam na reintrodução ruminativa de falhas passadas e/ou preocupação obsessiva sobre o caminho a seguir ou sobre todos os obstáculos potenciais que podem surgir. O pai divorciado pode gastar tanto tempo ruminando falhas passadas quanto um pai que perdeu o contato com a simples doçura de ser pai. Em tentativas repetidas de refletir sobre o passado e de se afastar de possíveis futuros negativos, a pessoa perde oportunidades de agir segundo o valor da paternidade no momento presente.

Quando o terapeuta nota essas falhas dos processos do momento presente, é hora de mesclar *mindfulness* e intenções baseadas no momento presente (p. ex., O que surgiu para você quando falamos a respeito dos seus valores sobre ser pai? Você estaria disposto a apenas se aquietar e deixar que esses sentimentos, lembranças e avaliações estejam aqui?). Fusão e esquiva encontram muita dificuldade para sobreviver no momento presente. Elas são mais compatíveis com o passado e o futuro e prosperam em conversas sobre passado/futuro. É claro, conversar sobre viver os próprios valores está inerentemente relacionado a viver, seguir em frente. Planejar o futuro e aprender com o passado fazem parte disso. No entanto, os terapeutas devem focar em intervenções que se movimentam flexivelmente entre planos futuros e apreciação atenta dos domínios valorizados no momento presente.

Valores e compromisso

Um dos objetivos do trabalho com os valores é gerar ações potenciais que sejam consistentes com os valores da pessoa. Diante disso, é um pouco irônico que assumir e manter compromissos pode ser um dos maiores obstáculos para o trabalho com valores. Quando trabalhamos os valores com os clientes, as implicações desses valores na ação também emergem. Quando domínios valorizados foram negligenciados ou violados por um longo tempo, a própria ideia de escolher ações nessas áreas – ou mesmo que tais escolhas estejam prestes a acontecer – pode gerar fusão e esquiva significativas. Como regra, os terapeutas devem despender energia considerável na compreensão da valência psicológica dos valores antes de passar às discussões sobre ação de compromisso. Em essência, o terapeuta precisa entender as implicações psicológicas de fazer o cliente começar a agir em um domínio valorizado. Como essa ação está associada à história do cliente sobre si mesmo? Quais são as fontes potenciais de fusão se o cliente começar a fazer movimentos nessa área? Quando os terapeutas encontram dificuldades significativas no trabalho com valores, frequentemente é útil retirar de cena o compromisso. A seguinte transcrição de uma sessão mostra como uma conversa assim pode se desenvolver.

Cliente: Acho que não consigo suportar outra rejeição. O divórcio foi terrível! A ideia de convidar alguém para sair... bem, simplesmente não consigo fazer isso!

Terapeuta: Então, quando falamos sobre relações íntimas, você começa a pensar em namorar?

Cliente: Bem, sim, é para onde isso vai, não é? Quero dizer, quando minha esposa me deixou, eu sabia por quê. Eu também teria me deixado se pudesse! Eu não mudei. Isso vai acontecer de novo. E como eu faria isso? Fazer parte de um desses serviços de namoro *on-line*? Eu simplesmente... simplesmente não estou pronto.

Terapeuta: Uau! Isso é avassalador! Enquanto conversávamos, me pareceu que você estava sendo sufocado pela complexidade e impossibilidade de tudo isso. Sinto-me um pouco relutante até mesmo em perguntar alguma coisa sobre esta área... sobre intimidade. Se você quiser que eu pare, eu paro, mas posso fazer apenas algumas perguntas? E, se você disser "não" a qualquer momento, eu estou com você. Iremos parar. Esse é o meu compromisso com você. O que acontece é que parece que existe alguma coisa no meio de toda essa dor que é importante para você, e não quero negligenciá-la... passar por cima dela como se nada tivesse acontecido.

Cliente: Bem, sim, é claro que é importante. Não há nada mais importante para mim.

Terapeuta: Então, tudo bem? Tudo bem se eu fizer algumas perguntas? Prometo que vou devagar e deixo a opção de parar em aberto a cada etapa.

Cliente: Com certeza... Quero dizer, eu tenho que enfrentar essa coisa.

Terapeuta: Humm. Não sei. Não gosto muito de "tenho que". Com certeza não quero ser mais uma pessoa na sua vida que se une ao coro e diz o que você *tem que* fazer. E, quanto a isso – porque é evidente para mim o quanto isso é importante –, não sei se posso realmente *entendê-lo* sem ter alguma apreciação da forma como esse valor o move. Portanto, que tal isto – que tal se, por alguns momentos, deixarmos de perguntar se isso é possível ou como fazer isso acontecer. Esta é outra conversa, e podemos ter essa conversa outro dia. Mas hoje, bem aqui e agora, você estaria disposto a apenas me ajudar a entender o que significa intimidade para você? Não estou querendo que dê uma explicação. O que mais me interessa é apreciar do que entender. É mais como o que você faria com uma pintura do que o que faria com um livro didático. O livro didático é algo no qual você checa todos os fatos. Com a pintura, você apenas a contempla, aprecia, passa algum tempo com ela. Você estaria disposto a me ajudar a ver um momento de intimidade que você conheceu ou do qual tem saudade? Como eu disse, mais tarde podemos falar sobre o que fazer e se vai ser feita alguma coisa a respeito. Mas, por enquanto, você estaria disposto a apenas me ajudar a ter uma ideia do que isso significa para você?

Algumas vezes, é mais fácil entrar em contato com os valores quando a ação de compromisso é pelo menos momentaneamente deixada de lado. Trabalhar dessa maneira pode dosar o trabalho de aceitação e desfusão que, por fim, tornará possível a ação de compromisso. A ACT é, na sua essência, um tratamento comportamental. Seu objetivo final é ajudar o cliente a desenvolver e manter uma trajetória comportamental na vida que seja vital e valorizada. *Todas* as técnicas da ACT estão, em última instância, subordinadas a ajudar o cliente a viver de acordo com seus valores escolhidos. Essa afirmação significa que mesmo intervenções essenciais da ACT como desfusão e aceitação são, de certo modo, secundárias. Por exemplo, embora a ACT seja emocionalmente evocativa, ela difere de algumas abordagens focadas na emoção na medida em que não há interesse em confrontar experiências privadas dolorosas ou evitadas pelo seu valor intrínseco. Em vez disso, a aceitação de pensamentos, lembranças, emoções e outros eventos privados negativos é legítima e louvável somente na medida em que serve aos fins que são valorizados pelo cliente. Ajudar o cliente a identificar direções de vida valorizadas (tratadas neste capítulo) e a implementá-las em face de obstáculos emocionais (o próximo capítulo) direciona e dignifica o que a ACT espera dos clientes.

O QUE FAZER E O QUE NÃO FAZER NA TERAPIA

Uso coercitivo da escolha

Existe um lado potencialmente obscuro da intimidade terapêutica que se desenvolve quando a valorização está em questão. Com frequência ela desloca terapeuta e cliente para o domínio dos julgamentos morais. Regras morais são convenções sociais sobre o que é bom, enquanto valores são escolhas pessoais sobre fins desejáveis. Para que seja o mais eficaz possível, o terapeuta ACT deve ser capaz de trabalhar conscienciosamente com o cliente. Alguns clientes apresentam histórias ou problemas atuais que são moralmente repugnantes para o terapeuta, tais como violência, adição, comportamento suicida repetitivo e molestamento infantil, só para citar alguns. O trabalho de avaliação dos valores frequentemente expõe essas áreas; no entanto, o terapeuta em ACT não pode ser atraído para o papel de "detetive moral", usando a influência social da terapia para coagir o cliente aberta ou implicitamente a se adequar aos valores sociais amplamente aceitos. O terapeuta faz o mesmo movimento que o cliente é solicitado a fazer, ou seja, ver a valorização como essencialmente um exercício pessoal.

Por exemplo, ao trabalhar com um alcoolista no modelo da ACT, não existe o pressuposto de que estar intoxicado diariamente é incompatível com viver a vida em uma direção valorizada pelo cliente. Uma vez que valores e direção são escolhas do cliente, na verdade é um resultado legítimo que o cliente escolha abusar do álcool. A linguagem e cultura do "politicamente correto", é claro, faz parecer que esta é definitivamente a "escolha errada" porque os interesses da sociedade não são atendidos pelo sancionamento do alcoolismo. A terapia é uma empreitada verbal e, portanto, está inextricavelmente entrelaçada com as funções de controle social. O terapeuta deve evitar cair na armadilha de usar a escolha como uma forma de culpar o cliente.

A linguagem da "livre escolha" é poderosa, mas não deve ser usada para coagir o cliente. Essa coerção costuma ocorrer quando o terapeuta assume uma atitude como: "Bem, é claro, se você escolher continuar bebendo, esta é uma escolha sua. Você tem que fazer essas escolhas. Não posso fazer isso por você. Apenas lembre que esta é a escolha que você fez quando chegar a hora de arcar com as consequências". Embora essa postura possa ser tecnicamente correta (é a escolha do cliente, e somente ele pode viver as consequências), a atitude psicológica é: "A escolha que você está fazendo aqui, além de me decepcionar, mostra que você está moralmente errado.

Decepção e julgamento moral são coisas que o terapeuta deve notar e conter com leveza. Essas reações constituem dados para o terapeuta. É muito provável que o cliente tenha obtido essa mesma reação de outras pessoas e até mesmo pode ter muitas dessas reações internamente. Observar de forma gentil essas reações e indagar sobre elas pode, às vezes, paradoxalmente ajudar as pessoas a fazer contato mais preciso e menos defensivo com suas próprias escolhas. É importante ter em mente que, se lições de moral ou julgamentos mudassem o problema com álcool, haveria muito menos alcoolistas neste mundo.

Em raras ocasiões, um cliente pode apresentar valores que são tão divergentes dos do terapeuta que uma relação de trabalho colaborativa não pode ser estabelecida. Nesses casos, o terapeuta deve encaminhar o caso para outro profissional. Na vasta maioria dos casos, no entanto, os valores do cliente e do terapeuta são suficientemente parecidos para que não se desenvolva uma cisão básica sobre direções de vida valorizadas.

Confundir valores com objetivos

Um problema comum no trabalho com valores é a falha do terapeuta em detectar objetivos que são apresentados como valores pelo cliente. Por exemplo, o cliente pode dizer: "Eu quero ser feliz". Isso parece ser um valor, mas não é. Ser feliz é algo que você pode ter ou não ter, como um objeto. Um valor é uma direção – uma *qualidade* de ação. Por definição, valores não podem ser adquiridos e mantidos em um estado estático – eles devem ser vividos. Quando os objetivos são erroneamente confundidos com valores, a incapacidade de atingir um objetivo aparentemente anula o valor.

Um modo prático de evitar essa confusão é colocar uma declaração de objetivo ou valor produzida pelo cliente sob escrutínio: "Isso está a serviço do quê?" ou "O que você poderia fazer se isso fosse atingido?". Muito frequentemente, esse exercício irá revelar o "valor oculto" que não foi declarado.

Alguns "valores" são, na verdade, meios para um fim, caso no qual eles não são valores de forma alguma. Um modo de pensar nos valores é como *valores como meios* versus *valores como fins*. Valores como meios são coisas que são valorizadas porque podem produzir certos fins. Por exemplo, uma pessoa pode valorizar ser rica; no entanto, riqueza é valiosa porque permite que outros valores sejam perseguidos, como segurança para si mesmo e os filhos ou um desejo de ajudar outras pessoas menos afortunadas. O valor oculto aqui é se importar consigo mesmo, com a família e com os menos afortunados. Outro valor como meio comum é a promoção da saúde pessoal. Estar saudável pode parecer melhor do que a sua alternativa, mas o real valor na proteção da saúde é que isso nos possibilita fazer coisas que são valorizadas na vida, tais como viajar, conduzir sua filha ao altar no casamento dela, passar os "anos dourados" com um parceiro de toda a vida, etc. Valores como fins, em contrapartida, são resultados na vida que são valorizados por si só, mesmo que também possam desencadear outros resultados valorizados. Por exemplo, podemos valorizar a paternidade/maternidade, e isso pode produzir reconhecimento pessoal e reconhecimento dos pares. No entanto, é improvável que deixássemos de valorizar a paternidade/maternidade se o reconhecimento social não estivesse disponível. Compare isso com o dinheiro como valor. Se o dinheiro parasse de produzir bens materiais – digamos, devido à completa desvalorização de uma moeda –, ganhar dinheiro deixaria de ser um valor.

A esquiva experiencial é um bom exemplo. A relação entre meios e fins é revelada se o terapeuta pergunta: "A evitação da ansiedade estaria a serviço do quê?" ou "O que você conseguiria fazer se pudesse evitar a ansiedade?". O cliente pode responder que, então, seria possível viver uma vida mais valorizada. O terapeuta poderia perguntar: "Se você não estivesse ansioso, o que estaria fazendo que lhe diria que está vivendo uma vida mais valorizada?". Evitar a ansiedade é um pseudovalor, e muito do impacto da ACT provém simplesmente de organizar isso e avançar diretamente para ações associadas a valores. Quando os valores implícitos nas ações atuais se tornam explícitos, o cliente com frequência os rejeita. Por exemplo, o cliente provavelmente não escolheria um epitáfio que dissesse "Aqui jaz Fred. Ele passou sua vida evitando a ansiedade".

A sociedade contemporânea está dominada por um foco em resultados semelhantes a um objeto (i.e., objetivos que são atingidos). Na maioria dos casos, na primeira vez que o cliente completa esse exercício sobre valores, o que ele produz se parece mais com um exercício de definição de objetivos do que com um exercício de escolha de direções valorizadas. A função do terapeuta é detectar essa confusão entre processo e resultado e ajudar o cliente a conectar objetivos comportamentais específicos aos valores.

Ordem do trabalho com valores

Já enfatizamos repetidamente que a ordem na qual os processos centrais da ACT são tratados neste livro não tem nenhuma relação com sua ordem de aparecimento na terapia, e o trabalho com valores é um excelente estudo de caso dessa questão. Alguns terapeutas em ACT gostam de usar o trabalho com valores durante as sessões iniciais da terapia. A justificativa para essa abordagem é que colocar os clientes "em contato" com seus valores, assim como com o custo do comportamento inflexível em relação aos resultados de vida valorizados, é uma boa maneira de motivá-los a permanecer em terapia e fazer mudanças. Alguns problemas clínicos complexos (i.e., adição crônica a drogas ou álcool) são bons candidatos para essa abordagem, especialmente quando a questão principal é manter o cliente envolvido na terapia. Existem versões "mais suaves" de uma abordagem completa de construção de valores, em que a sessão inicial envolve uma conversa sobre os desejos de vida do cliente e o impacto que o "comportamento-problema" teve sobre esses desejos. Na prática, existe uma dinâmica fluida constante entre os processos centrais, de modo que as discussões iniciais dos valores podem imediatamente dar lugar a uma intervenção de momento presente (p. ex., "O que apareceu para você quando conversamos sobre seus princípios de vida e como eles foram afetados pela sua depressão?"). A "arte" da ACT (se é que existe) é a habilidade de se movimentar harmoniosamente entre os processos centrais em resposta ao que está acontecendo com o cliente na sessão.

Em geral, desencorajamos a adoção de uma abordagem do tipo "universal" para o posicionamento de algum processo da ACT. Não é necessário que todo o curso de terapia comece pelo trabalho com valores. Não existe mágica no trabalho com valores em si mesmo. O que importa é como ele está vinculado e associado aos outros processos centrais. Existem muitas situações clínicas nas quais a adesão rígida à condução do trabalho inicial com valores pode, na verdade, ser contraproducente, como com um cliente multiproblemas com falhas nos processos relacionados ao *self* e comportamento de esquiva de risco muito alto (p. ex., autolesão, comportamento suicida). O trabalho inicial com valores com um paciente como esse pode produzir maior autoaversão e o sentimento de ser criticado e rejeitado pelo terapeuta por falhar em viver de acordo com os valores identificados.

Insensibilidade cultural

O trabalho com valores bem feito é inerentemente adaptado culturalmente, uma vez que o cliente define a intenção e é o especialista final. Dito isso, os terapeutas precisam aprender sobre as diferenças culturais e ouvir os clientes de forma cuidadosa. Valores fazem parte da socialização, e as culturas diferem quanto aos valores que encorajam. Em especial se valores específicos forem característicos de culturas diferentes da do terapeuta, pode ser importante consultar outras pessoas familiarizadas com esse grupo social para evitar a comunicação de que certas escolhas não são realmente valores apenas porque são diferentes.

LENDO OS SINAIS DE PROGRESSO

O progresso no trabalho com valores é sinalizado quando o cliente e o terapeuta têm um conjunto de direções de vida motivadoras do comportamento mutuamente combinadas que são acompanhadas por objetivos de vida e estratégias de ação específicas de prazo imediato e intermediário. Além disso, o cliente deve indicar uma disponibilidade para formar um plano de ação que incorpore esses valores e objetivos. Nesse ponto, torna-se claro que o cliente está em busca de crenças pessoais intimamente cultivadas e não está simplesmente "inalando" os costumes e as crenças do meio social circundante sem assumir responsabilidade social pelas escolhas de valores. O trabalho com valores geralmente (mas nem sempre) está conectado à ação de compromisso no sentido de que o objetivo final da ACT é ajudar o cliente a viver uma vida consistente com os valores. Para usar uma metáfora como orientação, a avaliação dos valores é mais sobre a apreciação cuidadosa do mapa e também do terreno circundante. É como seguir o rumo de uma bússola. O trabalho com a ação de compromisso, por sua vez, é concebido para identificar e realizar ações específicas que movem uma pessoa em uma direção valorizada, objetivos específicos que dizem se o movimento ocorreu verdadeiramente e, por fim, as barreiras potenciais à ação que surgem quando se inicia a jornada real. Agora, examinaremos essas questões.

12

Ação de compromisso

[ao reservar passagem para Mumbai:] Em relação a todos os atos de iniciativa (e criação), existe uma verdade elementar cuja ignorância destrói incontáveis ideias e planos esplêndidos: a de que no momento em que definitivamente nos comprometemos, a providência também entra em ação. Toda uma sequência de eventos decorre da decisão, suscitando a nosso favor toda a espécie de casos fortuitos, encontros e assistência material, os quais nenhum homem poderia ter sonhado que ocorreriam assim. Aprendi a ter profundo respeito por uma das máximas de Goethe: "Qualquer coisa que você possa fazer ou sonhar, você pode começar. A ousadia tem genialidade, poder e magia em si!".

MURRAY (1951)

Neste capítulo, você aprenderá...

◊ Como aprofundar a distinção entre escolha e decisões.
◊ Como ajudar os clientes a trabalhar com valores para criar objetivos de vida específicos.
◊ Como definir ações que são usadas para atingir esses objetivos.
◊ Como trabalhar com "anzóis" que enfraqueçam a ação de compromisso.

VISÃO GERAL PRÁTICA

Apesar dos seus interesses bem elaborados na cognição e na emoção, no fim das contas a ACT é uma forma de terapia comportamental relativamente *hard-core* em dois sentidos desse termo. Em primeiro lugar, é uma terapia que está baseada em princípios comportamentais de uma forma profunda. Teoricamente, suas raízes estão profundamente inseridas no behaviorismo, na análise do comportamento e na filosofia contextual funcional. Segundo, sua base é comportamental. O objetivo final é desenvolver padrões de comportamento que funcionem para o cliente, e nada menos do que isso será contado como sucesso. Por *fun-cionar*, pretendemos dizer que o cliente está tomando ações que movem sua vida em uma direção valorizada. Em última análise, os clientes têm que "andar com as próprias pernas", e as pegadas são ações de compromisso. O C em ACT e o próprio acrônimo (agir) expressam a importância fundamental que a ACT atribui à mudança comportamental. Se um cliente não muda seu comportamento, então todos os nossos esforços para trabalhar em desfusão-aceitação, momento presente--self-como-perspectiva e valores serão nulos.

Um dos principais mal-entendidos sobre compromisso é que frequentemente ele se parece com uma promessa feita sobre o futuro. Em terapia, ele pode assumir esta forma: "Você pode se comprometer a realizar esse comportamento a partir deste momento até quando nos encontrarmos novamente?". O cliente diz: "Sim, vou firmar esse compromisso". Embora uma afirmação como essa faça parte de um compromisso, ela não é a parte mais importante. De fato, na realidade, compromisso não é absolutamente sobre o futuro. É sobre realizar uma ação específica *in situ*, um ato situado no contexto de forças externas e internas. Se uma pessoa chega a uma bifurcação na estrada, ocorre compromisso no exato momento em que ela dá um passo em uma das duas direções. A pessoa está dizendo: "Vou por este caminho em vez daquele". Cada passo dado na direção "deste caminho" faz parte do compromisso de ir "por este caminho em vez daquele". Na citação de abertura do capítulo, Murray faz essa declaração logo após reservar uma passagem para Mumbai, onde sua viagem para escalar o Himalaia vai começar. A escalada dessas montanhas começa na reserva dessa passagem. Este é o primeiro passo que diz: "Estou escalando". Ele não está mais planejando escalar; ele está escalando.

Definindo compromisso na ACT

Em um sentido importante, compromisso faz parte da expressão dos valores pessoais. O que seria um valor se não houvesse uma atitude tomada em seu nome? Ação de compromisso consiste de atos particulares em momentos particulares, enquanto um valor envolve qualidades livremente escolhidas e verbalmente construídas de ação contínua. Ações baseadas em valores são aquelas que são deliberadamente concebidas para incorporar um valor particular e são intrinsecamente reforçadas. Por exemplo, se uma pessoa finge amor por outra unicamente na esperança de receber um presente, a ação provavelmente não será amor em nenhum sentido funcional porque ela é reforçada (quando muito) por dinheiro, não apenas por sinais de que existe interesse por uma pessoa amada. Em certo sentido, os valores são advérbios porque uma qualidade da ação serve como reforçador intrínseco. "Comportar-se amorosamente" pode ser um valor, por exemplo. "Ter alguém que me ame" é mais um objetivo do que um valor.

Compromisso, conforme é usado na ACT, também envolve um processo de construção deliberada de padrões de comportamento cada vez mais amplos. Assim, na ACT, *ação de compromisso é uma ação baseada em valores que ocorre em um momento particular no tempo e que está deliberadamente ligada à criação de um padrão de ação que serve ao valor*. Manter um compromisso significa comportar-se, momento a momento, de modo consistente com os valores como parte de um padrão de ação ampliado e em constante expansão.

Ações de compromisso não são o mesmo que promessas, previsões ou descrições históricas. Embora se estendam até o futuro, elas ocorrem no aqui e agora. Essa qualidade de um *presente estendido* é atribuída às características funcionais e não puramente superficiais das ações de compromisso. Uma pessoa pode permanecer casada por décadas e nunca se comprometer com um casamento amoroso; em contrapartida, uma pessoa pode ser comprometida com um casamento amoroso, mas se divorciar posteriormente. O compromisso depende da fonte do reforçamento no presente, associado a escolhas particulares.

As ações de compromisso nunca são perfeitas e nunca são constantes. E, no entanto, no exato momento em que vemos uma divergência entre as ações e um valor, e escolhemos novamente agir para incorporar e cultivar esse valor, a própria ação é uma ação de compromisso.

As ações de compromisso podem envolver atividade mental inteiramente privada. Um exemplo é o compromisso de Victor Frankl, em um campo de concentração, de amar e se preocupar com sua esposa – mesmo que não tivesse absolutamente nenhum controle sobre qualquer comportamento que pudesse comunicar diretamente amor e carinho por ela.

Neste capítulo, examinaremos inúmeros tópicos importantes que costumam surgir no trabalho com os processos de compromisso. Compromisso aprofunda a distinção, introduzida na construção dos valores, entre escolher e decidir. Neste capítulo, mostraremos como a distinção é relevante para ações baseadas em valores. Discutiremos como trabalhar colaborativamente com o cliente para desenvolver estratégias de ação que incorporem os valores expressos. Abordaremos o processo de antecipação e nos voltaremos para as barreiras à ação de compromisso que inevitavelmente surgem e, de fato, dão sentido a todo o trabalho feito com a aceitação, a desfusão, a consciência do momento presente e o self-como-perspectiva. Também abordaremos como integrar intervenções "tradicionais" da terapia comportamental, tais como exposição, treinamento de habilidades, controle de estímulos, prevenção de resposta, ativação comportamental e tarefa de casa, dentro de uma estrutura consistente com a ACT.

APLICAÇÕES CLÍNICAS

Os clientes com frequência entram em terapia sentindo a dor do fracasso e da derrota. Eles sem dúvida já resolveram experimentar diferentes estratégias para abordar seus problemas e com frequência acharam difícil persistir em face dos obstáculos. Em alguns casos, seu comportamento reflete um compromisso de evitar os obstáculos em vez de viver de acordo com os valores pessoais. Podemos observar essa atitude no comportamento que o cliente traz para dentro das sessões. Se pressupomos que todo comportamento está organizado e o cliente não está apenas se engajando em comportamento aleatório, que valores podemos inferir a partir da observação da função do comportamento? Em um sentido muito real, este é o "sentido da vida" que atualmente está sendo gerado pelo cliente. Lamentavelmente, o cliente em geral está tão ocupado explicando, analisando e justificando os comportamentos que esse fato importante é negligenciado. Temos que fazer o cliente entrar em contato com o fato de que cada comportamento a cada momento está gerando algum significado e está ligado a algum propósito. Viver em um mundo intensamente simbólico não atenua a situação – apenas amplia a variedade de comportamentos que são relevantes para escolher. O relógio está avançando, nosso comportamento é contínuo mesmo enquanto dormimos, e nosso comportamento está refletindo nossos propósitos independentemente do que nossas mentes estão nos dizendo.

Escolha e compromisso

Ação de compromisso é uma escolha de agir intencionalmente de uma forma particular. Os clientes com frequência têm dificuldades com o conceito de escolha porque esta é uma palavra emocionalmente confusa em nossa cultura. Os clientes falam sobre terem feito "más escolhas" como se fosse essencial fazer "boas escolhas". O que eles normalmente pretendem dizer com "má escolha" é que o resultado de uma ação foi aversivo. O terapeuta ACT tenta contornar esse uso moralista e avaliativo da palavra. Nós não culpamos os clientes pelas escolhas que eles fazem. Tentamos ajudá-los a entender que a escolha está disponível e que, se estiver intimamente atrelada aos valores, ela pode ser um lugar poderoso onde se posicionar. Se o cliente se deu bem com a metáfora do *Tabuleiro de Xadrez* (veja o Capítulo 8), o terapeuta pode associar a questão da escolha a essa metáfora:

> "É como o tabuleiro de xadrez. Há apenas duas coisas que o tabuleiro pode fazer: conter as peças e movimentar todas elas. Escolher um curso de ação é como dizer para as peças: 'Nós estamos nos movimentando *aqui*'. Isso é uma escolha – não depende das peças concordar ou discutir sobre isso. O tabuleiro está avançando em

uma direção particular porque você escolhe fazer isso. Para fazer isso, você tem que estar em um lugar em que as peças possam acompanhá-lo. Elas não estão no comando. Portanto, estar disposto a 'ter o que você tem' é o que torna possível a escolha da ação. Dentro da metáfora do *Tabuleiro de Xadrez*, a direção tomada é o valor, enquanto a escolha de se mover nessa direção de uma forma comportamental faz parte da ação de compromisso."

A metáfora da *Jardinagem* também pode ser usada para enfatizar como a escolha permite que mantenhamos um curso fixo em face de um *feedback* difícil, provocativo ou confuso.

"Imagine que você escolheu um local para fazer uma horta. Você trabalhou o solo, plantou as sementes e esperou que elas brotassem. Nesse meio tempo, começou a notar um local do outro lado da rua que também parecia ser bom – talvez ainda melhor. Então, você arrancou seus vegetais, atravessou a rua e fez outra horta ali. Depois disso, notou outro local que parecia ser ainda melhor. Os valores são como o lugar onde você faz a sua horta. Você pode cultivar algumas coisas muito rapidamente, mas algumas coisas requerem tempo e dedicação. Portanto, a questão é: 'Você quer ter sua subsistência baseada em alface ou quer viver de alguma coisa mais substancial – batatas, beterrabas ou coisa semelhante?'. Você não consegue descobrir como as coisas funcionam em hortas quando tem que erguer estacas repetidamente. Agora, é claro, se ficar no mesmo lugar, você vai começar a notar suas imperfeições. Talvez o solo não esteja tão nivelado quanto parecia quando você começou ou a água tenha que ser transportada por uma longa distância. Algumas coisas que você planta podem dar a impressão de que demoram a vida toda para brotar. Em momentos como esses é que a sua mente vai lhe dizer que 'você deveria ter plantado em outro lugar', 'isso provavelmente nunca vai funcionar', 'foi burrice sua achar que poderia cultivar alguma coisa aqui', etc. A escolha de plantar *aqui* lhe permite regar, arrancar e capinar mesmo quando surgem esses pensamentos e sentimentos. Você está construindo um padrão mais amplo. Você não está apenas aguando – você está regando a *sua horta*. Não está apenas cavando, está cavando a *sua horta*."

Essa metáfora também é útil para guiar os clientes na direção de ações mais comprometidas. Por exemplo, se um cliente valoriza uma relação conjugal mais amorosa, essa metáfora pode encorajá-lo a ser mais ativo nessa área. Trazer café para o seu cônjuge pode, em certos aspectos, ser como capinar – mas não é o café em si que é importante. É a ligação com o relacionamento mais amplo – isto é, o casamento ou a horta – que dá um sentido a esses momentos individuais de ação e lhes dá o poder de conduzir a padrões mais amplos de comportamentos baseados em valores.

Objetivos são o processo por meio do qual o processo se transforma em objetivos

Um dos motivos pelos quais os clientes ficam travados é porque eles acreditam que atingir objetivos é o segredo para a felicidade e sua satisfação com a vida. Eles tentam obter o que desejam para serem felizes. Essa maneira de viver é, em certos aspectos, opressiva porque está funcionalmente conectada a um estado de privação. Tentar ser feliz atingindo objetivos é viver em um mundo onde o que é importante está constantemente ausente, presente apenas na esperança de que irá chegar algum dia. A coisa de que você mais precisa (i.e., ter o que você deseja) de forma constante nunca está presente. Embora esse sentimento de privação possa criar motivação e ação direcionada, ele extrai qualquer sentimento de vitalidade. Não é de admirar que objetivos e valores sejam constantemente confundidos um com o outro!

No âmbito do processo, a inflexibilidade e o "bloqueio" resultam da fusão, da esquiva e da falha nos processos do momento presente. Se "o resultado X = bom", então "a ausência do resultado X = ruim". Em um estado como esse, o momento presente deve ser evitado, já que o presente, por definição, é "a ausência de X". Ironicamente, o contato íntimo com o momento presente pode ser exatamente o que é necessário para produzir X no sentido mais profundo de um padrão em constante evolução.

A melhor resposta para o dilema é usar os objetivos apenas como um meio de se engajar no processo de mudança e para apontar nossos esforços em uma direção consistente. O foco do clínico deve ser permanecer com o processo momento a momento e constantemente desfusionando as mensagens verbais. Essa abordagem não significa que o resultado preferido do cliente não é desejado. Significa apenas que o resultado ou a ausência do resultado exerce um controle menos rígido sobre o comportamento do cliente. Quando o processo de viver na verdade se transforma no principal resultado de interesse, já não estamos mais vivendo em um mundo verbal de privação constante. Quando o propósito da vida se torna viver verdadeiramente, sempre o temos *bem aqui, bem agora*. Evocar a metáfora *Esquiando* é outra maneira de dramatizar os aspectos produtores de vitalidade de focar diretamente no processo.

> "Suponha que você vá esquiar. Você pega um teleférico até o topo da montanha e está prestes a descer a montanha de esqui quando um homem se aproxima e pergunta aonde você está indo. 'Vou até o alojamento na base da montanha', você responde. Ele diz: 'Posso ajudá-lo com isso' e imediatamente o agarra, o joga dentro de um helicóptero, voa até o alojamento e depois desaparece. Então, você olha à sua volta, meio atordoado, pega um teleférico até o alto da montanha novamente e está a ponto de descer com o esqui quando esse mesmo homem o agarra, o joga dentro de um helicóptero e voa até o alojamento novamente. Você ficaria muito incomodado, certo? Você provavelmente diria: 'Ei, eu quero esquiar!'
>
> "Esquiar não é simplesmente chegar até o alojamento. Inúmeras atividades podem realizar isso para nós. Esquiar é um processo particular de chegar lá. Mas note que chegar até o alojamento é importante para esquiar porque nos permite realizar esse processo. Valorizar a descida, e não a subida, é necessário para esquiar. Se você tenta colocar esquis para descer a montanha e sobe a montanha em vez de descer, simplesmente não vai funcionar! Há um modo paradoxal de expressar isso: resultado é o processo por meio do qual um processo pode se transformar em resultado. Precisamos de objetivos de resultado, mas a verdadeira questão é que nós participemos integralmente da jornada."

A maioria dos clientes na sociedade contemporânea está muito mais orientada para os resultados na medida em que muito, se não a maior parte, do seu treinamento social consiste de simplesmente aplicar a eles mesmos padrões materialistas de "sucesso" quase de forma mecânica. Eles monitoram constantemente o quanto estão se saindo bem e o quanto são bem-sucedidos comparados com os outros e constantemente se imaginam atingindo um melhor estado da mente do que o atual ou lamentando situações passadas sempre que suas ações, ou incapacidade de agir, apresentam mau desempenho. Eles com frequência interrompem abruptamente iniciativas revigorantes na vida sempre que o resultado previsto não é atingido precisamente "no prazo".

Comportar-se de forma direcionada não quer dizer que temos que monitorar o progresso momento a momento a cada passo durante o percurso. De fato, essa preocupação com o monitoramento do resultado inevitavelmente diminui a vitalidade. Se ficarmos atentos para ver o quanto somos felizes na vida, ficaremos muito infelizes. Na verdade, algumas vezes temos que manter a fé mesmo quando uma direção valorizada segue por caminhos inesperados. A metáfora da *Subida da Montanha* pode ser empregada para ajudar o cliente a entender os riscos do monitoramento constante do progresso imediato rumo a objetivos concretos em vez de conectar-se com a valorização como um processo. Mais do que isso, essa metáfora mostra que mesmo fases dolorosas ou traumáticas na vida podem ser integradas a um caminho positivo em geral se aprendermos com elas.

"Suponha que estejamos fazendo uma caminhada nas montanhas. Você sabe como eles abrem as trilhas nas montanhas, especialmente se as encostas são íngremes. Elas serpenteiam para frente e para trás; com frequência têm zigue-zagues onde você literalmente cai abaixo de um nível que já havia atingido anteriormente. Se eu lhe pedisse, em determinado ponto da trilha, para avaliar o quão bem você está atingindo seu objetivo de chegar ao topo da montanha, ouviria uma história diferente a cada vez. Se você estivesse no modo serpentear, provavelmente me diria que as coisas não estavam indo bem, que você nunca iria atingir o topo. Se você estivesse em um trecho de território aberto de onde pudesse ver o topo da montanha e o caminho que conduz até lá, provavelmente me diria que as coisas estavam indo muito bem. Agora imagine que estamos do outro lado do vale com binóculos olhando para as pessoas que caminham por essa trilha. Se nos perguntassem como elas estavam se saindo, provavelmente teríamos um relato de progresso positivo a cada vez. Conseguiríamos ver que a direção geral da trilha – não a sua aparência em determi-

nado momento a partir do nível do chão – é o segredo do progresso. Veríamos que seguir essa trilha maluca e sinuosa é exatamente o que leva até o topo."

Desenvolvendo objetivos e ações baseados em valores

Depois de realizar e concluir a construção e o processo de clarificação de valores (descrito no capítulo anterior), o cliente é solicitado a desenvolver objetivos e especificar ações que possam ser tomadas para atingir esses objetivos. Inevitavelmente, surgirão barreiras à ação de compromisso, as quais deverão receber atenção. Esse trabalho com os objetivos, as ações e as barreiras à ação se apoia nos fundamentos dos valores do cliente. Este é o aspecto mais aplicado da abordagem da ACT e também o mais crítico porque a ACT é principalmente sobre agir sobre e no mundo.

Um objetivo é definido como uma conquista específica perseguida a serviço de um valor particular. Por exemplo, se o cliente valoriza a contribuição para a sociedade, podemos perguntar acerca das formas específicas como esse valor poderia ser posto em ação – digamos, envolvendo-se em uma obra de caridade local ou sendo voluntário em algum lugar. O cliente, então, define ações que provavelmente atingiriam o objetivo. O cliente pode decidir ligar para a Cruz Vermelha, doar dinheiro à United Way ou ser voluntário em um restaurante popular local. O terapeuta e o cliente tentam gerar ações que possam assumir a forma de tarefa de casa. Em alguns casos, estas podem envolver exemplos únicos; outras vezes, podem envolver um compromisso com atos repetidos e regulares. Os objetivos e ações típicos podem incluir:

1. *Carreira:* investigar o reingresso na escola, candidatar-se a um novo emprego, pedir um aumento, conversar com um consultor de carreiras, fazer bem o seu trabalho.

2. *Lazer:* juntar-se a um time de *softball*, frequentar a igreja, convidar alguém para um encontro, ir dançar, receber um amigo em casa para jantar, ir a uma reunião dos AA.
3. *Intimidade:* reservar um tempo especial para passar com o cônjuge, telefonar ou visitar um filho de um casamento anterior, telefonar para os pais ou visitá-los, recuperar amizades rompidas.
4. *Crescimento pessoal:* organizar-se para fazer pagamentos dos impostos/sustento dos filhos/contas, aprender uma língua estrangeira, participar de um grupo de meditação.

Um aspecto importante do trabalho efetivo de objetivos-ação é monitorar a relação entre a ação, seu objetivo associado e o valor associado. Essa ação, se tomada, irá produzir o objetivo ou ajudar a conduzir até ele? A ação é viável e faz parte do leque de habilidades do cliente? O cliente entende a relação temporal entre a ação e o objetivo? Algumas ações são como sementes na metáfora da *Jardinagem*. Elas precisam ser "plantadas no solo" e ter tempo para brotar. Outras ações produzem resultados imediatos, como abandonar um emprego insatisfatório com o objetivo de perseguir uma nova carreira. A Figura 12.1, o Formulário de Objetivos, Ações e Barreiras, pode ser usada para ajudar os clientes a desenvolverem objetivos e ações conectados com seus valores.

Ao desenvolver planos de ação de compromisso, geralmente é recomendável encorajar o cliente a acumular pequenos resultados positivos na arena da ação-objetivo. Dar pequenos passos de forma consistente causa maior impacto do que passos heroicos dados inconsistentemente. A ênfase é colocada em ações que parecem ser "passos na direção certa", isto é, ações experimentadas como consistentes com os valores e objetivos declarados do cliente. O objetivo é aumentar a eficácia do cliente na construção de padrões cada vez maiores de ação de compromisso. Ao mesmo tempo, o terapeuta oferece um modelo de uma forma muito efetiva de solução de problemas pessoal que pode se generalizar para outros contextos e situações que o cliente venha a enfrentar.

O trabalho com compromisso é a parte do modelo da ACT que mais varia com comportamentos-problema específicos. Por exemplo, ação de compromisso para tabagismo envolve redução gradual, tabagismo agendado, tabagismo consciente, datas para parar, procedimentos de controle de estímulos, compromissos públicos e outros procedimentos. Ao lidar com depressão, a ação de compromisso pode envolver ativação comportamental, envolvimento social, resolução de dificuldades familiares, exercícios ou tratar problemas relacionados ao trabalho. Ao lidar com ansiedade, a ação de compromisso pode envolver exposição gradativa, aumento nas atividades sociais ou higiene do sono. O ponto principal é que a ACT faz parte da terapia comportamental, e a análise funcional proporcionada pelo modelo da ACT visa informar o contexto mais amplo de questões funcionais específicas para problemas particulares apresentados. As ações de compromisso tendem a se estender pelo tempo, espaço ou ações específicas. Um compromisso de resolver uma adição a drogas envolve muitas ações específicas. A ciência comportamental pode fornecer grande quantidade de informações sobre como construir padrões como esses que funcionem. A ligação entre a ação de compromisso em ACT e a terapia comportamental tradicional é que esta última pode ajudar a especificar os padrões mais amplos que podem ser construídos para promover qualidades de ação valorizadas.

Identificando e enfraquecendo as barreiras à ação de compromisso

O estabelecimento do objetivo comportamental efetivo requer uma análise franca das barreiras que o cliente provavelmente irá en-

Considerando a direção valorizada listada, trabalhe com o cliente para gerar objetivos (eventos possíveis de obter) e ações (passos concretos que o cliente pode dar) que manifestariam esses valores. Usando entrevistas e exercícios, identifique os eventos psicológicos que se colocam entre o cliente e seu avanço nessas áreas (realizar essas ações, trabalhar na direção desses objetivos). Se o cliente apresentar eventos públicos como barreiras, reformule-os em termos dos objetivos e coloque-os ao lado do seu valor relevante (eles podem diferir da fileira inicial que levantou essa questão). Então, também examine novamente as ações e barreiras relevantes para esses objetivos.

Domínio	Direção valorizada	Objetivos	Ações	Barreiras
Relações familiares (exceto as de casais parentais)				
Casamento/casais/relações íntimas				
Parentalidade (maternidade ou paternidade)				
Amigos/relações sociais				
Trabalho				
Educação e treinamento				
Recreação/diversão				
Espiritualidade				
Vida em comunidade				
Autocuidado físico (dieta, exercício, sono)				
Ambiente (cuidado com o planeta)				
Estética (arte, música, literatura, beleza)				

FIGURA 12.1 Formulário de Objetivos, Ações e Barreiras.

contrar e que podem impedir a ação. Em geral, as barreiras funcionam como obstáculos porque desencadeiam eventos privados estressantes indesejados. As barreiras podem envolver reações psicológicas negativas ou pressão de fontes externas. O cliente que considera demitir-se de um emprego insatisfatório provavelmente terá pensamentos como: "Você está cometendo um grande erro. E se não encontrar seu emprego dos sonhos – o que vai fazer?". Nesse pensamento relativamente simples, estão contidos exemplos potenciais de fusão, falha nos processos do momento presente e esquiva. Além disso, podem surgir emoções antecipatórias negativas como medo, ansiedade ou vergonha. Barreiras externas que desencadeiam *pliance* ou *counterpliance* também podem se apresentar. O cônjuge do cliente pode discordar da decisão, pode se incomodar pelas restrições posteriores no estilo de vida quando a situação financeira ficar mais limitada ou pode acusar o cliente de ser "egoísta" e não se sacrificar.

Essas barreiras externas podem levar a eventos privados ainda mais negativos e a mais esquiva. O cliente também pode acabar percebendo que a busca de um curso de ação valorizado (p. ex., esforçar-se por uma vida profissional mais satisfatória e desafiadora) colide com outro curso valorizado (p. ex., construir intimidade nas relações principais). A questão é que o engajamento em ação valorizada sempre estimula conteúdo psicológico de uma forma ou de outra. Particularmente quando esse conteúdo é negativo, ele pode funcionar como uma barreira à ação. Nossos clientes não ficam emperrados na vida simplesmente por acaso, mas porque evitam ter atitudes valiosas como um meio de evitar barreiras emocionais dolorosas. Se o trabalho prévio com ACT foi bem-sucedido, o cliente está pronto para reconhecer as barreiras pelo que elas realmente são, não pelo que elas anunciam que são.

O cliente consegue identificar as barreiras à ação valiosa em cada domínio? Esse trabalho irá naturalmente envolver movimentar-se entre o trabalho com valores e compromisso e o trabalho em outros processos do hexaflex – self-como-perspectiva, desfusão, aceitação e processos do momento presente. Comprometer-se ativa os aspectos problemáticos desses outros processos, os quais são, então, revisitados a serviço da manutenção desses compromissos. Conforme as barreiras vão sendo identificadas e discutidas, o terapeuta ajuda o cliente a considerar o seguinte:

1. Que tipo de barreira é esta? Os eventos privados negativos ou as consequências externas estão em conflito com algum outro valor? Existem problemas com *pliance* ou *counterpliance*?
2. Esta barreira é algo para o qual você poderia abrir espaço e continuar agindo?
3. Que aspectos desta barreira são mais capazes de reduzir a sua disponibilidade para se abrir para a barreira sem defesa?
4. Alguma destas barreiras é apenas outra forma de esquiva experiencial?

Abertura para as barreiras e barreiras para a abertura

A abertura ou disponibilidade (*willingness*) foi abordada anteriormente (no Capítulo 10) no contexto dos processos de aceitação. Com o trabalho com compromisso, é hora de reintroduzir a disponibilidade por um novo ângulo. A ênfase no Capítulo 10 foi em ajudar o cliente a se abrir para estados internos difíceis. No contexto do compromisso, disponibilidade é a escolha de agir de forma baseada em valores, ao mesmo tempo com a plena consciência de que fazer isso desencadeia conteúdo temido. Ela pode ser revelada no paciente com sintomas de pânico que, apesar disso, escolhe entrar no *shopping center*, muito consciente de que ansiedade e medo estão à sua espera. É revelada no cônjuge infeliz que se senta com o parceiro de uma vida para discutir problemas básicos no casamento, sabendo que existe a possibilidade de rejeição do outro. Por que alguém voluntariamente evocaria do ambiente conteúdo pessoal doloroso como este? A resposta é que ninguém faria isso – a não ser que servisse a um propósito de vida mais abrangente. Disponibilidade – a ação – é dignificada pela presença de valores e torna possível a incorporação desses valores.

Uma das principais barreiras aos compromissos é o medo de falhar em mantê-los, combinado com a fusão com uma história de que falhas passadas em compromissos significam que o compromisso futuro é impossível. De fato, a dor de não nos comprometermos com o que nos importamos é um aliado poderoso da dor de falhas passadas – mas somente se essas duas fontes de dor puderem ser assimiladas e aprimoradas por meio da desfusão, da aceitação e da disponibilidade comportamental.

A metáfora da *Bolha no Caminho* expressa a ligação entre abertura e a habilidade de tomar uma direção valorizada.

"Imagine que você seja como uma bolha de sabão. Você já viu como grandes bolhas de sabão podem colidir com bolhas menores, e as pequenas são absorvidas pela maior? Bem, imagine que você seja uma bolha de sabão como esta e que esteja indo por um caminho que escolheu. De repente, outra bolha aparece à sua frente e diz: 'Pare!'. Você fica ali parado por alguns segundos. Quando você se movimenta para contornar, passar por cima ou por baixo da bolha, ela se move rapidamente para bloquear seu caminho. Agora você tem apenas duas opções. Você pode parar de se movimentar na sua direção valorizada ou pode colidir com a outra bolha de sabão e seguir em frente com ela dentro de você. Esse segundo movimento é o que entendemos por 'disponibilidade'. As suas barreiras são, em grande parte, sentimentos, pensamentos, lembranças, etc. Elas estão, na verdade, dentro de você, mas parecem estar do lado de fora. Por exemplo, a bolha menor pode dizer: 'Você não pode se comprometer com este caminho porque no passado você falhou em manter seus compromissos'. 'Disponibilidade' não é um sentimento ou um pensamento – é uma ação que responde à pergunta que a barreira faz: 'Você me aceita dentro de si por opção ou não?'. Para assumir uma direção valorizada e criar um padrão comportamental, você precisa responder 'Sim', mas apenas *você* pode *escolher* essa resposta. Por exemplo, você consegue ter o medo de falhar em seus compromissos *e* assumir o compromisso?"

O terapeuta ACT entrelaça esses tópicos, unindo-os para se adequarem à situação do cliente: disponibilidade, escolha, valorização, ações e barreiras. Viver uma vida poderosa e vital, na verdade, não é possível sem a disponibilidade para transpor as barreiras, um conjunto de direções valorizadas que torna intencional o manejo dessas barreiras e uma escolha de agir em face de consequências imprevisíveis.

O trabalho com compromisso destaca a qualidade iterativa da ACT. Ação de compromisso é como descascar uma cebola. Se você retira uma camada de uma cebola, o que encontra é outra camada. É tentador ver a ação de compromisso como uma fórmula simples: valor construído → ação de compromisso. Se ser um cônjuge amoroso emerge como um valor-chave do cliente, isso implica uma série de ações de compromisso. No entanto, a ação de compromisso contínua provavelmente também revela outras formas como o valor pode ser vivido. Desse modo, a ação de compromisso repercute nos valores, fazendo o cliente elaborar mais o que significa ser um cônjuge amoroso. A elaboração, por sua vez, pode gerar novas ações de compromisso. De forma similar, todos os processos da ACT influenciam uns aos outros. Um valor elaborado pode colocar uma pessoa em contato psicológico com falhas em viver desse modo no passado. Na medida em que as falhas são dolorosas, elas podem requerer aceitação. Um cliente pode fazer contato de uma forma muito dolorosa com sua própria miopia em relação ao valor. O pensamento "Como pude ser tão idiota?" pode se tornar um alvo importante para o trabalho de desfusão. O forte apego a uma história de fracasso pode afastar o cliente do contato com o momento presente. Os clientes frequentemente se reciclam por meio de processos da ACT como este quando novos compromissos são assumidos e mantidos. O progresso clínico quase certamente irá significar revisitar todos os outros processos da ACT, cada vez dentro de um campo de jogo contextual diferente.

AÇÃO DE COMPROMISSO E ABORDAGENS TRADICIONAIS DA TERAPIA COMPORTAMENTAL

Levando em conta o padrão dinâmico de crescimento da onda contextual das terapias comportamentais e cognitivas das quais a ACT faz parte, sempre haverá confusão sobre como o "novo" se relaciona com o "tradicional". Por exemplo, para alguns, a ACT foi construída como oposta às abordagens comportamentais tradicionais; para outros, a ACT é basicamente "o mesmo vinho em uma garrafa diferente". De fato, praticamente todas as intervenções clássicas são compatíveis com a ACT. Conforme declaramos no início deste capítulo, a ACT é, em essência, uma terapia comportamental *hard-core* – mas apresenta uma análise profunda e uma abordagem da cognição que está baseada no pensamento comportamental. A seguir, abordaremos as formas nas quais a ação de compromisso se encaixa facilmente nas muitas intervenções comportamentais tradicionais.

Exposição

Conforme observamos no Capítulo 10, a ACT é uma intervenção baseada em exposição – baseada em uma visão contextual da essência da exposição. O objetivo da exposição tradicional é a redução ou eliminação dos sintomas, enquanto na ACT o objetivo é a flexibilidade psicológica em busca da ação de compromisso.

Em certa medida, a expansão do repertório pode ser buscada pelo encorajamento da flexibilidade emocional, cognitiva e comportamental *per se*. Por exemplo, durante uma sessão tradicional de exposição em um *shopping center* com uma pessoa que sofre de agorafobia, um praticante da ACT observaria que o cliente está aberto ao novo comportamento e o levaria a identificar a pessoa mais próxima com o penteado mais ridículo, ou a discutir qual é a sensação nas solas dos seus pés, ou a fazer deliberadamente o oposto do que a sua mente está sugerindo que faça (p. ex., se ele está com medo de ter um ataque de pânico ou de parecer tolo, deve seguir diretamente até a loja de roupas mais próxima e imediatamente pedir um hambúrguer!). Táticas excêntricas como esta são concebidas para aumentar a flexibilidade das ações psicológicas na presença de estímulos previamente restritivos do repertório. No entanto, se já fizemos previamente um trabalho com os valores do cliente, a escolha de ações experimentais pode ser associada mais intimamente a ações baseadas em valores e à ação de compromisso. Por exemplo, a pessoa que padece de agorafobia pode ser convidada a se comprometer a não sair do *shopping center* antes de comprar um presente para uma pessoa querida.

Mesmo as atividades de exposição ao vivo mais convencionalmente organizadas desempenham um papel importante na ACT. Por exemplo, a exposição pode ser usada como uma forma de praticar manter-se no momento presente independentemente do conteúdo estressante. Durante a exposição, o cliente pode praticar desfusão e ver os pensamentos pelo que eles são. Permanecer em uma situação dolorosa pode ser feito com o olhar voltado para os valores pessoais e empreendendo ações consistentes com esses valores. Padrões que enfatizam ações ainda mais flexíveis podem ser adquiridos como parte de um compromisso formal. O segredo é que a exposição na ACT não é sobre redução de sintomas. É sobre estimular a flexibilidade psicológica na presença de estímulos previamente restritivos do repertório a serviço de fazer o que precisa ser feito.

Um de nós (KDS) trabalhou com uma mulher casada de 38 anos, mãe de três filhos, que havia experimentado ansiedade crônica e debilitante por mais de uma década. Seu medo da ansiedade, a preocupação com ela e a esquiva de situações que poderiam produzi-la causaram estragos em sua vida. A conversa a seguir ocorreu na entrevista inicial.

Terapeuta: Deixe-me ver se eu entendi direito. A sua postura quanto à ansiedade é que você não vai tolerá-la, estará em alerta o tempo todo e vai evitar fazer qualquer coisa que possa desencadeá-la – está correto?

Cliente: É mais ou menos isso. Parece meio esquisito e deprimente, não é?

Terapeuta: Acho que a parte depressiva tem a ver com todas as atividades que você quer fazer com seus filhos e eles lhe pedem para fazer – mas que você não faz. Você passa por cima delas porque pode ficar ansiosa caso saísse com as crianças.

Cliente: Eu sinto que estou falhando com eles como mãe. Posso ver o quanto ficam desapontados quando lhes digo que não vou a um cinema, não vou ao parque com eles, não vou levá-los ao *shopping center*. Eu peço que o pai deles faça todas essas coisas.

Terapeuta: E você me disse que seus filhos significam tudo para você! Que, se não fosse por eles, você mencionou que poderia ter dado um fim a tudo muito tempo atrás quando sua ansiedade tirou o melhor de você. Assim, eu posso ver que você tem esse belo valor de querer o melhor para seus filhos e que deseja encontrar uma forma de viver a vida ao máximo. Lamentavelmente, a Senhora Ansiedade está lhe dizendo o que você pode e não pode fazer, em vez de permitir que seus valores tenham voz.

Cliente: Exatamente, na verdade eu não havia pensado nisso desse modo, mas é exatamente o que aconteceu. A minha ansiedade está fazendo a escolha por mim.

Terapeuta: E o resultado é que você percebe que está decepcionando seus filhos. Você está vivendo o oposto do que acredita. Se pudéssemos apenas pensar pequeno aqui, que atitude você poderia *tomar* que lhe diria que você está começando a ser a mãe e amiga que deseja ser? Não precisamos ser grandiosos e mudar tudo de uma vez, apenas alguma coisa pequena; algo que diria que você está retomando o caminho. É claro que, para dar mesmo esse pequeno passo, você terá que desobedecer à Senhora Ansiedade. Qualquer coisa que você escolher vai expô-la a algum nível de ansiedade; você vai ficar ansiosa, pode até ficar muito ansiosa e, nesse exato momento, terá que escolher o que quer que a sua vida seja – ser a mãe que você sempre sonhou em ser ou tentar viver sem ansiedade. Qual das direções você quer tomar?

Cliente: Fico apavorada de me ouvir dizer isto... mas quero ser Mãe! Meu filho mais moço adora futebol, e não deixei que ele se inscrevesse em um time porque levá-lo de carro até o treino vai me deixar muito ansiosa. Eu detesto dirigir; geralmente preciso que o meu marido esteja no carro se estou indo a algum lugar.

Terapeuta: Então imagine que você está dirigindo o carro apenas com seu filho. O que vai surgir?

Cliente: Posso sentir meu coração batendo mais rápido; esse é o primeiro sinal que eu tenho quando a ansiedade chega.

Terapeuta: O que mais?

Cliente: Sinto falta de ar e uma dor no peito. Começo a me sentir tonta. Fico preocupada com não conseguir dirigir direito, então talvez eu deva estacionar. Sinto enjoo, quero voltar para casa para poder estar segura. Sinto como se estivesse em perigo!

Terapeuta: Eu quero apenas que você se sente em silêncio e fique com tudo isso. Não se mova; apenas deixe que isso a envolva sem fazer nada.

Cliente: Isso é muito desconfortável.

Terapeuta: Sim, é. Eu sei que é! Você consegue se imaginar tendo toda essa coisa surgindo e então continuar dirigindo o carro até o local de inscrição para o futebol? Essa viagem não é sobre ansiedade e o que fazer com ela; é sobre ser a mãe que você quer ser, mesmo que isso signifique estar ansiosa.

Essa vinheta mostra como a ACT pode reformular o trabalho de exposição em termos da adequação com os padrões de vida valorizados. Cada exercício de exposição é, em si, um ato de compromisso. De fato, cada passo que a cliente dá, embora pequeno, pode ser um ato de compromisso a serviço dos seus valores. É necessária muita coragem para confrontar os próprios medos e se manter focada no que importa.

Essa cliente retornou para uma sessão de acompanhamento em duas semanas. Trouxe consigo uma folha de papel. Cada linha em um dos lados do papel estava preenchida com uma atividade em que ela havia se engajado durante as duas semanas anteriores, muitas das quais não aconteciam havia anos! Ao lado de cada atividade, ela fez uma classificação do seu nível de ansiedade enquanto a realizava. Os escores de ansiedade variavam de 5 a 10, com muitas classificações 8 ou 9. Entretanto, os escores de ansiedade não haviam declinado durante o período de duas semanas com alguma regularidade, apesar das inúmeras exposições. A conversa a seguir abordou esse fato.

Terapeuta: Observei que você fez todas essas atividades e que a sua ansiedade muitas vezes estava muito alta. Como você a afastou?

Cliente: Eu me senti realmente bem em fazer essas coisas. Fez com que eu me sentisse saudável por dentro – como se estivesse vivendo de novo! A ansiedade é muito, muito desconfortável, e eu odeio isso! Mas isto é o que eu quero na minha vida: quero ser presente para meus filhos e meu marido, não uma pessoa presa em casa que tem medo da própria sombra. Espero que a ansiedade vá embora em algum momento – isso seria ótimo. Mas vou fazer essas coisas de qualquer forma, independentemente de como me sinto! Já decidi levar meu marido ao cinema no nosso aniversário de casamento no mês que vem. Nunca mais fomos ao cinema desde que nos conhecemos 12 anos atrás!

Farmacoterapia

Mesmo algumas abordagens de farmacoterapia podem ser definidas no contexto dos valores e compromisso. A ACT é frequentemente considerada como contrária a medicações, mas medicações baseadas em boa ciência com controles apropriados podem ser um aliado importante. A ACT tem utilizado ensaios controlados randomizados para auxiliar os profissionais a terem uma postura mais aberta para usar o que a boa ciência informa na área da farmacoterapia para uso de substâncias (Varra et al., 2008). A mesma mensagem se aplica aos clientes. Por exemplo, Antabuse monitorado pode ser efetivo na manutenção da abstinência de álcool, mas costuma ser vivenciado pelos clientes como humilhante. Em um caso tratado por um de nós (KGW), foi adotada uma abordagem baseada em valores e compromisso. O cliente tinha uma longa história de recaídas com episódios perigosos e destrutivos de consumo de álcool. No esforço para salvar seu casamento, o marido alcoólico concordou em tomar Antabuse todos os dias, com a adesão sendo monitorada pela sua esposa. A conversa clínica a seguir abordou seu sentimento de humilhação por todo o processo.

Cliente: Eu disse a Sue que tomaria Antabuse todos os dias e que ela poderia me vigiar quanto a isso.

Terapeuta: E ela disse que daria outra chance ao casamento se você fizesse isso?

Cliente: Sim.

Terapeuta: Como você está se sentindo a respeito, Tim?

Cliente: Bem, esta era a única alternativa para que ela ficasse. Sem isso, ela disse que não poderia dar outra chance. Você sabe, com as crianças e tudo o mais.

Terapeuta: De certa forma, é como se você *tivesse* que fazer isso?

Cliente: Ela vai embora se eu não fizer.

Terapeuta: Bem, isso me preocupa um pouco. Quero dizer, há duas formas como isso poderia acontecer. Todas as manhãs, você pode se sentar à mesa do café, ela estaria lá, e você estaria dizendo a si mesmo: "Que droga. Por que eu tenho que fazer isso? Ela está me observando como se eu fosse uma criança pequena ou algo parecido". E, muito provavelmente, ela perceberia isso e ficaria furiosa. Mais ou menos assim: "Ei, isso não é minha culpa! Não me acuse!". E, mesmo que nada disso seja dito, acaba cavando um abismo entre vocês.

Cliente: Bem, para mim não tem problema fazer isso. Quero dizer, eu não confio em mim!

Terapeuta: Está vendo? Isso é exatamente o que estou querendo dizer. Agora o Antabuse está cavando um abismo entre você e você. Eis outra ideia. Veja se lhe serve. Lembra quando você e Sue se casaram? Pare por apenas um minuto, mantenha os olhos fechados e veja se consegue imaginá-la naquele dia.

Cliente: Com certeza. Aquele foi um dia incrível! Assustador e feliz, e não sei como expressar o que significou para mim.

Terapeuta: Bem, mas você se expressou naquele dia, não foi? Você ficou de pé na frente de todas aquelas pessoas, na frente de Sue. E olhou nos olhos dela e disse: "Aceito". Lembra?

Cliente: Claro.

Terapeuta: Vou lhe pedir que faça isso, Tim. Você se importaria de apenas parar por um segundo e fechar os olhos, acomodar-se na sua cadeira, reservar um momento e se permitir notar a suave inspiração e expiração a cada respiração? (*Faz uma pausa de cerca de 30 segundos com uma breve orientação para que observe a respiração.*) Tim, quero que veja se consegue imaginar você e Sue no altar. Veja se consegue se lembrar de olhar nos olhos dela. (*Faz uma pausa suficientemente longa para permitir que o cliente visualize.*) Você consegue vê-la, Tim? Demore-se mais um momento com aqueles olhos com os quais você olhou para ela tantos anos atrás. Simplesmente permita-se embriagar-se com isso por apenas um momento. (*Pausa*) Você ficou ali, de pé, e assumiu um compromisso de ser Tim, o marido dela. Veja se consegue ouvir suas próprias palavras, "Aceito". Agora, respire e deixe que seus olhos se abram suavemente, Tim. Você conseguiu ver aquele momento (*dito suave e lentamente*)?

Cliente: Sim, eu pude vê-la. Eu estava bem ali.

Terapeuta: Para sempre, certo? Você sabe... "Na riqueza e na pobreza, na saúde e na doença".

Cliente: Sim.

Terapeuta: E quanto a isso, Tim? E se a cada manhã você se sentasse à mesa do café com Sue, reservasse um momento para olhar nos olhos dela e dissesse uma vez mais "Aceito". E então, tomaria seus medicamentos. Existe uma maneira, Tim, de, a cada vez que você tomar seus remédios, permitir que isso seja um tipo de reafirmação daqueles votos que você fez?

No modelo da ACT, mesmo os tratamentos compulsórios, incluindo terapia e/ou medicações – sejam eles ordenados judicialmente, sejam eles requisitados pela saúde ou requisitados pelo cônjuge –, podem ser estabelecidos no contexto de um valor intimamente cultivado, com acompanhamento direto emoldurado como uma ação de compromisso.

Treinamento de habilidades

O treinamento de habilidades sempre foi um pilar da terapia comportamental e também é um componente importante da ACT. Afirmaríamos, sem sermos pedantes, que todas as terapias cognitivas e comportamentais são, na verdade, formas de treinamento de habilidades. Desafiar um pensamento distorcido em determinada situação é uma habilidade; mudar a conversa interna quando ansioso é uma habilidade; aprender a manter contato visual e sorrir ao conhecer uma nova pessoa são habilidades; *mindfulness* e consciência do momento presente são habilidades; tomar perspectiva é uma habilidade. Esse quadro interpretativo é que dá ao behaviorismo sua vantagem distinta sobre outras abordagens. Os problemas não se originam de forças invisíveis como conflitos inconscientes – eles se originam de *déficits nas habilidades*.

Praticamente qualquer treinamento de habilidades pode ser estabelecido no contexto de valores e feito atentamente como uma ação de compromisso. Cada ação, momento a momento quando avançamos no treinamento de habilidades, pode servir como comprometimento e renovação do compromisso com os valores maiores do cliente fornecidos pelo treinamento. A estranheza que sentimos e a conversa interna que enfrentamos quando aprendemos novas habilidades se tornam o foco de aceitação e desfusão, o que deve fortalecer a aprendizagem e o emprego das habilidades (para evidências positivas sobre esse ponto, veja Varra et al., 2008).

Esses componentes não precisam aumentar significativamente o tempo necessário para executar o treinamento das habilidades: em vez disso, o treinamento de habilidades pode simplesmente ser feito dentro de um espaço da ACT, o que pode até mesmo aumentar a eficiência do trabalho com as habilidades. Por exemplo, ao fazer o treinamento de habilidades sociais, um momento consciente abordando o valor oferecido, um sincero "Sim, eu aceito esta tarefa a serviço dos meus valores", dito com sinceridade e focado no momento presente, pode alterar a relação do cliente com o treinamento e tornar mais provável que este realmente tenha um impacto significativo no comportamento futuro.

Tarefa de casa

A tarefa de casa é um componente tradicional da terapia comportamental com benefícios conhecidos. As habilidades ensinadas durante as sessões de terapia precisam ser integradas ao contexto da vida do cliente. Sem alguma forma de prática entre as sessões, não há razão para acreditar que esse tipo de integração vá ocorrer naturalmente. A tarefa de casa, segundo uma perspectiva da ACT, é usada para ativar obstáculos e barreiras de modo que o cliente possa aprender as habilidades necessárias para persistir diante de barreiras na situação natural. O terapeuta ACT cria tarefas para fazer em casa em colaboração com o cliente que estão explicitamente ligadas aos valores deste, e a realização da tarefa constitui a ação de compromisso a serviço desses valores. Com um cliente deprimido, podemos fazer o planejamento do evento valorizado de uma forma que lembra a terapia de ativação comportamental. Com um cliente socialmente ansioso, podemos lhe perguntar sobre um lugar a ser visitado que provocaria ansiedade e que serviria como um passo comprometido na direção que ele deseja tomar. Um indivíduo que está em um emprego sem futuro, mas que tem medo de fracassar, pode ser convidado a procurar cursos *on-line* ou aconselhamento vocacional em uma faculdade comunitária local. Cada passo pode ser explicitamente executado como um compromisso com a ampliação da ação valorizada.

Manejo de contingências

Estratégias de manejo de contingências são frequentemente usadas em uma variedade de contextos de tratamento, em que os pacientes costumam ganhar privilégios ou outros prêmios por atingirem certos objetivos do tratamento. Sistemas de níveis, economia de fichas, *vouchers* para amostras de urina limpa e doses de metadona para levar para casa são bons exemplos disso. Essas estratégias podem parecer estar em desacordo com a ACT, já que os membros da equipe costumam estar em uma posição de ditar o comportamento e de fornecer reforço para o desempenho apropriado. No entanto, essa inconformidade só se torna um problema sério quando os membros da equipe estão sobrecarregados e as medidas de manejo de contingências se tornam punitivas. Associar o manejo de contingências diretamente aos valores dos pacientes pode encorajar, em vez de substituir, a autorregulação, além de proporcionar alguma proteção para não cair em um uso punitivo de uma estratégia de tratamento efetiva. Embora possa exigir um pouco mais de esforço, o tratamento tem maior probabilidade de sucesso quando as contingências externas e os valores livremente escolhidos podem ser alinhados.

Estratégias de controle de estímulos

Existem muitas estratégias de controle de estímulos que são inteiramente sensíveis e úteis dentro de um enquadramento da ACT. Por exemplo, se uma pessoa que está sendo tratada para obesidade esvazia a sua casa das más escolhas alimentares, isso pode ser feito como autopunição ou pode ser feito de forma consciente, intencional e como um passo em uma direção valorizada. Esvaziar a casa não é feito "para que eu não possa comer alimentos nocivos", mas para que "eu crie um ambiente saudável onde viver". A prevenção de recaída se baseia muito em estratégias de controle de estímulos. Aprender a reconhecer os sinais de risco de consumo excessivo de álcool e providenciar o afastamento das situações que produzem esses sinais pode parecer esquiva. No entanto, essa linha de pensamento não precisa apenas constituir esquiva. Um cliente alcoólico que decide pela abstinência pode abdicar de passar um tempo em bares. Uma pessoa que quisesse moderar seu consumo de álcool poderia parar de passar as noites de sexta-feira com amigos que gostam de beber. Tais ações, no entanto, não precisam ser vistas como meramente evitativas. Não há nada na ACT que diga que as pessoas precisam passar suas vidas enfrentando e aceitando experiências difíceis. Além disso, não há nenhuma virtude particular em provocar o destino. Quando a ação valorizada coloca o cliente no caminho do perigo, a ação de compromisso apropriada é notar o conteúdo temido pelo que ele é, aceitá-lo momento a momento e comportar-se de acordo com os próprios valores. Uma ação de compromisso igualmente apropriada é organizar o ambiente para que o conteúdo temido não seja desencadeado mais do que o necessário, ou procurar novas atividades que sirvam melhor aos valores e aos objetivos da pessoa.

Ativação comportamental

O método comportamental mais fácil de se integrar à ACT é a ativação comportamental, porque todo o lado direito do hexaflex é sobre ele. Os métodos modernos de ativação comportamental (p. ex., Dimidjian et al., 2006) são 100% compatíveis com a ACT, e, devido à sua relativa simplicidade e apoio empírico, não é incomum que terapeutas ACT usem um curso de ativação comportamental antes de iniciarem uma intervenção ACT mais extensa.

Esta breve visão geral não faz justiça a quão plenamente podemos integrar uma abordagem ACT aos métodos comportamentais. Essa empreitada não é possível em um único volume. O modelo de flexibilidade psicológica tem tal amplitude (e, além disso, os passos comportamentais variam por área) que explicar integralmente como integrar esses métodos equivale a explicar integralmente a psicologia aplicada segundo uma perspectiva comportamental contextual. O ponto central aqui é que ACT mais métodos comportamentais não são uma "adição" à ACT. Em vez disso, a ACT é projetada como um *contexto* para o uso de métodos comportamentais. Em outras palavras, o desenvolvimento da flexibilidade psicológica é apropriadamente o foco de como fazer terapia comportamental e cognitiva.

INTERAÇÃO COM OUTROS PROCESSOS CENTRAIS

Compromisso e fusão

A fusão é seguramente um dos principais obstáculos à ação de compromisso. Existem inúmeras variantes, incluindo a fusão com "razões" como a base da ação de compromisso. Se uma ação está baseada em razões, e as razões mudam, então a própria decisão logicamente precisa ser alterada. Em um sentido mais profundo, essa possível eventualidade significa que os compromissos são mais bem feitos como escolhas do que com base na tomada de decisão racional. As razões com frequência apontam para coisas que uma pessoa não pode controlar diretamente. Assim, o seu nível de comprometimento pode oscilar à medida que muda o número e a relevância das razões. Se os compromissos devem ser nossos, não do mundo, queremos localizar a fonte do compromisso em uma esfera que seja do nosso controle.

O casamento mostra muito claramente a distinção entre escolher e tomar uma decisão. O casamento é um comprometimento – no entanto, metade de todos os casamentos acaba em divórcio. Como isso pode acontecer? Em parte, isso ocorre porque as pessoas não sabem como assumir compromissos. Elas tentam fazê-lo com base em julgamentos, decisões e razões, não como uma escolha genuína (como entendemos aqui). Ao fazer isso, elas colocam seus comprometimentos particularmente em risco. Suponha, por exemplo, que um homem se case com uma mulher "porque ela é bonita". Se a sua esposa, então, sofrer um terrível acidente desfigurante, a razão para amá-la e querer estar com ela já não é mais válida. Mesmo que o homem não queira reagir dessa maneira, ele pode ter dificuldades para lidar com o que a lógica lhe diz, uma vez que a ação original estava baseada, associada, explicada e justificada por essa razão – e a razão agora mudou. Esse tipo de coisa acontece o tempo todo quando as pessoas se casam e mais tarde descobrem que não têm mais os mesmos sentimentos de amor em relação ao seu cônjuge. Casar-se por causa de sentimentos de amor é considerado muito razoável em nossa cultura porque o amor é predominantemente considerado um sentimento, não um tipo de escolha. No entanto, sentimentos de amor são extremamente imprevisíveis. Falamos de amor como se fosse um acidente: dizemos que "ficamos caídos por alguém" ou "caímos fora", por exemplo. Não deve causar surpresa, então, quando caímos ou saímos de casamentos da mesma maneira.

Se o cliente pode aprender a fazer escolhas em áreas valorizadas, as coisas funcionam de forma diferente. Imagine o quanto é mais provável manter os votos de um casamento se o casamento estiver baseado em uma *escolha* de se casar e o amor for considerado uma *escolha* de valorizar o outro e ter o outro como especial. Essas ações são a-racionais, não irracionais. Compromissos baseados em escolhas protegem o indivíduo de algumas das fraquezas do comportamento governado por regras. Se for uma escolha, nada poderá acontecer que justifique e explique o abandono de um compromisso, já que a escolha não precisa ser justificada nem explicada. Se alguma razão "que veio junto na jornada" mudar posteriormente, a escolha em si não mudou porque ela não foi motivada por essas razões. Essa ausência de "cobertura" verbal é, por si só, uma contingência poderosa que ajuda a manter os compromissos. Se eles vierem a mudar (como na escolha de se divorciar), essa ausência de cobertura pode ajudar a manter o conjunto maior de valores na sua essência (p. ex., divorciar-se de uma forma que respeite a outra pessoa, proteja os filhos, etc.).

Vemos a fusão na sua forma mais genérica quando as razões (ou o desmoronamento das razões) se tornam obstáculos à ação de compromisso. Diversas outras variantes da fusão serão discutidas nas seções seguintes porque elas são particularmente relevantes para outras facetas do hexaflex.

Compromisso e o momento presente

Surge uma dificuldade quando os clientes se comprometem como se o compromisso fosse sobre o futuro, e não sobre o aqui e agora. O futuro é construído – ele, na verdade, não existe. Se nos fusionamos com pensamentos sobre como o futuro *deverá* ser, podemos nos tornar hipervigilantes. Se passamos muito tempo imaginando o futuro, podemos perder oportunidades de agir no momento presente. De forma muito parecida, a fusão com o passado também pode enfraquecer os compromissos. O cliente que gasta todo o seu tempo recordando falhas passadas está em uma posição pior para agir no presente.

Preocupação e ruminação são previsores conhecidos de maus resultados. Segundo uma perspectiva da ACT, os dois são exemplos de comportamento governado por regras sob controle aversivo. Por isso, os clientes se tornam insensíveis a contribuições importantes e não têm a flexibilidade necessária para manter os compromissos diante de mudanças nas condições. Assim, os processos do momento presente são aliados fundamentais para as ações de compromisso.

Compromisso e aceitação

A falta de aceitação do conteúdo temido também pode representar enormes obstáculos ao compromisso. Na medida em que determinamos um conjunto de experiências, pensamentos, emoções, predisposições comportamentais ou estados corporais como inaceitáveis, estabelecemos limites em nossa capacidade de assumir e manter compromissos. É difícil pensar em qualquer domínio de vida verdadeiramente significativo que não implique o surgimento de pensamentos e emoções difíceis. Escolhas de carreira geram ansiedade sobre as escolhas feitas. Propostas de casamento geram ansiedade sobre o futuro do casamento. Perdas em qualquer uma dessas áreas entristecem, decepcionam e provocam lembranças de erros cometidos e pensamentos sobre as implicações mais amplas da adversidade para as outras áreas da vida. Todos os três autores deste livro são pais, e conhecemos muitos outros que são pais também. Não conhecemos ninguém para quem a paternidade não tenha sido – pelo menos às vezes – uma das experiências mais dolorosas na vida. Já foi dito que tornar-se pai é como ter seu coração colocado do lado de fora do seu corpo. Existe um tanto de verdade nisso.

De forma importante, assumir compromissos significa estar disposto a viver com o coração do lado de fora do corpo. Uma capacidade cultivada de estar dispostos a sofrer psicologicamente, a serviço dos nossos valores, torna o comprometimento possível. Na medida em que podemos ensinar esse tipo de aceitação, podemos liberar os clientes para que assumam e mantenham compromissos.

Compromisso e *self*

A fusão com um *self* conceitualizado pode igualmente representar sérios obstáculos ao movimento. Por exemplo, um cliente fusionado com o pensamento "Sou um perdedor e nunca termino nada" pode nunca dar início a um projeto. Uma história sobre o *self* que está baseada em vitimização na infância pode fazer a pessoa nunca confiar em ninguém. Como compromissos frequentemente envolvem ficar vulnerável, a pessoa pode não estar disposta a realmente relaxar e ficar vulnerável. Em contrapartida, um cliente que é capaz de ver as histórias sobre si mesmo como *apenas histórias* está em uma posição muito melhor para observar pensamentos e emoções que surgem quando assume compromissos e persiste mesmo quando a persistência é dolorosa.

Compromisso e valores

Valorização é o processo central da ACT mais intimamente ligado ao compromisso. Compromissos consistem das ligações momento a momento entre ações e valores a serviço de padrões mais amplos baseados em valores. Sem clareza e contato com os valores, as ações de compromisso não podem ser sensivelmente guiadas e reajustadas com o tempo. Nesse caso, o comportamento é deixado à deriva, de uma opção de "sentir-se bem" até a próxima. Há um processo iterativo entre valores e compromisso que pode ser exercitado no tratamento. Quando uma pessoa constrói um padrão valorizado, novas formas potenciais de ação de compromisso se tornam aparentes. Do mesmo modo, depois que o indivíduo assume e mantém um conjunto de compromissos por um período de tempo, o mundo que ele habita frequentemente muda. Com o tempo, agir com gentileza em relação ao cônjuge provavelmente irá alterar o comportamento do cônjuge. As mudanças no comportamento do cônjuge, por sua vez, podem, então, revelar as diferentes direções que a relação pode tomar – diferentes padrões valorizados. A construção dos valores e a vivência dos compromissos se alimentam mutuamente, gerando a expectativa da criação de um círculo virtuoso.

O QUE FAZER E O QUE NÃO FAZER NA TERAPIA

Mesmo na recaída, os valores são permanentes (até que deixam de ser)

Não é raro que um cliente perca o foco em um compromisso e então caia no derrotismo, como se isso de alguma forma implicasse que ele tem valores inadequados. Quando os clientes apresentam esse fenômeno na terapia, a pergunta que o terapeuta faz é: "Qual dos seus valores mudou durante essa recaída?". É importante fazer o cliente responder a essa pergunta de forma específica. Em geral, nenhum dos seus valores mudou. Os valores básicos são mais frequentemente refinados do que mudados. A confiança do cliente na aquisição de padrões valorizados, no entanto, pode mudar muito. O cliente indubitavelmente está lutando com pensamentos problemáticos ("Sou um fracasso, eu deveria desistir"), sentimentos (vergonha, raiva) e lembranças (fracassos passados como este), e a pergunta mais importante se torna: "Então, e agora?". O terapeuta ACT pode dizer alguma coisa como:

> "A não ser que os valores tenham mudado, a resposta à pergunta 'E agora?' é a mesma que a resposta a 'E antes?'. Se você tivesse que se mover na direção que valoriza neste momento – exatamente neste momento, aqui na terapia –, o que faria? Se você está comprometido em seguir para o oeste e descobrir que tomou o rumo errado e voltou 10 milhas, existe alguma coisa que o impeça de dar a volta no carro e mais uma vez dirigir-se para o oeste? Se você estivesse em um carro que estivesse indo na direção oeste para São Francisco, e sua mente estivesse lhe dizendo que o carro vai ter uma pane, que a estrada estará fechada mais adiante ou que você vai pegar no sono na direção e se envolver em um acidente, você continuaria a dirigir para o oeste? Se o oeste é para onde você quer ir, embarque no carro e comece a dirigir!"

Isso não significa que os valores não podem mudar. Os valores são uma escolha, e escolhas podem mudar e mudam – mas elas mudam pela *escolha explícita da pessoa*, não meramente avaliando que pode ter ocorrido uma recaída temporária!

O cliente, não o terapeuta, detém a ação de compromisso

O trabalho com compromisso envolve pedir que o cliente se engaje em comportamentos que potencialmente podem alterar sua vida. Portanto, é importante assegurar-se de que o cliente conhece plenamente a ampla gama de consequências potenciais das ações valorizadas. O problema potencial aqui é que a intenção pessoal do terapeuta para o cliente pode estar indevidamente influenciando as escolhas do cliente. O cliente, buscando a aprovação do terapeuta, compra as ações sem avaliar a gravidade dessas ações. O terapeuta ACT precisa monitorar cuidadosamente essa injeção dos seus próprios valores e se proteger contra ela. Às vezes, é importante perguntar: "Se eu parasse de trabalhar com você amanhã por alguma razão estranha, e outro terapeuta estivesse sentado aqui com você, você estaria mantendo essas ações com 100% de certeza? Existem outras ações sobre as quais você teria menos certeza?". O terapeuta precisa ter clareza absoluta de que o que apareceu são os valores e os objetivos do cliente. Se houver qualquer dúvida, esta é a hora de voltar ao processo de escolha dos valores mais uma vez.

Não fazer nada também é uma escolha

Uma armadilha potencial que frequentemente envolve o terapeuta é a tendência a considerar a mudança no comportamento do cliente como uma exigência para que a terapia seja considerada um "sucesso". Quando o compromisso do cliente é revogado ou o cliente retorna a antigos comportamentos de esquiva, o terapeuta começa a pressioná-lo a seguir em frente com os objetivos e ações. Isso é semelhante à prática parental comum de apenas mudar o volume, não a mensagem: se a criança não se comporta quando você fala com suavidade, então diga em voz alta. Embora essa abordagem possa funcionar para umas poucas crianças (muito poucas!), ela certamente não funciona muito bem com os clientes. Em outras palavras, quanto mais o terapeuta pressiona o cliente (atos de não aceitação por parte do terapeuta), em geral mais resistente este se torna. Na pior das hipóteses, esse processo pode evoluir para o confronto mútuo, interpretações de "resistência" e até mesmo o término precipitado por parte do cliente. É importante que o terapeuta perceba que, independentemente do quão cuidadosamente o terreno é preparado para que o cliente escolha ações valorizadas, esta é uma escolha que somente o cliente pode fazer. Optar por não levar adiante um plano é uma escolha legítima – contanto que seja realmente uma escolha. A maneira mais gentil e honesta de trabalhar com um cliente em tais circunstâncias é validar completamente o cliente e o dilema que ele está enfrentando. O terapeuta pode dizer: "Se essa fosse a minha vida, e eu estivesse vendo as consequências que você está vendo, posso muito bem me imaginar escolhendo não seguir adiante".

Pliance sorrateira

Pliance é sempre um risco no trabalho com compromisso, assim como é com as intervenções nos valores, e ela pode se apresentar de inúmeras maneiras. Quando a ação de compromisso estava ausente e onde houve impacto social substancial, os clientes podem ser propensos a considerar os atos de compromisso como "ter que": "Eu *tenho que* fazer isso pelos meus filhos [ou cônjuge]" é um tema comum, como também é "Eu devo fazer alguma coisa pelos meus filhos por causa de todos os erros que cometi". Esse tipo de "motivação" provavelmente irá se romper rapidamente depois que significativas barreiras à ação forem encontradas. Uma estratégia excelente, como ocorre com *pliance* de qualquer tipo, é relacionar o compromisso com os valores do cliente e então perguntar: "Se você nunca cometesse um erro como pai – isto é, se você fosse absolutamente o melhor pai que já existiu na face da terra –, essa ação seria alguma coisa que você *ainda* valorizaria?".

Enfrentando a turbulência emocional

É praticamente certo que assumir compromissos evoca muitos pensamentos, emoções e lembranças assustadores. Esses estados psicológicos difíceis frequentemente nos retiram do momento presente, são experimentados como coisas a serem evitadas e nos fazem perder o contato com aquele senso de *self* que transcende o conteúdo.

Com frequência, quanto mais importante é a ação segundo um ponto de vista dos valores, mais estressantes e indesejadas são as experiências privadas que aparecem. Em pontos de escolha fundamentais, uma boa ideia é deixar o processo da ação de compromisso em "pausa" e simplesmente deixar que o cliente faça contato com os aspectos bons e maus do processo de comprometimento. Investigue se os valores do cliente mudaram ou são experimentados de forma diferente. Use estratégias de desfusão e aceitação para ajudar o cliente a lidar com essa tempestade emocional de forma cuidadosa, ao mesmo tempo em que nota os pensamentos *como pensamentos*, as lembranças *como lembranças* e as emoções *como emoções*.

LENDO OS SINAIS DE PROGRESSO

No início da terapia, as discussões sobre compromisso podem resultar em altos níveis de fusão e esquiva. Essas discussões tipicamente irão apresentar marcadores de fusão e esquiva como *tenho que, não posso, sempre* e *nunca*. Os clientes também podem produzir muitos *eu não sei* e outras disfluências quando solicitados a gerar possíveis atos de compromisso. O foco pode ser nas previsões sobre se os compromissos serão mantidos ou sobre os temores de que não sejam. Clientes que estão mais avançados apresentarão maior fluidez e flexibilidade em sua capacidade de gerar pequenos e grandes exemplos de atos de compromisso e na sua habilidade de aceitar emoções, lembranças e pensamentos dolorosos que emergem quando é feito o trabalho com o compromisso. Essa ladainha inclui os processos dolorosos de não conseguir manter os compromissos, aprender com essa dor e retornar vitalizado ao processo de assumir e manter os compromissos necessários. Por fim, os sinais de progresso no compromisso ficarão aparentes nos padrões em constante expansão da ação de compromisso na vida do cliente e na sua flexibilidade para lidar com implicações emocionais e cognitivas desse padrão em constante expansão.

PARTE IV
Construindo uma abordagem científica progressiva

13

Ciência comportamental contextual e o futuro da ACT

Com o tempo, teorias científicas acabam deixando por desejar. Até agora, sem exceções, não temos motivos para acreditar que a flexibilidade como um modelo psicológico ou a ACT como um método, como são entendidas atualmente, acabarão escapando das cinzas da história. A questão não é criar um monumento teórico ou clínico para a imortalidade, mas criar progresso em nosso conhecimento científico do comportamento humano em múltiplos domínios.

Neste livro, apresentamos um conjunto de métodos, um modelo, um conjunto de princípios e uma filosofia que acreditamos que seja progressiva. Isso é muito, mas, para aqueles com o olhar voltado para o horizonte, não deve ser suficiente. Precisamos de uma sólida estratégia de desenvolvimento se o objetivo for criar uma psicologia abrangente mais à altura do extraordinário desafio da condição humana. Em outras palavras, precisamos de uma forma de descartar as atuais meias-verdades úteis e gerar ideias melhores e, então, descartar essas ideias trocando-as por outras ainda melhores. O objetivo é construir uma sequência de desenvolvimento positivo. Isso é difícil de fazer na ciência aplicada. O sofrimento está presente agora, e a necessidade é urgente – sem um plano, os clínicos e também os pesquisadores geralmente irão lançar mão do que estiver disponível. Esse impulso é compreensível, porém o progresso de mais longo prazo demanda mais. Ele demanda uma estratégia que possa funcionar.

A comunidade da ACT acredita que tem essa estratégia, a qual denominamos de uma abordagem de *ciência comportamental contextual* (CBS). De fato, a comunidade da ACT é realmente a comunidade da CBS. Este é o nome da sua sociedade internacional (Associação para a Ciência Comportamental Contextual, ou ACBS; www.contextalpsychology.org) e a essência do trabalho. Sem os pesquisadores da RFT, o trabalho integrado dos filósofos contextuais, evolucionistas, disseminadores, estrategistas de pesquisa, construtores da comunidade e os clínicos, a ACT não é nada além de uma tecnologia interessante que gradualmente será assimilada às mesmas tendências às quais o campo está sujeito há décadas.

A ciência aplicada não pode ser desenvolvida com sucesso unicamente com base em dados e, mais especialmente, em dados sobre técnicas aplicadas a síndromes ou transtornos. Ela não pode ser construída pela teorização vaga reforçada por belas imagens do cérebro. Não pode ser construída sem a criação de uma psicologia forte e eficaz.

A interessante conclusão a que a comunidade da CBS chegou foi: ciência e aplicação comportamental são um coletivo. Os psicólogos aplicados e básicos estão juntos no mesmo barco; praticantes e pesquisadores estão no mesmo barco; os cientistas trabalhando em prevenção e os desenvolvedores de tratamento irão avançar ou afundar juntos.

UMA ABORDAGEM DA CBS

A CBS é uma *abordagem naturalista e indutiva ao desenvolvimento de sistemas dentro das ciências comportamentais que enfatiza a evolução da ação histórica e situacionalmente inserida, estendendo essa unidade entre os níveis de análise e dentro do próprio desenvolvimento do conhecimento*. Estendendo-se a partir da análise do comportamento tradicional, ela enfatiza várias etapas fundamentais (veja Hayes, Levin, Plumb, Villatte, & Pistorello, no prelo-a; Vilardaga, Hayes, Levin, & Muto, 2009). A seguir, mencionamos brevemente cada etapa para apresentar uma visão geral e depois reexaminamos um pouco mais cada uma delas.

1. *Explicar os pressupostos filosóficos e analíticos*. A CBS é uma abordagem monista indutiva baseada no contextualismo funcional, um conjunto de pressupostos filosóficos que encaram o conhecimento como uma atividade pragmática baseada na variação e na retenção seletiva.

2. *Desenvolver uma descrição básica com princípios contextuais organizados em teorias analíticas abstratas*. A CBS está baseada na ciência evolucionária e, mais especificamente, em princípios comportamentais ampliados pela teoria das molduras relacionais. O objetivo básico da ciência na CBS está sendo testado comportamental e neurobiologicamente dentro de uma ampla gama de tópicos de ciência básica.

3. *Desenvolver modelos de patologia, intervenção e saúde, cada um ligado à descrição básica*. A flexibilidade psicológica é um modelo unificado do funcionamento humano ligado em cada um dos seus aspectos-chave aos princípios comportamentais ampliados pela RFT e vistos dentro do contexto da ciência da evolução.

4. *Desenvolver e testar técnicas e componentes ligados a processos e princípios*. A ACT é uma abordagem à intervenção desenvolvida a partir de métodos específicos que reconhecidamente mobilizam processos fundamentais de mudança de acordo com a perspectiva de um modelo de flexibilidade psicológica.

5. *Medir os processos teóricos e suas relações com a patologia e a saúde*. Medidas de flexibilidade psicológica e seus elementos estão sendo desenvolvidas continuamente e são examinadas quanto à sua relação com o modelo global. A utilidade do tratamento, a utilidade conceitual e a coerência são os aspectos principais do desenvolvimento das medidas, e não meramente a consistência psicométrica.

6. *Enfatizar a mediação e a moderação na análise do impacto aplicado*. As ligações entre os métodos de intervenção e processos teoricamente importantes são essenciais; portanto, métodos analíticos que focam em processos de mudança também são essenciais, tais como estudos de mediação e moderação. Dezenas de estudos como estes já foram conduzidos para testar aspectos-chave do modelo de flexibilidade psicológica como uma abordagem transdiagnóstica.

7. *Testar o programa de pesquisa aplicada em uma ampla gama de áreas e níveis de análise*. O objetivo aplicado da CBS é amplo – muito além da ACT (p. ex., a utilidade aplicada da RFT na educação é essencial para o sucesso final ou o fracasso da CBS; veja Rehfeldt & Barnes-Holmes, 2009, ou Cassidy et al., 2011). A ACT não pode ser contida pela psicologia clínica tradicional. Ela já foi aplicada a uma incrível gama de áreas-problema, muitas das quais (preconceito, aprendizagem, funcionamento organizacional, etc.) jamais serão tratadas nas páginas do DSM.

8. *Conduzir testes iniciais e contínuos de eficácia, disseminação e estratégias de treinamento*. Como convém, a filosofia pragmática, o treinamento, a disseminação e a eficácia da CBS são co-

locados no começo do programa de pesquisa. Pragmaticamente falando, os métodos precisam ser avaliados em termos da sua habilidade para atingir os resultados mudando as práticas em contextos do mundo real. De nada adianta para a humanidade criar uma intervenção equivalente a uma limusine folheada a ouro que não pode ser dirigida nas vias não pavimentadas dos nossos sistemas de prestação de tratamento subfinanciados e com excesso de trabalho.

9. *Criar uma comunidade de desenvolvimento aberta, diversificada e não hierárquica.* O projeto ousado da CBS requer que uma comunidade inteira o adote, e o modelo de flexibilidade psicológica tem sido usado para sugerir como isso pode ser feito. Ao estender o modelo ao trabalho organizacional, a comunidade da CBS cresceu enormemente nos últimos anos.

Neste capítulo, examinaremos brevemente cada uma dessas etapas fundamentais para avaliar o grau em que está sendo obtido progresso.

Explicar os pressupostos filosóficos e analíticos

No Capítulo 2, dedicamos algum tempo a questões relacionadas à filosofia da ciência e à natureza do contextualismo funcional, um tipo de pragmatismo psicológico que amplia o "behaviorismo radical" de Skinner (Hayes, Hayes, & Reese, 1988). Definimos a unidade central do contextualismo como a ação no contexto e seu critério de verdade como "funcionamento bem-sucedido"; então, ainda distinguimos o contextualismo funcional pelo seu objetivo, ou seja, previsão e influência – com precisão, escopo e profundidade – de todos os organismos que interagem em e com um contexto considerado histórica e situacionalmente (Hayes, 1993).

Cada aspecto da ACT, da RFT e da CBS de modo geral é afetado por esses pressupostos.

Considere, por exemplo, a ideia de que pensamentos e sentimentos não são causas de ação. Os contextualistas encaram as causas como um modo de falar sobre como atingir os fins – elas não existem como entidades distintas independentes do contexto. Basicamente, cada "causa" deve presumir um contexto em que se dá uma relação. Um vazamento de gás pode "causar" a explosão do aquecedor de água no porão, mas ninguém irá mencionar a presença necessária de oxigênio – isso é presumido. Quando soldamos metal combustível no vácuo, você pode dizer que "a perda de vácuo causou a explosão", mas ninguém irá mencionar a faísca da solda – mais uma vez, isso é presumido. Uma explosão requer combustível, oxigênio, calor e uma fonte de ignição, mas nenhum deles individualmente é a causa da explosão; em vez disso, todos eles juntos *são* uma explosão.

De forma muito semelhante, os teóricos da ACT rejeitam a ideia de que pensamentos e sentimentos causam ações porque tal ideia presume um contexto em que se dão essas relações, e, até que o contexto seja especificado, o objetivo de previsão *e influência* do comportamento não podem ser obtidos. Depois de especificado, o próprio fato de que isso se dá somente em um contexto particular mostra que pensamentos, sentimentos e ações são variáveis dependentes, e não características contextuais mutáveis que poderiam ser variáveis "independentes". A causação mental é, assim, vista como inerentemente incompleta até que sejam especificadas as variáveis contextuais que em princípio permitiriam que o objetivo de "influenciar" fosse atingido (Biglan & Hayes, 1996). Os teóricos da ACT estão interessados no contexto histórico e situacional que dá origem aos pensamentos *e à sua relação mútua com as emoções e ações*. A parte em itálico na sentença anterior é o que é mais frequentemente omitido nos modelos tradicionais e é um foco clínico essencial da ACT.

No entanto, cabe um alerta sobre os pressupostos. É enorme a tentação de usar a filosofia para atacar aqueles que estão fora do nosso campo filosófico (p. ex., contextualistas torcendo o nariz para realistas elementais). Essa tendência é uma forma especialmente deliciosa de atividade inútil. Se você critica os *pressupostos* e os *valores* do seu adversário intelectual, você faz isso em virtude da análise baseada em seus próprios pressupostos e valores ocultos. Este é o equivalente adulto da zombaria infantil "nah, nah, nah, naaah, nah". Essa zombaria pode ser muito divertida, mas é desonesta.

Por definição, os pressupostos não são os *resultados* da análise – eles possibilitam a análise. Com efeito, não podemos dizer honestamente: "Meus pressupostos e valores satisfazem os meus padrões melhor do que seus pressupostos e valores satisfazem os meus padrões; portanto, meus pressupostos e valores são melhores". Tudo o que podemos dizer honestamente é que "estes são os meus pressupostos. Descritivamente (não avaliativamente), isso é o que acontece quando você tem estes em vez daqueles". Da mesma forma, quando são encontrados pressupostos alternativos, as diferenças podem ser apontadas não avaliativamente ou podemos temporariamente aceitar os pressupostos do outro para ver se eles estão sendo aplicados de forma consistente ou para ver que consequência eles têm em relação aos seus próprios propósitos. Todo o resto é dogmatismo.

Para ser honesto, Skinner era dogmático assim, argumentando que os propósitos da ciência eram a previsão e o controle (Skinner, 1953, p. 35) em vez de simplesmente afirmar que estes eram os objetivos *dele* como cientista. James era dogmático da mesma forma, defendendo, por exemplo, a utilidade da experiência religiosa, mas sem ligar essa avaliação a objetivos *a priori*. Os pressupostos do contextualismo funcional não são certos, verdadeiros ou corretos. Eles são apenas "onde nos posicionamos". Queremos dizer quais são eles e assumir a responsabilidade por eles.

Os críticos da ACT com frequência perdem de vista a sua própria psicologia, e, em consequência, suas críticas podem ser dogmáticas. Quase sempre, os realistas elementais defendem a verdade da sua posição, não conseguindo ver os próprios pressupostos que lhes permitem argumentar dessa maneira. Críticas à ACT baseadas nessas diferenças filosóficas frequentemente alimentam debates tangenciais e inúteis. Por exemplo, perde-se tempo discutindo se pensamentos são comportamento (uma questão meramente de definição) ou se pensamentos causam ações (idem – isso depende do que você entende por *causa* e do papel que o termo e o conceito desempenham filosoficamente). Uma crítica inesperada desse tipo (considerando-se o tempo que foi empregado pela comunidade da CBS construindo um programa experimental em cognição) é a ideia de que a ACT de alguma forma questiona se existe cognição ou se ela é importante, em vez de meramente partir de uma posição de realista elemental. Esses tipos de conversas são contraproducentes porque escondem a questão real, isto é, os pressupostos.

Há outra razão para especificar os pressupostos: isso ajuda a construir pontes com amigos que falam de formas diferentes ou que abordam os fenômenos em outros níveis de análise (p. ex., biológico, sociológico, antropológico), mas compartilham os pressupostos fundamentais. Como já mencionamos extensivamente, a CBS compartilha os pressupostos de formas abrangentes da ciência evolucionária. Na verdade, podemos pensar no contextualismo funcional meramente como uma forma de lidar com a filosofia da ciência baseada nos princípios da variação e da retenção seletiva. Assim como na própria evolução, funcionamento bem-sucedido é o resultado que importa, e todos os outros conceitos e termos estão subordinados; entretanto, diferentemente dos processos fortuitos da evolução, podemos associar o funcionamento bem-sucedido aos critérios que selecionamos, seja uma questão científica ou uma questão clínica. Este livro não é o lugar para esclarecer essas ideias inteiramente, mas nós as ampliaremos até certo ponto nas próximas seções.

Desenvolver uma descrição básica com princípios contextuais organizados em teorias

Muito tempo foi empregado no desenvolvimento da RFT devido a um compromisso com a ideia de que eram necessários princípios focados em características contextuais mutáveis (i.e., na história e na situação) para que fosse possível entender a cognição humana. A RFT defende que o responder relacional derivado emerge da combinação de uma capacidade geneticamente evoluída e uma história de reforçamento por uma comunidade social. Essa forma inteiramente evolucionária de analisar a linguagem e a cognição humanas está baseada unicamente na variação e na seleção nos níveis filogenético e ontogênico.

A RFT é uma teoria, mas não é hipotético-dedutiva. É uma teoria analítica/abstrativa, um tipo de superconjunto de análises funcionais. Um evento verbal é simplesmente um evento que tem suas funções psicológicas porque participa de uma moldura relacional, uma unidade de resposta aprendida. Essa definição elegantemente simples coloca em ordem a linha de clivagem entre os eventos verbais e não verbais. Por exemplo, as regras verbais são "verbais" porque seus efeitos dependem de que seus elementos estejam em molduras relacionais. Gestos, sinais e imagens são "verbais" se seus efeitos dependerem da sua participação em molduras relacionais, mas são "não verbais" se este não for o caso. "Mentes" humanas são um modo de falar sobre nosso repertório de enquadramento relacional.

A parte complicada é que, assim definida, a maior parte do comportamento humano é verbal, pelo menos até certo ponto. O responder relacional derivado modifica o modo como outros processos de aprendizagem geral operam e, assim, amplia o foco quando analisamos o comportamento humano. Se olhamos para uma árvore e vemos uma Á-R-V-O-R-E, uma "planta" que "faz fotossíntese" e tem "estruturas celulares" particulares, etc., então a árvore está funcionando como um estímulo verbal para o observador. É difícil para os humanos evitarem a natureza derivada das funções de estímulos em seu mundo porque mesmo estímulos "não verbais" rapidamente se tornam em parte verbais quando entram em molduras relacionais. Muito do que conhecemos, nós "conhecemos" apenas verbalmente.

A palavra *conhecer*, em inglês, tem uma etimologia interessante. Ela provém de duas raízes latinas bem distintas: *gnoscere*, que significa "conhecer pelos sentidos", e *scire*, que significa "conhecer pela mente". Na concepção humana habitual, conhecer pela mente (conhecer as coisas conscientemente) é familiar e seguro. Os processos inconscientes não verbais é que parecem estranhos e difíceis de entender. Em uma perspectiva CBS, é o contrário. Conhecer pela experiência direta, ou o comportamento modelado pelas contingências, é algo que os psicólogos entendem muito bem. O conhecimento verbal, ou "conhecer pela mente", é difícil de entender.

A teoria das molduras relacionais vê o conhecimento verbal como o resultado de redes de relações de estímulos derivadas altamente elaboradas e interconectadas. É isso que as "mentes" contêm. Essas respostas relacionais possibilitam formas de atividade que não poderiam ocorrer de outra maneira, mas que, quando não são restringidas pelo contexto, estão na raiz do sofrimento humano.

Informados pela unidade de análise em RFT, os métodos da ACT enfatizam a alteração das funções da linguagem pela mudança do seu contexto. A comunidade social/verbal denominada "psicoterapia" funciona em parte porque pode estabelecer novos contextos em que as relações cognitivas existentes têm uma função diferente.

O tópico da CBS e da evolução é suficientemente importante para uma breve discussão de como o esforço para desenvolver a RFT se encaixa na história da psicologia comportamental e nas perspectivas biológicas. Na década de 1970, a teoria da aprendizagem do processo geral tornou-se impopular, em parte, por não ter conseguido negociar a questão de como a seleção ontogenética pode ser encaixada dentro da evolução genética. Um bom exemplo é Seligman (1970), que, com base em questões como a aversão a gostos (Garcia, Ervin, & Koelling, 1966), sugeriu a irrelevância das explicações do processo geral: "Temos razões para suspeitar de que as leis de aprendizagem descobertas com o uso da pressão à barra e da salivação podem não se sustentar" (Seligman, 1970, p. 417). Linguagem e cognição eram tratadas igualmente: "O condicionamento instrumental e o clássico não são adequados para uma análise da linguagem" (p. 414). Seligman foi um exemplo entre muitos. À medida que esse processo se avolumou, chegou-se à conclusão de que "*todos* os resultados da literatura do condicionamento tradicional são devidos à operação de processos mentais superiores, conforme presumido pela teoria cognitiva" (Brewer, 1974, p. 27; ênfase acrescentada). A revolução cognitiva estava em curso.

Embora esses supostos limites biológicos na teoria da aprendizagem tenham colocado em segundo plano a psicologia comportamental, explicações selecionistas em psicologia também não acolheram a nova abordagem cognitiva. Os psicólogos evolucionários por fim caíram no beco sem saída dos conjuntos massivos de supostas adaptações genéticas especializadas (Tooby & Cosmides, 1992). Tal abordagem foi difícil de associar a preocupações clínicas e, como uma questão básica, distanciou mais a psicologia convencional da evolução biológica.

Uma perspectiva da CBS encara a linguagem humana como resultado de processos de seleção filogenética e ontogenética, cada um visto puramente em termos selecionistas. A RFT proporciona uma abordagem plausível do processo geral no nível ontogenético dentro do qual processos mais especializados podem se encaixar. Afinal, apesar do cinismo da psicologia evolucionária sobre os processos gerais, também deve ser lembrado que a própria evolução é uma descrição desse tipo.

A utilidade da aprendizagem relacional derivada confere vantagens adaptativas no contexto de uma espécie cooperativa, mas, neste livro, defendemos que os processos de fusão e esquiva experiencial foram excessivamente apoiados, provocando a restrição do repertório e critérios de seleção inapropriados. Assim, o objetivo da ACT é induzir variação saudável e flexibilidade, maximizar o contato efetivo com o ambiente presente e permitir que propósito e intenção entrem na seleção comportamental e nos processos de retenção. Essa visão é inteiramente consistente com a ciência evolucionária (Jablonka & Lamb, 2005; Wilson, 2007), e parece certo que o futuro irá incluir uma crescente aliança entre ACT, CBS e a ciência evolucionária (para exemplos desse esforço, veja Monestès, 2010; Vilardaga & Hayes, no prelo; Wilson, Hayes, Biglan, & Embry, 2011).

Desenvolver um modelo de patologia, intervenção e saúde ligado aos princípios comportamentais

O modelo de flexibilidade psicológica é concebido para ser acessível ao praticante. Uma das características de uma abordagem da CBS para desenvolvimento e utilização do conhecimento é o reconhecimento da necessidade de "termos de nível médio" ligados a explicações técnicas. Cada termo desses no modelo de flexibilidade psicológica está ligado a princípios da RFT e comportamentais, porém o uso de termos de nível médio significa que o clínico precisa conhecer toda a abrangência dos princípios comportamentais ou o funcionamento interno da RFT para começar a aplicá-la clinicamente.

O leitor viu neste livro a dança entre a linguagem acessível dentro da ACT e a análise teórica mais restrita que existe em outro nível. É relativamente fácil especificar o modelo de flexibilidade psicológica de forma simples e acessível. Os seis processos usados neste livro são termos de nível médio: self-como-contexto, o momento presente, desfusão, aceitação, valores, ação de compromisso. Eles são concebidos para ser acessíveis.

Sob essa capa, no entanto, existe uma explicação ascendente (*bottom-up*) que é inteiramente técnica. O leitor atento já se deparou com ela ao dar uma espiada de vez em quando ao longo destas páginas. No momento em que os clínicos ficam interessados na ACT, eles naturalmente começam a tentar entender a RFT, os princípios comportamentais e o contextualismo funcional. Isso aprofunda seu trabalho clínico. Livros inteiros foram escritos sobre como levar a RFT e os princípios comportamentais até o nível clínico (p. ex., Törneke, 2010). Qualquer sistema que demande conhecimento técnico desse tipo como um portal de entrada está fadado à irrelevância. Qualquer sistema que não esteja baseado em conhecimento técnico desse tipo está fadado a uma falta de coerência e progressividade. A estratégia da CBS tenta evitar essas duas armadilhas.

Há uma questão final que vale a pena ser mencionada. Agora parece amplamente aceito que contingências evolucionárias ocorrem em múltiplos níveis: entre indivíduos e entre grupos (Wilson, 2006). Adaptações individuais são localmente vantajosas e inerentemente promovem egoísmo; adaptações grupais são localmente desvantajosas, mas tendem a promover cooperação (Wilson, 2007). Esta última conclusão pode ser demonstrada experimentalmente.

Suponha que você tenha uma granja e queira produzir muitos ovos. Na granja, as galinhas vivem em gaiolas com nove aves. Em uma condição, você permite que apenas as melhores poedeiras da granja reproduzam; em outra, você permite que apenas as melhores gaiolas de nove aves reproduzam. Na primeira condição, todas as aves são boas poedeiras; na última, algumas aves são poedeiras muito fracas. Faça a si mesmo esta pergunta: Depois de cinco ou seis gerações, qual estratégia de criação levará a mais ovos? A resposta surpreendente, porém informativa, é que o sistema focado nas gaiolas inteiras será de longe o mais bem-sucedido (p. ex., Muir, Wade, Bjima, & Ester, 2010). A razão é que o critério de seleção individual leva a constante luta dentro das gaiolas, altas taxas de mortalidade entre as aves, atribuídas aos ataques, e altos níveis de estresse para as aves sobreviventes. As galinhas individuais que põem muitos ovos não são necessariamente boas jogadoras em equipe. De fato, elas podem ter sucesso em parte porque conseguem intimidar outras aves e obtêm mais alimento à custa das suas companheiras de gaiola. Em contrapartida, as gaiolas que são ambientes produtivos para os ovos são gaiolas em que as galinhas sabem como se relacionar bem. Depois de cinco ou seis gerações, as aves são calmas e cooperativas.

De forma análoga, muitas características diferentes da experiência humana estão competindo a todo momento, separadas uma da outra pela linguagem humana. Nossos impulsos, ações, sentimentos e pensamentos estão todos abrigados juntos em um coletivo chamado ser humano. Processos de inflexibilidade psicológica como esquiva experiencial, fusão cognitiva ou o *self* conceitualizado estabelecem critérios de seleção individualistas que convidam a conflitos internos e ataques ao *self*. Esquiva experiencial significa que a tristeza não é bem-vinda. Fusão significa que a ambiguidade e a confusão não são bem-vindas. Um *self* conceitualizado significa que assuntos que contradigam o enredo não são bem-vindos.

Os processos de aceitação e *mindfulness* são como dizer a uma gaiola inteira de galinhas: "Todas aqui fazem parte – agora, vamos pôr alguns ovos!". Em essência, a ACT tenta colocar o critério de seleção (ação baseada em valores) no nível da pessoa inteira (o coletivo experiencial) e os conflitos internos são deixados de lado ao remover os benefícios individualistas que mantêm a luta em andamento (p. ex., "estar certo" inadvertidamente alimentando a fusão, reduções temporárias em sentimentos indesejados inadvertidamente alimentando a esquiva experiencial). A abordagem da ACT visa promover a cooperação interna e a integralidade e é compatível com o que a ciência evolucionária nos diz ser a chave para o desenvolvimento de altruísmo e cooperação em sistemas coletivos.

Desenvolver e testar técnicas e componentes ligados a processos e princípios

O modelo de flexibilidade psicológica proporciona uma estrutura conceitual para criar e implantar tecnologias de tratamento e componentes na ACT. Pesquisadores conduziram muitos estudos pequenos sobre os componentes da ACT e examinaram suas ligações com processos de mudança específicos. Essa abordagem é uma estratégia sensata. Testes de pacotes inteiros não são bem adequados para examinar as ligações entre os vários componentes, processos ou princípios, e estudos desmembrados em larga escala também são caros, poucos e com frequência atrasados em muitos anos, limitando o seu impacto.

Em cada uma das principais áreas do modelo de flexibilidade psicológica, existem dados sobre pequenos componentes ou métodos. Essas áreas incluem desfusão (p. ex., Msude, Hayes, et al., 2009), aceitação (p. ex., Levitt, Brown, Orsillo, & Barlow, 2004), self-como--contexto (Williams, 2006), flexibilidade atencional no agora (p. ex., Langer & Moldoveanu, 2000) e valores (Cohen et al., 2006). Além disso, o modelo de flexibilidade psicológica provou ser amplamente útil, muito além da ACT *per se* (p. ex., Bonnano et al., 2004; Moore & Fresco, 2007).

Cada processo da ACT tem pelo menos um estudo, e a maioria tem vários deles. Alguns desses estudos são, com efeito, pequenos ensaios clínicos. Por exemplo, Levitt e colaboradores (2004) identificaram que pacientes com transtorno de pânico expostos a métodos da ACT estavam mais dispostos a participar na exposição a sensações de pânico. Os métodos da ACT foram comparados aos métodos tradicionais da TCC, a métodos psicoeducacionais, distração, supressão e relaxação, entre outras influências potenciais. Alguns estudos focaram em questões essenciais do tratamento. Por exemplo, McMullen e colaboradores (2008) identificaram, em um estudo bem controlado, que, embora uma lógica da ACT fosse efetiva no aumento da tolerância à dor quando comparada com distração ou nenhuma instrução, o impacto era muito maior quando eram acrescentados metáforas e exercícios da ACT. Masuda, Hayes e colaboradores (2009) constataram que um exercício de desfusão baseado na repetição de palavras reduzia o estresse e a credibilidade de pensamentos de autoavaliação negativos. Os autores descobriram que a credibilidade diminuía mais lentamente do que o estresse, com a maior redução ocorrendo quando o exercício de repetição de palavras tinha aproximadamente 30 segundos de duração.

Esses estudos muito pragmáticos, embora conceitualmente interessantes, fornecem evidências adicionais de que os processos especificados no modelo da ACT geram componentes que funcionam de modo coerente. Os tamanhos do efeito para as comparações específicas variam, mas são quase uniformemente positivos.

A ligação entre técnica e teoria é tão central que faz pouco sentido encarar a ACT como uma técnica isolada. A ACT é a aplicação do modelo de flexibilidade psicológica. Olhar para a ACT como mera coleção de técnicas limita enormemente seu possível valor e pode, na verdade, dificultar a sua realização efetiva.

Basicamente, mesmo abordagens de tratamento bem desenvolvidas evoluem. A comunidade da ACT no mundo todo abrange milhares de praticantes, pesquisadores e estudantes. Quase todas as semanas alguém acrescenta, subtrai ou refina os elementos técnicos da ACT dentro de um modelo global de ACT. À medida que cada vez mais terapeutas desenvolvem interesse pela abordagem, esse processo parece estar se acelerando. Muitas variedades de ACT se desenvolveram para se adequar a vários problemas e contextos. Ao trabalhar em uma organização com quatro ou cinco sessões como limite para um caso inteiro, alguns elementos da abordagem são enfatizados e outros são grandemente diminuídos quando comparados com contextos ambulatoriais, nos quais em geral são permitidas mais sessões. A ACT pode ser realizada fora da terapia *per se*, onde ela é com frequência denominada treinamento de aceitação e compromisso (um nome escolhido deliberadamente para também ser designado como "ACT" – em inglês, *acceptance and commitment training*). A ACT tem uma aparência um pouco diferente em ambientes institucionais (Flaxman & Bond, 2010) quando comparada com a ACT para o comportamento de assistir pornografia em excesso (Twohig & Crosby, 2010). A ACT para dor pediátrica crônica (Wickesell, Melin, Lekander, & Olsson, 2009) parece diferente da ACT para psicose (Bach & Hayes, 2002; Gaudiano & Herbert, 2006). Se a ACT for *apenas* uma técnica, qual técnica ela é?

Quando a ACT é abordada unicamente como uma técnica, também há uma tendência a aplicá-la "como manda o figurino". Em ensaios controlados randomizados, é necessário usar manuais para treinar terapeutas ACT – mas terapeutas ACT experientes aprendem a modificar os procedimentos para adequá-la às necessidades do cliente específico no momento específico. É exatamente por isso que organizamos este livro dessa maneira. Se a ACT fosse apenas um conjunto de técnicas definidas topograficamente, teríamos que afirmar que um terapeuta experiente circulando elegantemente pelo modelo não está fazendo ACT, enquanto um novo terapeuta seguindo o manual está fazendo a coisa real. Isso não faz sentido. O terapeuta eficaz em ACT a utiliza como ela é *funcionalmente definida*, e não apenas como *topograficamente definida*.

O visual e a essência da ACT ultrapassam as divisões obsoletas com as quais convivemos há tantas décadas dentro do nosso campo. Acreditamos que a ACT oferece aos profissionais da saúde mental alguma coisa de todas as tradições. Ela leva a sério as mais profundas questões clínicas e está seguindo um modelo criterioso de desenvolvimento.

A tão discutida cisão entre ciência e prática não é atribuída à falta de interesse entre os clínicos no que a ciência tem a oferecer; ao contrário, ela reflete uma desconexão entre os objetivos naturais dos pesquisadores clínicos e os clínicos. Os clínicos precisam de um conjunto limitado de princípios, ligado a técnicas, que lhes dizem quais componentes são importantes, quando eles devem ser usados e quais processos de mudança são essenciais. Isso não é o que a ciência clínica está lhes dando porque não há incentivo no meio acadêmico para tal processo de simplificação. As carreiras em pesquisa estão em risco, a continuidade está em jogo e as publicações precisam ser empilhadas umas sobre as outras. Esse tipo de situação encoraja o expansionismo, não o princípio da parcimônia.

A tecnologia isoladamente pode funcionar muito bem em circunstâncias limitadas. Não há nada de errado em escrever receitas de comida. No entanto, psicoterapia e mudança de comportamento em geral *não* são situações limitadas. Precisamos fazer mais do que colecionar um livro de receitas de procedimentos psicológicos: precisamos entender o sofrimento humano e como melhor tratá-lo. Precisamos de uma teoria da capacidade humana e saber qual a melhor maneira de aprimorá-la. E, para isso, precisamos de uma estratégia que possa conduzir à simplificação, não à fragmentação. Precisamos de modelos transdiagnósticos unificados que realmente funcionem para que um praticante possa aprender um conjunto menor de coisas relacionadas em vez de um conjunto quase infinito de coisas aparentemente não relacionadas. Este tem sido o objetivo da ACT desde o início: uma abordagem capaz de tratar uma ampla gama de inquietudes humanas, baseada em uma clara filosofia e uma compreensão sólida da ciência básica do funcionamento adaptativo e mal-adaptativo.

Medir os processos teóricos e suas relações com a patologia e a saúde

O objetivo do contextualismo funcional requer não apenas que as previsões e os métodos de influência sejam precisos, mas também que eles tenham abrangência. Abrangência requer boa teoria, não somente boa tecnologia. Uma coisa é construir métodos com base em princípios e processos, outra coisa é testar as ligações entre os princípios, teoria e componentes/pacotes de tratamento. Para que esse objetivo seja atingido, é preciso ter medidas dos principais processos supostamente envolvidos na dificuldade psicológica e ser capaz de examinar suas relações com a psicopatologia e o comportamento.

Existe uma razão para que as teorias em psicologia raramente desapareçam depois que se tornam populares. Depois que uma teoria é formada, ela é difícil de ser deturpada porque qualquer teste se baseia em como os conceitos são aplicados e medidos. Considere um conceito como *reforçamento*. Há uma ligação muito forte entre observações, mensuração e esse termo. Se um evento não funciona como um reforçador, é quase impossível colocar a culpa na precisão da definição do termo ou em como ele foi medido. Isso é muito diferente com outros termos normalmente usados em psicologia. Se, digamos, uma medida da autoestima não consegue mostrar um resultado previsto, sempre haverá espaço para questionar as medidas da autoestima ou as condições nas quais essas medidas foram coletadas. Em uma estratégia de CBS, o uso deliberado de termos de nível médio evoca o mesmo perigo, mas a estratégia da CBS tenta limitar esses termos aos processos comportamentais básicos e restringir a ligação entre os termos teóricos e as condições de mensuração de modo que problemas empíricos possam ser atribuídos à teoria, e não a preocupações sobre as condições nas quais ela foi testada (Hayes, 2004).

Medidas de processos relevantes para a ACT estão sendo desenvolvidas em grande velocidade. Este livro ficaria rapidamente desatualizado se as medidas existentes fossem abrangidas integralmente, e mencionamos apenas algumas na parte principal do livro. O avô das medidas da ACT é o Questionário de Aceitação e Ação (AAQ; Bond et al., no prelo; Hayes, Strosahl et al., 2004). O AAQ examina aceitação, desfusão e ação. A medida geral não é livre de conteúdo – seus componentes incluem medidas de ansiedade e depressão –, mas avalia a esquiva experiencial e a flexibilidade psicológica muito amplamente e prediz com sucesso muitas formas de psicopatologia (Hayes et al., 2006). Com protocolos focados, o AAQ pode ser muito amplo, e, em consequência, surgiram muitas versões do AAQ que perguntam sobre pensamentos problemáticos específicos, sentimentos ou ações ligados a áreas específicas do funcionamento. O número de formas específicas é agora muito grande, incluindo dor crônica (McCracken et al., 2004), epilepsia (Lundgren et al., 2008), diabetes (Gregg, Callghan, Hayes, & Glenn-Lawson, 2007), peso (Lillis & Hayes, 2008), psicose (Shawyer et al., 2007), tabagismo (Gifford et al., 2004) e abuso de substâncias (Luoma, Drake, Kohlenberg, & Hayes, no prelo). Existem medidas para avaliar a desfusão em várias áreas (p. ex., Varra et al., 2008;

Wicksell et al., 2008; Zettle & Hayes, 1986). Medidas de valores também estão começando a aparecer (p. ex., Lundgren et al., 2008; Wilson, Sandoz, Kitchens, & Roberts, 2010). Medidas de *mindfulness* estão proliferando, e sabe-se que abordam processos importantes da ACT (Baer et al., 2004, 2006). Os pesquisadores também estão aprendendo a ver processos da ACT no comportamento apresentado nas sessões de psicoterapia (Hesser, Westin, Hayes, & Andersson, 2009) ou a desenvolver medidas implícitas dos processos da ACT (p. ex., Levin, Hayes, & Waltz, 2010). As medidas da tomada de perspectiva estão mudando a forma como pensamos no senso de *self* (p. ex., McHugh et al., 2007).

Os processos do modelo, até o momento, na verdade se saíram muito bem na explicação da psicopatologia e da adaptabilidade humana. Dificilmente passa-se uma semana sem que um pesquisador publique um estudo relevante para as alegações básicas do modelo de flexibilidade psicológica. Além de meras correlações, a flexibilidade psicológica parece sistematizar as coisas de formas que auxiliam a organizar as várias áreas da literatura (para revisões empíricas e conceituais, veja Boulanger, Hayes, & Pistorello, 2010; Hayes et al., 2006; Kashdan & Rottenberg, 2010).

A flexibilidade psicológica modera a tolerância ao estresse e a persistência na tarefa em tarefas experimentais (Cochrane et al., 2007; Zettle, Petersen, Hocker, & Provines, 2007). Entretanto, inflexibilidade não é um mero correlato de patologia – é um fator de vulnerabilidade que prediz maus resultados longitudinalmente, controlado por como a pessoa estava se saindo no ponto de avaliação original (p. ex., Bond & Bunce, 2003; Marx & Sloan, 2005). Pessoas psicologicamente rígidas respondem mal a experiências desafiadoras na vida, tais como ter um membro da família com demência (Spira et al., 2007) ou estar em uma zona de guerra (Morina, 2007). Elas têm menos efeitos positivos com o tempo e menos emoções positivas e experimentam menos satisfação na vida (John & Gross, 2004; Kashdan et al., 2006). Esquiva experiencial e flexibilidade psicológica na verdade são mediadoras do impacto de várias estratégias de regulação emocional (p. ex., Tull & Gratz, 2008). Por exemplo, Kashdan e colaboradores (2006) identificaram que o impacto de estratégias de enfrentamento como a reavaliação cognitiva na relação entre ansiedade e resultados na vida era inteiramente mediado pela esquiva experiencial e pela flexibilidade psicológica.

Enfatizar a mediação e a moderação na análise do impacto aplicado

Mediação e moderação examinam a utilidade e a coerência da relação entre teoria, tecnologia e resultados. Não é importante para a CBS que a ACT sempre tenha mais sucesso do que outras abordagens – de fato, ela não tem tido (p. ex., Forman, Hoffman et al., 2007 constataram que a ACT não era melhor para lidar com fissura por comida quando a pessoa não estava dominada pela comida). O importante é que o modelo seja capaz de explicar as diferenças a fim de que pesquisadores e clínicos tenham uma meta para como desenvolver procedimentos empiricamente apoiados associados a processos empiricamente apoiados (Rosen & Davison, 2003). Pesquisadores em ACT se comprometeram com a exploração da mediação e moderação mais consistentemente e por mais tempo do que qualquer outra tradição clínica empírica. Essa asserção pode parecer uma afirmação ousada, mas ela é muito fácil de documentar.

Existem quase duas dezenas de análises mediacionais formais da ACT, incluindo aquelas que são analisadas e estão sendo redigidas, mas ainda não foram publicadas. Os mediadores de sucesso na ACT incluem medidas gerais ou específicas de aceitação e flexibilidade psicológica (p. ex., Gifford et al., 2004; Gregg, Callaghan, Hayes, & Glenn-Lawson, 2007; Lappalainen et al., 2007;

Lillis & Hayes, 2007; Lundgren et al., 2008), desfusão (Gaudiano, Herbert, & Hayes, 2010; Hayes, Stroshal et al., 2004; Lundgren et al., 2008; Varra et al., 2008; Zettle & Hayes, 1986) e valores (p. ex., Lundgren et al., 2008), entre outros. Em todos os estudos disponíveis até o momento, menos da metade das diferenças no *follow-up* nos resultados é mediada por níveis pós-tratamento de flexibilidade psicológica ou seus componentes (Levin et al., 2010). Esses resultados não são apenas vistos na ACT *versus* uma lista de espera. Por exemplo, Zettle, Rains e Hayes (2011) examinaram formas de grupos de ACT *versus* terapia cognitiva de Beck para depressão (Beck, Rush, Shaw, & Emery, 1979). A ACT produziu melhores resultados que foram mediados por níveis diferenciais de fusão cognitiva. Além disso, em cada caso reportado até agora, quando mediadores alternativos extraídos de outras perspectivas foram aplicados a intervenções de ACT, eles não funcionaram ou não funcionaram tão bem quanto aqueles extraídos da teoria da flexibilidade psicológica.

Tem havido muitos mal-entendidos sobre o significado de mediação. Estatisticamente falando, mediadores de sucesso requerem uma relação entre o tratamento e o mediador, além de uma relação entre o mediador e o resultado, *controlando o tratamento*. Essa exigência significa que, diferentemente das análises de processos tradicionais baseadas correlacionalmente, a mediação não pode ocorrer simplesmente devido à socialização para um modelo de tratamento e sua linguagem porque tais mediadores não vão se relacionar ao resultado, controlando o tratamento. Em outras palavras, se o mediador não estiver relacionado ao resultado mesmo no grupo controle, é improvável que a mediação tenha sucesso.

Entretanto, mediação raramente é uma questão de causação. Em psicologia, os mediadores mais comuns são medidas do processo fornecidas pelos clientes (autorrelato, comportamentais, neurobiológicas, etc.). Estas são variáveis dependentes teoricamente importantes. No entanto, como assinalamos no Capítulo 2, pensar em variáveis dependentes como causais pode retardar a busca por variáveis independentes mutáveis (Hayes & Brownstein, 1986). Em vez disso, o que as análises de mediação fornecem é uma oportunidade de detectar caminhos funcionalmente relevantes.

É preciso assinalar que a maioria dos estudos mediacionais em ACT (mas não todos; p. ex., Gifford et al., 2004; Lundgren et al., 2008; Zettle & Hayes, 1986, conforme reanalisado em Hayes et al., 2006; veja Hayes et al., 2006) mediu mediadores depois que os resultados mudaram, o que significa que os mediadores podem ter mudado devido à mudança dos resultados, e não o contrário. Análises mediacionais que não violam a temporalidade são especialmente úteis na detecção de caminhos funcionalmente relevantes, mas é errado ignorar a importância das análises mediacionais que *violam* a temporalidade, porque, com todas as vantagens estatísticas que uma violação da temporalidade oferece, as análises mediacionais devem ser consistentemente bem-sucedidas em tais casos. Assim, para determinado modo de intervenção, a vasta maioria dos estudos de resultados deve mostrar mediação bem-sucedida através de um pequeno conjunto de conceitos. Se este não for o caso, há algo de errado com a teoria ou com a medida dos seus conceitos. A correção de ambas as falhas é de responsabilidade dos defensores do tratamento, não dos críticos do tratamento. Até onde temos conhecimento, a ACT é o único método clínico atual popular que pode passar nesse teste.

A moderação também foi examinada na literatura da ACT, porém mais trabalho precisa ser feito. Moderadores identificam quem responde a qual tratamento. Masuda e colaboradores (2007) constataram que, quando comparada com a ACT, a psicoeducação era menos efetiva ao abordar o estigma em relação à doença mental quando os indivíduos reportavam níveis mais altos de esquiva experiencial. Forman, Hoffman e colaboradores (2007) constataram que os resultados para uma intervenção ACT para fissura alimentar, quando comparada com um modelo tradicional de TCC (extraído de Brownell, 2000), difeririam dependendo do nível de sensibilidade individual ao alimento no ambiente. Indivíduos que eram dominados pelo alimento se saíam melhor quando expostos à ACT do que à TCC ou sem tratamento.

Testar o programa de pesquisa em uma ampla gama de áreas e níveis de análise

Um modelo de flexibilidade psicológica se aplica supostamente não só a transtornos clínicos específicos, mas ao funcionamento humano de modo geral. Uma ideia desse tipo não pode ser testada por ensaios controlados randomizados focados em uma gama restrita de transtornos. Existem protocolos unificados disponíveis que focam em diversos transtornos de ansiedade ou em transtornos de ansiedade e humor, mas não conhecemos nenhuma abordagem que tenha sido aplicada a uma gama tão ampla de áreas-problema em tão pouco tempo quanto a ACT. Como uma demonstração desse ponto, considere apenas os estudos controlados randomizados (ECRs) ou estudos de séries temporais controlados que foram publicados nestes três periódicos de maior prestígio: *Journal of Consulting and Clinical Psychology*, *Behaviour Research and Therapy* e *Behavior Therapy*. Depois da publicação do primeiro manual de ACT (Hayes, Strosahl et al., 1999), apareceu, nesses periódicos, o primeiro ECR sobre enfrentamento da psicose (Bach & Hayes, 2002). Durante oito anos desde então, essas publicações viram estudos controlados sobre enfrentamento do diabetes (Gregg, Callaghan, Hayes, & Glenn-Lawson, 2007); dor crônica (Dahl et al., 2004); estresse no ambiente de trabalho (Flaxman & Bond, 2010); tratamento e prevenção de estresse, ansiedade e depressão em estudantes internacionais (Muto, Hayes, & Jeffcoat, 2011); abuso de polissubstância (Hayes, Bissett et al., 2004); dor nas costas (Vowles et al., 2007); transtorno de escoriação (Twohig et al., 2006); cessação do tabagismo (Gifford et al., 2004); tricotilomania (Woods, Wetterneck, & Flessner, 2006); redução do preconceito com pessoas com transtornos psicológicos (Masuda et al., 2007); enfrentamento de sintomas psicóticos (Gaudiano & Herbert, 2006); transtorno obsessivo-compulsivo (Twohig et al., 2006, 2010); comportamento problemático de assistir pornografia na Internet (Twohig & Crosby, 2010); redução de atitudes de estigmatização e *burnout* dos profissionais que trabalham com abuso de substância (Hayes, Bissett et al., 2004); e ajuda aos consultores para superar as barreiras de aprendizagem e a usar farmacoterapia baseada em evidências (Varra et al., 2008). Abordagens que foram retiradas fortemente da ACT também apareceram nessas publicações sobre transtorno de ansiedade generalizada (Roemer, Orsillo, & Salters-Pednault, 2008) e transtorno da personalidade *borderline* (Gratz & Gunderson, 2006). Considerando somente essas três publicações nos últimos oito anos, tem havido avaliações da ACT com grupos e indivíduos; ACT aplicada em formato de autoajuda; ACT com pacientes internados e ambulatoriais; e ACT com clientes de minorias e de maiorias étnicas predominantes; estudos de prevenção e estudos de intervenção; estudos com pacientes, terapeutas e estudantes; estudos baseados em populações; e estudos com intervenções durante menos de 2 horas ou mais de 40 horas. Se for levada em consideração toda a literatura da ACT, muito mais diversidade fica evidente, mas esse exemplo estendido salienta a questão: não conhecemos nenhuma abordagem em psicologia que tenha sido aplicada a uma gama tão ampla de áreas-problema em tão pouco tempo quanto a ACT.

De modo geral, o tamanho do efeito entre os grupos na literatura da ACT é médio ($d = 0{,}66$ *at post* e $d = 0{,}65$ no *follow-up*; Hayes et al., 2006). Três metanálises independentes chegaram a valores globalmente similares (Öst, 2008; Powers et al., 2009; Pull, 2009). Alguns autores notaram que existem fraquezas relativas na pesquisa da ACT (Öst, 2008) quando comparada com a TCC tradicional. Isso é verdadeiro até certo ponto, mas desaparece se a quantidade de financiamento de subvenções é fatorada (Gaudiano, 2010); assim, o ponto fraco provém principalmente de uma história relativamente curta da literatura. Além disso, a análise de Öst (2008) usou critérios que ignoravam as forças relativas, ou seja, que a pesquisa da ACT está sendo aplicada em áreas inteiramente novas não abordadas antes por métodos de intervenção apoiados empiricamente e está mais drasticamente focada nos processos de mudança (Gaudiano, 2010).

Onde a ACT provou ser mais fraca do que os métodos comparativos em termos de resultados? Os dados ainda são limitados, mas, em geral, essa deficiência se aplicou principalmente a problemas menores (Zettle, 2003) ou a clientes menos enredados e menos evitativos (Forman, Hoffman et al., 2007). Ainda há muito a aprender sobre como disseminar a ACT para prevenção ou em populações mais normais, e esperamos ver mais algumas fraquezas no resultado em tais áreas até que a tecnologia evolua. Pode haver outras populações especiais que requeiram modificação do modelo, mas, até o momento, quando os resultados são fracos, não parece que seja devido a uma fraqueza no modelo *per se*, mas à tecnologia (Follette, 1995, explica como fazer essa distinção empiricamente). Ainda não houve casos relatados em que os processos de flexibilidade psicológica se movessem diferencialmente, mas os resultados não foram diferenciais. *Existem* casos em que os processos de flexibilidade psicológica não diferem, e, nestes, os resultados foram menos consistentemente superiores (p. ex., Zettle, 2003). Em alguns aspectos, a questão central de uma estratégia da CBS é encontrar essas falhas para que possa ocorrer maior desenvolvimento.

A melhor forma de fazer isso é avançar cada vez mais com o modelo e estar preparado para inovar quando forem encontradas deficiências, as quais aparecerão.

Conduzir testes iniciais e contínuos de eficácia, disseminação e estratégias de treinamento

Os cientistas comportamentais contextuais não estão tentando descobrir o que é "verdadeiro" em um sentido ontológico e, então, determinar se esse conhecimento é útil; em vez disso, o conhecimento é tido como verdadeiro porque é útil. Como eficácia e disseminação são resultados essenciais, os pesquisadores de CBS os enfatizaram desde o começo. De fato, o primeiro estudo da ACT na era moderna foi um estudo da eficácia (Strosahl, Hayes, Bergan, & Romano, 1998) mostrando que treinar clínicos em ACT produziu melhores resultados globais em um ambiente ambulatorial. Desde então, surgiram vários estudos adicionais da eficácia (p. ex., Forman, Herbert, et al., 2007; Vowles & McCracken, 2008, 2010).

Estudos também foram feitos sobre como a ACT influencia técnicas instrucionais em outros métodos (p. ex., Luoma, Hayes, & Walser, 2007; Varra et al., 2008). Ela também se mostrou útil em múltiplas culturas (p. ex., Lundgren, Dahl, Melin, & Kees, 2006) e em populações de minoria étnica (p. ex., Gaudiano & Herbert, 2006; Muto et al., 2010). Todas essas áreas são campos férteis para desenvolvimentos adicionais no futuro.

Criar uma comunidade de desenvolvimento aberta, diversificada e não hierárquica

A ACT e a RFT estão sendo desenvolvidas por uma comunidade mundial aberta e diversificada de clínicos, cientistas básicos, cientistas aplicados, acadêmicos e estudantes. A comunidade da CBS tem características distintivas: ela é maciçamente internacional, envolve profissionais de muitas origens, tenta limitar a hierarquia e tem como tradição compartilhar métodos, protocolos e ferramentas gratuitas ou a baixo custo. A criação de uma comunidade de desenvolvimento ampla e diversificada desse tipo é uma característica necessária da abordagem da CBS. Ela é necessária porque a ciência indutiva pode ser muito lenta, e, quando associada a um propósito abrangente, apenas uma comunidade inteira pode fazer progresso em tempo razoável. Somente uma ampla variedade de ideias, ambientes, origens, profissões e culturas torna provável que os pontos cegos sejam identificados rapidamente, conforme o conhecimento é contextualmente situado. Por exemplo, se a disseminação e a eficácia forem as preocupações principais, os clínicos precisam ser envolvidos desde o começo. Tudo em uma perspectiva evolucionária sugere que os grupos têm maior chance para criar cooperação se focarem nos benefícios para o grupo inteiro em vez de no sucesso competitivo individual. Na ciência clínica empírica, essa regra básica da evolução é violada no momento em que um desenvolvedor de tratamento tenta controlar o desenvolvimento de uma abordagem (p. ex., decidir quais elementos acrescentar ou subtrair; certificar os terapeutas; ditar o que é ou não é apropriado dentro de uma abordagem). Em vez disso, o desenvolvimento da ACT e da RFT está sendo encorajado e apoiado pela Associação para a Ciência Comportamental Contextual. Tendo apenas alguns anos, a ACBS tem 4 mil membros, mais da metade dos quais reside fora dos Estados Unidos.

A comunidade da CBS deu muitos passos para permanecer aberta e flexível. A ACBS se absteve da certificação dos terapeutas. Os treinadores ACT são "reconhecidos" por um processo livre de revisão de pares e devem assinar uma declaração de valores em que concordam em disponibilizar seus protocolos por baixo custo ou nenhum custo. A maioria dos protocolos é postada no *website* e pode ser baixada gratuitamente depois do pagamento das contribuições. As contribuições são "baseadas em valores", ou seja, são definidas pelos próprios membros (o piso é $1). É considerado opcional que protocolos compatíveis com um modelo de flexibilidade psicológica levem a marca "ACT". Ninguém é obrigado a marcar sua orientação na entrada. Exceto pelos valores da ciência e pressupostos contextuais, tudo o mais está disponível.

Não é difícil explicar por que a comunidade da CBS é assim. Ela é uma versão aumentada da flexibilidade psicológica. No espaço da desfusão está o compartilhamento de ideias e um convite à crítica; no espaço da aceitação está a abertura, a permeabilidade e a falta de hierarquia desnecessária; no espaço do contato flexível com o momento presente estão os dados compartilhados e um compromisso com evidências e exploração; no espaço de um senso de *self* transcendente está a tentativa de entender a perspectiva dos outros; no espaço de valores individuais e ação de compromisso estão valores abertos e organizacionais declarados e as tentativas de associar todas as ações concretas da comunidade a eles.

Aqueles que estão fora da comunidade da CBS algumas vezes se preocupam com seus objetivos expansivos e entusiasmo. Os objetivos expansivos são plenamente consistentes com a visão original da ciência comportamental básica, que era desenvolver princípios que pudessem ter uma chance de alcançar as questões da complexidade humana. Skinner forneceu um exemplo: ele não era mais do que um pesquisador novato de animais quando escreveu seu romance utópico *Walden II* (1948). Aquilo pode ter parecido arrogante ou até mesmo assustador, mas não é nada disso. É um exercício valioso refletir regularmente sobre como usar o conhecimento da ciência comportamental para organizar a sociedade porque isso nos faz lembrar do seu objetivo último. Fazer isso não é uma alegação de conhecimento até que a pesquisa tenha realmente sido feita nesse nível. Da mesma forma, a tradição da CBS é comprometida, como observa seu *website*, com a "criação de uma psicologia mais adequada ao desafio da condição humana". Esta é uma aspiração, não uma alegação de conhecimento.

O entusiasmo se dá porque as pessoas estão animadas por encontrar um modelo que se aplica a elas mesmas, que é amplamente aplicável aos seus clientes, está baseado em um programa de pesquisa básica séria e está refletido na comunidade. Entusiasmo é uma força para o bem se for associado aos valores da ciência. Essas ligações estão refletidas na comunidade da CBS, e de alguma forma esperamos que este livro tenha sido um exemplo digno.

CONSIDERAÇÕES FINAIS

O progresso científico de uma abordagem de ciência comportamental contextual precisa ser avaliado com o tempo, mas, até o momento, os resultados parecem promissores. As bases filosóficas estão bem estabelecidas. O trabalho básico de ciência em RFT está evoluindo rapidamente e está cada vez mais afetando os domínios básicos tradicionais (p. ex., DeHouer, 2011) e aplicados, incluindo a própria ACT. O modelo de flexibilidade psicológica está decolando, e aspectos dele estão se espalhando através das formas contextuais de TCC (Hayes Villate, Levin, & Hildebrant, 2011) e da psicologia social e da personalidade. As evidências dos componentes e dos processos são boas e estão ficando melhores. Os resultados são bons e incrivelmente abrangentes – o que é impressionante, considerando-se o quão inicial é o desenvolvimento da ACT. Na maioria dos casos, os resultados parecem ser tão positivos quanto os obtidos com intervenções mais estabelecidas, e, em alguns casos, os resultados parecem ser melhores. Formou-se no mundo todo uma comunidade de desenvolvimento muito grande e dinâmica que está atraindo diversos grupos de pessoas.

Dez anos atrás, a primeira edição deste livro podia apenas apresentar uma esperança. Esta segunda edição apresenta a conquista de um modelo mais maduro e um conjunto de métodos que qualquer observador justo irá concordar que é útil para muitos. Novos avanços serão determinados pela forma como a comunidade de desenvolvimento responder às críticas e aos problemas que podem emergir e pela forma como, de maneira integral, cuidadosa e criativa, serão exploradas as oportunidades existentes. Jovens pesquisadores, clínicos, teóricos e estudantes irão determinar o futuro, dependendo de onde irão investir a sua energia. No interesse daqueles a cujas vidas servimos, esperamos que este livro tenha sido um investimento que pareça sensato e valioso.

Referências

Addis, M. E., & Jacobson, N. S. (1996). Reasons for depression and the process and outcome of cognitive-behavioral psychotherapies. *Journal of Consulting and Clinical Psychology, 64,* 1417-1424.

Assagioli, R. (1971). *The act of will.* New York: Viking.

Bach, P., & Hayes, S. C. (2002). The use of Acceptance and Commitment Therapy to prevent the rehospitalization of psychotic patients: A randomized controlled trial. *Journal of Consulting and Clinical Psychology, 70*(5), 1129-1139.

Baer, R. A. (2003). Mindfulness training as a clinical intervention: A conceptual and empirical review. *Clinical Psychology: Science and Practice, 10,* 125-143.

Baer, R. A. (Ed.). (2006). *Mindfulness-based treatment approaches: Clinician's guide to evidence base and applications.* San Diego, CA: Elsevier.

Baer, R. A., Smith G. T., & Allen, K. B. (2004). Assessment of mindfulness by self-report: The Kentucky Inventory of Mindfulness Skills. *Assessment, 11,* 191-206.

Baer, R. A., Smith, G. T., Hopkins, J., Krietemeyer, J., & Toney, L. (2006). Using self-report assessment methods to explore facets of mindfulness. *Assessment, 13,* 27-45.

Baer, R. A., Smith, G. T., Lykins, E., Button, D., Krietemeyer, J., Sauer, S., et al. (2008). Construct validity of the Five Facet mindfulness questionnaire in meditating and nonmeditating samples. *Assessment, 15*(3), 329-342.

Barlow, D. H., Allen, L. B., & Choate, M. L. (2004). Toward a unified treatment for emotional disorders. *Behavior Therapy, 35,* 205-230.

Barnes-Holmes, D., Hayden, E., Barnes-Holmes, Y., & Stewart, I. (2008). The Implicit Relational Assessment Procedure (IRAP) as a response-time and event-related-potentials methodology for testing natural verbal relations: A preliminary study. *Psychological Record, 58,* 497-516.

Barnes-Holmes, D., Hayes, S. C., & Dymond, S. (2001). Self and self-directed rules. In S. C. Hayes, D. Barnes-Holmes, & B. Roche (Eds.), *Relational frame theory: A post-Skinnerian account of human language and cognition* (pp. 119-140). New York: Kluwer/Plenum Press.

Barnes-Holmes, D., Murphy, A., Barnes-Holmes, Y., & Stewart, I. (2010). The Implicit Relational Assessment Procedure (IRAP): Exploring the impact of private versus public contexts and the response latency criterion on pro-white and anti-black stereotyping among white Irish individuals. *Psychological Record, 60,* 57-66.

Barnes-Holmes, D., O'Hora, D., Roche, B., Hayes, S. C., Bissett, R. T., & Lyddy, F. (2001). Understanding and verbal regulation. In S. C. Hayes, D. Barnes-Holmes, & B. Roche (Eds.), *Relational frame theory: A post-Skinnerian account of human language and cognition* (pp. 103-117). New York: Kluwer/Plenum Press.

Barnes-Holmes, Y., Barnes-Holmes, D., & McHugh, L. (2004). Teaching derived relational responding to young children. *Journal of Early and Intensive Behavior Intervention, 1,* 4-13.

Barnes-Holmes, Y., Barnes-Holmes, D., Smeets, P. M., Strand, P., & Friman, P. (2004). Establishing relational responding in accordance with more-than and less-than as generalized operant behavior in young children. *International Journal of Psychology and Psychological Therapy, 4,* 531-558.

Barrett, D. M., Deitz, S. M., Gaydos, G. R., & Quinn, P. C. (1987). The effects of programmed contingencies and social conditions on response stereotypy with human subjects. *Psychological Record, 37,* 489-505.

Baumeister, R. F. (1990). Suicide as escape from self. *Psychological Review, 97,* 90-113.

Baumeister, R. F., Campbell, J. D., Krueger, J. I., & Vohs, K. D. (2003). Does high self-esteem cause better performance, interpersonal success, happiness, or healthier lifestyles? *Psychological Science in the Public Interest, 4,* 1-44.

Beck, A. T., Rush, A. J., Shaw, B. G., & Emery, G. (1979). *Cognitive therapy of depression.* New York: Guilford Press.

Berens, N. M., & Hayes, S. C. (2007). Arbitrarily applicable comparative relations: Experimental evidence for a relational operant. *Journal of Applied Behavior Analysis, 40,* 45-71.

Biglan, A., & Hayes, S. C. (1996). Should the behavioral sciences become more pragmatic?: The case for functional contextualism in research on human behavior. *Applied and Preventive Psychology: Current Scientific Perspectives, 5,* 47-57.

Bishop, S. R., Lau, M., Shapiro, S., Carlson, L., Anderson Carmody, N. D. J., Segal, Z. V., et al. (2004). Mindfulness: A proposed operational definition. *Clinical Psychology: Science and Practice, 11*(3), 230-241.

Blanco, C., Okuda, M., Wright, C., Hasin, D. S., Grant, B. F., Liu, S. M., et al. (2008). Mental health of college students and their non-college-attending peers: Results from the National Epidemiologic Study on Alcohol and Related Conditions. *Archives of General Psychiatry, 65,* 1429-1437.

Bonanno, G. A., Papa, A., LaLande, K., Westphal, M., & Coifman, K. (2004). The importance of being flexible: The ability to both enhance and suppress emotional expression predicts long-term adjustment. *Psychological Science, 15,* 482-487.

Bond, F. W., & Bunce, D. (2003). The role of acceptance and job control in mental health, job satisfaction, and work performance. *Journal of Applied Psychology, 88,* 1057-1067.

Bond, F. W., Hayes, S. C., Baer, R. A., Carpenter, K. M., Orcutt, H. K., Waltz, T., et al. (in press). Preliminary psychometric properties of the Acceptance and Action Questionnaire-II: A revised measure of psychological flexibility and acceptance. *Behavior Therapy.*

Borkovec, T. D., Alcaine, O., & Behar, E. (2004). Avoidant theory of worry and generalized anxiety disorder. In R. G. Heimberg, C. L. Turk, & D. S. Mennin (Eds.), *Generalized anxiety disorder: Advances in research and practice* (pp. 77-108). New York: Guilford Press.

Boulanger, J. L., Hayes, S. C., & Pistorello, J. (2010). Experiential avoidance as a functional contextual concept. In A. M. Kring & D. M. Sloan (Eds.), *Emotion regulation and psychopathology: A transdiagnostic approach to etiology and treatment* (pp. 107-136). New York: Guilford Press.

Brewer, W. F. (1974). There is no convincing evidence for operant or classical conditioning in adult humans. In W. B. Weimer & D. S. Palermo (Eds.), *Cognition and the symbolic processes* (pp. 1-42). Hillsdale, NJ: Erlbaum.

Brown, R. A., Lejuez, C. W., Kahler, C. W., & Strong, D. (2002). Distress tolerance and duration of past smoking cessation attempts. *Journal of Abnormal Psychology, 111,* 180-185.

Brownell, K. D. (2000). *The LEARN program for weight management.* Dallas, TX: American Health.

Cassidy, S., Roche, B., & Hayes, S. C. (2011). A relational frame training intervention to raise intelligence quotients: A pilot study. *Psychological Record, 61,* 173-198.

Catania, A. C., Shimoff, E., & Matthews, B. A. (1989). An experimental analysis of rule-governed behavior. In S. C. Hayes (Ed.), *Rule-governed behavior: Cognition, contingencies, and instructional control* (pp. 119-150). New York: Plenum Press.

Centers for Disease Control and Prevention. (2007). Leading causes of death reports. Atlanta, GA: Author. Retrieved March 15, 2010, from *webappa.cdc.gov/sasweb/ncipc/leadcaus10.html.*

Chambers, R., Chuen Yee Lo, B., & Allen, N. B. (2008). The impact of intensive mindfulness training on attentional control, cognitive style and affect. *Cognitive Therapy and Research, 32,* 303-322.

Chantry, D. (2007). *Talking ACT: Notes and conversations on Acceptance and Commitment Therapy.* Oakland, CA: New Harbinger/Context Press.

Chawla, N., & Ostafin, B. D. (2007). Experiential avoidance as a functional dimensional approach to psychopathology: An empirical review. *Journal of Clinical Psychology, 63,* 871-890.

Chiles, J., & Strosahl, K. (2004). *Clinical manual for assessment and treatment of suicidal patients.* Washington, DC: American Psychiatric Association.

Ciarrochi, J., Blackledge, J. T., & Heaven, P. (2006, July). *Initial validation of the Social Values Survey and Personal Values Questionnaire.* Presented at the Second World Conference on ACT, RFT, and Contextual Behavioural Science, London.

Cochrane, A., Barnes-Holmes, D., Barnes-Holmes, Y., Stewart, I., & Luciano, C. (2007). Experiential avoidance and aversive visual images: Response delays and event related potentials on a simple matching task. *Behaviour Research and Therapy, 45,* 1379-1388.

Cohen, G. L., Garcia, J., Apfel, N., & Master, A. (2006). Reducing the racial achievement gap: A social-psychological intervention. *Science, 313,* 1307-1310.

Cook, D., & Hayes, S. C. (2010). Acceptance-based coping and the psychological adjustment of Asian and Caucasian Americans. *International Journal of Behavioral Consultation and Therapy, 6,* 186-197.

Dahl, J., Wilson, K. G., & Nilsson, A. (2004). Acceptance and Commitment Therapy and the treatment of persons at risk for long-term disability resulting from stress and pain symptoms: A preliminary randomized trial. *Behavior Therapy, 35,* 785-802.

Dahl, J. C., Plumb, J. C., Stewart, I., & Lundgren, T. (2009). *The art and science of valuing in psychotherapy: Helping clients discover, explore, and commit to valued action using Acceptance and Commitment Therapy.* Oakland, CA: New Harbinger.

Davis, R. N., & Nolen-Hoeksema, S. (2000). Cognitive inflexibility among ruminators and nonruminators. *Cognitive Therapy and Research, 24,* 699–711.

De Houwer, J. (2011). Why the cognitive approach in psychology would profit from a functional approach and vice versa. *Perspectives on Psychological Science, 6,* 202–209.

Dempster, M., Bolderston, H., Gillanders, D., & Bond, F. (n.d.). Cognitive Fusion Questionnaire. Available at *http://contextualpsychology.org/CFQ.*

Dimidjian, S., Hollon, S. D., Dobson, K. S., Schmaling, K. B., Kohlenberg, R. J., Addis, M. E., et al. (2006). Randomized trial of behavioral activation, cognitive therapy, and antidepressant medication in the acute treatment of adults with major depression. *Journal of Consulting and Clinical Psychology, 74,* 658– 670.

Dougher, M. J., Auguston, E., Markham, M. R., & Greenway, D. E. (1994). The transfer of respondent eliciting and extinction functions through stimulus equivalence classes. *Journal of the Experimental Analysis of Behavior, 62,* 331– 351.

Dougher, M. J., Hamilton, D. A., Fink, B., & Harrington, J. (2007). Transformation of the discriminative and eliciting functions of generalized relational stimuli. *Journal of the Experimental Analysis of Behavior, 88,* 179–198.

Dugas, M. J., Freeston, M. H., & Ladouceur, R. (1997). Intolerance of uncertainty and problem orientation in worry. *Cognitive Therapy and Research, 21,* 593–606.

Dymond, S., May, R. J., Munnelly, A., & Hoon, A. E. (2010). Evaluating the evidence base for relational frame theory: A citation analysis. *The Behavior Analyst, 33,* 97–117.

Dymond, S., & Roche, B. (2009). A contemporary behavioral analysis of anxiety and avoidance. *The Behavior Analyst, 32,* 7–28.

Elliot, A., Sheldon, K., & Church, M. (1997). Avoidance personal goals and subjective well-being. *Personality and Social Psychology Bulletin, 23,* 915–927.

Farley, T., & Cohen, D. A. (2005). *Prescription for a healthy nation: A new approach to improving our lives by fixing our everyday world.* Boston: Beacon Press.

Farmer, R. E., & Chapman, A. L. (2008). *Behavioral interventions in cognitive behavior therapy: Practical guidance for putting theory into action.* Washington, DC: American Psychological Association.

Flaxman, P. E., & Bond, F. W. (2010). A randomised worksite comparison of acceptance and commitment therapy and stress inoculation training. *Behaviour Research and Therapy, 43,* 816–820.

Flaxman, P. E., & Bond, F. W. (2010). Worksite stress management training: Moderated effects and clinical significance. *Journal of Occupational Health Psychology, 15,* 347–358.

Fletcher, L., & Hayes, S. C. (2005). Relational Frame Theory, Acceptance and Commitment Therapy, and a functional analytic definition of mindfulness. *Journal of Rational Emotive and Cognitive Behavioral Therapy, 23,* 315–336.

Fletcher, L. B., Schoendorff, B., & Hayes, S. C. (2010). Searching for mindfulness in the brain: A process--oriented approach to examining the neural correlates of mindfulness. *Mindfulness, 1,* 41–63.

Foa, E. B., Steketee, G., & Young, M. C. (1984). Agoraphobia: Phenomenological aspects, associated characteristics, and theoretical considerations. *Clinical Psychology Review, 4* 431–457.

Folkman, S., Lazarus, R. S., Gruen, R. J., & DeLongis, A. (1986). Appraisal, coping, health status, and psychological symptoms. *Journal of Personality and Social Psychology, 50,* 571–579.

Follette, W. C. (1995). Correcting methodological weaknesses in the knowledge base used to derive practice standards. In S. C. Hayes, V. M. Follette, R. M. Dawes, & K. E. Grady (Eds.), *Scientific standards of psychological practice: Issues and recommendations* (pp. 229–247). Reno, NV: Context Press.

Forman, E. M., Herbert, J. D., Moitra, E., Yeomans, P. D., & Geller, P. A. (2007). A randomized controlled effectiveness trial of Acceptance and Commitment Therapy and Cognitive Therapy for anxiety and depression. *Behavior Modification, 31,* 772–799.

Forman, E. M., Hoffman, K. L., McGrath, K. B., Herbert, J. D., Bradsma, L. L., & Lowe, M. R. (2007). A comparison of acceptance and control-based strategies for coping with food cravings: An analog study. *Behaviour Research and Therapy, 45,* 2372–2386.

Forsyth, J., & Eifert, G. (2007). *The mindfulness and acceptance workbook for anxiety: A guide to breaking free from anxiety, phobias, and worry using Acceptance and Commitment Therapy.* Oakland, CA: New Harbinger.

Foster, T. (2003). Suicide notes themes and suicide prevention. *International Journal of Psychiatry in Medicine, 33,* 323–331.

Fournier, J. C., DeRubeis, R. J., Hollon, S. D., Dimidjian, S., Amsterdam, J. D., Shelton, R. C., et al. (2010). Antidepressant drug effects and depression severity. A patient-level meta-analysis. *Journal of the American Medical Association, 303,* 47–53.

Frances, A. (2010). DSM in philosophyland: Curiouser and curiouser. *Bulletin of the Association for the Advancement of Philosophy and Psychiatry, 17*(2), 3–7.

Frankl, V. (1992). *Man's search for meaning* (4th ed.). Boston: Beacon Press.

Franks, C. M., & Wilson, G. T. (1974). *Annual review of behavior therapy: Theory and practice.* New York: Brunner/Mazel.

Garcia, J., Ervin, F. R., & Koelling, R. A. (1966). Learning with prolonged delay of reinforcement. *Psychonomic Science, 5,* 121–122.

Gaudiano, B. (2010). Evaluating acceptance and commitment therapy: An analysis of a recent critique. *International Journal of Behavioral Consultation and Therapy, 5,* 311–329.

Gaudiano, B. A., & Herbert, J. D. (2006). Acute treatment of inpatients with psychotic symptoms using acceptance and commitment therapy. *Behaviour Research and Therapy, 44,* 415–437.

Gaudiano, B. A., Herbert, J. D., & Hayes, S. C. (2010). Is it the symptom or the relation to it? Investigating potential mediators of change in Acceptance and Commitment Therapy for psychosis. *Behavior Therapy, 41,* 543–554.

Gifford, E. V., Kohlenberg, B., Hayes, S. C., Pierson, H., Piasecki, M., Anonuccio, D., et al. (in press). Does acceptance and relationship focused behavior therapy contribute to bupropion outcomes?: A randomized controlled trial of FAP and ACT for smoking cessation. *Behavior Therapy.*

Gifford, E. V., Kohlenberg, B. S., Hayes, S. C., Antonuccio, D. O., Piasecki, M. M., Rasmussen-Hall, M. L., et al. (2004). Applying a functional acceptance-based model to smoking cessation: An initial trial of Acceptance and Commitment Therapy. *Behavior Therapy, 35,* 689–705.

Gilbert, P. (2009). *The compassionate mind: A new approach to life's challenges.* London: Constable-Robinson.

Gödel, K. (1962). *On formally undecidable propositions of Principia Mathematica and related systems.* New York: Basic Books.

Grant, B. F., Dawson, D. A., Stinson, F. S., Chou, S. P., Dufour, M. C., & Pickering, R. P. (2004). The 12-month prevalence and trends in DSM-IV alcohol abuse and dependence: United States, 1991–1992 and 2001–2002. *Drug and Alcohol Dependence, 74,* 223–234.

Gratz, K. L., & Gunderson, J. G. (2006). Preliminary data on an acceptance-based emotion regulation group intervention for deliberate self-harm among women with Borderline Personality Disorder. *Behavior Therapy, 37,* 25–35.

Gratz, K. L., & Roemer, L. (2004). Multidimensional assessment of emotion regulation and dysregulation: Development, factor structure, and initial validation of the Difficulties in Emotion Regulation Scale. *Journal of Psychopathology and Behavioral Assessment, 36,* 41–54.

Graves, S. B. (1999). Television and prejudice reduction: When does television as a vicarious experience make a difference? *Journal of Social Issues, 55,* 707–727.

Greco, L. A., Lambert, W., & Baer, R. A. (2008). Psychological inflexibility in childhood and adolescence: Development and evaluation of the Avoidance and Fusion Questionnaire for Youth. *Psychological Assessment, 20,* 93–102.

Greenberg, L. S., & Safran, J. D. (1989). Emotion in psychotherapy. *American Psychologist, 44,* 19–29.

Gregg, J. A., Callaghan, G. M., Hayes, S. C., & Glenn-Lawson, J. L. (2007). Improving diabetes self-management through acceptance, mindfulness, and values: A randomized controlled trial. *Journal of Consulting and Clinical Psychology, 75*(2), 336–343.

Haeffel, G. J. (2010). When self-help is no help: Traditional cognitive skills training does not prevent depressive symptoms in people who ruminate. *Behaviour Research and Therapy, 48*(2), 152–157.

Harris, R. (2008). *The happiness trap.* New York: Shambala.

Hayes, S. C. (1984). Making sense of spirituality. *Behaviorism, 12,* 99–110.

Hayes, S. C. (1987). A contextual approach to therapeutic change. In N. Jacobson (Ed.), *Psychotherapists in clinical practice: Cognitive and behavioral perspectives* (pp. 327–387). New York: Guilford Press.

Hayes, S. C. (1989a). Nonhumans have not yet shown stimulus equivalence. *Journal of the Experimental Analysis of Behavior, 51,* 385–392.

Hayes, S. C. (Ed.). (1989b). *Rule-governed behavior: Cognition, contingencies, and instructional control.* New York: Plenum Press.

Hayes, S. C. (1993). Analytic goals and the varieties of scientific contextualism. In S. C. Hayes, L. J. Hayes, H. W. Reese, & T. R. Sarbin (Eds.), *Varieties of scientific contextualism* (pp. 11–27). Reno, NV: Context Press.

Hayes, S. C. (2002). Buddhism and acceptance and commitment therapy. *Cognitive and Behavioral Practice, 9,* 58–66.

Hayes, S. C. (2004). Acceptance and commitment therapy, relational frame theory, and the third wave of behavior therapy. *Behavior Therapy, 35,* 639–665.

Hayes, S. C. (2009). *Acceptance and commitment therapy* [DVD]. Washington, DC: American Psychological Association.

Hayes, S. C., Barnes-Holmes, D., & Roche, B. (2001). *Relational frame theory: A post-Skinnerian account of human language and cognition.* New York: Plenum Press.

Hayes, S. C., Bissett, R., Roget, N., Padilla, M., Kohlenberg, B. S., Fisher, G., et al. (2004). The impact of acceptance and commitment training and multicultural training on the stigmatizing attitudes and professional burnout of substance abuse counselors. *Behavior Therapy, 35,* 821–835.

Hayes, S. C., & Brownstein, A. J. (1986). Mentalism, behavior-behavior relations and a behavior analytic view of the purposes of science. *The Behavior Analyst, 9,* 175–190.

Hayes, S. C., Brownstein, A. J., Haas, J. R., & Greenway, D. E. (1986). Instructions, multiple schedules, and extinction: Distinguishing rule-governed from schedule-controlled behavior. *Journal of the Experimental Analysis of Behavior, 46,* 137–147.

Hayes, S. C., Brownstein, A. J., Zettle, R. D., Rosenfarb, I., & Korn, Z. (1986). Rule-governed behavior and sensitivity to changing consequences of responding. *Journal of the Experimental Analysis of Behavior, 45,* 237–256.

Hayes, S. C., Follette, V. M., & Linehan, M. M. (Eds.). (2004). *Mindfulness and acceptance: Expanding the cognitive behavioral tradition.* New York: Guilford Press.

Hayes, S. C., & Gregg, J. (2000). Functional contextualism and the self. In C. Muran (Ed.), *Self-relations in the psychotherapy process* (pp. 291–307). Washington, DC: American Psychological Association.

Hayes, S. C., Hayes, L. J., & Reese, H. W. (1988). Finding the philosophical core: A review of Stephen C. Pepper's *World Hypotheses. Journal of the Experimental Analysis of Behavior, 50,* 97–111.

Hayes, S. C., Hayes, L. J., Reese, H. W., & Sarbin, T. R. (Eds.). (1993). *Varieties of scientific contextualism.* Reno, NV: Context Press.

Hayes, S. C., Kohlenberg, B. K., & Hayes, L. J. (1991). The transfer of specific and general consequential functions through simple and conditional equivalence classes. *Journal of the Experimental Analysis of Behavior, 56,* 119–137.

Hayes, S. C., Levin, M., Plumb, J., Villatte, J., & Pistorello, J. (in press). Acceptance and Commitment Therapy and contextual behavioral science: Examining the progress of a distinctive model of behavioral and cognitive therapy. *Behavior Therapy.*

Hayes, S. C., Levin, M., Vilardaga, R., & Yadavaia, J. (2008, September). *A meta-analysis of mediational and component analyses of ACT.* Paper presented to the European Association for Behavioral and Cognitive Therapies Annual Congress, Helsinki, Finland.

Hayes, S. C., Luoma, J., Bond, F., Masuda, A., & Lillis, J. (2006). Acceptance and Commitment Therapy: Model, processes, and outcomes. *Behaviour Research and Therapy, 44,* 1–25.

Hayes, S. C., Nelson, R. O., & Jarrett, R. (1987). Treatment utility of assessment: A functional approach to evaluating the quality of assessment. *American Psychologist, 42,* 963–974.

Hayes, S. C., & Plumb, J. C. (2007). Mindfulness from the bottom up: Providing an inductive framework for understanding mindfulness processes and their application to human suffering. *Psychological Inquiry, 18,* 242–248.

Hayes, S. C., Strosahl, K. D., & Wilson, K. G. (1999). *Acceptance and Commitment Therapy: An experiential approach to behavior change.* New York: Guilford Press.

Hayes, S. C., Strosahl, K. D., Wilson, K. G., Bissett, R. T., Pistorello, J., Toarmino, D., et al. (2004). Measuring experiential avoidance: A preliminary test of a working model. *Psychological Record, 54,* 553–578.

Hayes, S. C., Villatte, M., Levin, M., & Hildebrandt, M. (2011). Open, aware, and active: Contextual approaches as an emerging trend in the behavioral and cognitive therapies. *Annual Review of Clinical Psychology, 7,* 141–168.

Hayes, S. C., & Wilson, K. G. (1994). Acceptance and Commitment Therapy: Altering the verbal support for experiential avoidance. *The Behavior Analyst, 17,* 289–303.

Hayes, S. C., & Wilson, K. G. (2003). Mindfulness: Method and process. *Clinical Psychology: Science and Practice, 10,* 161–165.

Hayes, S. C., Wilson, K. W., Gifford, E. V., Follette, V. M., & Strosahl, K. (1996). Experiential avoidance and behavioral disorders: A functional dimensional approach to diagnosis and treatment. *Journal of Consulting and Clinical Psychology, 64,* 1152–1168.

Hayes, S. C., Zettle, R. D., & Rosenfarb, I. (1989). Rule following. In S. C. Hayes (Ed.), *Rule-governed behavior: Cognition, contingencies, and instructional control* (pp. 191–220). New York: Plenum Press.

Hesser, H., Westin, V., Hayes, S. C., & Andersson, G. (2009). Clients' in-session acceptance and cognitive defusion behaviors in acceptance-based treatment of tinnitus distress. *Behaviour Research and Therapy, 47,* 523–528.

Hildebrandt, M. J., Fletcher, L. B., & Hayes, S. C. (2007). Climbing anxiety mountain: Generating metaphors in acceptance and commitment therapy. In G. W. Burns (Ed.), *Healing with stories: Your casebook collection for using therapeutic metaphors* (pp. 55–64). Hoboken, NJ: Wiley.

Hofmann, S. G., Sawyer, A. T., Witt, A. A., & Oh, D. (2010). The effect of mindfulness-based therapy on anxiety and depression: A meta-analytic review. *Journal of Consulting and Clinical Psychology, 78*, 169–183.

Hollon, S. D., & Kendall, P. C. (1980). Cognitive self-statements in depression: Development of an automatic thoughts questionnaire. *Cognitive Therapy and Research, 4*, 383–395.

Holman, E. A., & Silver, R. C. (1998). Getting "stuck" in the past: Temporal orientation and coping with trauma. *Journal of Personality and Social Psychology, 74*, 1146–1163.

Jablonka, E., & Lamb, M. J. (2005). *Evolution in four dimensions—genetic, epigenetic, behavioral, and symbolic variation in the history of life.* Cambridge, MA: MIT Press.

Jacobson, N. S., Dobson, K. S., Truax, P. A., Addis, M. E., Koerner, K., Gollan, J. K., et al. (1996). A component analysis of cognitive-behavioral treatment for depression. *Journal of Consulting and Clinical Psychology, 64*, 295–304.

Jaynes, J. (1976). *The origin of consciousness in the breakdown of the bicameral mind.* Boston: Houghton Mifflin.

Jha, A. P., Krompinger, J., & Baime, M. J. (2007). Mindfulness training modifies subsystems of attention. *Cognitive Affective and Behavioral Neuroscience, 7*, 109–119.

John, O. P., & Gross, J. J. (2004). Healthy and unhealthy emotion regulation: Personality processes, individual differences, and life span development. *Journal of Personality, 72*, 1301–1333.

Joiner, T., Pettit, J. W., Walker, R. L., Voelz, Z. R., Cruz, J., Rudd, M. D., et al. (2002). Perceived burdensomeness and suicidality: Two studies on the suicide notes of those attempting and those completing suicide. *Journal of Social and Clinical Psychology, 21*, 531–545.

Ju, W. C., & Hayes, S. C. (2008). Verbal establishing stimuli: Testing the motivative effect of stimuli in a derived relation with consequences. *Psychological Record, 58*, 339–363.

Kabat-Zinn, J. (1990). *Full catastrophe living: Using the wisdom of your body and mind to face stress, pain and illness.* New York: Delacorte.

Kabat-Zinn, J. (1994). *Wherever you go, there you are: Mindfulness meditation in everyday life.* New York: Hyperion.

Karekla, M., & Panayiotou, G. (2011). Coping and experiential avoidance: Unique or overlapping constructs? *Journal of Behavior Therapy and Experimental Psychiatry, 42*, 163–170.

Kashdan, T. B., Barrios, V., Forsyth, J. P., & Steger, M. F. (2006). Experiential avoidance as a generalized psychological vulnerability: Comparisons with coping and emotion regulation strategies. *Behaviour Research and Therapy, 9*, 1301–1320.

Kashdan, T. B., & Breen, W. E. (2007). Materialism and diminished well-being: Experiential avoidance as a mediating mechanism. *Journal of Social and Clinical Psychology, 26*, 521–539.

Kashdan, T. B., Ferssizidis, P., Collins, R. L., & Muraven, M. (2010). Emotion differentiation as resilience against excessive alcohol use: An ecological momentary assessment in underage social drinkers. *Psychological Science, 21*, 1341–1347.

Kashdan, T. B., & Rottenberg, J. (2010). Psychological flexibility as a fundamental aspect of health. *Clinical Psychological Review, 30*, 467–480.

Kashdan, T. B., & Steger, M. (2006). Expanding the topography of social anxiety: An experience-sampling assessment of positive emotions, positive events, and emotion suppression. *Psychological Science, 17*, 120–128.

Kessler, R. C., Berglund, P., Demler, O., Merikangas, K. R., Walters, E. E., & Jin, R. B. (2005). Lifetime prevalence and age-of-onset distributions of DSM-IV disorders in the National Comorbidity Survey replication. *Archives of General Psychiatry, 62*, 593–602.

Kirsch, I., Deacon, B. J., Huedo-Medina, T. B., Scoboria, A., Moore, T. J., & Johnson, B. T. (2008). Initial severity and antidepressant benefits: A meta-analysis of data submitted to the FDA. *PLoS: Medicine, 5*, 260–269(e45).

Kohlenberg, R. J., & Tsai, M. (1991). *Functional Analytic Psychotherapy: A guide for creating intense and curative therapeutic relationships.* New York: Plenum Press.

Kollman, D. M., Brown, T. A., & Barlow, D. H. (2009). The construct validity of acceptance: A multitrait-multimethod investigation. *Behavior Therapy, 40*, 205–218.

Kupfer, D. J., First, M. B., & Regier, D. A. (Eds.). (2002). *A research agenda for DSM-V.* Washington, DC: American Psychiatric Association.

Langer, E. J. (2000). Mindful learning. *Current Directions in Psychological Science, 9*, 220–223.

Langer, E. J., & Moldoveanu, M. C. (2000). Mindfulness research and the future. *Journal of Social Issues, 56*, 129–139.

Lappalainen, R., Lehtonen, T., Skarp, E., Taubert, E., Ojanen, M., & Hayes, S. C. (2007). The impact of CBT and ACT models using psychology trainee therapists: A preliminary controlled effectiveness trial. *Behavior Modification, 31*, 488–511.

Levin, M., Hayes, S. C., & Waltz, T. (2010). Creating an implicit measure of cognition more suited to applied research: A test of the Mixed Trial–Implicit Relational

Assessment Procedure (MT-IRAP). *International Journal of Behavioral Consultation and Therapy*, 6, 245-262.

Levin, M. E., Hildebrandt, M. J., Lillis, J., & Hayes, S. C. (2011). *The impact of treatment components in acceptance and commitment therapy: A meta-analysis of micro-component studies*. Manuscript submitted for publication.

Levitt, J. T., Brown, T. A., Orsillo, S. M., & Barlow, D. H. (2004). The effects of acceptance versus suppression of emotion on subjective and psychophysiological response to carbon dioxide challenge in patients with panic disorder. *Behavior Therapy*, 35, 747-766.

Lillis, J., & Hayes, S. C. (2007). Applying acceptance, mindfulness, and values to the reduction of prejudice: A pilot study. *Behavior Modification*, 31, 389-411.

Lillis, J., & Hayes, S. C. (2008). Measuring avoidance and inflexibility in weight-related problems. *International Journal of Behavioral Consultation and Therapy*, 4, 372-378.

Lipkens, R., Hayes, S. C., & Hayes, L. J. (1993). Longitudinal study of derived stimulus relations in an infant. *Journal of Experimental Child Psychology*, 56, 201-239.

Longmore, R. J., & Worrell, M. (2007). Do we need to challenge thoughts in cognitive behavior therapy? *Clinical Psychology Review*, 27, 173-187.

Luciano, C., Gómez-Becerra, I., & Rodríguez-Valverde, M. (2007). The role of multiple-exemplar training and naming in establishing derived equivalence in an infant. *Journal of Experimental Analysis of Behavior*, 87, 349-365.

Luciano, C. M., Valdivia-Salas, S., Ruiz-Jimenez, F. J., Cabello Luque, F., Barnes-Holmes, D., Dougher, M. J., et al. (2008, May). *The effect of several strategies in altering avoidance to direct and derived avoidance stimuli*. Paper presented at the annual conference of the Association for Behavior Analysis, Chicago.

Lundgren, A. T., Dahl, J., Melin, L., & Kees, B. (2006). Evaluation of acceptance and commitment therapy for drug refractory epilepsy: A randomized controlled trial in South Africa. *Epilepsya*, 47, 2173-2179.

Lundgren, A. T., Dahl, J., Yardi, N., & Melin, L. (2008). Acceptance and Commitment Therapy and yoga for drug-refractory epilepsy: A randomized controlled trial. *Epilepsy and Behavior*, 13, 102-108.

Lundgren, T., Dahl, J., Stroshal, K., Robinsson, P., Louma, J., & Melin, L. (2011). The Bulls-Eye Values Survey: A psychometric evaluation. *Cognitive and Behavioral Practice*.

Luoma, J. B. (2007, May). *Distance supervision and training on a budget: Data-based and personal perspectives*. Paper presented at the Third Annual International Conference on Clinical Supervision, Buffalo, NY.

Luoma, J. B., Drake, C. E., Kohlenberg, B. S., & Hayes, S. C. (in press). Substance abuse and psychological flexibility: The development of a new measure. *Addictions Research and Theory*.

Luoma, J. B., Hayes, S. C., & Walser, R. (2007). *Learning ACT*. Oakland, CA: New Harbinger.

Luoma, J. B., Kohlenberg, B. S., Hayes, S. C., & Fletcher, L. (2011). *Slow and steady wins the race: A randomized clinical trial of acceptance and commitment therapy targeting shame in substance use disorders*. Mansucript submitted for publication.

Marx, B. P., & Sloan, D. M. (2005). Peritraumatic dissociation and experiential avoidance as predictors of posttraumatic stress symptomatology. *Behaviour Research and Therapy*, 43, 569-583.

Masuda, A. (Ed.). (in press). *Mindfulness, acceptance, and cultural diversity*. Oakland, CA: New Harbinger.

Masuda, A., Hayes, S. C., Fletcher, L. B., Seignourel, P. J., Bunting, K., Herbst, S. A., et al. (2007). The impact of Acceptance and Commitment Therapy versus education on stigma toward people with psychological disorders. *Behaviour Research and Therapy*, 45(11), 2764-2772.

Masuda, A., Hayes, S. C., Sackett, C. F., & Twohig, M. P. (2004). Cognitive defusion and self-relevant negative thoughts: Examining the impact of a ninety year-old technique. *Behaviour Research and Therapy*, 42, 477-485.

Masuda, A., Hayes, S. C., Twohig, M. P., Drossel, C., Lillis, J., & Washio, Y. (2009). A parametric study of cognitive defusion and the believability and discomfort of negative self-relevant thoughts. *Behavior Modification*, 33(2), 250-262.

Masuda, A., Price, M., Anderson, P. L., Schmertz, S. K., & Calamaras, M., R. (2009). The role of psychotherapy flexibility in mental health stigma and psychological distress for the stigmatizer. *Journal of Social and Clinical Psychology*, 28, 1244-1262.

Masuda, A., Twohig, M. P., Stormo, A. R., Feinstein, A. B., Chou, Y. Y., & Wendell, J. W. (2010). The effects of cognitive defusion and thought distraction on emotional discomfort and believability of negative self-referential thoughts. *Journal of Behavior Therapy and Experimental Psychiatry*, 41, 11-17.

McCracken, L. M., Vowles, K. E., & Eccleston, C. (2004). Acceptance of chronic pain: Component analysis and a revised assessment method. *Pain*, 107, 159-166.

McHugh, L., Barnes-Holmes, Y., & Barnes-Holmes, D. (2004). Perspective-taking as relational responding: A developmental profile. *Psychological Record*, 54, 115-144.

McHugh, L., Barnes-Holmes, Y., Barnes-Holmes, D., & Stewart, I. (2006). Understanding false belief as generalized operant behaviour. *Psychological Record, 56,* 341–364.

McHugh, L., Barnes-Holmes, Y., Barnes-Holmes, D., Stewart, I., & Dymond, S. (2007a). Deictic relational complexity and the development of deception. *Psychological Record, 57,* 517–531.

McHugh, L., Barnes-Holmes, Y., Barnes-Holmes, D., Whelan, R., & Stewart, I. (2007). Knowing me, knowing you: Deictic complexity in false-belief understanding. *Psychological Record, 57,* 533–542.

McMullen, J., Barnes-Holmes, D., Barnes-Holmes, Y., Stewart, I., Luciano, C., & Cochrane, A. (2008). Acceptance versus distraction: Brief instructions, metaphors, and exercises in increasing tolerance for self-delivered electric shocks. *Behaviour Research and Therapy, 46,* 122–129.

Mendolia, M., & Baker, G. A. (2008). Attention mechanisms associated with repressive distancing. *Journal of Research in Personality, 42,* 546–563.

Mitmansgruber, H., Beck, T. N., & Schüßler, G. (2008). "Mindful helpers": Experiential avoidance, meta-emotions, and emotion regulation in paramedics. *Journal of Research in Personality, 42,* 1358–1363.

Moerk, E. L. (1990). Three-term contingency patterns in mother–child interactions during first language acquisition. *Journal of the Experimental Analysis of Behavior, 54,* 293–305.

Monestès, J. L. (2010). *Changer grâce à Darwin. La théorie de votre évolution.* Paris: Odile Jacob.

Moore, M. T., & Fresco, D. M. (2007). Depressive realism and attributional style: Implications for individuals at risk for depression. *Behavior Therapy, 38,* 144–154.

Morina, N. (2007). The role of experiential avoidance in psychological functioning after war-related stress in Kosovar civilians. *Journal of Nervous and Mental Disease, 195,* 697–700.

Muir, W. M., Wade, M. J., Bjima, P., & Ester, E. D. (2010). Group selection and social evolution in domesticated chickens. *Evolutionary Applications, 3,* 453–465.

Murray, W. H. (1951). *The Scottish Himalaya expedition.* London: Dent.

Muto, T., Hayes, S. C., & Jeffcoat, T. (2011). The effectiveness of Acceptance and Commitment Therapy bibliotherapy for enhancing the psychological health of Japanese college students living abroad. *Behavior Therapy, 42,* 323–335.

Neff, K. (2003). The development and validation of a scale to measure self-compassion. *Self and Identity, 2,* 223–250.

O'Hora, D., Pelaez, M., Barnes-Holmes, D., & Amnesty, L. (2005). Derived relational responding and human language: Evidence from the WAIS-III. *Psychological Record, 55,* 155–176.

Öst, L. G. (2008). Efficacy of the third wave of behavioral therapies: A systematic review and meta-analysis. *Behavior Research and Therapy, 46,* 296–321.

Ottenbreit, N. D., & Dobson, K. S. (2004). Avoidance and depression: The construction of the cognitive--behavioral avoidance scale. *Behaviour Research and Therapy, 42,* 293–313.

Paez-Blarrina, M., Luciano, C., Gutierrez-Martinez, O., Valdivia, S., Rodriguez-Valverde, M., & Ortega, J. (2008a). Coping with pain in the motivational context of values: Comparison between an acceptance-based and a cognitive-control-based protocol. *Behavior Modification, 32,* 403–422.

Paez-Blarrina, M., Luciano, C., Gutierrez-Martinez, O., Valdivia, S., Ortega, J., & Rodriguez-Valverde, M. (2008b). The role of values with personal examples in altering the functions of pain: Comparison between acceptance-based and cognitive-control-based. *Behaviour Research and Therapy, 46,* 84–97.

Pankey, J. (2007). *Acceptance and commitment therapy with dually diagnosed individuals.* Unpublished doctoral dissertation, University of Nevada, Reno, NV.

Pepper, S. C. (1942). *World hypotheses: A study in evidence.* Berkeley: University of California Press.

Powers, M. B., Vörding, M., & Emmelkamp, P. M. G. (2009). Acceptance and commitment therapy: A meta-analytic review. *Psychotherapy and Psychosomatics, 8,* 73–80.

Pull, C. B. (2009). Current empirical status of acceptance and commitment therapy. *Current Opinion in Psychiatry, 22*(1), 55–60.

Rehfeldt, R. A., & Barnes-Holmes, Y. (2009). *Derived relational responding: Applications for learners with autism and other developmental disabilities.* Oakland, CA: New Harbinger.

Rehfeldt, R. A., Dillen, J. E., Ziomek, M. M., & Kowalchuk, R. E. (2007). Assessing relational learning deficits in perspective-taking in children with high-functioning autism spectrum disorder. *Psychological Record, 57,* 23–47.

Robinson, K. S. (2000). *The martians.* Crocket, CA: Spectra.

Robinson, P. J., Gould, D. A., & Strosahl, K. (2010). *Real behavior change in primary care: Improving patient outcomes and increasing job satisfaction.* Oakland, CA: New Harbinger.

Roemer, L., Orsillo, S. M., & Salters-Pednault, K. (2008). Efficacy of an acceptance-based behavior therapy for generalized anxiety disorder: Evaluation in a randomized controlled trial. *Journal of Consulting and Clinical Psychology, 76,* 1083–1089.

Rogers, C. A. (1961). *On becoming a person: A therapist's view of psychotherapy*. Boston: Houghton Mifflin.

Rosen, G. M., & Davison, G. C. (2003). Psychology should list empirically supported principles of change (ESPs) and not credential trademarked therapies or other treatment packages. *Behavior Modification, 27*, 300-312.

Rosenfarb, I., & Hayes, S. C. (1984). Social standard setting: The Achilles heel of informational accounts of therapeutic change. *Behavior Therapy, 15*, 515-528.

Ruiz, F. J. (2010). A review of acceptance and commitment therapy (ACT) empirical evidence: Correlational, experimental psychopathology, component and outcome studies. *International Journal of Psychology and Psychological Therapy, 10*, 125-162.

Schultz, M. M., Furlong, E. T., Kolpin, D. W., Werner, S. L., Schoenfuss, H. L., Barber, L. B., et al. (2010). Antidepressant pharmaceuticals in two U. S. effluent-impacted streams: Occurrence and fate in water and sediment, and selective uptake in fish neural tissue. *Environmental Science and Technology, 44*, 1918-1925.

Segal, Z. V., Williams, J. M. G., & Teasdale, J. D. (2002). *Mindfulness-based cognitive therapy for depression: A new approach to preventing relapse*. New York: Guilford Press.

Seligman, M. E. P. (1970). On the generality of the laws of learning. *Psychological Review, 77*, 406-418.

Shawyer, F., Ratcliff, K., Mackinnon, A., Farhall, J., Hayes, S. C., & Copolov, D. (2007). The Voices Acceptance and Action Scale (VAAS): Pilot data. *Journal of Clinical Psychology, 63*(6), 593-606.

Sheldon, K. M., & Elliot, A. J. (1999). Goal striving, need-satisfaction, and longitudinal well-being: The Self-Concordance Model. *Journal of Personality and Social Psychology, 76*, 482-497.

Sheldon, K. M., Kasser, T., Smith, K., & Share, T. (2002). Personal goals and psychological growth: Testing an intervention to enhance goal-attainment and personality integration. *Journal of Personality, 70*, 5-31.

Sheldon, K. M., Ryan, R., Deci, E., & Kasser, T. (2004). The independent effects of goal contents and motives on well-being: It's both what you pursue and why you pursue it. *Personality and Social Psychology Bulletin, 30*, 475-486.

Shenk, C., Masuda, A., Bunting, K., & Hayes, S. C. (2006). The psychological processes underlying mindfulness: Exploring the link between Buddhism and modern contextual behavioral psychology. In D. K. Nauriyal (Ed.), *Buddhist thought and applied psychology: Transcending the boundaries* (pp. 431-451). London: Routledge-Curzon.

Sidman, M. (1971). Reading and auditory-visual equivalences. *Journal of Speech and Hearing Research, 14*, 5-13.

Sidman, M. (2008). Symmetry and equivalence relations in behavior. *Cognitive Studies, 15*, 322-332.

Simons, J. S., & Gaher, R. M. (2005). The distress tolerance scale: Development and validation of a self-report measure. *Motivation and Emotion, 29*, 83-102.

Singh, N. N., Lancioni, G. E., Singh Joy, S. D., Winton, A. S. W., Sabaawi, M., Wahler, R. G., et al. (2007). Adolescents with conduct disorder can be mindful of their aggressive behavior. *Journal of Emotional and Behavioral Disorders, 15*(1), 56-63.

Singh, N. N., Lancioni, G. E., Winton, A. S. W., Adkins, A. D., Singh, J., & Singh, A. N. (2007). Mindfulness training assists individuals with moderate mental retardation to maintain their community placements. *Behavior Modification, 31*(6), 800-814.

Singh, N. N., Lancioni, G. E., Winton, A. S. W., Adkins, A. D., Wahler, R. G., Sabaawi, M., et al. (2007). Individuals with mental illness can control their aggressive behavior through mindfulness training. *Behavior Modification, 31*(3), 313-328.

Skinner, B. F. (1948). *Walden two*. New York: Macmillan.

Skinner, B. F. (1953). *Science and human behavior*. New York: Free Press.

Skinner, B. F. (1969). *Contingencies of reinforcement: A theoretical analysis*. New York: Appelton-Century-Crofts.

Skinner, B. F. (1974). *About behaviorism*. New York: Vintage Books.

Skinner, B. F. (1989). The origins of cognitive thought. *American Psychologist, 44*, 13-18.

Spira, A. P., Beaudreau, S. A., Jimenez, D., Kierod, K., Cusing, M. M., Gray, H. L., et al. (2007). Experiential avoidance, acceptance, and depression in dementia family caregivers. *Clinical Gerontologist, 30*(4), 55-64.

Stahl, L., & Pry, R. (2005). Attentional flexibility and perseveration: Developmental aspects in young children. *Child Neuropsychology, 11*, 175-189.

Strosahl, K. (1994). Entering the new frontier of managed mental health care: Gold mines and land mines. *Cognitive and Behavioral Practice, 1*, 5-23.

Strosahl, K., & Robinson, P. J. (2008). *The mindfulness and acceptance workbook for depression: Using acceptance and commitment therapy to move through depression and create a life worth living*. Oakland, CA: New Harbinger.

Strosahl, K. D., Hayes, S. C., Bergan, J., & Romano, P. (1998). Assessing the field effectiveness of acceptance and commitment therapy: An example of the manipulated training research method. *Behavior Therapy, 29*, 35-64.

Substance Abuse and Mental Health Services Administration, Office of Applied Studies. (2009). *The NSDUH Report: Suicidal thoughts and behaviors among adults.* Rockville, MD: Author.

Titchener, E. B. (1916). *A text-book of psychology.* New York: Macmillan.

Tooby, J., & Cosmides, L. (1992). The psychological foundations of culture. In J. Barkow, L. Cosmides, & J. Tooby (Eds.), *The adapted mind: Evolutionary psychology and the generation of culture* (pp. 19–136). New York: Oxford University Press.

Törneke, N. (2010). *Learning RFT: An introduction to relational frame theory and its clinical applications.* Oakland, CA: New Harbinger.

Trevathan, W. R., McKenna, J. J., & Smith, E. O. (2007). *Evolutionary medicine* (2nd ed.). New York: Oxford University Press.

Tull, M. T., & Gratz, K. L. (2008). Further examination of the relationship between anxiety sensitivity and depression: The mediating role of experiential avoidance and difficulties engaging in goal-directed behavior when distressed. *Journal of Anxiety Disorders, 22,* 199–210.

Twohig, M. P., & Crosby, J. M. (2010). Acceptance and commitment therapy as a treatment for problematic Internet pornography viewing. *Behavior Therapy, 41,* 285–295.

Twohig, M., & Hayes, S. C. (2008). *ACT verbatim for depression and anxiety.* Oakland, CA: Context Press/New Harbinger.

Twohig, M. P., Hayes, S. C., & Masuda, A. (2006). Increasing willingness to experience obsessions: Acceptance and commitment therapy as a treatment for obsessive-compulsive disorder. *Behavior Therapy, 37,* 3–13.

Twohig, M. P., Hayes, S. C., Plumb, J. C., Pruitt, L. D., Collins, A. B., Hazlett-Stevens, H., et al. (2010). A randomized clinical trial of acceptance and commitment therapy vs. progressive relaxation training for obsessive compulsive disorder. *Journal of Consulting and Clinical Psychology, 78,* 705–716.

Varra, A. A., Hayes, S. C., Roget, N., & Fisher, G. (2008). A randomized control trial examining the effect of acceptance and commitment training on clinician willingness to use evidence-based pharmacotherapy. *Journal of Consulting and Clinical Psychology, 76,* 449–458.

Vilardaga, R., & Hayes, S. C. (2011). A contextual behavioral approach to pathological altruism. In B. Oakley, A. Knafo, G. Madhavan, & D. S. Wilson (Eds.), *Pathological altruism* (pp. 25–37). New York: Oxford University Press.

Vilardaga, R., Hayes, S. C., Levin, M. E., & Muto, T. (2009). Creating a strategy for progress: A contextual behavioral science approach. *The Behavior Analyst, 32,* 105–133.

Vilardaga, R., Luoma, J. B., Hayes, S. C., Pistorello, J., Levin, M., Hildebrandt, M. J., et al. (2011). Burnout among the addiction counseling workforce: The differential roles of mindfulness and values-based processes and worksite factors. *Journal of Substance Abuse Treatment, 40,* 323–335.

Villatte, M., Monestès, J. L., McHugh, L., Freixa i Baqué, E., & Loas, G. (2008). Assessing deictic relational responding in social anhedonia: A functional approach to the development of theory of mind impairments. *International Journal of Behavioral Consultation and Therapy, 4*(4), 360–373.

Villatte, M., Monestès, J. L., McHugh, L., Freixa i Baqué, E., & Loas, G. (2010). Adopting the perspective of another in belief attribution: Contribution of relational frame theory to the understanding of impairments in schizophrenia. *Journal of Behavior Therapy and Experimental Psychiatry, 41,* 125–134.

Vowles, K. E., & McCracken, L. M. (2008). Acceptance and values-based action in chronic pain: A study of effectiveness and treatment process. *Journal of Clinical and Consulting Psychology, 76,* 397–407.

Vowles, K. E., & McCracken, L. M. (2010). Comparing the influence of psychological flexibility and traditional pain management coping strategies on chronic pain treatment outcomes. *Behaviour Research and Therapy, 48,* 141–146.

Vowles, K. E., McNeil, D. W., Gross, R. T., McDaniel, M. L., Mouse, A., Bates, M., et al. (2007). Effects of pain acceptance and pain control strategies on physical impairment in individuals with chronic low back pain. *Behavior Therapy, 38,* 412–425.

Watters, E. (2010). *Crazy like us: The globalization of the American psyche.* New York: Free Press.

Watzlawick, P. (1993). *The situation is hopeless, but not serious.* New York: Norton.

Wegner, D., & Zanakos, S. I. (1994). Chronic thought suppression. *Journal of Personality, 62,* 615–640.

Weil, T. M., Hayes, S. C., & Capurro, P. (2011). Establishing a deictic relational repertoire in young children. *Psychological Record, 61,* 371–390.

Wells, A. (2000). *Emotional disorders and metacognition: Innovative cognitive therapy.* Chichester, UK: Wiley.

Wells, A. (2008). *Metacognitive therapy for depression and anxiety.* New York: Guilford Press.

Wells, A., & Davies, M. I. (1994). The Thought Control Questionnaire: A measure of individual differences in the control of unwanted thoughts. *Behaviour Research and Therapy, 32,* 871–878.

Wenzlaff, R. M., & Wegner, D. M. (2000). Thought suppression. *Annual Review of Psychology, 51*, 59–91.

Wicksell, R. K., Ahlqvist, J., Bring, A., Melin, L., & Olsson, G. L. (2008). Can exposure and acceptance strategies improve functioning and quality of life in people with chronic pain and whiplash associated disorders (WAD)?: A randomized controlled trial. *Cognitive Behaviour Therapy, 37*, 1–14.

Wicksell, R. K., Melin, L., Lekander, M., & Olsson, G. L. (2009). Evaluating the effectiveness of exposure and acceptance strategies to improve functioning and quality of life in longstanding pediatric pain: A randomized controlled trial. *Pain, 141*, 248–257.

Williams, L. M. (2006). *Acceptance and commitment therapy: An example of third-wave therapy as a treatment for Australian Vietnam War veterans with posttraumatic stress disorder.* Unpublished dissertation, Charles Stuart University, Bathurst, New South Wales, Australia.

Wilson, D. S. (2006). Human groups as adaptive units: Toward a permanent consensus. In P. Carruthers, S. Laurence, & S. Stich (Eds.), *The innate mind: Culture and cognition* (pp. 78–90). Oxford, UK: Oxford University Press.

Wilson, D. S. (2007). *Evolution for everyone: How Darwin's theory can change the way we think about our lives.* New York: Delta.

Wilson, D. S., Hayes, S. C., Biglan, A., & Embry, D. D. (2011). *Evolving the future: Toward a science of intentional change.* Manuscript submitted for publication.

Wilson, D. S., & Wilson, E. O. (2007). Rethinking the theoretical foundation of sociobiology. *Quarterly Review of Biology, 82*, 327–348.

Wilson, K. G., & DuFrene, T. (2009). *Mindfulness for two: An acceptance and commitment therapy approach to mindfulness in psychotherapy.* Oakland, CA: New Harbinger.

Wilson, K. G., & Hayes, S. C. (1996). Resurgence of derived stimulus relations. *Journal of the Experimental Analysis of Behavior, 66*, 267–281.

Wilson, K. G., Sandoz, E. K., Kitchens, J., & Roberts, M. E. (2010). The Valued Living Questionnaire: Defining and measuring valued action within a behavioral framework. *Psychological Record, 60*, 249–272.

Wood, J. V., Perunovic, W. Q. E., & Lee, J. W. (2009). Positive self-statements: Power for some, peril for others. *Psychological Science, 20*, 860–866.

Woods, D. W., Wetterneck, C. T., & Flessner, C. A. (2006) A controlled evaluation of Acceptance and Commitment Therapy plus habit reversal for trichotillomania. *Behaviour Research and Therapy, 44*, 639–656.

World Health Organization. (1947). Preamble to the Constitution of the World Health Organization as adopted by the International Health Conference, New York, 19–22 June 1946; signed on 22 July 1947. Geneva: Author.

Wulfert, E., Greenway, D. E., Farkas, P., Hayes, S. C., & Dougher, M. J. (1994). Correlation between a personality test for rigidity and rule-governed insensitivity to operant contingencies. *Journal of Applied Behavior Analysis, 27*, 659–671.

Xu, J., Kochanek, K. D., Murphy, S. L., & Tejada-Vera, B. (2010, May). Deaths: Final data for 2007. *National Vital Statistics Reports, 58*(19). Available at www.cdc.gov/nchs/data/nvsr/nvsr58/nvsr58_19.pdf.

Yadavaia, J. E., & Hayes, S. C. (in press). Acceptance and Commitment Therapy for self-stigma around sexual orientation: A multiple baseline evaluation. *Cognitive and Behavioral Practice.*

Yalom, I. D. (1980). *Existential psychotherapy.* New York: Basic Books.

Zettle, R. D. (2003). Acceptance and commitment therapy vs. systematic desensitization in treatment of mathematics anxiety. *Psychological Record, 53*, 197–215.

Zettle, R. D., & Hayes, S. C. (1986). Dysfunctional control by client verbal behavior: The context of reason giving. *Analysis of Verbal Behavior, 4*, 30–38.

Zettle, R. D., Petersen, C. L., Hocker, T. A., & Provines, J. L. (2007). Responding to a challenging perceptual-motor task as a function of level of experiential avoidance. *Psychological Record, 57*, 49–62.

Zettle, R. D., Rains, J. C., & Hayes, S. C. (2011). Processes of change in acceptance and commitment therapy and cognitive therapy for depression: A mediational reanalysis of Zettle and Rains (1989). *Behavior Modification, 35*, 265–283.

Índice

A
Abordagem sindrômica à saúde mental, 6-8, 9-10
Ação de compromisso
 aceitação e, 281-283
 avaliação da, 97-100, 297-298
 barreiras para, 270-274, 280-282
 características da, 265-266
 definição, 265
 disponibilidade/abertura e, 272-273
 escolha e, 266-268
 especificidade das intervenções, 270-272
 estratégias clínicas focando na, 157-158
 farmacoterapia e, 276-278
 foco no objetivo da ação, 269-270
 fusão e, 280-282
 implicações para o trabalho com valores, 258-260
 inação e impulsividade *versus*, 77-78
 interações com intervenções de aceitação, 235-236
 intervenção da ACT na, 100
 intervenções baseadas na exposição, 274-277
 intervenções de ativação comportamental com, 279-280
 intervenções de controle dos estímulos, 279-280
 intervenções de manejo das contingências, 279
 objetivos da ACT, 265
 objetivos terapêuticos, 263, 265-267
 orientação temporal, 265-266
 posse da, 283
 processos do momento presente, 173, 281-282
 resposta derrotista à recaída, 282-283
 risco de *pliance* no trabalho com, 284
 self conceitualizado e, 282-283
 sinais de progresso no trabalho com, 285
 tarefas de casa, 279

 treinamento de habilidades, 278-279
 turbulência emocional no trabalho com, 284-285
 valores e, 265-266, 269-270, 273-274, 282-283
Aceitação
 abordagem experiencial para promover, 235-237
 avaliação, 91-93, 221, 297-298
 ceder *versus*, 219-220
 como escolha baseada em valores, 221
 como processo contínuo, 219-220
 como processo funcional, 220-221
 como reconhecimento de estratégias que não funcionam, 220-221
 compaixão e, 73-74
 compromisso e, 281-283
 definição, 58, 218-220
 esquiva experiencial *versus*, 58-60
 estar disposto a, 62, 222-223
 estratégias clínicas focando em, 157-158, 221-222
 exercícios na sessão, 229-233
 fusão como obstáculo para, 218
 implicações para o trabalho com valores, 258-259
 interações com outros processos centrais, 213-215, 235-236
 intervenções em disponibilidade/abertura, 222-229
 intervenções tenha e avance para promover, 233-235
 modelo do terapeuta de, 118-221
 movimento terapêutico em direção à, 236-237
 no estilo de resposta aberto, 54-55
 objetivos da ACT, 18-19, 177-178
 problemas potenciais no trabalho com, 235-237
 processo de, 18
 processos do momento presente e, 170, 172-173
 prontidão do cliente para, 221
 sinais de progresso clínico, 236-237
 terapia de exposição e, 228-229

 tolerância e, 220-221
Acordo de tratamento, 141-144
 preparação do cliente para, 133-141, 143-144
ACT. *Ver* Terapia de aceitação e compromisso
ACT Advisor, 108-112
Agorafobia, 274-275
Alcoolismo, 2, 276-278
Alucinação, 88
Ansiedade, 59-60, 79-80
Apego ao *self* conceitualizado
 intervenção para enfraquecer, 181-183
 objetivos da intervenção, 53
 perspectiva da ACT, 65-66
Aprendizagem modelada por contingências
 definição, 114
 intervenções usando, 114, 279
 valores e, 239-240
Associação para a Ciência Comportamental Contextual (ACBS), 21, 288-289, 301-302
Augmentals formativos, 43-44, 74
Augmentals motivadores, 43-44
Augmenting, 43-45
Autoavaliações, 212-214
Autoconhecimento, 46
Autoconsciência
 conceito psicológico de, 67-69
 estratégias para fortalecer, 183-184
 problemas na tomada de perspectiva, 179
Autoengano
 com autoconceitos positivos, 177-178
 em defesa do *self* conceitualizado, 178-179
Automonitoramento, 15-16
Avaliação
 abordagem contextual funcional, 29-30, 48-50
 abordagem dimensional na ACT, 48-49
 da prontidão para aceitação, 221
 do comportamento do cliente de busca de ajuda, 130-131

dos comportamentos e conteúdo evitativos, 91-92
dos esforços do cliente de autoajuda antes da terapia, 134, 136-138
dos objetivos do cliente para a terapia, 134-136
dos processos centrais, 53
dos processos de aceitação, 91-93, 297-298
dos processos de compromisso, 97-100
dos processos de desfusão, 93-96
dos processos do momento presente, 86-88
dos processos do *self*, 88-90
dos valores e processos de valores, 95-98, 248-249, 250-256
medidas de flexibilidade psicológica, 289-290
medidas dos processos relevantes para a ACT, 297-298
pliance e *counterpliance*, 252-256
ritmo da comunicação na, 88
sinais de progresso no trabalho de aceitação, 236-237
sinais de progresso no trabalho de desfusão, 216
sinais de progresso nos processos do momento presente, 174-175
Ver também Formulação de caso, ACT
Avaliação do Trabalho-Amor-Lazer, 85-86
Avaliação *versus* descrição, 212-214
Avoidance and Fusion Questionnaire for Youth, 95-96

B
Budismo, 11-12, 19-20, 174

C
Canto das sereias do sofrimento, 15, 17
Ciência comportamental contextual
ACT e, 19-21, 26-27, 288-289
análise do impacto aplicado, 289-290, 298-300
base conceitual, 288-289
desenvolvimento da teoria, 288-289, 292-294
desenvolvimento de técnicas de medidas clínicas, 289-290, 297-298
desenvolvimento técnico, 288-289, 294-297
modelos de patologia e saúde na, 288-289, 293-295
objetivos, 302-303
passos principais, 288-290
perspectivas futuras, 302-303
pressupostos filosóficos e analíticos, 288-291
programa de pesquisa, 289-290, 299-301
programa para construção da comunidade, 289-290, 301-303

teoria evolucionária e, 26-27, 293
teste de eficácia, 289-290, 301
Clientes com deficiências no desenvolvimento, 167
Comorbidade, 5
Compaixão
resultados na ACT, 73-74
superproteção do cliente e, 236-237
Comportamento de busca de ajuda, 130-131, 133
Comportamento governado por regras
consequências negativas, 43
definição, 42-43
efeito da insensibilidade, 43
enfraquecendo a confiança do cliente no, 149-151
excessivo, 46-47
no estado fusionado, 196
propósito, 43
tipos de seguimento de regras, 43
Comportamento impulsivo, 77
Comportamento intencional, 243-245
Comportamento obsessivo-compulsivo, 17
Confiança, 60-61, 193
Conhecer, 292
Consciência do momento presente
aceitação e, 172-173
apresentando justificativa para, ao cliente, 164-165
avaliação, 86-88
com fonte de saúde psicológica, 176
como habilidade, 64-65
compromisso e, 173, 281-282
déficits nas habilidades na, 162-163, 166-167
definição, 63, 161
desfusão e, 172-173
elementos do *self* nas intervenções para promover, 170-171
estar ausente *versus*, 63-64
estratégias clínicas focando na, 157-158
importância clínica, 160-161
interações com outros processos centrais, 190-192
interações no processo central, 171-173
intervenção orientada para valores para promover, 171
intervenções orientadas para a aceitação para promover, 170
intervenções para enfraquecer a fusão para promover, 170
intervenções para rigidez atencional para promover, 167-170
mindfulness e, 161-163, 173-174
modelo do terapeuta de, 14
no estilo de resposta centrado, 63
objetivos clínicos, 64-66, 177
obstáculos à, 161-164
orientação para os resultados como obstáculo à, 268-269

pesquisa dos resultados, 295
sinais de falha na, 163
sinais de progresso do cliente na, 174-175
tarefas de casa, 171-172
valores e, 173, 258-259
Contexto, definição, 26
Contextualismo, 23-25, 289-290
Contextualismo descritivo, 24-25
Contextualismo funcional, 23-25, 27, 29-30, 48-50, 289-290
Contradição, 120-121
Contratransferência, 128-129
Controle
crenças culturalmente construídas sobre o valor adaptativo do, 144-145
danos das estratégias terapêuticas baseadas no, 144-151
disponibilidade como alternativa para, 222-224
estratégias malsucedidas de autoajuda do cliente, 134-135
oração da serenidade, 217-218
pressupostos do cliente relativos à mudança, 144
Controle contextual no enquadramento relacional, 38-41
Crenças judaico-cristãs, 10-12
Crianças, treinamento de habilidades atencionais, 167
Crise da meia-idade, 75
Cubbyholing, 213-214
Culpa, 11-12

D
Dar razões, 208-211
escolha *versus* tomada de decisão, 241-243
Depressão, flexibilidade psicológica e, 79-80
Desejar, disponibilidade *versus*, 223-225
Desenvolvimento
aquisição da linguagem, 11-12, 37
da tomada de perspectiva, 68-73
das habilidades de consciência do momento presente, 162-163
Desesperança criativa, 134-135, 151-152
Desfusão
abuso de metáforas na, 215
aprendendo a não se engajar em *minding*, 204-205
avaliação, 93-96, 297-298
coisificando pensamentos para, 200-202
definição, 196
demonstrando limitações da linguagem para promover, 197-199
desliteralização da linguagem para, 199-201
distinguindo avaliação de descrição para, 212-214
enfraquecendo as razões para, 208-211

estratégias clínicas focando na, 157-158, 196-197, 213-214
exercício de nomeação da mente para, 207-208
identificando alvos da, 216
interações com outros processos centrais, 213-215, 235
intervenções para rigidez atencional, 167
metáfora de comprar pensamentos, 202-203
no estilo de resposta aberto, 54-56
objetivos clínicos, 18-19, 52, 56-57, 177-178, 196-198
observação da mente para, 205-208
pesquisa de resultados, 295
problemas potenciais na, 214-216
processos do momento presente e, 172-173
propósito, 69
rompendo práticas de linguagem para, 210-212
sinais de progresso clínico na, 216
técnicas, 57-58
uso da lógica e linguagem na, 214-215
uso do humor nas intervenções, 215-216
Ver também Fusão
Desigualdade, de gênero e racial, 3
Dificuldades na Escala de Regulação Emocional, 93
Disponibilidade/Abertura (*Willingness*)
como alternativa ao controle, 222-224
compromisso e, 272-273
definição, 62
escolha *versus* tomada de decisão na, 243
estimulando o desconforto para promover, 227-229
limitação do risco no trabalho com, 225-226
qualidade tudo ou nada da, 225
versus desejar, 223-225
Dissociação, 88, 180, 193-194
Distimia, 15-16
Distinção entre matéria e espírito, 72
Dor
limpa e suja, 226-229
observar *versus* ser, 233-234
Dor limpa, 226-229
Dor suja, 226-229

E
Em busca de sentido (Frankl), 238
Equivalência de estímulos, 32-35
Escala Cognitivo-Comportamental de Evitação, 93
Escala de Autocompaixão, 93
Escala de Inflexibilidade Psicológica na Dor, 95-96
Escala de Tolerância à Angústia, 93
Escolha
compromisso e, 266-268

conceito de escolha na ACT, 266-267
de não fazer nada, 284
responsabilidade do cliente para, 284
tomada de decisão *versus*, 75-76, 241-243, 280-281
Esquiva
adaptativa, 59-60
avaliação, 91-92
como obstáculo à consciência no momento presente, 164
durante o trabalho de desfusão, 214-215
estigmatização e, 73
estratégias malsucedidas de autoajuda do cliente, 134-135
objetivos da, 19
resistência ao tratamento, 59-60
resposta a estímulos aversivos, 13
rigidez comportamental como resultado de, 77
ritmo desacelerado de intervenção com, 167-170
Ver também Esquiva experiencial
Esquiva experiencial
aceitação *versus*, 58-60, 218-220
avaliação, 91
como fator de resultado de saúde mental, 298
consciência da, 218-219
custos da, 218-219
implicações do trabalho com valores, 258
importância clínica, 17-18, 46-47, 60-63
no ciclo do sofrimento, 16-17, 19
objetivos da intervenção, 52-53
origem da, 58-59
reforço comportamental na, 218
resultados de longo prazo na vida, 74
Estigma e preconceito, 3
como esquiva do conteúdo autorreferencial, 73
honrando a diversidade e a comunidade na terapia, 124-125
intervenção da ACT com, 73-74
Estilos de resposta
estratégias clínicas focando nos, 157-158
Ver também Estilo de resposta aberto; Estilo de resposta centrado; Estilo de resposta engajado
Estilo de resposta aberto
aceitação em apoio ao, 58-63
avaliação, 90-96
desfusão em apoio ao, 54-58
interações com intervenções de tomada de perspectiva, 190-191
modelo conceitual, 54
Estilo de resposta centrado
avaliação, 86-90

consciência do momento presente, 63-66
importância clínica, 63
interações com intervenções de aceitação, 235-236
interações com intervenções de desfusão, 214-215
interações com intervenções de tomada de perspectiva, 191-192
modelo conceitual, 54
objetivos da ACT, 177
relação com o *self*, 65-74
Estilo de resposta engajado
ação de compromisso no, 77-78
avaliação, 95-100
importância clínica, 74
interações com intervenções de desfusão, 214-215
modelo conceitual, 54
valorização no, 74-77
Estudos de mediação e moderação, 298-300
Eventos inteiros, 25
Exercício *Abertura-Sofrimento-Vitalidade*, 228
Exercício *Enredo*, 181-183
Exercício *Fisicalizando*, 230-231
Exercício *Funeral*, 246-247
Exercício *Inteiro, Completo, Perfeito*, 181-182
Exercício *Lápide*, 246-247
Exercício *Leite, Leite, Leite*, 57-58, 199-201
Exercício *Leve Sua Mente para uma Caminhada*, 208
Exercício *Monstro de Lata*, 231-232
Exercício *Nomeando a Mente*, 207-208
Exercício *O Que Você Quer Que Sua Vida Signifique?*, 245-247
Exercício *Observador*, 187-190
Exercício *Passageiros no Ônibus*, 201
Exercício *Procurando o Senhor Desconforto*, 229
Exercício *Quais são os Números?*, 149-151
Exercício *Saltar*, 225
Exercício *Soldados no Desfile*, 205-208
Exercícios de repetição de palavras, 199-201
Exercícios para traçar um horizonte, 245
Experiência de *self*, 73-74
Exposição na mídia, 57, 60

F
Farmacoterapia, 277-278
Felicidade
condições de vida e, 2-3
pressupostos de normalidade, 3-5, 132
Ferramenta de planejamento Psy-Flex, 107-108
Filosofia da ciência, 22-23
Folha de Classificação da Flexibilidade, 100-102
Formismo, 7

Formulação de caso, ACT
  abrangência da entrevista inicial, 85
  ACT Advisor para, 108-112
  análise funcional na, 84-85
  automonitoramento do terapeuta na, 85
  avaliação da cronologia para, 83-84
  avaliação da trajetória, 84-85
  avaliação das experiências privadas do cliente, 84-85
  avaliação do estilo de resposta aberto para, 90-96
  avaliação do estilo de resposta centrado para, 86-90
  avaliação do estilo de resposta engajado para, 95-100
  avaliação do processo de flexibilidade para, 86
  considerações contextuais, 83-84
  entrevista sobre os valores na, 85-86
  Ferramenta de Planejamento Psy-Flex para, 107-108
  ferramentas, 103
  Folha de Classificação da Flexibilidade, 100-102
  habilidades do terapeuta para, 83-84
  importância clínica, 82-83
  Instrumento de Monitoramento de Caso Hexaflex para, 103-107
  modelo de flexibilidade psicológica na, 83-84, 103
  objetivos da entrevista inicial, 84-85
  objetivos, 83, 102-103
  planejamento do tratamento e, 156-158
  processo de entrevista, 83-85
  processo, 83
  resumo do problema, 141-143
  sensibilidade cultural na, 83-84
Formulação do problema, 141-143
Funcionamento cognitivo
  atividade simbólica, 13
  coisificar pensamentos para desfusão, 200-202
  conceituação da ACT do, 30-33
  definição, 37
  esquiva experiencial, 16-18
  modo de solução de problemas da mente, 45-46
  objetivos da ACT, 16
  teoria das molduras relacionais sobre o, 30-31, 35-39
  ter/conter/comprar pensamentos, 202-203
Funcionamento emocional
  barreiras à ação de compromisso, 270-273
  foco excessivo no, na terapia, 127-129
  força do, 218
  resposta forte no trabalho com compromisso, 284-285
  viés cultural para eliminar sentimentos negativos, 132
Fusão
  avaliação, 91
  com o *self* conceitualizado, 67, 89-90, 177-178
  com pensamentos críticos, 73
  como obstáculo à aceitação, 218
  como obstáculo à consciência no momento presente, 164, 171-172
  como processo invisível, 196
  comportamento governado por regras na, 196
  definição, 15, 55, 196
  implicações para o trabalho com valores, 257-258
  importância clínica, 17-18
  manifestação no discurso, 94-95, 97-99, 170
  manutenção da, 197-198
  metáfora da dança, 204
  no ciclo do sofrimento, 15-16
  objetivos da ACT, 16, 52, 55
  obstáculos à ação de compromisso, 280-282
  origem da, 54-56
  resultados de longo prazo na vida, 74
  ritmo reduzido de intervenção na, 167-170
  Ver também Desfusão

G
Generalização de estímulos, 32-35
Gestalt-terapia, 59

H
Hexaflex, 49-51
Histórias sobre o *self*
  consciência do momento presente e, 161, 171-172
  criação de, 65-66
  desfusão, 208-209
Humor e irreverência na terapia, 125, 215-216

I
Identificação, 135-136
Implicação combinatória, 35-37
Implicação mútua, 35-37
Instrumento de Monitoramento de Caso Hexaflex, 103-107
Intelectualização da terapia ACT, 126-127
Intervenção "Na mosca", 97-98, 247-248
Intervenções de controle de estímulos, 279-280
Inventário de Supressão do Urso Branco, 93

J
Julgamentos morais, 260-261

K
Kentucky Inventory of Mindfulness Skills Questionnaire, 93

L
Linguagem
  avaliação *versus* descrição, 212-214
  contexto social da aprendizagem, 13-14, 41-42
  demonstrando as limitações da, 197-198
  desenvolvimento humano e, 12, 14
  desenvolvimento infantil, 11-12, 37
  desliteralização, 199-201
  em tradições religiosas, 11-12
  equivalência de estímulos na, 33-35
  extensão excessiva dos processos verbais, 45-47
  filosofia da ciência e, 22-23
  função evolucionária, 56
  fusão cognitiva e, 56
  manifestações de fusão no discurso, 94-95, 97-99, 170
  objetivos da desfusão, 196-197
  orientação temporal, 63-64
  para descrever a experiência interna, 14
  perspectiva da ACT, 12, 28, 293
  práticas de linguagem problemáticas, 210-212
  sinais de progresso no trabalho de aceitação, 236-237
  sofrimento humano e, 12-14
  técnicas de desfusão cognitiva, 57-58
  teoria das molduras relacionais, 30-31
  uso da linguagem para analisar, 19-20
  Ver também Desfusão; Metáfora(s)
Linguagem e pensamento autorreflexivos, 8-9
Luto, 60-61

M
Manual diagnóstico e estatístico de transtornos mentais, 5-8
"Mas", como prática de linguagem problemática, 210-212
Memória, consciência do momento presente e, 161
Mentalizando (*Minding*), 54-55
Mente, definição, 55
Mente reativa, 207-208
Metáfora(s), 126-127
  criando contexto para mudança com, 153-157
  etiquetas de linguagem como, 221
  para associação entre disponibilidade/abertura e compromisso, 273
  para desfusão, 196-197
  para destacar as diferenças entre contexto e conteúdo, 185-186

para examinar questões de
controle, 145-147
para o trabalho com aceitação,
221-222, 232-235
para o trabalho com compromisso,
266-268
problemas potenciais no uso das,
215
qualidade experiencial das,
153-154
qualidades boas nas, 152-154,
186-187
relacionadas à disponibilidade,
224-225
uso de, 20, 127
Metáfora da *Bolha no Caminho*, 273
Metáfora da *Jardinagem*, 266-268
Metáfora da *Pessoa no Buraco*, 153-157,
222
Metáfora da *Xícara Feia*, 212-213
Metáfora do álbum de fotografias,
232-233
Metáfora do *Balão Expansível*, 233-234
Metáfora do *Cabo de Guerra com um
Monstro*, 222
Metáfora do Polígrafo, 145-147
Metáfora do *Tabuleiro de Xadrez*,
185-186, 190, 266-267
Metáfora *Esquiando*, 268
Metáfora *Joe, o Vagabundo*, 224-225
Metáfora *Leve Suas Chaves com Você*,
234-235
Metáfora *Subida da Montanha*, 269
Mindfulness, 64-65
aplicação na ACT, 165
aplicação terapêutica, 46-47,
64-65
definição, 73-74, 161-162
eficácia terapêutica, 162-163
exercícios de regulação da atenção,
166
necessidades de pesquisa, 73-74
no modelo de flexibilidade
psicológica, 73-74
papel do, em intervenções na
ACT, 173
processos do momento presente e,
161-163, 173-174
tendências clínicas, 73-74
viés do cliente contra, 174
Modelo de flexibilidade psicológica
achados de pesquisa, 78-80,
294-295, 298
ACT e, 48-49, 78-79, 295
avaliação dos processos de
flexibilidade do cliente, 86
base conceitual, 49-52, 80,
293-294
considerações contextuais na
aplicação do, 83-84
estilos de resposta, 54. *Ver também
estilo de resposta específico*
hexaflex, 49-51
implicações para a relação
terapêutica, 114-116, 125
mindfulness no, 73-74

na ciência comportamental
contextual, 289-290
na formulação de caso, 83-84, 103
objetivos da intervenção, 52-53
objetivos, 48-50, 78-79
processos centrais, 52-55
relações direcionais potenciais
no, 78-79
relevância clínica, 108-110
tendências, 302-303
terapia comportamental e,
279-280
Modo de solução de problemas da mente
como fonte de sofrimento
psicológico, 46, 176-177
consciência no momento presente
e, 63
definição, 45
enquadramento relacional no,
45-46
estratégias clínicas para, 46-47
estratégias malsucedidas de
autoajuda do cliente, 131-132
nomeação do, 207-208
self conceitualizado no, 66
Moldura de coordenação, 36
Mudança
busca de ajuda e, 130-131, 133
ciclo de *feedback* na ACT, 273-274
consciência dos danos das
estratégias de controle e esquiva
para, 144-150
crenças culturalmente construídas
sobre controle na, 144-145
criando contexto para, 133,
157-158
desesperança criativa e, 151-152
enfraquecendo a confiança em
regras programadas para
promover, 149-151
estudos de mediação e moderação,
298-300
examinando estratégias
malsucedidas de autoajuda do
cliente para, 131-141, 152-153,
221-222
formulação do problema na,
141-143
na ciência comportamental
contextual, 289-290
necessidade de aceitação na,
219-220
objetivos da ACT, 176-178,
264-265
objetivos de processo, 135-136,
267-268
objetivos de resultado, 135-136,
267-269
pressupostos do cliente relativos
a, 144
sinais de progresso no trabalho
com compromisso, 285
sinais de progresso no trabalho de
defusão, 216
sinais de progresso no trabalho
relacionado ao *self*, 194

trabalho com valores para
promover, 248-249
uso de metáforas para criar
contexto para, 152-157
validando a escolha do cliente
por, 284

N
Nomeando, 36
Normalidade destrutiva, 10-11

O
Objetivos de processo, 135-136,
267-268
Objetivos de resultado, 135-136,
267-269
Observação da mente, 205-208
Odisseia, A (Homero), 15
Ontologia, 22-23
perspectiva da ACT, 27-29
Oração da serenidade, 217-218
Organização Mundial da Saúde, 5

P
Paradoxo, 20, 121
Perguntas *Por Que*, 127-128
Perseveração, 94-95
Phishing, 203-204
Planejamento do tratamento
formulação de caso no, 156-158
sequenciamento de intervenções,
19-20, 156-157, 262-263
Ver também Formulação de caso,
ACT
Pliance
definição, 43
gerada pelo terapeuta, no trabalho
com aceitação, 236-237
importância clínica, 43-44
no trabalho com compromisso,
284
trabalho com valores e, 252-256
Pragmatismo, 23-27
Preconceito. *Ver* Estigma e preconceito
Preocupação e ruminação, 86-87, 161,
164
Prevenção de recaída, 279-280
Processo terapêutico
continuidade entre as sessões,
171-172
estratégias clínicas, 157-158
exercícios de *mindfulness* no, 165
importância da consciência do
momento presente no, 160-161
intervenções de consciência do
momento presente, 161-173
intervenções de desfusão, 197-215
intervenções no *self*
conceitualizado, 180-190
intervenções para rigidez
atencional, 167-170
modelo do terapeuta de foco no
momento presente no, 174
prática espiritual no, 192
questões de compromisso no,
265-280

resposta derrotista à recaída, 282-283
ritmo vocal do terapeuta no, 167-168
trabalho com valores, 239-248
trabalho de aceitação no, 221-235
uso da lógica no, 214-215
voltado para processos de flexibilidade central no, 157-158
Ver também Formulação de caso, ACT; Planejamento do tratamento
Processos atencionais
avaliação, 86-88
consciência do momento presente, 161
controle de, 64-65
identificação excessiva com pensamentos, 202-203
intervenções para rigidez em, 167-170
objetivos da intervenção, 53
orientação temporal, 63-66
reconhecendo conteúdo "quente", 203-204
treinamento de habilidades, 162-163, 166-167
Processos centrais da flexibilidade psicológica
estratégias clínicas visando, 157-158
importância clínica, 19-20, 53-54, 160-161
interações entre, 171-173, 190-192, 213-215
modelo conceitual, 54-55
objetivos da ACT, 52-53
Programa de 12 passos, oração da serenidade do, 217-218
Psicologia
conceitualizações de sofrimento, 3, 14-15
fontes de saúde mental e flexibilidade, 176
modelo bioneuroquímico, 3-4
normalidade destrutiva, 10-11
pressuposto da normalidade saudável, 3-5, 132
relações entre ciência e prática, 296
Ver também Psicopatologia
Psicologia existencial, 59
Psicologia positiva, 6
Psicopatologia
cliente multiproblemas, 193-194
como rigidez comportamental, 77
comorbidade, 5
conceito de suicídio, 9-10
confusão cognitiva como fonte de, 15-16
contexto sociocultural, 7
deficiências das conceitualizações atuais, 5-8
esquiva experiencial e, 59
estudos de resultados da ACT, 300

foco na síndrome, 6
função adaptativa, 10
modelo de flexibilidade psicológica, 49-53
objetivos do modelo unificado do funcionamento humano, 48-49, 296-297
perspectiva da ACT, 8-9, 290
pressuposto da normalidade saudável, 3-5, 132
prevalência, 2-3
problemas em tomada de perspectiva como, 179
rigidez psicológica, comportamento governado por regras e, 43-45
Psicoterapia analítica funcional, 114

Q
Questionário da Vida Valorizada, 97-98
Questionário das Cinco Facetas de Mindfulness, 93
Questionário de Aceitação e Ação (AAQ), 92-93, 297-298
Questionário de Controle do Pensamento, 93
Questionário de Pensamentos Automáticos, 95-96
Questionário sobre Valores Pessoais, 97-98

R
Realismo elemental, 22-23
Reasons for Depression Questionnaire, 95-96
Reavaliação cognitiva, 182-183
Redução do estresse baseada em *mindfulness*, 162-163
Reforçamento, 297
Relação terapêutica
acrônimo para os elementos da, 119
ACT sem, 129
aprendizagem influenciada por contingências na, 114
atitude empática na, 121
automonitoramento do terapeuta para questões clinicamente relevantes, 128-129
autorrevelação do terapeuta na, 122, 180
considerações contextuais, 125
desafios no trabalho com valores, 260-261
espiritualidade e, 122-123
flexibilidade psicológica na, 114-116
foco excessivo no processamento emocional na, 127-129
fonte de, 113-114
honrando a diversidade e a comunidade na, 124-125
humor e irreverência na, 124-125
importância clínica, 114-115, 129
inflexibilidade do terapeuta na, 127-128

intensidade emocional, 113
limites, 129
modelando o foco no momento presente na, 174
modelo, 115-116
na ACT, 119-120
objetivos, 119, 129
perspectiva de observador do terapeuta na, 119-121
pontos de alavancagem negativos que enfraquecem, 126-129
pontos de alavancagem positivos para aprimorar, 119-125
posse de valores e objetivos, 283
reasseguramento gentil na, 121-122
respeito radical na, 123-125
terapeuta como modelo, 115-121
validação da experiência do cliente na, 142-143
Relações dêiticas, 69-73
Relações sociais
adaptações ao grupo, 293-295
aquisição da linguagem e, 13-14, 41-42
autoconhecimento no contexto das, 67
evolução humana, 13-14
flexibilidade psicológica nas, 114-116
infligir sofrimento nas, 3
seleção dos valores e, 75-76
tomada de perspectiva nas, 72-73
Ver também Relação terapêutica
Religião e espiritualidade
aplicação terapêutica, 122-123
conceitualizações de sofrimento, 10-12
qualidades transcendentes da tomada de perspectiva, 72
relevância clínica, 192-193
Resistência à mudança, 131-132
Respeito radical, 123-125
Resposta ao estresse, 13
Rigidez, psicológica e comportamental
como fonte de sofrimento, 51-52
como obstáculo para a consciência do momento presente, 161-162
como resultado da esquiva, 77
comportamento governado por regras e, 43-45
fontes de, 163-164
intervenções para rigidez atencional, 167-170
psicopatologia como, 77
Rotulando, 213-214

S
Self-como-conteúdo, 53, 65-68
Self-como-contexto
avaliação, 89
conceito psicológico de, 53-54, 68-71
desenvolvimento de, 68-70
importância clínica, 71-73, 178-180

intervenções terapêuticas com, 183-190
pesquisa dos resultados, 295
preconceito e, 73-74
Ver também Tomada de perspectiva
Self-como-processo
avaliação, 88-89
importância clínica, 18
objetivos da ACT, 178-179, 183-184
Self conceitualizado
apego ao, 53, 65-66
autoengano com, 177-178
avaliação, 88-89
compromisso e, 282-283
defesa do cliente do, 177-179
desenvolvimento do, 65-66
em psicopatologia severa, 171-194
fusão com, 88-89, 177-178
implicações para o trabalho com valores, 258
indicações para intervenção, 180
intervenções para enfraquecer o apego ao, 181-183
objetivos clínicos, 67-68, 177-178, 180
prática espiritual em intervenções com, 192
propósito, 66-67
resposta a ameaças ao, 67
risco de superintelectualização no trabalho com, 186-187
risco do reforçamento na terapia, 191-192
sinais de progresso no trabalho com, 194
Sensibilidade cultural na terapia ACT, 124-125, 262-263
Sistema de saúde mental pré-pago, 6
Sofrimento
como característica da vida humana, 3
como fusão cognitiva, 15-16
como má aplicação dos processos psicológicos, 14-15
conceitualização psicológica, 3
contexto da atividade verbal como fonte de, 52
função adaptativa, 10
infligir, 8
limpo *versus* sujo, 226-229
linguagem e, 12-14
nas crenças judaico-cristãs, 10-12
perspectiva da ACT, 8-9, 10, 176-177
rigidez psicológica como fonte de, 51-52
Suicídio
como comportamento humano, 8-9
conceitos de comportamento normal e anormal e, 9-10
conceitual, 177-178
definição, 8-9
epidemiologia, 8-9

estados da mente que levam ao, 9
frequência, 8-9
risco, 2
taxa de ideação, 9

T
Tarefa de casa
para promover processos no momento presente, 171-172
relacionada a compromisso, 279
Tempo e orientação temporal
natureza do compromisso, 265-266
perspectiva da ACT, 161
Ver também Consciência do momento presente
Teoria da aprendizagem do processo geral, 293
Teoria das molduras relacionais
achados de pesquisa, 78-80
ACT e, 30-31, 38-41
base conceitual, 292
comportamento governado por regras na, 43-44
conhecimento verbal na, 292-293
controle contextual na, 38-41
definição, 30-31
desenvolvimento conceitual, 293
equivalência de estímulos na, 32-33, 35
extensão excessiva dos processos verbais, 45-47
fusão cognitiva na, 57
modelo de flexibilidade psicológica e, 293-294
molduras relacionais na, 35-39
natureza autoperpetuante do enquadramento relacional, 41-42
objetivos, 30-31
relevância clínica, 38-39, 46-47, 293-294
senso de *self* como tomada de perspectiva na, 70, 179
tendências, 302-303
teoria evolucionária na, 292
Teoria evolucionária, 5, 13-14, 56, 291-293
Terapeuta
autoavaliação para questões clinicamente relevantes, 128-129
automonitoramento durante a avaliação, 85
autorrevelação na terapia, 122, 205
desconforto na terapia, 115-118
familiaridade com os princípios da ACT, 21-22
habilidades para formulação de caso, 83-84
importância clínica, 19-20
inflexibilidade psicológica na terapia, 127-128
intelectualização excessiva da terapia, 126-127

julgamentos morais no trabalho com valores, 260-261
postura de aceitação, 196-221
praticantes da ACT, 301-302
ritmo da comunicação vocal, 167-168
Ver também Relação terapêutica
Terapia breve, 157
Terapia centrada no cliente, 59
Terapia cognitiva baseada em *mindfulness*, 162-163
Terapia cognitivo-comportamental contextual, 161-162
Terapia cognitivo-comportamental, 40
Terapia de aceitação e compromisso
abordagem dimensional da avaliação, 48-49
acordo de tratamento na, 141-142
acrônimo, 8
aplicações, 79-80, 295-296, 300
apoio empírico, 78-80, 294-295
base conceitual, 8-9, 19, 21-22, 78-79, 288-293
ciclo de mudança retroalimentado na, 273-274
como técnica, 295-296
como terapia comportamental, 264, 274, 279-280
conceito de causação mental, 290
conceito de comportamento na, 26
conceito de sofrimento psicológico na, 52, 176
conceitualização de linguagem na, 12, 28
contexto e contextualismo na, 23-27
críticas à, 290-291
espiritualidade e, 72
estudos de caso, 19-20
estudos de mediação e moderação, 298-300
estudos de resultados, 300-301
farmacoterapia e, 276-278
intervenção em estigmatização e preconceito, 73-74
intervenções baseadas em *mindfulness* e, 162-163
medida dos processos na, 297-298
modelo cognitivo, 31-33
modelo de flexibilidade psicológica e, 48-49, 78-79, 295
modelo de flexibilidade psicológica, 48-54
natureza do compromisso na, 265-266
objetivos, 16, 18-19, 26-27, 30, 52, 55, 78-79, 114-115, 176-178, 260, 264-265, 274, 293-295
orientação para valores na, 74-76, 260
perspectiva ontológica, 27-29
perspectivas futuras, 288
praticantes, 301-302
princípios comportamentais da, 30-31
processos centrais, 19-20, 52-55

relação terapêutica na, 119-120, 129
sensibilidade cultural na, 124-125, 262-263
teoria das molduras relacionais e, 30-31, 38-41
terapia de exposição e, 228-229, 274
tipos de experiência de *self* na, 73-74
uso da linguagem para examinar, 20-21
Ver também Formulação de caso, ACT; Processo terapêutico
Terapia de exposição
ACT e, 228-229
trabalho de compromisso, 274-277
Terapia de treinamento de habilidades, 278-279
Terapia metacognitiva, 161-163
Tolerância, 220-221
Tomada de perspectiva
como fonte de saúde psicológica, 176
estratégias clínicas focando na, 157-158
fortalecendo o contato com, 183-190
interações com outros processos centrais, 190-192
modelo do terapeuta de, na relação terapêutica, 119-121
senso de *self* na, 178-179
Ver também Self-como-contexto
Trabalho em grupo. Exercício *Passageiros no Ônibus*, 201-202
Tracking, 43-44, 44-45
Transformação de funções de estímulo, 36-37
Transtorno de pânico, 16-17, 295
Tratamento
baseado em *mindfulness*, 73-74, 162-163

classificação dos transtornos psiquiátricos e, 5
definição dos objetivos no, 24
eficácia, 6-7
objetivo analítico, 29
objetivos do modelo unificado do funcionamento humano, 48-49, 296-297
perspectivas ontológicas no, 22-24
redução dos sintomas como objetivo do, 6
Treinamento em aceitação e compromisso, 296

V
Valores
aceitação em, 221
avaliação, 85-86, 95-98, 249-252, 256
como ações, 239-241
comportamento intencional em, 243-245
compromisso e, 77-78, 258-260, 265-266, 273-274, 282-283
conceitualização do processo, 75-76, 261-262
consequências apetitivas, 239-240
definição, 74-76, 239-240
discrepância no comportamento, 249
disponibilidade em, 222-223
em culturas alocêntricas, 97-98
escopo das abordagens terapêuticas, 249, 252
estabilidade de, 282-283
estratégias clínicas focando em, 157-158, 244-248
Formulário para Narrativa, 249, 252-255
importância clínica, 76-77, 238-239, 248
importância da escolha dos, 241-243

interações com intervenções de aceitação, 235
interações com intervenções de desfusão, 214-215
interações com intervenções de tomada de perspectiva, 191-192
interações com outros processos centrais no trabalho com, 257-260
intervenção "Na mosca" com, 247-248
liberdade pessoal de escolher, 75-76, 239-240, 243
meios e fins, 262
na evolução do comportamento, 239-240
necessidade humana de, 74
objetivos de vida inatingíveis e, 256
objetivos do cliente e, 261-263
objetivos e, 267-270
objetivos terapêuticos, 263
obstáculos aos, 238
posse dos, 252, 256, 283
problemas potenciais no trabalho com, 260-263
processos de reforçamento em, 76
processos do momento presente e, 173, 258-259
questões de *pliance* e *counterpliance* nos, 252-256
resposta derrotista à recaída, 282-283
sensibilidade cultural no trabalho com, 262-263
sequência do trabalho de terapia com, 262-263
sinais de progresso no trabalho com, 263
valores como *augmentals*, 75-76
Valores alocêntricos, 97-98
Varredura corporal, 166
Verdade e realidade, 22-24, 26-27
Vergonha, 11-12

IMPRESSÃO:

PALLOTTI
GRÁFICA

Santa Maria - RS | Fone: (55) 3220.4500
www.graficapallotti.com.br